U0050070

一生的性計畫

A Lifetime of Sex

Stephen C. George, K. Winston Caine,
and the Editors of Men's Health Books◇著

張明玲◇譯

序

當你要翻開本書之前，你是否充滿期待與疑惑呢？

我們知道男人都希望有一本性愛寶典，教導他們如何增進技巧、如何付出才能獲得更多的歡愉，以及如何持久等等。如果你是這麼想的，那麼本書不會令你失望。

但更重要的是，我們不只是談「性」而已。在「性」的中心議題之外，我們也引述了多位專家、學者的非凡學識及建言來討論各種主題，包括親密關係、瞭解女人、兩性關係、心理障礙、老年生活、居家佈置等等。

我們認爲只談性愛的書籍難免會遺漏某些觀點。因爲性，尤其是優質的性關係，必須和生活各層面相結合。例如，當你不知如何與伴侶建立親密關係時，你就不會有眞正美滿的性。而如果你的態度、健康及生活都是一片混亂的話，又怎會有良好的性生活呢？

爲了更深入探討本書議題，我們進行了數十項的調查，以證實我們已知和未知的性觀念。同時，我們也訪談了性學研究領域中的翹楚，將其眞知灼見納入本書之中。這些努力的成果使得我們對於性及其在男人生命中所扮演的角色有格外透徹的瞭解。

性是一條要走一輩子的路，它會歷經各種崎嶇、平坦的地勢是很自然的。雖然這是很簡單的觀念，但令人驚訝的是，只有少數人理解這點，甚至連專家也是。所以你在市面上看到大部分有關性愛的書籍，它們在處理這個問題時似乎都對男人一視同仁，這眞是錯誤的觀念。因此，本書的概念於爲產生：爲每個年齡層的男士提供量身打造的建議和知識。歷經數千小時的研究及編纂，我們相信這是一本最符合男士需要的一本書。

本書內容

本書囊括了一些廣泛的主題——性、女人、兩性關係等層面。這些是每個男人無論年紀大小都必須知道的事。接著，以十年爲一個週期，以各年齡層的男士的觀點來探討愛情和生活的些微差異。

這並不是說四十幾歲的男人在「二十～二十九歲」單元中找不到和自己切身相關的資料。事實上，我們希望你抽離特定年齡的觀點，預先看看未來將到臨的歲月以及回頭看看你是否曾勇敢地接受早年的挑戰呢？

事實上，我們也承認以十年爲期的區分法相當武斷。誰敢說只有在二十幾歲時才會發生辦公室戀情呢？正如你所知道的，在你剛到達三十歲（或四十、五十歲）時，一切風平浪靜，但突然間，你的態度、需求全都不同了。每個人進展的路線都不同，不能一概而論。

換言之，我們是以合理的方式來安排主題。當你從頭至尾將本書看完一遍，你會感覺自己依循著男人一生的路在走。但如果你發現和你有關的章節涵蓋了三十或甚至四十年的歲月，恭喜你，那表示你是個心思縝密、有思想的男人。

最後一提的是，這是一本關於如何擁有優質性生活的書，如果這正是你要找尋的目標，你將獲得滿意的答案。若我們眞的成功了，從現在算起二十年後，你依然會用得上這本書，則我們的心願亦足矣！

Neil Wertheimer
Executive Editor
Men's Health Books

目錄

3 做自己身體的主人

7 二十～二十九歲

10 五十～五十九歲

11 六十歲以上

1

兩性關係

♥性與伴侶

代代相傳，大多數的男性應會同意：性是生命中最璀璨、最迷人、最美好、最令人愉悅，也是最有益的經驗了。

性給予人們不可言喻的身體快感。它可證明男子氣概，無論老少、貧富或強健體弱者皆然。尤其，性能啓發男人與女人之間可共享的親密關係，同時也能觸發某件不可思議的事——屢試不爽。

不過，單有性並無法維繫男女關係，但親密行爲卻能。親密行爲能助長、增強並驅動充滿愛意且長久的性關係。所以當我們談到一生的性計畫時，亦是在探討一輩子的親密行爲。我們也會談論親密感——情感上、身體上，以及一種心靈上的親密感。當然，我們更會談及令人歡愉的性事，談論如何創造、維持以及確保性愛在我們的一生中能一步步漸入佳境。

但該怎麼做呢？以下是作者之淺見。

認識你自己及伴侶。以最眞誠、關懷的態度來傳達情感，瞭解何事能激起你的性慾，告訴她並做給她看；同時，也試著去瞭解何事能激發她的性慾，每次皆抱著學習新事物的心態，並培養技巧及自制力。希望終身有「性」，這些都是不二法門。

在本書中，我們會與你分享許多秘密，且不厭其煩地告訴你誘導女伴的方法，從性當中發掘出最大的歡愉。無庸置疑地，本書大部分的篇章皆著重於技巧和行爲，使你在人生的各階段成爲一個更棒、更敏銳和更成功的愛侶。我們將在此處協助你，使你的表現達到顛峰，同時也幫助你充分享受人生。

現在不妨讓我們透徹地來探討性事。沒錯，性很重要，它能令人感到滿足，亦讓人臣服，但性只是你和愛侶親密生活的其中一個層面。事實上，伴侶們不會將大部分的時間花在床上，但是他們在臥房門外所做的事卻與那些關起門來所度過最特別、最私密的時光大有關連。你想享有美好的性嗎？那麼請採納心理醫師麥卡錫的建議：做個好伴侶吧！

伴侶的角色

對一個精力充沛的青少年而言，很難讓他相信性並非一切。但在男性整體的事務規劃中，性並非眞的如此重要。一般男性平均一小時會有6分鐘想到與性有關的事，亦即百分之十的時間。所以若我們將一生畫成一塊餅圖，再來計算思及從事性事的時間，對多數人而言，性僅佔了一小塊面積：也許是最好的一塊，但確實微不足道。

「這在強固的、健康的和滿懷情愛的男女關係中尤其明顯。」心理學家泰勒博士如是說道。麥卡錫博士也認爲性、性感，以及浪漫的習俗在戀愛序幕時便將兩人拉在一塊兒，但眞正使得好戲不斷巡迴上演的卻是友誼的原動力——關心、信任、支持及溝通。

麥卡錫博士還說道：即使單純的性關係也極少維持單純的性而已。引誘人們發生性關係的是新鮮、奇異的感覺，無論它是否進展順利、無論你是否會被接受、無論你是否和對方情投意合，都會感到興奮。但是那種性最短二星期，最多則維持兩年便會消逝於親密關係中，若雙方還想繼續保持性關係，還必須整合一些親密行爲的要素進去。

如果你期盼一種良好、長期的性關係，最重要的便是發展親密行爲的要素——亦即讓人們情感上更親密的因素。心理學教授普雷桑洛博士亦贊同此說法，他引述民間俗諺來闡釋該觀點：「有句德裔賓州人的諺語說道：『光會親吻不足以維繫感情，燒得一手好菜才是長久之計。』(‘Kissing don't last; cooking does.’)。」這句話是說當你年紀漸長，性吸引力的因素將不敵友誼的實質，而且你所尋覓的將是一位良伴，而非僅是個愛人。

浪漫 vs. 親密行為

理所當然地，一開始，浪漫的吸引力會使人產生親密行為的幻想——親吻、擁抱、牽手以及午夜時分的甜言蜜語。但這種浪漫的愛情大抵根植於每個愛侶不自覺地投射在對方身上濃烈的愛情幻想上，臨床心理學家楊艾森卓拉斯博士特別提到。他還補充說道：「真正的親密行為是建立在相互信任、共同興趣以及雙向溝通上。」

「事實上，典型的戀愛不外乎隱藏及忽略雙方差異，而只尋覓及稱頌表面上的相似性。」專欄作家麥曼紐斯說道。他還指出，在戀愛初期，可能雙方的核心信念、感覺、期望都只有一小部分的交集。

麥曼紐斯說道：「愛侶們常以混淆肉體上的親密關係、性愛的親密關係以及情感上的親密關係來欺騙自己。」性給予人們親密行為的幻想，使你覺得和對方很親暱，但如果你從未深入探討此話題，它便是一種空想。心理學家們也說：「肉體上的親密行為一點兒也不能保證你會有長期自在的情感親密性，但它的確可提高其可能性。」

有時兩人才剛踏上紅毯的另一端不久，便發現對於所娶嫁的人不太瞭解，而對方也不瞭解你，常有人因此感到震驚及失望。麥曼紐斯和楊艾森卓拉斯博士將它描述為普遍的幻滅過程——這也是婚姻必經的一個過程。

楊艾森卓拉斯博士說道：如果該婚姻能演變成穩固、健康的關係，那麼通常在幻滅的關鍵時刻，愛侶們會開始建立堅定的親密情感。培養情感上的親密關係，意味著培養一種不可違背的信任感。換言之，在雙方私有的界限內，你和你的伴侶可以放下武裝並感到安全無虞。

如果未培養情感上的親密感，那麼性的驅力及興趣便會消退，婚姻及家族治療專家畢佛說道。

愛的恩賜：美好的性

麥卡錫博士提到，很幸運地，培養情感上的親密行為的愛侶們享有眾多的回報：更多的歡愉及熱烈的性。我們馬上就會探討培養及增強情感親密度的方法。

首先，讓我們先承認愛是光輝燦爛的，臨床心理學家麥寇米曾說：「愛能發酵成情趣。」這種情趣她稱之為「伴侶之愛」，是愉悅、和諧、長期親密關係的要素。

根據麥寇米博士的說法，伴侶之愛根植於信任、關心、共同經驗、相似的價值觀以及寬容對方的小缺點上。

假如愛侶們可以輕易地串連浪漫之愛及伴侶之愛，那麼婚姻諮商專家可能都要失業了。大多數的婚姻都會經歷一些可預期的階段，親密關係的未來有賴於你如何因應第二階段——浪漫消逝期，楊艾森卓拉斯博士說道。

婚姻的各階段

大部分的婚姻都是在濃情密意的迷霧中許下承諾的。麥曼紐斯表示，在此時期，愛侶們就是覺得相處的時間不夠。他們對彼此所言所思感到著迷，從早聊到晚也不嫌累，幾乎所做的每一件事都很刺激、有趣，無論走到哪兒，好似世界剩下他們，旁若無人，只希望這些日子可以持續到永遠，也只願我們能隨心所欲地喚回這段時光，但總是事與願違。

第二階段：幻滅到來。幻想開始消散，可愛的小動作變得惱人，日子充滿了日常瑣事、義務及責任，很少事情會令人感到特別，我們下意識地開始責怪對方不似從前種種，所做所爲皆不合我們的期望。

在我們放棄個體認同並接受自己爲組成伴侶的一方時這個過程即告展開。我們開始厭惡與我們緊緊相連或關係密切的對方，我們開始瞭解親密關係加諸於彼此的限制，也開始尋找在必要的親密行爲及獨立自主之間的平衡點。

根據普雷桑洛博士的說法，在幻滅期，我們開始發現所託付終身的人與我們共享生活的各種方式皆不符合我們所相信的「愛情地圖」。

所以，對許多愛侶（夫妻）而言，節節升高的冷戰於焉展開。甚至許多人踏進墳墓時都還在憎恨對方。對某些夫妻而言，這是分道揚鑣的所在，對其他夫妻來說，這是一場迎面而來的挑戰。若回想起來，幻滅期可被看成是深刻、親密、伴侶之愛開花所結的種子。又對某些夫妻而言，愛恨關係會伴隨著些微憎恨與些微伴侶之愛油然升起。楊艾森卓拉斯博士、麥曼紐斯及畢佛等人解釋道：「好消息是無論夫妻處於冷戰的哪一階段，都可以叫停戰，可以商定協議，而且通常能打造出深摯、恩愛、情感上的親密關係。」

麥曼紐斯說道：當一對感情觸礁的夫妻選擇在生活中創造歡樂並認同「愛是一種選擇；情感雖多變，選擇卻能堅定地掌握在自己手中」時，該階段便已到臨。當一對夫妻「選擇愛情」，他們便開始爲愛而負責。他們不再視愛情爲浪漫神秘的狀態，而是一種能透過行動靠自己創造的情況。

大多數的夫妻不認爲幻滅在親密關係中是一種自然階段，而且也是必經之路，因此能培養出眞正的親密感，楊艾森卓拉斯博士說道。將眼光放遠，你會發現這個過程一點也不令人沮喪。

展開你的愛情地圖

我們在一個女人身上所要尋找的東西會深深印記在我們的潛意識中。心學家約翰寧博士稱這種印記爲「愛情地圖」。楊艾森卓拉斯博士認爲它就像我們的夢中情人般。

這個印記定義了我們心目中理想女人的所有特質，對每個人而言，它都是獨一無二。範圍包羅萬象，從聲音、頭髮的顏色和長度，牙齒的形狀到活動類型及設想狀況，我們都能發現樂趣及性愛的成分在內。但它全是幻想。大部分在我們七歲前便已將它灌輸在腦中，普雷桑洛博士說道。

無論是幻想也好，意識也好，我們都傾向於以符合我們的愛情地圖／夢中情人的程度來評斷我們所接觸的每個女人，普雷桑洛博士說道。

男人發現到，瞭解他們對於理想伴侶抱持著這些無可抹滅的印象格外地有啓發性，他們若能確認並分析它們，便能從中獲益，普雷桑洛博士說道。有些印象可能產生矛盾，它們必須被加以整理，那麼我們即能學到許多從刺激及令人滿意的兩性關係中所期望的特質——無論在身體、情感及心理上。而且它也有助於我們判斷可在伴侶身上尋覓什麼及避免什麼，他說道。

你該如何發現你的愛情地圖呢？以下是普雷桑洛博士所建議的五道步驟。期盼這些活動能釋放我們長久壓抑或被遺忘的幻想及回憶。

1. 在成人錄影帶出租（售）店內感到自在的男士可以在那兒做些有價值的研究，普雷桑洛博士說道。把它當做是一個學習活動，到一家店僅看看錄影帶的名稱及封面。攝影師們深知男性的慾望何在，一個接一個封面看。注意哪些吸引你的注意，哪些則否。同樣的做法，也去看看雜誌封面，別只注意身體特徵，也要注意表情及所描述的活動。
2. 分析能引起你性興奮的事物，尤其是那些常常想到的。
3. 回憶青春期引起夢遺的奇想。
4. 注意在媒體上對於性、夫妻關係以及婦女氣質的描寫，哪些能引起你的興趣，哪些又令你不悅。
5. 回憶你在5至8歲期間和異性的互動，在這幾年你覺得愉悅或不舒服，不愉悅的經驗都會造成許多持久的印象。當時誰引起了你的興趣？誰讓你覺得愉悅？誰讓你覺得興趣缺缺？爲什麼？哪些特質是因素？想想她們的容貌及衣著打扮、當時的活動、環境等等。

建立橋樑

想要將有點恩愛的生活注入於你們的婚姻關係中嗎？你能夠利用一些指導建議，使浪漫順利轉換成伴侶之愛嗎？或者浪漫逝去已久，心動的感覺似乎已遙不可及。既想當朋友，又想當情人，怎麼辦？心理學家以及婚姻諮商專家所推薦的技巧，或許可用以建立情感上的親密關係。大部分皆可應用於剛建立及經年累月的關係中，甚至受到傷害的關係亦可。

認識及減輕嫉妒

嫉妒以及它的許多徵候常扼殺了夫妻間爲達歡愉、無拘無束的情愛所需的信任感，楊艾森卓拉斯博士說道。

各式各樣的嫉妒也會造成性慾煙消雲散。當男人覺得羞愧及蒙羞時，便會性趣缺缺，同樣地，當女人覺得害怕及困惑時亦是如此。當一方貶抑另一方的特質、智識、能力、吝惜給予讚美、減損對方的價值時，便是表現出嫉妒的舉動。如果你想要擁有美好的性愛，就別再相互奚落對方了。就是現在。欲治癒嫉妒所造成的傷害，需要有自覺地停止上述這些行爲，坦誠地承認對對方的傷害，並請求原諒。被傷害的一方必須自豪地表明被貶抑的特質，楊艾森卓拉斯博士建議道。學習對對方優秀的特質及能力表達欣賞和讚許，特別是那些她引以爲傲的特質。別因對方的優點而感到受威脅。

拒絕背叛

同意且承諾你和你的配偶不會另尋性伴侶。即使在性開放式的婚姻裡（雙方同意可與他人發生性關係），當發生婚姻以外的性關係時，他們也會因失去信任及親密感而備受煎熬，楊艾森卓拉斯博士說道。她還說即使一方不告訴對方外遇之事，婚姻關係也會惡化。所以如果你想要無後顧之憂的親暱及信任，那麼忠於一夫一妻制就對了，然後堅守之，因爲如果不這麼做，要重建信任感是非常困難的，楊艾森卓拉斯博士說道。

面對你的幻想

接受那些只是你自己一廂情願的想法吧！回想談戀愛的過程，或仔細分析你是否正有此經歷，其實許多你認爲對方迷人之處，只不過是你將心目中理想情人的幻想投射在對方身上。它們只是想像的產物罷了。它們是你愛情地圖中的一部分，或者如楊艾森卓拉斯博士所稱的「夢中情人」。現實生活的情人比你虛構的夢中情人要來得難應付和更具挑戰性，楊艾森卓拉斯博士說道，體悟這點，你將開始欣賞你的眞實愛人是個獨立個體，也較不可能去責怪對方不似你想像中的形象。

學習溝通

專家建議：有效地討論重要且棘手的議題對婚姻關係而言相當重要。欲發展正面夫妻溝通技巧，請參考「溝通」（p.50）一文。

挪出時間來交心

麥曼紐斯和他的妻子發現，在凌晨孩子醒來、俗事紛擾之前是段美好的時光。麥卡錫建議夫妻在做愛完後花些時間聚在一起，就你們兩人。也許散散步，也許共享一杯咖啡。爲了培養值得信賴的和諧關係，夫妻必須安排一些時間——遠離電視、報紙、工作、孩子等等——只是聚在一起談個話，如果可能的話，最好每天皆如此。

就算將它制度化也無妨，麥曼紐斯說道。

在婚姻中有太多的事成了慣例，但有正面積極慣例可期盼卻很重要，楊艾森卓拉斯博士說道。

♥ 質與量

「你們上過幾次床？」

某時某地某人曾問你這樣的問題吧！他們眞正要問的是：你正樂在其中嗎？經常做嗎？跟固定一位女性伴侶呢？還是神秘的外遇對象？感覺好不好？換句話說，你只是熱衷呢？還是無法自拔？簡單幾個字，卻含藏著複雜的疑問。

普遍的回答是「根本不夠。」但這不是正確的回答，因爲並無數理公式可算出性的質與量之間的關係，麥卡錫博士說道。

更坦白地說，次數多未必表示性生活的質亦佳。你可能做愛次數頻繁，卻仍嫌不足，如果你已抓到我們的要旨的話，其實個人生活的品質也代表了性生活的品質，這對許多男人而言，是難以學習的課程，我們心中卻有一把尺，可容易地測出及比較「量」的觀念，稍後我們會解釋，至於質呢？就很難定義，甚至難以比較了。

直覺蒙蔽了判斷力

我們每個人在心底都對性充滿渴望，並動輒想追求感官上的刺激，這是一種男性本能，普雷桑洛博士說道。也許這種最強烈的原始衝動是要傳宗接代。當然，如果你在無節育計畫的干擾下盡情享受性愛，那便是與有生殖能力的女性所要完成的大事。

「以生物學觀點而言，生命的目的乃傳宗接代，」普雷桑洛博士說道：「而且不將人們的情感、社會標準，以及道德倫理考慮在內。」這在生物學上的訊息就是「讓我們生孩子吧！」所以你會不自覺地選擇年輕、有繁殖力的女性。

男人少有會拒絕性的，麥卡錫博士說道。即使當男人只想要一個擁抱時，也會有性關係發生，因爲他們知道如何要求性愛，而不只是一個擁抱，他說道。這就是問題的核心所在。

良好的性包含了熱情的和關愛的溝通。它不僅是信任和鼓勵，也是令人感動、歡笑，值得探究的。它是認同、愛慕、欣賞、無拘無束的幻想以及各式各樣的「歡愉」。大多數時間，它會尋求滿足伴侶間彼此的需要，無論是身體上或情感上；而且在良好、健康的性關係中，伴侶雙方瞭解只有特定比例的時間是最佳狀態，也許是百分之十五，麥卡錫博士說道：「性只是平淡而乏味的。但這無所謂，每次的性交總不必像被提名奧斯卡金像獎一樣地有壓力和期盼吧！」

如果你仔細地閱讀本篇文章，你應可推想和一位固定的伴侶最容易達到美好的性交，這個人是與你有某種感情連繫的。這個觀點大力反抗了我們想和眾多女性發生性關係的本能（我們生存的本能——生育的需求，多過於個人滿足——對性滿足的需求的最好證據）。在此有個重要的訊息：不僅性的數量不重要，連伴侶的數量亦同。我們男人聽到有個傢伙吹噓過去曾有一群的性伴侶時，不禁會想「是我該多好。」但你應反過來想，這個在床上笨拙的傢伙應會嫉妒你和你單一的、鍾愛的伴侶有美好的性關係，因爲很可能你的性生活比他的好得多。

量的重要之處

我們喘息、慾火中燒，以手和膝艱辛地爬過貧瘠的性愛園地，日復一日、月復一月，沒有食物，沒有飲水，更碰觸不到任何一位年輕美麗的女郎。這不時地發生在我們大多數人身上，我們都曾熬過一段枯竭的時光。

在這段時間裡，我們不得不深刻地體會在你擁有滿意的性生活之前，至少必須要有一定的量。

當我們孤家寡人時，性生活貧乏是稀鬆平常的事，心理學家兼性治療師溫蒂·菲德博士說道：那些較敢於性幻想且不忌諱手淫的人在情緒上較不易受波及。這種男人就算一、二年沒有眞正的性生活也可以過得很好，菲德博士說道。「對某些男人而言，只要一星期沒有性生活可能就想撞壁了。」這眞的是因人而異。

艾倫·艾德勒醫師也表示：離婚之後，男人可能會度過一整年或更久的低潮及自我實現期，這段時間，他不會去尋求一段性關係。「有些男人可能會矯枉過正，而變得對性需索無度，他們會和許多人發生渾渾噩噩的

數據說性

美國男性的性生活有多頻繁？以下是針對此議題最大的一次普查數據：

所有男性

每週四次以上…… 8%
每週二次以上……26%
每週數次…………37%
每年數次…………16%
無性生活…………14%

已婚男性

每週四次以上…… 7%
每週二至三次……36%
每月數次…………43%
每年數次…………13%
無性生活………… 1%

獨居的單身男性

每週四次以上…… 7%
每週二至三次……19%
每月數次…………26%
每年數次…………25%
無性生活…………23%

資料來源：*Sex in America*

性關係，」艾德勒醫師說道：「對男人而言，較理想的做法是先暫停親密的性關係，並去發掘在生命發生驟變的當頭，『我是誰？』、『我未來的路該怎麼走？』以及『我現在要什麼？』。」

艾德勒醫師及菲德博士均認為婚姻中貧乏的性生活是一種警訊。「如果你和你的伴侶整個月皆無性生活，假設任何一方非任職軍旅且正出勤中——那麼你們就必須要好好談談這件事了。」艾德勒說道。

事實上，近年來夫妻們的性生活愈來愈少且大多數都令夫妻雙方很不滿意，菲德博士說道。她認為這和雙薪家庭、每週60小時的工作時數有關。

菲德博士說道：「我正在研究許多年輕、非常健康，但卻無性生活的人，他們過度投注於工作中，有太多壓力，太重視金錢。我在會談中聽見人們說他們寧願睡好眠也不須有性生活。」

菲德博士及艾德勒醫師認為現今有這麼多超級嚴重的情緒問題，重點在於惡劣的夫妻關係從臥室延伸出來，因為一方不願與另一方有性愛關係。所以，當你覺得你的性生活走了樣，便必須找人談談了。

逐漸要求品質

當我們設法要提升性經驗的品質時，常會發現一個秘密的贈禮：數量亦增加了。畢竟，好事不嫌多呀！所以，你如何提升性生活的品質呢？此乃本書之重點所在，特別是第二章「做自己心理的主人」和第三章「做自己身體的主人」。此處一開始我們先介紹一些由頂尖的性學專家所傳授的超級性愛秘訣——可提升及維持性愛經驗品質的不二法門。許多細節將在本書其餘部分介紹。

挪出時間來做愛

當我們因忙亂的生活而感到疲憊不堪，只想倒頭就睡時，對於性常常視其爲負擔。它一旦成了一種模式，我們不禁要懷疑夫妻是否會對彼此感到乏味、厭惡、並開始視性生活爲惱人的義務？當人們感到疲憊時，沒有人還會全心投入於一項活動中。做愛亦不例外，麥卡錫博士說道：「爲此撥出時間來吧！而且至少30至45分鐘的優質時間，別匆忙，留點時間放鬆自己。」

享受事後的餘味

做愛結束並非就此結束。麥卡錫博士建議，和你的伴侶利用性交高潮後你所感覺到的溫馨及親密感來段「後戲」。「後戲」係指聊天、愛撫、擁抱，兩人共度親密時光——例如，一起散步或共飲一杯咖啡。這眞的會建立親密感並延伸性交的歡愉。「後戲不須太激烈，重點是雙方廝守在一起的感覺。至少5分鐘，別光顧著睡覺。」

減少勃起

沒錯，就讓它逐漸消退，讓它在性交時自然地發生和消退，別太在意它，心理治療師及性學專家傑克．莫林博士說道。勃起只有對某些特定的性交動作有用，別讓它的出現與否決定整個過程。只有當你想這麼做時才派它上場，否則便讓它休息。

「當你瞭解性交不只是生殖部位、做愛及高潮時，你將更能享受魚水之歡。」麥卡錫博士說道。「大多數的性交均持續不到10分鐘，我們對男性大力呼籲的是性的觀念而不只是刹那的快感。還有許多的刺激等你去發掘。」

空白的性生活

根據溫蒂·菲德博士的調查，以下是人們太久無性生活的警訊：

1. 你不時地會想這件事。
2. 當一名不甚有吸引力的女性出現在視線範圍內時，你便無法專心於任何事情上。
3. 任何人所做的每件事或說的每句話都讓你聯想到性，你到處都看到性的象徵，像給輪胎打氣或駛經隧道時。
4. 你無法安然入眠，因為你一直想著性。
5. 你會神經緊張，易怒且情緒化。
6. 你對於每個有魅力的女性及年輕女孩、老婦人以及一些小寵物皆會投以飢渴的眼神。

靈活運用你的手指

「以手指來溝通，專注在愛撫的感覺上。撫摸對方並被愛撫——從頭到腳——特別是非生殖器的部位。」麥卡錫博士說道。運用你最輕柔的愛撫，再更溫柔地重複10遍。試著撫觸、摩擦、撫拍、按摩及緊抱對方。發現對方敏感之處，如大腿、手臂內側及頸部，別將焦點放在性高潮及性器官上，應將重點放在愉悅、微妙的感覺上。別只在性交時才撫摸對方。經常親密地相互愛撫，也別總把愛撫當前戲，將它變成一種愛的表現吧！

放鬆、放鬆、再放鬆

爲了要徹底享受及體驗性的歡愉，你必須讓自己放鬆，心理治療師格羅博士說道。他建議大家：如果你特別緊張或疲憊，練習深呼吸，並花幾分鐘拉緊及放鬆身體不同部位的肌肉。

心懷幻想

許多人最棒的性經驗其實是帶有猥褻和淫穢成分的，莫林博士說道。「這也是許多人使性交變得有趣的因素之一，這是人類性慾中自然的一部分。」他稱其爲健康的夫妻遊戲，他們會鼓勵對方、娛樂對方並沈浸在彼此的幻想中，他們運用情趣玩具、服裝及其它的色情書刊，如果他們喜歡這麼做的話。只要人們能夠區分幻想與現實，幻想其實並無大礙。

麥卡錫博士說道，身爲一名性治療師的樂趣之一，即發掘人們尋找性刺激的奇特方法。對有些人而言，半正式的燭光晚餐會是一段熱情的前戲，對有些人而言，大聲頌讀浪漫小說的內容或觀看成人錄影帶，爲伴侶寬衣及愛撫，甚至玩奴役的遊戲等，都會令他們特別興奮。其實這是人類身爲性慾動物的本能，別壓抑它，儘管享受它吧！

讓性富有變化

麥卡錫博士認爲有時急就章，有時細細品味，有時毫無要求地享樂都是不錯的。別讓性成爲一成不變的例行公事，除非你想這麼做。

只要你肯不斷地努力根除千篇一律的性生活，瞭解並接受性經驗應該達到不同的目的，達到不同程度的樂趣及滿足，這都是很自然的。「兩人同樣渴望、同時達到性高潮的比例不到二分之一。」麥卡錫博士說道。「而且百分之五至十五的性經驗都只是乏善可陳或失敗的，你可以懷抱期望，但也要接受現實。」

做一些助「性」的運動

易學易用的凱吉爾運動（Kegel exercises，見p.231「更持久」之說明）可在做愛時增強肌肉的收縮並搔觸及愛撫許多鼠蹊深處的敏感部分。所以除了讓你更能控制及更有力地射精外，增強這些肌肉也可在整場性愛過程中增加樂趣，格羅博士說道。

♥ 何處尋芳蹤

除非你有非凡的魅力，否則女性不會自己送上門來。對我們一般人而言，會來敲門的女性不外是發送宗教傳單或販售日常用品的女業務員。如果我們想遇見女人，最好還是踏出房門到外頭尋找。

這個世界不完美之處包括了沒有一家所謂的「女性反斗城」，把所有的女性展示在商店中，你必須實際走入現實世界去尋找和女性互動的機會。我們將會告訴你一些值得參考的方法及一些該避免的事。

首先瞭解自己，並知道自己想從伴侶那兒滿足何種需要是有幫助的。我們在「性與伴侶」（p.2）以及「尋找合適的女伴及避開不適的對象」（p.26）中會協助你發掘這類事情。一旦你瞭解自己正在尋找何種對象，那

邂逅場所

以下列出邂逅女性很棒和很糟的地點各5個，資料由洛杉磯婚友中心負責人雪莉辛格所提供。

好地點	不好的地點
課堂上	酒吧
戶外慶典	內衣店
婚禮	機場
當義工時	旅遊中
婚友介紹所	職場

麼要知道到何處尋找該類型女性便容易得多了。

找一處適合自己的場所

你應該到哪裡找一位和你速配的女性？她可能適合你嗎？

假若你舞技不佳，討厭跳舞，也不想改善舞技，那麼你和在舞廳裡邂逅的女子在一起會感到自在嗎？這就是與女性邂逅時一門最大的學問：衡量自己的能力、技術和才智來選擇你的社交活動，你將較可能遇見適合你的女伴，以下提供一些良方以資參考。

數據說性

由朋友、家人、同事、同學或鄰居介紹而成爲情侶或夫妻的比例如下：

已婚夫妻……………………………………63%
同居的未婚情侶……………………………60%
交往一個月以上的約會情侶………………55%
交往不到一個月的約會情侶………………49%

資料來源：*Sex in America*

列出能協助你的朋友及家人

由一位可信賴的朋友、同事或家人所介紹的對象是和異性交往最佳的方法。所以，賭賭運氣吧！讓你的交友圈知道你肯花時間和有魅力的女性交往，同時也會感激他們的熱心引介。普雷桑洛博士說道：這是多數人遇見速配對象的方式。

出門逛逛

要邂逅不相識的女子，你必須到有女性聚集的場所。選擇一個你有興趣的社團參加。假如你是單親家庭的父親，在假日時帶孩子去遊樂場，四處張望，你會發現什麼？

對啦！其他的單親父母，顯然你們具有共同的興趣。

做自己喜歡做的事

你眞正喜歡做什麼事？想想看吧！你可以在紙上列出所有你極感興趣的嗜好、運動、技能和活動。有喜歡做這些事的女性嗎？場所在哪裡呢？

性學專家歐曼描述他曾遇到一位案主，離婚後想再婚。他荷包扁扁、空閒時間也不多，主要的休閒活動是釣魚，但是，當他思考他所喜歡做的事時，才發現自己擅長手工藝。

他和歐曼評估了當地成人教育夜間課程表後，終於決定上縫紉課。歐曼表示，他自己在上課前還猶豫不決，因爲他是班上34名女性學員之外唯一的男性，他馬上成了明星。

下課後，同學們都會邀請他去喝咖啡，參加家庭聚會，把他介紹給單身姊妹等等，這可是意外的收穫喲！

當個善心人士

「社會需要你。」當你看到這類廣告時，回個電話吧！將你的才能及時間貢獻給慈善服務團體。你不只會遇見人群，更會遇見積極及關心他人的人們，鮑威爾博士說道。

參與戶外活動

有任何運動或體能活動是你特別熱衷的嗎？排球？開遊艇？槌球？有

女性社團投入這些活動嗎？這是「做自己喜歡做的事」的另一解。

選擇體能活動

密西根預防醫學中心的執行長強納森·羅賓森說道：研究顯示生活規律的人們較可能做到這點。參與體育團體或課程，你將遇見和你有共同志趣及目標的人們，而且能在過程中鍛鍊體魄。

藉由角色扮演克服羞怯

你很難和陌生人交談嗎？那麼設法找一份工作，如發送傳單、收票等等的工作，這些工作可引來人群，並讓你理所當然地和陌生人交談，歐曼說道。

舊情復燃

有時陪伴你走下半生的女性很可能是曾經認識的人。回顧你的舊愛及異性友誼，思考一個問題：「如果可能，我會重新開始這段關係嗎？」假若你的回答是肯定的，那麼先問問自己：「我可以嗎？要從何處開始呢？」接著便可進行追求的行動了。（這是單身族有時會忽略的大好機會。）

甚至你也可回想：在過去曾有某個你覺得不錯的人，希望你主動追求，而你卻沒付諸行動的呢？爲何不去追求她們並看看她們現在是否仍適合你呢？

如何與陌生女性交談

「嗨！美女！」這句聽似萬無一失的邂逅語總是屢試不爽 —— 如果你想招來白眼、惡名或換來一句「神經病」的話。

把邂逅語拋開吧！在禮節及高尚的範圍內，以友善的開場白起頭。性學專家及專欄作家歐曼建議，把焦點放在介紹自己以及解釋爲何你在那兒。以下是其他的建議：

別裹足不前

邂逅女性的第一步即廣泛接觸女性，下一步則是開始聯絡。對多數人而言，第一步比第二步容易。第二步似乎令人卻步，事實上，不須如此，因爲正如歐曼所說，我們遇見的都是陌生人，所以，有什麼好怕的呢？

如果在邂逅過程中，你犯了最嚴重的社交錯誤並自認臉上寫著「我是白痴」那又如何？對方只是陌生人啊！你可以不必再見到她。關鍵在於後續動作，採取行動、開始交談。假使你不這麼做，它就不會發生，如果做了，可能就會開出燦爛的花朵。

所以，做個眼神接觸，如果對方似乎接受了，便聊聊天，也許她會以某種方式暗示你她願意多聊一些。

表現出自制力

假如你成功地與女性展開話題，務必注意你的用語，別喋喋不休地談「性」或使用粗鄙的語言。即使對方用詞不雅，你也別如法炮製，否則她會對你退避三舍。

讓奇蹟出現

如果雙方眞的來電，那麼開場白便無關緊要了。即使蹦出一些無意義的話，對方也會報以欣喜的微笑。這項原則在許多邂逅中皆有用。重點是在互動過程中所發出的聲音，以及非語言的表達。實際的言語通常是無意義的。

善用眼波

也就是眼神接觸。經由它，你便能準確地判斷出你的開場白是否奏效。在搭訕之前若先有眼神接觸是很好的開始，也就是說別光在女性的背後囁嚅自語，那是沒用的。

輕鬆打開話匣子

你是陌生人，而對方是女性，你的首要工作便是使她相信你並無惡意。歐曼和史提爾說道：在今日的社會，女性對陌生男子感到恐懼。史提爾建議，你必須表現得很紳士、很友善，談談大學生活、電影、電視節目、汽車、溜冰、旅遊經驗等等。總之，在剛見面的談話中，只要讓她覺得你很安全及有趣即可，其他都是多餘的。

透露一些關於你自己的訊息給對方，例如，姓名及一些想法，並詢問對方一些符合當時情境的話題，以此種模式反覆進行，讓談話內容單純且不具任何壓力，並帶領她共度第一次的兩人時光，史提爾建議道。

以常識觀之，別問她住哪兒，因爲她尙在懷疑你是否眞是好人。告訴她你的姓名、職業、住所，若你願意的話，談談彼此都可能感興趣的話題，記住，見好就收，把自我介紹變成徹夜長談不見得有用。

♥ 尋找合適的女伴及避開不適的對象

看過麥克道格拉斯（Michael Douglas）和葛倫克蘿絲（Glenn Close）所主演的「致命的吸引力」（Fatal Attraction）嗎？當有一天你發現孩子的寵物兔子被放在鍋中烹煮時，爲時已晚矣！可是你知道爲什麼會遇到如女主角一般可怖的女性？你又能如何避開她們呢？其實一開始通常是渾然不覺的，當發覺不對勁時，常常已是交往數月以後的事了。可是你可控制情況，使它不再惡化，當你醒悟所遇非人時，你必須設法盡快抽身，使心理傷害減至最低。

放電的眼神

普雷桑洛博士說道：「你可能會說，我們大多數人一開始都會被表面的事物所吸引。不可諱言的，這種表面的事物就是外貌。」

假設一個男人被某位女性所吸引，很快地，他便會要求發生性關係。這是一種生物本能，這種本能不在乎天長地久的關係，而是要讓對方懷孕。放電的眼神便是快速使人懷孕的便捷機制。

然而，如果你必須和對方長久相處，則必須有其它特質輔助，如個性及人格，這是要花時間去瞭解的。

最能牽引男士動心的便是視覺，但視覺無法告訴你太多完整的訊息。你無法知道對方是否爲合適的對象，也無法知道當熱情消褪時，你們會繼

數據說性

一般男性所約會及結婚的女性對象都和自身相似。換言之，即有相似背景之女性：相同種族、宗教信仰及學歷、年齡相當者，但有相同的宗教信仰是最不重要的因素。不過，比起同居（53%）和約會對象（56%），結婚對象是否有相同的宗教信仰較爲人重視（72%的夫妻有相同的宗教背景）。

資料來源：*Sex in America*

續愛戀還是憎惡對方。

普雷桑洛博士說道：「我們眞的應該教育年輕人，外表的確重要，但在交往之前應該先認清對方。如此可省下許多麻煩，你眞的必須多和對方聊聊以增進瞭解。」

打開話匣子是尋找合適對象和避開災難的好方法，當然還有其他我們可採行的方式。

認識你自己

現實生活中絕對沒有一個完美的女性，更沒有一個爲你量身定製的合適女性，好萊塢和花花公子雜誌上的女性就更別提了。

因此，守則第一條便是認清你需要的是什麼？普雷桑洛博士說道。爲了做到這一點，你必須先瞭解自己，方法是判斷你的「愛情地圖」。你的愛情地圖便是你「理想情人的概念」。這個理想「在童年時期即形成，它是社會及環境經驗的結果，透過感官輸入腦海，變成你的生物本能。」

你的愛情地圖包含了無法磨滅的心印：理想情人的臉龐、身形、性愛、活動、儀表、個性、社交特質以及包括了你所從事的情色活動。

它是身體特質、情感特質、氣味，甚至是聲音的結合，普雷桑洛博士說道。散發出你的理想情人之特質的女性遠比沒有這些特質的女性要來得令你心動。

只要瞭解爲什麼一個伴侶令你感覺舒服自在，很顯然地，將有助於你尋找那些特質。而回想和思考在過去，兩人之間的哪些事情進展順利也會有幫助。爲了達此目的，你必須利用閒暇，在家做一些非專業性的自我心理分析。這有助於你整理過去並瞭解哪些做法有用，哪些則否。以下是進行的方法：

1. 買一本相關書籍，在筆記本上寫下你的疑問及答案。
2. 列出你的愛人，列出你記憶中每個交往過的女性的名字，歐曼建議列出關係良好者即可。但假使你並未有過許多戀愛經驗，或甚至根本沒有，那麼列出擦身而過的可能戀情，例如，「在台北開往高雄的火車上，坐在我身旁的女孩」。
3. 開啓新的扉頁。將每個伴侶的名稱寫在每頁的開端，並思考及回答下列問題。

- 我在哪裡遇見她？怎麼發生的？
- 誰先採取主動？
- 我的第一印象如何？
- 一開始是什麼事情眞正吸引我？

- 交往過程中最棒的事？
- 我不喜歡什麼事？
- 美好時光是在何時？維持多久？
- 這段戀情何時結束，誰提出分手的？
- 如果可以，我會如何重新開始這段戀情？

這些問題的答案應具有啓發性，尤其是歷經數段戀情後，這種練習以及它所提供的知識應該會給你力量及建立信心。在心中重現成功的經驗尤其能激勵人心。

4. 詳列你的優先考量。在分析完你的名單後，列出你認爲一個伴侶應具有的重要特質。每項特質佔一行——例如，面容姣好、幽默感、專業人士、宗教信仰等等。思考每一項對你重要的事並列出來，歐曼建議道。
5. 列出排行榜。在你認爲伴侶應具有的重要特質的左邊，依其重要性以1~10標出。
6. 一旦你完成了上述評量，利用相同的方法檢驗你自己，並將得分寫在右邊。循此脈絡，你將瞭解是否夠實際，並清楚哪些地方尚有可爲。

最後一提，你尋找朋友及情人的場所和你所尋找的對象息息相關。（關於如何尋找理想情人的秘訣和線索，請參閱p.19「何處尋芳蹤」。）

愛情的逐臭之夫

這眞的會發生。有些男人和女人追求一種不良、惡劣、冷漠的互動而且只會對捉摸不定、不可靠、有暴力傾向等等的伴侶感興趣。

普雷桑洛博士說道，有些男人有一種深植不移的性傾向，他們總會說：「我想要一個會罵我的女人。妳愈羞辱我，我愈被妳吸引。」有些人還熱衷此道，被虐待對他們而言是一種性的挑逗，然而一位賢淑可人、能夠共同生活的女人卻引不起他們任何的性趣。

普雷桑洛博士認爲這並不健康，如果你發現這是你的模式，你應該把它說出來，以心理諮商的方法克服它。你也許並不想這麼做，但卻應該去做，因爲如果你必須不快樂而後快樂，你怎麼會眞的快樂？或者換個說法，如果你必須要被虐待才能感到被愛，你如何能夠享受一種愛的親密關係呢？

另外，還有一種「戲劇皇后」，這些男人或女人必須持續游走於決裂或和解的邊緣才會感覺愛的存在。淚水、口角、拳腳相向以及熱情如火的和解戲碼。他們的關係是吵得愈激烈，關係就愈親密。對其他人而言，這是相當恐怖的事，但是，普雷桑洛博士認爲如果這是使你興奮的方式之一，你可能需要一位無論海上多麼狂風暴雨都能和你同舟共濟的伴侶，你得找個知道如何玩這場遊戲的人。不然，你最好還是尋求諮商協助把這習慣改掉，他說道。

計劃一場約會

無庸置疑地，女人也會想邂逅男人，並和他們約會。生物學家佩波博士說道：我們都知道女人向來希望男人忠實、可愛、值得信賴，但要到哪裡找這種人？有一些關於約會的普遍眞理，無論你二十五歲或六十五歲皆適用。在本書其餘部分，我們會針對不同年齡層的男性來探討約會議題。

做準備工夫

如果你已經和約會的女子認識一段時間，那麼留意她的一些興趣，就會有勝算的機會。所以依此做計劃吧！如果她喜愛古典音樂，邀她去欣賞附近交響樂團的演奏吧！

如果你和她不熟，你可以給她一些選擇。臨床社工凱西．茵曼認爲，當你說「你想做些什麼？」時，情況會變得較難掌控，如果可以，給對方一些你認爲合理而且你也願意去做的幾項選擇。

最好別表現得優柔寡斷。「女人喜歡有自信的男人。」第一次約會應避免的場所是電影院，首次外出見面最好能夠交談及增進彼此瞭解，要是你在電影院這麼做，你會發現自己掛著黑眼圈走出去（被旁人揍一頓！）

考慮白天的約會

我認爲第一次約會若是在輕鬆、非正式的場所吃午餐或喝咖啡較好，午後的約會通常是個不錯的選擇。茵曼所採的理由是白天讓雙方都較易掌控，如果相談「不」歡，也不必勞煩對方送回家。而且，白天約會也減少了性方面的聯想，因爲它暗示之後雙方將各自回到日間的活動，那麼，第一次約會應維持多久呢？茵曼認爲一、二個小時即可。「那是我認爲午餐是約會好時光的另一原因，因爲大多數人必須返回工作崗位上。」她說。

如果你不喜歡約會，或者你想在週末的白天約會，那麼還有許多其他的選擇，例如，博物館、球賽、動物園、畫廊、慶典、海灘或公園。每一個都是你能夠輕鬆談話的休閒場所。

這並不是說第一次約會不應在夜晚。有些人主張晚餐約會比午餐約會來得好，因爲你不必趕時間，有些輕鬆的白天約會，像是球賽或戶外慶典也會在晚間進行。

花錢要明智

事實上，第一次約會要花多少錢並無一定的標準。有些女人熱衷花大錢，但有些會覺得不自在。

佩波博士說道：「我認爲第一次約會不應炫耀金錢。」對有些男人而言，第一次約會是花大錢炫耀的好機會。但大多數的男人都不會被拜金的女人深深吸引。

但是，許多女性對於第一次約會便出手闊綽的男子印象深刻。在第一次約會便表現慷慨的男人通常會贏得許多好感。

無論花錢多寡，約會愉快最重要。假使你討厭音樂，就別約她去聽音樂會，「別做你不喜歡做的事，否則它會變得很勉強。」性學研究專家玫洛琳費翔博士說道。而且爲什麼你要做你不喜歡做的事呢？這也是你的約會啊！

從小處著手

你應該在首次約會時，就帶著花或一些小禮物出現在她家門口嗎？你希望使她印象深刻，但又不想做得太過火。專業媒人蒂寶拉·菲佛說道：「第一次約會這麼做是不錯，但有些女人會覺得唐突，但是就我個人而言，我會覺得心花怒放。」

費翔博士認爲送花無妨，但第一次約會並不適合送太貴重的禮物。

約會中可做與不可做的事

你現在可能會認爲既然已約成了這位女士，大部分的挑戰便可拋諸腦後。其實不然，如果你像許多男士一般，那麼，你可能只瞭解量子理論而不懂什麼叫約會禮節。

隨著女性平權運動的高漲，有些約會的舊守則似乎過時了。我們認爲女性在談戀愛的過程中也想和男人等同地位，接著有一本名爲《約會守則》(*The Rules*) 的書出版了，這本暢銷書建議女性回復到上一代的遊戲並加以巧妙運用，例如第5條守則：「別打電話給他，也不要常回電。」難怪現在許多男人都摸不清女人在想些什麼。在約會中有許多情況是你必須立即做出決定，而這些決定會讓你的約會對象判定你到底中不中用。

*例一：*用完晚餐後，女方提議各付各的帳，如果你不置可否，她可能會不高興，因爲她原本希望你會堅持請客。但如果你堅持付兩人的帳，她可能會覺得你是沙文主義者。而有些女人擔心男人會認爲如果她接受請客便是答應和他上床，所以才想付自己的帳。

*例二：*你應開車門或幫女伴拉出椅子嗎？她可能會不喜歡這種中古世紀武士精神的作爲，她會表現出自己不再是個孩子，而且可以自己開門。但如果你不幫她開門，她可能又會認爲你不夠有紳士風度。

那麼男士究竟該怎麼做呢？佩波博士說道：「試著弄清楚女人想要什麼和期待什麼，我們應該更加留意她的言談。」

雖然約會守則變化無常，但如果你堅守一些不變的原則，你的約會將更愉快。

- 做你自己。
- 做個好聽衆。
- 將你的所做所言注入創意。
- 別把約會看成生死攸關的大事。
- 要準時。如果你會遲到，要先以電話告知。
- 表現出好禮貌。別發出令人不愉快的聲音。
- 穿著合宜。逛動物園時不須打個領帶，聽音樂會時也別穿條牛仔褲和不穿襪子。
- 對女伴的生活及抱負表現出興趣。
- 表現要自然。
- 約會結束時陪她走到家門。

夠簡單吧！以下是約會專家建議你不該做的事：

- 別不斷地談論你自己。別淨說你有多好，要表現給她看。

- 別提到太多有關前妻或前女友的事。
- 付帳時別使用優待券。
- 第一次通電話或約會時，別將話題轉到性事上。「男人所犯的錯便在於太急切於男女關係中性愛的部分而忽略了友誼，這對一個相當聰明的女性而言，是非常令人不快的。」
- 別因太勤於打電話而使對方反感。一家婚友中心調查，有七成35歲以下的單身女性認為你應該在美好的第一次約會之後等個二至四天再打電話給對方。
- 除非你是認真的，否則別說你會再打電話給她。

約會溝通法

男人與女人之間有一部分的問題出在語言（言談）上。佩波博士說道：「男人談話的方式是主題與事實導向，女人則較間接、較迂迴。她們可能口中會說一件事，實則意指其他事。」

語言學教授田納博士談到這些語言上的麻煩事時，她的結論是男人談話傾向於維持自我的獨立性，而女性則會強調親密感和彼此的關係。

田納博士也認為言語及行為帶有交錯出現的抽象訊息。舉例來說，為女人開門的男人可能嘗試要發出的訊息是「我很有禮貌，很有紳士風度」，但是女人所接收到的訊息可能變成「他是個大男人主義者，而且認為我是他的附屬品。」許多誤解都是盡在不言中。

如果男人夠聰明，他在約會中便能弄清楚女人真正想要什麼，也可以說是解讀她的心思。舉例來說，在看完電影後，她說她想直接回家，當時男士可能會猜測：這是性的暗示還是她想逃之夭夭？

佩波博士建議：「他可能必須委婉地問她：妳累了嗎？妳想要休息了嗎？那麼她會回答是或不是。我認爲這是男士必須做的事，別去臆測任何情況，把事情弄明白。」

佩波博士又舉了另一個例子：你們去看電影，你問對方她想坐哪裡，她說隨便。事實上，她可能比較喜歡坐前排的位置，但她模糊的回答暗示她希望你做決定，所以佩波博士建議不如問她是否有偏愛坐的地方，如果她說「有，前10排」，那麼你可機敏地決定你們兩人要坐哪裡，而且兩人都會很愉快。

「我的建議是男人可好奇地、花心思試著禮貌地瞭解女性眞正的需求，她們會很感激你的。」佩波博士說道。

其他有關行爲舉止的問題

關於開門及其他細微的禮貌行爲，你可以詢問女性她的偏好，或者你可以依照許多約會專家所建議的以及感覺對的事去做。別誇張地快跑繞過車子來爲女性開門，也別爲了趕在她前面開餐廳門而絆住她。但如果你習慣爲女性開門，那麼除非對方抗議，否則就維持現狀吧！

「男人應做他自己，如果女性不能欣賞他，那麼這個女性便不是適合他的類型，反之亦然。」菲弗博士說道。

「誰應付帳？我認爲約人的人應付錢。」約會專家梅樂莉說道。針對6,000名以上單身貴族所做的全國性調查發現，大多數女性皆同意這一點。受訪的三十五歲以下的女性中，有56％都認爲提出約會的人應付帳。

在第一次約會近尾聲時，男人仍有一個約會的兩難問題要解決。他應該和女士吻別嗎？茵蔓說道：男士必須注意女士的身體語言，如果他在門邊徘徊或身體傾向男士，則是肯定（正面）的訊息。

如果男士仍有懷疑，那麼爲求謹愼，他應該提出詢問。

如果女士能多約男士外出約會，上述這些約會的問題應可獲得解決，可是大家都在想：和以往相比，現在的女性較主動提出約會嗎？根據調查，三十六歲以上的女性，只有7%說她們較喜歡這麼做。

梅樂莉認爲女性在請男性外出時變得較勇敢，但卻不見得擅長此道。「有些女性表現得很像一些笨拙的男士，他們從不回答『不』，像瘋子一樣追求某人，而且使得自己惹人討厭。」她說道。

♥ 第一次的性經驗

美國有句古諺說道：你不可能和全世界的女人享魚水之歡，但你至死都應該嘗試。幾乎沒有人會眞的將它奉爲座右銘，但它所蘊含的荒謬及性別歧視卻也反應了一個不可磨滅的事實：第一次和女人做愛是令人陶醉、迷眩和吸引人的經驗。

在生活中，有能夠享受性愛奇妙經驗的人，也有對其恐懼的人。幸好大多數的人是介於中間，對性既感興趣又緊張。當然，對於新的嘗試，必然會有風險，尤其是這麼親密的事，你主要的感覺應該是來自於對奇妙經歷和神秘感的好奇，而不是恐懼及焦慮。畢竟，這不是什麼難關，只是一個事件，一旦你和女人發生了性關係，你便達到了一種領悟的新境界。

兩性關係專家及心理治療師維裘博士說道：「無庸置疑地，它是一個里程碑，也應該是件特別的事。當然過程可能會有點緊張和焦慮，但並不是說它不會有任何樂趣在。」以下我們提出一些萬無一失的方法來確保你的第一次不是最糟的時光，而是最佳時光的開端。

慢慢來

焦慮的人和新伴侶第一次的性經驗會覺得是逼不得已的事，聰明的人知道這種經驗是感官歡愉的饗宴，他不會狼吞虎嚥，這是要花點時間細細品味的事。

「你肯定會從中更瞭解彼此，而那將使得性愛對雙方更有益。」維裘博士指出。給自己充分的時間放鬆並使雙方感到自在。當夜幕低垂，你也準備好要享受肉體歡愉時，別急著剝下彼此的衣服，忙著做愛，相反地，慢慢地褪去彼此的衣裳、接吻，濃情蜜意地吻，記住，你是個熱情的發現者，而不是暴徒。

降低你的期望

我們並不是要你把它想像得很糟，較好的方式是期盼這美好的夜晚雖然特別，但未必最後目標就是性。「那將一開始便製造了許多焦慮感，你們雙方可能會虛張聲勢來度過這尷尬的時刻。」臨床心理學家巴巴赫博士說道：「這種事情並沒有方法預防一開始的尷尬，所以與其期盼第一次的性經驗能達到肉體歡愉的顛峰，不如預想會產生一些忙亂及困窘、緊張是正常的。」瞭解這些感受即克服它的第一步，巴巴赫說道。相信日後你們彼此都能學習，一次比一次更好、更無焦慮感。

別專注於「性愛」上

聽起來好像自欺欺人，不是嗎？你花了一段時間要達到這美妙的時刻，可是現在你卻必須把它從腦海中移除。

「這是緩和期望的方法之一。」維裘博士說道。「你認為會發生性關係的夜晚可能什麼事都沒發生。如果你把性當做目的，你只會讓自己陷入失望的境地。」所以與其光想著性，不如想些其他可能會發生的好事情：對這個很棒的人多瞭解、發現能夠取悅她的事物，一起做其他親密的事，如親吻、按摩或前戲。

言語催情

以言語來向你的伴侶求愛是很好的方法。既然兩人的談話已使你進入狀況，那麼就讓你的話持續發酵，心理學家伯區博士說道：「敞開溝通的大門。男人很可能會擔心『表現』的問題，他們心想：『天啊，這是我和她的第一次，我不能把它給搞砸了。』這是不好的習性，你們應不斷的談話，詢問對方的感覺。」另外，如果性的催化是建立在雙方的玩笑中，那麼就把它帶進臥室裡吧。沒有人說性是必須要很嚴肅的，事實上，笑聲是消除第一次性經驗所產生的緊張最好的方法。

溝通也有助於保護兩人。「如果你們其中一人覺得進展太快，那麼一定要說出來。」巴巴赫博士說道，「另一方必須傾聽並尊重這些想法。你們可以考慮延後，明晚或下週再試試。」

事後關心

如果有一條與女性第一次性交的基本原則，那便是：「你隔天必須打電話給她，無須藉口。」維裘博士說道，你可以低調地在她的答錄機中留話或奢侈點，送花到她的辦公室。

給各位一個忠告：如果你隔天不和她聯絡，你最好想出個好理由來向她解釋。除非你希望你的第一次也是唯一的一次，否則一定要做好道歉的準備。

♥ 如何應付被拒的情況

有個故事是這麼說的：有兩個人，一個名叫迪克，一個叫渥里。在大學時代，迪克在學生活動中心前裝模作樣並挑逗每個經過的女孩，他在被拒絕的藝術上有著日本武士精神。女孩們會輕蔑地拒絕他粗魯的慇懃行爲，但他寧死不屈，勇往直前。雖然會遭遇無數次的拒絕，但最後他還是找到能接受他的女孩，最後雙雙走進臥房。另一方面，渥里一見女孩就臉紅，尤其是夢中情人。他努力了數週，帶著緊張的情緒約她出遊。當他最後結結巴巴地說出他的邀請時（全程30秒鐘），她冷漠地拒絕了他。他花了兩年時間才淡忘此事，最後他和一名女子親密交往。當然，最後他娶了她，在婚禮上他道出了脫離約會的苦海有多快樂；記得嗎，他也只不過經歷了不到一分鐘的尷尬。

我們都知道迪克和渥里在處理被拒的情緒上是極端不同的例子。怎麼會一個的反應是將拒絕置之於度外，而另一個是將其內化而妨礙自己與異性的交往呢？

「你對於被拒的反應其實和許多事有關。」你在生活中的其他層面有多成功，你投資了多少的情感在拒絕你的人身上，你有多自信，你通常如何處理逆境等等，性治療師雷蒙說道：依生活中所發生的事件，你可選擇不同的方式來反應被拒的情況，以下是男人對女人獻慇懃被拒斥時一般的反應。

我是失敗者。有些男人將其所有的希望和幸福寄託在約女性出遊，「如果你對這一事件寄望太高，你會跌得很慘的。」雷蒙說道。當我們傾向於有這種反應時，我們應效法迪克的精神，重振雄風。「你約會和發展戀情的對象愈多，就愈不可能將所有的幸福取決於某人是否接受你，此言不虛。」雷蒙說道。

我花了太多時間和金錢在她身上。若一個男人常請女方用餐，並投注大量心思在她身上，卻只換來數週後被女方遺棄，那麼他有這種反應是很尋常的。然而，我們不禁要問：如果你的努力從未在某人身上達到較佳的效果，你又怎能認爲將資源花在戀情中是種浪費呢？相反地，把它認爲是成本——效益的問題：出錢請女方用餐及旅遊，以及花上你無數寶貴的時間，換來的是你和女伴珍貴的經驗。在這種情況下，你會學習到哪些要求是多餘的。「當我們約會時，都是在找完美的對象。但第一次的對象通常非你所願，所以接下來你還是到處約會，以確認這些你希望或不希望在女性身上找到的特質。」普雷桑洛博士說道。

我再也找不到更好的女人了。假如被拒對你打擊很大，這可能是「起初」直覺的反應。在此最重要的詞是「起初」，它只是暫時的。當你有這種感覺時，聽聽你的大腦怎麼說，它會告訴你眞相的；天涯何處無芳草，不相信？那麼讓普雷桑洛教授提出鐵證般的科學事實：「以統計學來看，

在全世界幾十億人口中只有一人符合你夢中情人的所有特質，是相當不可能的事，你可以確定地假設全球有數百人，甚至數千人都是你的夢中情人。」他說道。

*誰需要她？*啊哈，終於有正面的反應了。不錯，但你不應讓被拒的經驗使你怨恨一般女性，如果它使你的臉皮厚一些也不錯。「如果你還在談戀愛，你會需要厚臉皮，遭拒在戀愛過程中是無可避免的，如果你無法忍受，如果你現在就想放棄，你如何能遇見你的夢中情人呢？」雷蒙說道。

*誰在乎呢？*厚臉皮的缺點是你會開始變得麻木，讓你變得冷漠並疏離女性，相對地，這將使她們更易拒絕你。「別太極端！」雷蒙提出警語。如果你對戀情開始產生宿命的想法，也許是暗示你應先跳脫情海一陣子，花些時間自處，而切勿再盲目地追逐著你放不下的女人。

勇於面對被拒的命運

在生活中其實充滿了輕微程度的拒絕，這就是人生，我們也都應付得了。但也有一些刻骨銘心的情況，如交往了一年，和心愛的女友告吹，因爲她回到前任男友身邊，這樣遭到拒絕的傷痛是需要療養的。

「當男人被拒時，他第一件想到的事就是失去愛人。」波特曼博士說道。他利用問題解決的方法來協助其案主因應遭拒的情況，他引導其案主逐步小幅地改變日常事務，最後導入解決主要問題，例如，平復失去愛人的傷痛等。

「我幫助人們瞭解他們能靠自己做的事，而不是身爲情侶的一方所做的事。追求個人的興趣有助於他們克服失去愛人的感覺。」

假使你遭遇到一些較嚴重的情感挫折，如傷痛、失落感、被羞辱的惱怒感，你可依循下列方法因應之。

流露眞情

如果你嘗試要平復遭拒的情緒，你所能做的最糟的事就是嘗試對傷痛感到麻木。經歷強烈的感受是療程的一部分，心理治療師布倫費爾德說道。稍稍順從你的情感，即使你認爲自己不會再戀愛了。「有此感受並無妨，但別太相信它們。」

冷靜下來

當一個男人被拒絕時，有時他會選擇自我療傷的種類：重掌主導權的治療。

「假使他被拒絕，他的男子氣概便會被質疑。他必須證明自己還是個男人，仍能擁有女人。」雷蒙說道。

然而這就好像爲受傷的自我塗上膏藥一樣。

「莽撞闖入新戀情最大的危險在於選擇太粗糙。」包特曼說道。男人的出發點可能只是要證明自己對女人尚有吸引力，而不是要找一個共享生活的伴侶。這就是男人陷於破裂、受創的戀情中而無法自拔的原因，在證明的過程中，他們又給自己製造了新麻煩。

因此，暫時遠離愛情——至少一個月。把這段時間花在自己身上，而不是其他人。

重視朋友

花些時間在自己身上，意指培養友誼或重新和朋友連繫。

「我認為和其他男性發展友誼是很重要的，在戀情被滅後，許多男人覺得孤單，因為他們花了太多心思在伴侶身上，反而可能沒有太多，或甚至沒有要好的朋友。」雷蒙說道。

布倫費爾德建議努力發展自己個人的支持系統。打電話給好幾個月沒聯絡的朋友，拜訪親戚，邀身邊的朋友和同事聚個會吧！

參與活動

假使你的朋友很少且距離遙遠，那麼和人們接觸會比縮回失望及自憐的殼中來得好。

「那就是為什麼我會鼓勵人們參與一些義務工作。」雷蒙說道。許多男人太過於自私，或太專注於戀情，但他們卻未對其他人付出，參加一些公益社團有助於增進你的價值感和自信。此外，你可能會在此過程中交到一些新朋友。

走一趟健身房

若我們不提出一些關於身體健康的建議，這本書便稱不上是一本男性健康書籍。但這並非增進體魄的牽強藉口。到健身房鍛鍊體能是最佳的治療方式之一，你會知道如何讓自己平復遭拒的傷痛。

「我將案主送去健身房，不只因為心理健康和身體健康息息相關，也因爲我希望他將注意力轉移到本身的需求上，靠自己充實自己。」包特曼博士說道。

在健身房裡不需訓練太過。它是追求你所能達到的個人自我增進的目標。「通常你會希望選擇能成爲你的榮耀及成就的事，那會使你感覺較好些。」包特曼博士說道。

知道哪些事對你有益

當我們在克服遭拒的傷痛時，我們自己設下的大型陷阱之一即時常做一些會使自己感覺較好的事，但千萬別這麼做，包特曼博士建議，相反地，應著重在對你有益的事上面。這不盡然只是語意上的不同哦！

試想：健身房運動並不會立即讓你感覺更好。坐在沙發上看足球賽，啃著雞腿，暢飲啤酒，這具有相當的安慰作用，但你必須自問：這對你有益嗎？

「我並不是說你不能做一些會暫時令你感到安慰的事，但最後，你仍須更加專注在對你有益的事情上。」包特曼說道。

「今天到健身房不會讓你在今天就覺得快活，但你若持續二個月，每天上健身房，肯定會覺得很棒。道理很簡單，如果你長期做一件對你有益的事，最後你就會覺得心情好多了。」

向某人傾訴

有時遭拒絕的傷痛太深刻，使得我們脆弱的靈魂無法負荷，如果你發現你被傷得很深，連一些簡單的事都不想做，例如，倒垃圾、洗衣服等，你可能會希望跟某人談談你現在的處境。

「當你陷入沮喪時，尋求合格的諮商人員或治療師協助並不可恥。」包特曼說道。「因爲情感上的傷痛和身體上的一樣，會扭曲你的認知，一位面臨被拒的男人可能需要外在的協助來解決他的問題。「如果你發現日常活動變得愈來愈困難，就去尋求協助吧！」

♥ 許下承諾

誰說男人都守不住承諾？翻看報紙看看結婚啓事——又有女人要結婚啦！所以許下承諾不只是我們男人的問題。要做好許下承諾的準備是相當困難的。

維裘說道：「這對任何人而言皆是難事，不管你是男人或女人，要對另一人許下終身的承諾都是事關重大的決定。在你覺得做好準備之前，要花一段時間考慮，這是很自然的。」但事實上，女人似乎總是慢條斯理地考慮著令她們不肯輕易許下承諾的理由，但男人常不知道他們爲什麼自己故意拖延。

爲此，我們提出了以下合理的解釋。它們的用意不是被拿來當藉口，而是幫助你瞭解爲什麼當你聽到「承諾」二字時，會覺得壓力大得喘不過氣來。

你在一個未知的領域中。男人天生對自己的感覺較遲鈍，至少不似女人那般敏感。情感會震懾男人，他們也不太瞭解情感的作用，所以當男人面臨「眞實事件」時，女人會喚醒男人最強烈的情感，那會使他們感到緊張。

「強烈的情感是令人恐懼的事。我們不見得都知道要如何因應它，女人在這方面似乎較在行。」心理學家曼利博士說道。這可以解釋爲什麼女人似乎總是推動承諾的那一方。

就是遺傳。想想看：女人一生約製造出400顆卵子，她們犧牲相當的時間和資源，一次只製造一個後代。此外，她們也害怕生理時鐘。男人一次卻可射出1億個精子，就像古埃及的法老王一樣，我們也有潛力在一生中出孕育數百個，甚至數千個孩子，我們在基因裡本就是要盡可能地廣泛散播精子。就承諾而言，較現代的觀念是——將所有對未來後代的希望放在同一個女人身上——這和深植在基因中傳宗接代的義務產生相當大的衝突。

但千萬記住：我們不是鼓吹始亂終棄的行爲。我們告訴你這點，你才能夠瞭解你在對抗著一個隱伏的、難以對付的敵人。身爲現代男子，你最終還是得克服它。

擔心無趣。安定下來也意味著託付終身於一人。你會問自己：男人有辦法過每天面對同一個女人，再也沒有機會和其他女性交往的日子嗎？

振作點，男士們！有這種反應其實是很崇高的，如果你不在乎此人，你怎麼會在乎往後你是否會覺得無趣呢？在許多方面，預先擔心雙方關係會變得無趣、疲乏的問題都是你眞的在意這段關係的徵兆。至少你是因爲擔心自己做出荒唐的事而遲遲不肯做出承諾，例如，下班時帶著女秘書回家或出門拿報紙就再也不回來了。

你尙未做好準備。也許這是你第一次認眞地談戀愛，也許不是，但你曾身陷其中，現在需要一些時間復元。也許你就是知道這段感情、這個人並不適合你（若眞是如此，我們建議你參閱p.78「分道揚鑣」一文。）

向她提議

當你要爲自己的感情生活做出承諾時，你可能會覺得提出承諾的建議有點迫不得已。這並不是不好的念頭，人人皆如此。一般而言，你送給對方的東西和時機可遵循一些可預期的模式。以下是一些基本原則。

第一階段：早期承諾

你送她：

- 最喜歡的衣物，尤其是外套和毛衣。
- 你住處的鑰匙。

第二階段：適度的承諾，可能已同居

你送她：

- 昂貴或奢侈的禮物，如電器用品等。
- 你的汽車鑰匙。

第三階段：認真的承諾，未來在一起是勢在必行

你送她：

- 鑲在金戒指上的鑽石，你也向她求婚。
- 通往你心扉的鑰匙。

當你做好準備時

你們在一起有一段時間了。你也開始卸下約會時所穿上的虛有外衣，她瞭解到其實你並非一個時時刻刻皆彬彬有禮或衣著端莊的人，但她仍然要你。回頭想想，你也仍然要她。事實上，你漸漸明白她不只是個老情人，她可能是你一輩子的愛人。

「啊！」你突然領悟到「我準備好要表態了。」

就在此刻，焦慮感揮之不去，現在該怎麼辦？這不像你每天所做的事，要是搞砸了怎麼辦？放輕鬆，爲了幫助你向你的親密愛人證明你已準備好要許下承諾了，我們提供你一些建議。

休息片刻

這並非要你們分手或分隔一段時間來考慮你的愛情。我們意指逃離壓迫你表態的人或事，花一天或一個晚上，甚至幾小時來獨自思考，巴巴赫博士說道。問問你自己是否還有興趣在愛情的領域中優遊，問問自己如果她突然間想中斷戀情，你作何感想？試著想像未來五年你和她在一起，同居、結婚、共同分攤貸款等情景，判斷你的反應。「獨自深思後的感覺會讓你更堅定地做出下一步驟，無論這一步是前進或後退。」巴巴克說道。

告訴她

只有不負責任的男人才會猶疑不定，讓情人每天早上都擔心今天會不會獨自醒來，如果你希望和她在一起而且非她莫屬，開口告訴她吧！

對女人而言，最浪漫的事，就是「告訴她，你渴望她，而且希望和她共處並照顧她。」維裘博士說道。最簡單的方法是：告訴她在茫茫人海中，她是你的唯一。其它的選擇包括了寫詩、在窗下唱情歌、開飛機在空中寫字等，重點是要發自內心。「假使你不真誠，她很快就會知道的。」維裘博士說道。那比什麼都沒說更糟。

後續行動

你已經道出你的想法了，但現在你必須付諸行動證明你的承諾。

「你無須做出多偉大的事；對她而言，從小地方就可證明你對她的承諾。」維裘說道。當然，買一顆有含意的珠寶或將所有財產轉移到她名下的作法並無不可，但事情可以更美好、更簡單許多——例如，白天抽空撥電話給她，問候她，然後傾聽她的心聲，或很簡單地牽著她的手，或只要告訴她「你愛她」。

現在，你還覺得困難嗎？

♥ 溝通

有些人對性侃侃而談，有些人結結巴巴，有些人語焉不詳，更有些人對它三緘其口。

性是一種語言，它是人類用以溝通的語言之一，佩波博士說道。當我們和他人產生關連時，我們反覆不斷地放出細微的訊號，無論是語言或非

談性小測驗

你和你的愛侶能夠暢談性事嗎？我們馬上就會知道，這是由婚姻及家族治療師丹尼爾畢佛所設計的單題自我評分測驗，請據實作答。

請回答這個問題：我能夠要求伴侶以特定的方式給予我性的快感嗎？

若是，恭喜您。

若否，那麼你得儘快改善性方面的溝通技巧了。

語言、有意識或潛意識的，在這些訊號中透露著我們對性的心境、慾望及興趣。

當我們第一次陷入一段感情時，大部分的人對這些性的訊息都相當敏銳。但我們常常在戀愛過程中錯誤解讀一些訊息及暗示，不只是性方面，各方面皆如此。婚姻諮商專家、心理學家及性學專家皆如是說道。

當各種形式的人際溝通在親密關係中惡化時，性也會遭殃，心理學家及性治療師菲德博士說道：「臥房裡的事將變得毫無生氣。」

這就是為什麼良性地談性很重要，在親密關係中發展良好的溝通技巧也是很重要的原因。

普遍而言，即使一開始表面上琴瑟和鳴的夫妻也會在不久後發現，他們的溝通逐漸在呆板的生活中消逝。我們來看看它是如何發生的。

一旦親密關係的新鮮感消失了，我們便不再表現出最好的自己，不再完全專注在伴侶所思所感的每件事上，亦不再熱衷於做伴侶想做的事。我們開始彼此表現出挫折感，我們會覺得彼此顯露出憤怒及其他負面情緒是稀鬆平常的事，這些情緒是在求愛期間會刻意加以抑制的。那會使我們的人際關係惡化，因爲我們的伴侶可能會害怕和亂發脾氣的我們在一起，也不知道該如何處理。因而溝通開始破裂，我們開始互相傷害、彼此憎恨、漸行漸遠。我們開始認爲我們瞭解伴侶的好惡、思想是理所當然的事，而且很快地，麻煩事接踵而至。

性愛是感情的溫度計，菲德博士說道。當溝通惡化，以致誤解、臆測、痛苦、怨恨及攻擊行爲產生時，房事便會冷若冰霜。性變得受拘束，較機械化，終至寥寥無幾。我們失去了冒險的感覺及慾望。不過，事實上我們大部分的人並不擅長談論它，但治療師認爲如果我們要享受有活力、熱情的性生活，就必須要談它。

讓我們來檢視一下會澆熄性愛之火的溝通問題，當然，聽聽專家的建議或許可避免或克服它們。如同他們在諮商中所說的，我們都有必須處理的問題，以下便是關於溝通的一般問題。

誤解

說出你的意圖。常常，我們不會直接碰觸敏感的話題，心理學家威斯摩博士提到，如果你希望你的伴侶多和你擁抱，與其說「你不夠深情。」不如說「當你將頭靠在我的肩上，抱住我，並搓著我的臂膀和胸口時，我眞的很喜歡這種感覺。」將你的感受道出並不會造成傷害，威斯摩博士說道。例如，你可加上：「這讓我覺得被愛和被欣賞。」

要求你所想要的

你知道你需要和想要什麼，你的伴侶知道她需要和想要什麼，她能夠協助你得到你想要的，你也能協助她滿足她的需求，但唯有雙方都讓彼此清楚瞭解時才能做到，威斯摩博士說道，如果你眞的希望獲得正面的回應，那麼在溝通時，必須要禮貌、明確，並帶有鼓勵的意味，楊艾森卓拉斯博士說道。

常常，伴侶會試著在情感和身體上以懲罰、侮辱和毆打來強迫對方愛他們，心理學家漢卓立克斯博士說道。你可以這麼做，但這是沒用的。

別假設情況

我們常期望伴侶會讀心，諮商人員說道。我們也常讀伴侶的心思，這是另一種形式的溝通有誤。

「我們會假設對方的想法或感受，」菲德博士說道：「不管你有多厲害，沒有人是能夠讀出另一個人的心思的。」所以我們最後會錯誤判斷一些行爲、暗示及訊息的意思。

要虛心

虛心及直接的溝通是發展及增進健康、活力性生活的關鍵，性學專家及家族治療師柯恩說道：運用這兩把鑰匙來起動親密關係中性愛的引擎吧，如果它無法開動的話。

「一個男人必須採取下列態度：我不是萬事皆知，而且我接受我所不瞭解的每件事。所以我必須能夠詢問伴侶的需求，我也必須能夠向伴侶坦言我的喜好。」柯恩博士說道。鼓勵該種溝通將可營造性愛的魔法環境以及建立突破現狀的基礎，他建議道。

將此原則應用在臥房以外的親密關係上，諮商人員建議道。「提出問題，假設你所知道關於伴侶喜歡和不喜歡你的日常習慣、你的夢想和計劃、你的活動等都是錯誤的。」楊艾森卓拉斯博士說道。變成一個虛心、專心的學生，並問一些表面上很愚蠢卻最基本的問題，規律地、一次一次地，學習將你的伴侶想成是一個你想認識的迷人女子。

攻擊、辱罵、傷害

情感上的親密感在令人興奮的性關係中是重要成分。如果你們用言語傷了彼此的心，彼此輕視、辱罵、埋怨、隱瞞事實，或者干涉對方做他自己，你們便無法發展及保持情感親密感，這些事將惡化及破壞性的親密度，專家如是說道。

別貶損你的伴侶

別貶抑她的行動或感覺。這並不是說你不能提出異議，漢卓力克斯博士說道，這是指當尊重伴侶的感受及立場時，你也要學著提出不同意見。

怎麼做呢？

練習以「我」開頭的句子取代「你」開頭的句子。換言之，「你真是不體貼、自我中心、不可信賴的傢伙。」，可換成「我很生氣你未遵守諾言，下班後竟沒來接我。」畢佛說道，後者是告訴你的伴侶你的感受。前者則是攻擊對方的人格。如果以後者表達感受，一般可增進親密感，攻擊人格則會破壞親密感並將拒此人於千里之外。

學習表達感受的用語

當你惱怒時，學習正確地說出該事件令你有何感受，而不是辱罵或怨恨讓你感到不悅的人，另外，也別落於光是談論你對對方的感覺，更要將對方做這件事時使你產生的感受說出來，無論你多想攻擊對方，你都要瞭解攻擊不會使你得到更多的愛。但正面地將挫折感發洩出去則有助於建立親密感，畢佛說道。

「尤其，男人較傾向於聽見及反應口中所說出來的話，而非傳達出的感受，」畢佛說道：「雖然，言語經常是粉飾作用，而感受才是重點，他說道。我們必須努力集中注意力於感受上而非用以溝通的言語及觀念上。」

例如，「你聽起來很生氣。」比「你完全誤會我的意思了。」可能會產生一種較快理解及較正面的結果。為什麼？因為「你聽起來很生氣」表示一種感覺，然而後者卻因為質疑及攻擊到對方的推理能力而擴大衝突。

摒除妒忌

最後，學習欣賞伴侶的才能、長處、成功、好人緣及能力，別妒忌你的伴侶。妒忌是性愛的毒藥，楊艾森卓拉斯博士說道。

大家來談性

你可能會認為我們要談一些很有趣的事。但是和一個認識自己很透徹的人談「性」，恐怕會令許多人心生畏懼。

「人們要說出『性』這個字總會猶豫、害羞、結巴，更別說談論他們的需要或慾望。」菲德博士說道。言語的壓抑本身就是必須處理的性問題。其他夫妻、情侶們所遇到的多數性問題只有靠坦承及建設性地談論它才能解決。

哪種性問題常是因有口難言而引起，而只要靠點坦率即可有效解決？首先，想想你是否也有下列情況：次數少、慾望低、表現焦慮。只要敢提出來談論便是解決問題的第一步。以下是簡單的七步驟法：

1. 坦承事實。如果你們任何一方覺得你們的性生活有問題的話，必定是出了問題了，菲德博士說道。另一方可能未察覺到，楊艾森卓拉斯博士認為：溫和、直接地讓問題浮上檯面，但千萬別在臥房提此事。
   同時，菲德博士也建議：「別在性交之前或之後談論該問題，換言之，別在房門裡談論它，等到你們邊喝紅酒邊聊天或散步中兩人都覺得輕鬆時再談。」
2. 別責問對方。「別談論對方做或沒做的事。」菲德博士說道。相反地，談談你的感受，它對你的影響及你所想要的：「我希望你偶爾也幫我口交，這種感覺很棒，也讓我感覺與你很親密。」而別說：「我為你口交，你卻從未為我服務。」

3.做筆記。在你打開話題之前先做功課，如果這是從未被討論過的事，先經過大腦思考，並寫下你希望包含的項目，菲德博士建議道。

4.向你的伴侶保證你愛她、關心她、想取悅她，兩性關係諮商員葛雷博士建議道。

5.提出問題。詢問你的愛侶她喜歡被撫摸的方式、希望做愛的方式等等，並隨時準備好會有驚奇的事發生。楊艾森卓拉斯博士說道。

6.別辯護、別爭吵，千千萬萬不可。別因伴侶對你的提問所做出的反應而使自已受傷害或被激怒，相反地，正面地磋商是在做愛時能自在滿足雙方需求及慾望的方法。

7.瞭解你的伴侶是否可接受自慰至高潮。無論她何時需要，或者當你太累而不想做愛時，你們都願意這麼做。在她達到高潮時，你也願意協助他。這種方式清楚地表示你並未剝奪她享受性愛的權力或利用性做為工具。

接下來，將性的溝通移至臥房中，試試下列建議：

在性交時談談天

問問你的伴侶「喜歡這樣嗎？這樣感覺好嗎？這樣較好，還是那樣？」打破沈默。在性交時沈默不語會讓人受不了。這並不是說你全程都要喋喋不休，而是學著做出評語、建議、贊同的聲音、歡愉的聲音，畢佛博士說道。

使雙方更瞭解彼此

讓對方明白你所做的建議，目的只是傳達訊息而非要求，你的伴侶在樂於配合的情況下才需做這些事。

使性愛成為有趣、遊樂的探險之旅

鼓勵嚐新。探險是一種你無法預期結果以及包含驚奇和危險的情況。鼓勵你的愛侶伴隨你編排及演出探險的戲碼。勇於接受新的可能性。樂意嚐試你的伴侶提出或建議的事，樂於提出建議給你的伴侶，如此一來，性愛將更加廣闊，更增親密感，畢佛說道。

信任

「當兩人在一起時，信任是最大的問題。」畢佛博士、漢卓立克斯博士、楊艾森卓拉斯博士同聲說道。你必須信任你的伴侶爲這段感情貢獻自己，而且也不會忽然間和別的男人跑了。你必須相信你的伴侶會爲自己的快樂負責，也會告訴你何時你能提供何種協助，畢佛說道。

你必須相信對於伴侶，你能夠卸下心防，而且防備之心從此不再縈繞心頭，你必須相信你的伴侶不會將你們之間私密的談話透露給其他人知道，麥卡錫博士說道。

菲德博士也說道你必須相信你的伴侶不會秘密地洩露一些事情以達到貶損你或打壓你的目的。你必須相信你的伴侶不會做出傷害你的事。

數據說性

「我們必須談談。」

根據對715名女性發出的有效問卷顯示，43%希望有更多性愛的女性會對他們的愛人這麼說。

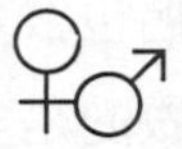

資料來源：*Mademoiselle*

現在，反過來看，你的伴侶也必定和你有相同的感受。

你要如何做到這點呢？練習、練習、再練習，諮商人員說道。

你要如何重建已破裂的信任感呢？其實困難重重。犯錯的一方應坦承罪行，所造成的傷害也必須相互溝通。一方必須眞誠地道歉，另一方亦誠心寬恕，而且永不再發生。你們必須撥出足夠的時間來療傷，並期待信任可以像嬰兒學步的速度般慢慢重建起來。楊艾森卓拉斯博士說。

你們要如何增進信任感？首先，彼此分享秘密，麥卡錫博士說道。你的伴侶必須完全相信她向你傾吐的事將受到尊重，而你也將會守口如瓶，你必須和她有相同感受。

要當彼此的密友，無論是什麼事都毫無保留。自在地和你的伴侶分享你最深沈的恐懼及不安全感，以尋求安慰及自信。如果你能夠對你的伴侶表現出「情感脆弱」的一面，畢佛說道，那麼你會很自然地釋放出所有性方面的壓抑和設限。釋放是絕妙的性關係中重要的一環，他說道。

解除衝突

要和一個令你氣憤或與你衝突尚未解決的人愉快地享受魚水之歡，恐怕不是件容易的事，畢佛說道。同時，要和一個總愛證明你錯而她才對的伴侶也很難達到性的高潮。更別說要和一個不肯傾聽你說話或不瞭解你的人做愛是多麼困難了。簡單地說，懸而未決的衝突將大大地減低愛侶間做愛的頻率。

你正在尋找一種快速奇蹟的方法嗎？學習利用以「我」爲開頭的句子以及本章早先討論的議題中所教導的其他建議。

你還能做哪些事呢？

在對方與你分享深層的個人情感時，表現出尊重的態度，漢卓立克斯博士及畢佛說道。當談話內容很敏感時，要表示出你已聽見對方所說的話。儘可能重複或重述她的話並詢問你聽的正不正確，漢卓立克斯博士說道。別辯駁她說的話或質疑伴侶的感覺，他說道，你的伴侶有她自己的感覺，這是千眞萬確的事實，瞭解你的伴侶的感受，並認同它。

愛並非意味著你必須同意每件事。它是指你們尋求同時可滿足你和伴侶雙方需求的方法，並在無計可施之下尋求可接受的妥協，漢卓立克斯博士說道。

但是，妥協並非指一方總是必須讓步，它的眞義爲經由磋商達到一個平衡點，且公平、易理解。

衝突必須在無敵意的過程中解決，兩造相互尊重，並注意彼此的需求。這個過程可能要花上數十分鐘、數天，或甚至數星期。當雙方都覺得協議對彼此都公平時便大功告成，畢佛說道。

♥ 保持興趣

你已結婚好一段時間了，好長一段時間。或者你們已經約會很久，似乎該結婚了。或者你只是想著要和某個特別的人共度一生，但事業的牽絆又令你卻步。長期以來，你承諾要和唯一的人在一起，也許還共度餘生。究竟爲什麼你會長期對伴侶保持興趣呢？

如果你腦海中曾閃過這種念頭，而且因此而產生罪惡感，放輕鬆吧！興趣是很巧妙的事，當興趣是出於個人或性的本能時，長期持久就更加微妙了。當你正思考你是如何對她保持高度興趣的，也會擔心你要如何維持她對你的興趣。無論是哪一種，都別苦惱，思慮這些憂心的事是健康的訊號，表示你確實做了一些事來保持你和她對彼此的高度興趣，因此你們雙方都能享受充實及多樣的愛情生活。

兩性關係專家克萊德門博士正是力倡此道者。「當然，第一步便是你們都必須想要改變。我聽過許多來參加我的座談會的人說他們被迫這麼做。」克萊德門博士說道。「他們一開始會抗拒，但之後當他們發現事實上這可能重燃愛情生活時，他們會爲了更佳的未來做出改變。一旦你有興趣，就會有動機，一旦你被激發動機，就沒有任何事可讓你停下來了。

保持你的高度興趣

此刻，讓我們假定你可能有興趣方面的問題。正因男人較易接受視覺刺激，年復一年看的都是同一人，難免會感到有點無趣。這是很自然的，承認這點也沒什麼大不了，但是爲了不感到無趣而與二十三歲的年輕女職員出差，或者以不斷地批評伴侶來消除你的沈悶感就不應該了。

你眞正必須做的是轉換你的看法，只要稍微即可，爲了做到這點，你必須把一些舊習慣改掉，你可以從一些簡易的步驟開始。

尋求新鮮感

平常便想著：認識她便是不停息地發掘她。很深奧吧？這是個很棒的想法——事實上，你所選擇要在一起的人是廣袤、未開發的領域、充滿著你未發現的資產、特質和美德，它不只是個美好的想法，它就這麼恰巧是個事實。

「人們總是一直在改變，假若你給他們機會，他們總是會令你驚訝。」克萊德門博士說道。

因此，首份「改變觀點」的作業便是在同一個舊情人身上找到新鮮感。別直想著你瞭解她，你期望她有何反應。你應想想你不瞭解她哪些方面，她最崇拜的歷史人物是誰？她兒時最喜歡的糖果是哪一種？即使像如此簡單，表面上愚蠢的問題也可激發討論，讓你發現你從不知道她本就存在的人格特質層面。

別批評，多鼓勵

隨著時光流逝，你可能會驚訝地發現昔日完美的伴侶竟開始變得不完美（很巧地，她也在你身上發現了這一點）。曾經你認爲她可愛的怪癖和特質如今卻困擾著你，她年輕時標準曼妙的身材曾幾何時不堪時光及重力摧殘而下垂變形。你可能覺得從前習以爲常的熟悉感讓你可以肆無忌憚地批評或甚至因無關緊要的小錯誤而責備對方，而她也予你同等待遇。

你可能會發現如果你不對她嘮嘮叨叨，而是以較正面的方式鼓勵她，生活會更單純、更美好。「俗話說：『親暱生狎侮。』便是這個意思，大多數的人甚至未察覺他們對待彼此是多麼殘忍。」克萊德門說道。在你脫口而出之前，問問你自己在你們戀愛的歲月裡，這些話從你口中說出來聽起來會如何？「如果你會感到討厭，那麼便表示你應該重新思考該如何說出你正要說的話。」她說道。

度過一些自我的時光

你們兩人在一起愈久，彼此愈可能各自追求自我的興趣。那是相當正常且事實上是健康的。我們鼓勵你保持下去，這會使你們雙方都積極追求目標，當你們聚在一塊兒時也會使你們更具吸引力。

「追求個人興趣是很好的，只要確定你也撥出時間和她在一起，將投注在嗜好或事業上的熱情與她分享。」伯區博士說道。

內在思考

當你花了一些可貴的時間在自己身上時，檢討一下你自己的癖好、特質等並非壞事。問問自己一些高難度的問題：你做了哪些事使她的生活更美好、更充實？你表現出哪些行爲可能會煩擾她？爲自己的行爲舉止負責，你可能發現她也正爲自己的行爲負責。

從今晚開始保持興趣

當你就寢時，想增加伴侶欣然同意燕好的機會嗎？以下是你可以做及不能做的事，以確保她在今晚對你的愛戀。

可做……

一走進屋門就先找她。

當你找到她時，給她一個擁吻。

一起做晚餐。

問問她今天過得如何。

洗碗盤。

當你們一起看電視時，搓搓她的腳。

上床前先沖個澡或刮鬍子。

不可做……

一回家就先看信或溜狗。

大聲問：「喂，幾時開飯啊？」

逕自躺在沙發上看電視。

當她和你說話時，你目光呆滯地盯著電視看。

忘記倒垃圾。

告訴她垃圾很難聞（即使是真的）。

沒刷牙就上床。

保持她的興趣

現在，你愛著她眼前的樣子，除了她有時會不斷地唸你，要你從躺椅上下來，或有時負責任一點。或者她已對做愛失去興趣，而你根本搞不懂為什麼。要保持在房事上的興趣，首先必須保持對彼此的興趣。如果你試著盡本分、試著成為她心目中變化多端的男人，這裡有一些簡單的方法可以使她保持高昂的興趣。

多聊天

記得你們第一次是在何時見面的嗎？你怎麼發現彼此是如此有趣的呢？你如何做到雙方相處數小時也不厭倦？

「你猜想大多數的伴侶在如膠似漆的時光裡都做些什麼呢？」克萊德門博士說道。「答案並非你所想的。大多數的時間，他們都不斷在聊天。」

我們並非指談「性事」，而是天南地北地聊天。「女人很擅長言談」，克萊德門博士說道。「說話可使她們興奮」。對談是投入彼此興趣的首站，也是最佳的方法，理由何在？你們討論的事愈多，彼此在思想和感覺上就愈相契合，這將使你們能夠保持對彼此的興趣。

專心聆聽

當對方說話時，如果一方不願聆聽，那麼這種談話便毫無交集。

這對男人而言是種重要的技巧，因為數年後，他們更可能聽不見他們的伴侶說的話了，克萊德門說道。別就這麼敷衍了事，且別認爲她沒注意到你把她的話當耳邊風。「女人處理感情及情緒的主要方式，包括和你之間親密的感覺，都是透過談話。如果在她開口說話時，你便對對方充耳不聞，這等於是無視於她的存在。」克萊德門博士說道。她在這種情況下還能保持興趣多久呢？

一起嘗試新事物

在克萊德門博士的著作及演講中，她都建議尋找雙方伴侶可一同參與的活動，例如，一同報名標準舞課、在附近的大學一起修課、在同一時間到健身房運動，或是很簡單地每晚定出一個時段兩人一起散步。重點是引入新鮮感及外在刺激到你們的伴侶關係中。而且，一起做一件事，則沒有一方會落寞地自怨自艾。

照顧自己

當男人年歲增長，也同樣會受到時間及重力的影響。在此提供你一個訊息：要做一個身材體態吸引人的伴侶不完全是她的義務。「對女人而言，在她們生命中的男人能照顧自己，使自己看起來整潔、體格健壯和健康是很重要的。它所透露的訊息是，你重視她們，因此，爲了她們，你使自己看起來很迷人。」伯區博士說道。這種印象即使女人老了也不會改變，事實上，只會更強烈。所以如果你想維持她對你的興趣，你要表現得重視自己的外表。在你上床前先梳洗。將你的頰髭、鬍鬚、頭髮等打理整潔。另外，一週運動三或四次，不止令你看起來更健康，運動也有助於你更長壽。

當心習慣成自然

在長期的承諾中，永遠記住，自滿得意是熱忱的殺手、乏味之源。如果你能夠一併找出生活中所有的慣例，那麼你便能夠努力注入新的趣味和新奇感進去，請特別留意危險警示：當你們的對話開始依循著相似的模式時、你們對對方的用詞及回嘴的方式都同出一轍時；或者在臥房內，如果你們做愛似乎變得公式化和機械化時，便犯了長期關係中一成不變的通病，別讓情況惡化到你們都不說話或心理想著別人的地步。

這個世界上慶祝50週年以上婚姻的愛侶多得是，他們沒有任何超越你的特殊優點；他們只是選擇共同努力來維持對彼此一輩子的興趣和好奇心。如果你還對她感興趣的話，沒有理由做不到。

♥ 不忠

有兩個人站在神壇之前，在上帝和一屋子親朋好友的見證下，他們以誠信的目光注視著對方並許下承諾。他們締結一項協定並在他倆四周畫了一個魔術圈圈。他們的允諾明確顯示一個絕對的事實：從現在起，沒有任何人可進入這個圈圈，沒有任何人可介入我們，這個協定被加以封緘，他們所做的承諾是神聖不可侵犯的。

除非有一件事發生，其中一人失信。那麼這個完美的圈圈便會出現瑕疵，圓圈也變成了三角形，如今，兩人站在散落一地的合約碎片中，心想怎麼會發生這種事，他們是否能重新再畫一個圈圈呢？

數據說性

有70％的人說外遇會對婚姻造成傷害。

有22％的人認爲外遇有時對婚姻是好的。

資料來源：*Newsweek* poll

有時是不行的，根據《1990年金賽性學報告》中指出，離婚的主因中有20％是婚外情。即使它未終結婚姻，不忠仍會造成經年累月的心結和不信任。無論是你或她的婚外情，不忠都是婚姻關係中最具殺傷力的元凶。

「人們認爲外遇與不美滿的婚姻有密切關連，但這是不對的。」史丹利博士說道。不忠也可能發生於美滿婚姻、標準的好男人身上。史丹利博士指出與其說不貞不忠是婚姻不美滿的原因，不如說它是婚姻關係中一些潛在問題或缺失的徵兆。「欺騙某個人可以有許多理由，但重點是：你在婚姻關係中並未得到你需要的某個東西，因此你轉而在婚姻外的關係去尋找。」他說道。

人類是不完美的動物，我們常誤導自己去思考我們在另一個懷抱中可找到我們所追尋的事物。「但這種事很少發生。」性治療師萊蒙說道。「最後，許多有外遇的人將學到處理婚姻關係中的缺失，唯一的方法便是從婚姻本身著手。」

停止墮落的行爲

除非這個男人眞的沒有道德觀念，否則他不會走入婚姻或長期的伴侶關係中而又故意不忠，而且他更不會選擇一夜情。

「如果眞有事發生，也是漸進的改變，它是悄然襲上心頭的，這邊一個念頭，那邊一個幻想，一點一滴、年復一年，你將發現自己與伴侶疏遠而靠向另一人，我曾親眼見它發生過。」萊蒙說道。

既然統計數字告訴我們男人可能發生外遇的機率是女人的兩倍，那麼以下資訊肯定是針對你而發出的，男士們。我們的目的是協助你探知自己的情感並避免可能會讓你誤入歧途的行爲。「預防的良方要比收拾外遇的後果要來得更好、更容易些。」萊蒙說道。如果你能找出可能使你不忠的行爲，那麼你將更能控制自己和你的婚姻關係。以下有些問題你可以問問你自己。

*你對不忠的定義正確嗎？*在婚姻關係中最難回答的問題是：是什麼造成不忠？「有些妻子會認爲如果你去上空酒吧就是不忠，有些則認爲如果你和其他女人有染只算通姦。我的一位案主堅稱他並無不忠，因爲他只是和他的愛人口交，他們並沒有性交。」萊蒙說道。那個男人是自欺欺人，你不會做同樣的事吧！

要預測不忠的前兆，絕佳指標便是：如果你正在做某件你不想讓你的伴侶發現的事；如果你正在做一件假使她捉到你，會令她很惱怒的事，那麼你便是處於相當危險的境地了。

*你覺得無聊嗎？*即使在最美滿的婚姻中——有良好的溝通及性生活——男人仍會出軌，克萊德門博士說道。理由只有一個，無聊。

「新事物的快感和變化使他們發生外遇。」萊蒙說道。使自己遠離外遇事件的引誘是較好的。如果你的性生活有點乏味，那麼有數十種、數百種，甚至數千種方法可以在舊有的關係中注入新氣象。確認你已先做了各種努力來解決你在婚姻中無聊厭倦的問題。

*你正罹患中年瘋嗎？*當我們步履蹣跚地步入中年之際，男人會警覺他們有點害怕未來的日子恐怕沒有過往的日子那麼多了。這使得男人會做一些瘋狂的事，像是買寶髮生、換新車、或與身旁年輕的女性談個戀愛。

「常常，這並非婚姻的寫照。」萊蒙說道。「但是男人會看著自己的妻子——她們通常與丈夫同年紀——而且他們會想：天啊！我逐漸年華老去，我必須做一些使我感覺有活力及年輕的事，許多人會做一些衝動的事情來遏止他們的恐懼感。」（提示：如果花錢買一輛跑車或租一套禮服只為了和你的秘書共進午餐，久而久之，與恣意放縱的感情及無止盡的財務代價相較，那輛車可能只算花小錢罷了，相信我。）

*你寂寞嗎？*根據史丹利博士的觀察，大部分的外遇都源自於寂寞感。即使你每天都見到你的妻子，你可能也會覺得欠缺心靈上的契合，一種眞正的寂寞感。

「別讓它蔓延，」萊蒙說道。「人們可能花許多時間在一起，彼此卻無法有效溝通。由於寂寞感，覺得被忽略的一方便可能向外尋求另一段感情來滿足他的需求。」

較好的解決方法可能是談談你的寂寞感。「如果你有這樣的感覺，你必須說出來。」有時候，我們太專注於自己的生活，而未注意到伴侶的苦處，或者我們注意到卻故意視而不見，無論是哪一種，如果需求未獲滿足，把它說出來，對你是很重要的。萊蒙說道。

*你是否做出違背品德的事？*身爲人類，我們生來就是會幻想的生物。但如果你日常的幻想開始擠進你日常現實生活中，而且你開始很明顯地違

每個人都這麼做嗎？

根據一份雜誌所做的調查，有72%結婚二年以上的男士均表示他們有婚外情，這種資料給所有的男人背上了惡名。

為公平起見，我們認為我們應大力宣揚其他調查的結果，它所得到男人不忠的數據較適中。你怎麼知道要相信哪個數字呢？事實上你永遠都無法相信它們。誰知道應答者是否誠實作答？但我們知道一個事實：一旦我們開始去探究，我們發現多數的數據都顯示不忠的男人比例低於70%，以下是我們的發現：

金賽性學報告（*The Kinsey Iustitute New Report on Sex*）

承認至少有一次婚外情的男人，其百分比為：37。

一般社會調查（*General Social Survey*）

婚後和妻子以外的女人曾發生性關係的男人百分比例：21。

性在美國（*Sex in America*）

婚後宣稱除了妻子以外沒有其他伴侶的百分比例：65～85。

背道德去做某些事情，這便是一種危險的警訊了。

「你愈來愈希望和自己的朋友一些做事，下班後和職場上的某位同事約會，試著營造一種你可和某人單獨相處的情況，甚至計劃一次完整的旅遊和某人一起出遊。這些都不是一個處於美滿的長期關係中的男人會做的事。」萊蒙說道。

*你有人可傾訴嗎？*這不是一個警訊，但如果之前幾個問題的答案使你如坐針氈，那麼和伴侶以外的人談談可能是個不錯的想法。我們是指一個可信任的朋友、親戚或同事。由第三者的觀點來看事情對於處於該處境中的你可能非常有幫助。

對付你的不忠

它已經發生了。

雖非你所願，但你臣服了誘惑並破了第七條戒律 —— 你犯了通姦罪。罪惡感統馭了你的心神和身體，像個惡魔般佔據了你。

或者也許不是，也許你戰勝罪惡感，而盡職地遊走於愛人和妻子之間。但是你知道，在內心深處，有某件事就要發生，你必須要說出來、找出來，且必須採取行動。

如果你決定結束婚姻，和你的愛人雙宿雙飛，我們沒有太多建議給你，除了找一位不錯的律師辦離婚手續外。順便提一下，別期盼你的新歡會是你一輩子的愛，統計數字告訴我們，只有很少比例的再婚男人會繼續保有婚姻關係。

然而，如果你選擇繼續維繫婚姻，則有許多方法可做，但不是每一種都很有趣或容易做到。不過，這本來就不是有趣的事，而是關乎補償的事，如果你希望這麼做，你就必須盡力去做，很困難，但你會發現很值得，以下是你必須做的事。

結束婚外情

無論你是否告訴你的伴侶，如果你想要和你曾對她不忠的妻子維持親密關係，那麼你必須和你的外遇對象一刀兩斷。

臨床心理學家史普琳博士在她的《外遇之後》一書中曾提到，在雙方未有共識之下，繼續外遇行爲只會使婚姻關係更惡化，並且絕對會粉碎你的美夢。「如果你是一個曾經不忠但又認眞考慮要重新建構婚姻關係的伴侶，我相信，放棄你的情人才是正確的抉擇。」她說道。

萊蒙也贊同上述觀點。「即使對方一直被矇在鼓裡，但你確實付出了時間、情感和精力，甚至親密關係給外頭的女人，那些本來都是你應該給你的妻子的，而你卻剝奪了這份完整的愛。」

尋求專業協助

如果你正捲入一場外遇事件中，而且它影響了你的婚姻，那麼只憑藉自己的判斷力恐怕不是好主意。「當你在看待麻煩問題時，像是是否要告白一段外遇或如何重建婚姻關係時，你眞的必須在專業諮商人員的指導下進行。」萊蒙說道。

給它充裕的時間

如果你承諾要留在婚姻關係中，別認爲十天半月就會平息，有時甚至過了數年，雙方都無法忘懷，取而代之的是，你要準備做一些眞心誠意的贖罪行動。

「沒有特定的時間限制，重建信任感不是立竿見影的過程。你必須謹記在心，每一天你都必須為此努力，而且那段時間如果你必須睡沙發，那麼你也別怨尤。」萊蒙說道。身為受傷害的一方，她也必須要一些時間來平復，如果你眞的後悔、眞的希望挽回你們所擁有的，你應甘願配合。

該說還是不該說？

一般而言，專家說坦白是最好的策略，如果你想挽救你的婚姻並與你的伴侶重新獲得親密感，你可能應該實話實說。不過，可能有些情況，你最好三緘其口。

但千萬注意：這並非保守外遇秘密的藉口。「但你眞的必須反覆思量情況中的每個環節。」萊蒙提醒道。「假使事情發生在六年前，而且就這麼一次，之後你就安分守己了呢？告白一場外遇確實可能毀掉你試著挽回的婚姻關係。她的反應可能是再也不信任你了。每種情況，每對夫妻都不盡相同，你必須在開口之前深思熟慮表明的時機、方式以及原因。」

附帶一提：如果你決定閉嘴，記住一位鄉村歌手漢克威廉所說的信條：你欺瞞的心理仍會影響著你，換言之，即使你一個字都沒說，有些行為、有些事件可能會被她心靈上的雷達偵測到，因而洩露了秘密。如果這種情況發生了，如果她當面質問你，那麼就承認吧！你虧欠她太多了。

當你眞的爽快地承認時，要預期她會有所反應。可能會對你大聲咆哮、對你大打出手，或靜靜地啜泣、或在短短的時間內兩者都發生。

「當然每個女人都不同，但反應都有普遍的階段性。」萊蒙說道。這些可能發生在幾秒鐘或者可能上演數星期、數個月，以下是一些可預期的反應（不見得以此順序進行）。

震驚及身體反應。無論是男人和女人，大部分的人在發現對方外遇的剎那間都會造成心理創傷，人們對於創傷的反應往往是陷入震驚的狀態，她可能瞬間恍惚或者做出不理性的舉動，伴隨著震驚而來的便是身體反應，她可能會生病，或者她可能會對你惡言相向。如果她對你有肢體暴力行爲，當然別讓她傷害你；但也別讓她一直發洩怒氣，萊蒙說道。

不信任。面對一種無法掌控的情況——她無法制止一段已發生的外遇事件——你的伴侶可能會對你持否定態度。「有一段時間，因現實狀況太痛苦而無法處理，所以她會處於不信任的狀態中。別期望這種情況會維持長久，隨即而來的便是憤怒。」萊蒙說道。

憤怒。如果在震驚的初期階段，她未口出惡言，那麼現在是時候了。如果你發現某人欺騙你，你想你會生氣嗎？萊蒙向我們保證被欺瞞的女人發起脾氣來可是驚天動地的。

「她們生起氣來——有時候拳腳相向——和男人不相上下。」萊蒙說道。她曾輔導過一些女性案主，她們對丈夫拳打腳踢，然後出去找那些丈夫的「相好」，並重踹她們的屁股；或者她們以其他方式洩憤，如破壞珍貴的物品，將不忠的丈夫趕出家門，和丈夫最好的朋友上床等等。再者，你在這齣戲碼中的角色應是默默接受她的憤怒，不要有任何指正（即使你的話是金玉良言，她也聽不進）。而且，當然，你要確定在爆發爭執的時刻沒有人會受到身體上的傷害。試著別在廚房或她在開車時告白你的婚外情，我們是很認眞地勸告你。

失落感。一旦她把怒氣發洩在你的不忠上，她的下一個反應可能是失落感，雖然這是正常的階段，但也可能演變成危險的階段。她可能會陷入沮喪或者選擇永遠不再對別人示好，如果你眞的後悔，且想要挽救你的婚姻，現在便是重申事實的時候了。

整裝再發。經過了基本階段，她將達到心理重建的階段，此時，她會

試著找回她所失去的——她的安全感、自信心，甚至婚姻。這是一個轉捩點，一旦她達此階段，你們兩人便可開始搶救你們的婚姻關係。

處理她的不貞

你在婚姻關係中忠貞不二，遵守諾言，而且你很善良、忠實、坦白。

但她欺騙了你。

你也發現了。

現在你要怎麼做？

「這對男人而言是很難解決的事，因爲這眞的是對他們的男子氣概給予重擊，同時，情緒也崩潰了，而且男人會有一段難熬的時光來處理他們的情緒。」萊蒙說道。

你和你的男子氣概能夠經歷女人的背叛還安然無恙嗎？面對伴侶的不忠，你不免會提出一些不願碰觸的問題並面對一些殘酷的現實。以下有一些要點可助你度過男人一生中最艱難的考驗。

控制你的憤怒

當然，外遇事件令你生氣，你可能從未如此生氣過——臉紅脖子粗、七竅生煙……等等。生氣是理所當然的，但別讓憤怒支配了你。

「第一股衝動可能是盲目的憤怒及嫉妒，這個男人會想要以身體攻擊他的伴侶及她的愛人以爲報復。」萊蒙說道。坦言之，你大有理由可產生傷害或殺害你的伴侶及她的愛人的念頭，雖然這無啥稀奇，但我們也希望你會考慮後果——受到法律制裁。

千萬別屈從暴力。別對傷害你的人大打出手，這只會使事情更爲複雜，更糟的是，你可能會因此變成面相凶惡的大壞蛋。「假如你勃然大怒，你覺得無法控制自己時，那麼等心火滅了再做打算。」萊蒙說道。去找朋友談談、捶打垃圾桶裡的垃圾、跑到大街上在月下學狼嗥叫……皆可。但別鑽牛角尖，只想報復傷害你的人，那是沒好處的。

別以牙還牙

由一開始的震驚和憤怒消退後，你的大腦可能還有二個特定念頭：不理會她以及撫平被搗亂的男性自我。我們這些有效率的老兄們便想到一個一石二鳥的方法：和別的女人上床。

「這在當時看來似乎是不錯的念頭：你到酒吧找個女人，發生一夜情，重新證明你的男性自尊。但大部分這麼做的男人都後悔了。」萊蒙說道。就算你不會因疏忽而染病，你也只是降低自己的格調和傷害你的人一般見識罷了。這樣做，能抹殺掉她的踰矩嗎？「不會，更甚者，這種事只是使你們之間的鴻溝更深、更難解決事情。」萊蒙說道。

檢討

在你冷靜下來的時刻，試著回想你們婚姻關係的全貌，並想想是什麼因素將你們帶到這種境遇中。「正如前述，外遇常是婚姻關係中另一個問題的徵兆。你可能在其中也扮演了一個重要角色。」萊蒙說道。我們並不是說外遇是你的緣故，而是這些事情不會平白無故發生。「這樣說也許很難令人接受，但有時受傷的一方在整個事件中便是導致外遇的要角。」

克萊德門博士指出有時男人事業心太重，因而忽略了另一半，未給予她們所渴望的關心與愛。如果你不給你的妻子關愛，別人就會給她。

檢討的第二步是往前看而非往後看，尤其是，現在你要開始自問：你想繼續這段婚姻嗎？「你的反應可能是否定的，但請三思，在我的經驗中，外遇和婚姻盡頭並未劃上等號。」萊蒙說道。

沒有責罵

如果你至少想挽救婚姻關係，那麼最重要的便是跳過指責的階段，史普琳博士建議道。

「不斷對著欺騙你的人逞威風是輕而易舉的事，因爲你理直氣壯，當我在輔導夫妻時，我告訴他們，我的工作不是編派他們的不是，而是幫助他們努力重建信任感，在原有的婚姻中去營造第二次婚姻。」萊蒙說道。一旦你恣意責罵她，她也指責是你逼她不貞，那麼要重建婚姻生活恐怕便非易事了。

♥ 分道揚鑣

人們會因許多原因而分離，因爲不再相愛而各自單飛。

也許在你生命中你已遇到一段婚姻只讓你覺得煩擾的時候，或者她在人格上的一些小缺失，曾經是那麼可愛，現在你卻已無法忍受，或者你最後決定表現出眞正的你，卸下你的保護面具，結果她並不喜歡這眞正的你，她希望你永遠彬彬有禮，就像當初剛見面時一樣，也許內心深處你很明白兩人並不合適，繼續在一起對任何一方都不公平，所以你選擇分手。

人們分手是不分時候的。分手的舉動就像是一種自然的力量，無所謂好或不好。雖然聽起來很矛盾，但分手是男女關係發展演進中自然、甚至必要的部分。

「想想看，你在一開始和幾個女孩約會時，你並不眞的知道你想和哪種女孩廝守終生。在過程中，你發現有些人你並沒有興趣。你會怎麼做？繼續一段令人不滿意的關係而使彼此都悲慘？不會，你會繼續前進，你會發現某個人更符合自己夢中情人的條件。」普雷桑洛博士說道。

最後的念頭就是你發現最符合自身要求的女人，於是你便和她共度餘生，但當其時，你必須經歷與各類型女性約會及分手的試談階段。女性也是這麼做的。

分手的訣竅

身爲男人，當愛情走到盡頭時，吻別不是什麼問題。但我們不是不做，而是很難以紳士風度及文明的態度來提出分手。事實上，說到分手，我們巴不得逃之夭夭，把所有和舊情人接觸的機會去除，斷得一乾二淨。

但是，分手艱難的理由是——如果你想離去，你必須和你想分手的人談談。特別是，你必須告訴某人你不想和她一起了，這種話對任何人而言都難以開口，沒有人會希望故意傷害別人，更沒有人希望別人會把自己想得很可惡。然而，你必須瞭解，當你向女友表明你將離去時，這結果必定會發生。所以，如果你想離去，也要走得優雅、有尊嚴。以下是我們提供的方法。

別閃爍其詞

假如你還在觀望她的態度，那麼在你開口之前先理清自己的感覺。若你優柔寡斷，和女友分手後又決定應該再嘗試看看，這是最糟的局面。

「如果你們有些問題存在，就要試著將它們解決，每對情侶在某些方面多少都有問題。」伯區博士說道。

但是如果你已無法可想且決定走出這段戀情，那麼就做吧。一去不回頭，無須告訴她你還在考慮，別在二週後又改變心意，千萬要堅定、別搖擺不定。

選擇適當的時間和地點

有些感情在瞬間結束，碰！一聲你被轟出了門外，有時分手是漫長、痛苦的煎熬，最後才曲終人散，結果兩人分手後還在想到底發生了什麼事。這兩種極端的方法都不是分手的好榜樣。相反地，伯區博士說道：應該要談清事實，爲這段戀情劃下句點。通常，你若要製造這種時機，你可以這麼說：「我們必須談談。」然後說出心中的話，在你行動之前，要確定彼此皆處於平穩的情緒中。你不會希望在大打一架後分手或者在她剛參加完親戚的喪禮回來後提出分手吧！雖然你可能不想帶她去四星級餐廳只爲了丟這顆炸彈給她，但是在一個氣氛較不曖昧的環境下邊吃飯喝茶邊談是較恰當的。在你的客廳裡平靜地談話也可以。無論你計劃在哪裡，都要確定事情談完後各自皆有路可退。

當愛已走到盡頭……

男女關係是根據給與取的觀念而產生的。某天晚上在公園，你為她披上你最心愛的手織愛爾蘭毛衣為她保暖，她帶了一堆CD來為你籌備下週的宴會。你們交換書本和衣物，在各自的抽屜裡留下珍貴的東西。結果，到了分手這一天，雖然這可能是分手的時刻，但你卻未準備好要割捨毛衣，以及那一堆在她那兒的個人物品。

除非你很細心，否則在分手後要回珍貴的東西可能會像似帶有敵意的談判——緊張、怨恨、充滿互責、而且你可能要抱著將來永不見面的決心。當然，在該事件中，你也要歸還她的東西。但事實上呢，你要如何處理那四件襯褲、一堆5號的女鞋以及耀眼奪目的手鐲？我們知道許多男人賠上了珍藏的書籍及相本、舒服的毛線衫（因經年累月還千瘡百孔）、昂貴的皮外套以及各式各樣的家庭用品。

無論是什麼，如果你真的硬是要回來，那麼約你的舊情人見上最後一面是很值得的。同時，如果你欠她任何東西，誠實地歸還她，這對你的人格及自尊都有好處。以下是根據幾位我們所請教的專家所教我們的掌控談判的技巧。

給而後取

如果你還想見到你心愛的寶貝物品，打電話給她，設法讓談話莫間斷。給她一個見面的理由並交還各自的東西，說「聽好，我有一堆妳的東西在我這兒，我很確定妳想要回它們，什麼時間適合，我拿去還給妳？」這麼一來，你不只聽起來像個品格高潔的男士，你也不是太直接地提醒她，她拿了你的東西還沒還。假如她遲鈍到聽不懂這些暗示，你可以在到達她住處時直接開口把你的東西要回來。

別把禮物要回來

在戀愛時你送給她任何無包裝的東西，或者你拿給她時對她說「喏，收下吧，它是妳的了。」都被認爲是借她的物品，它們仍然屬於你，因此你有權把它要回來。假如是你送她的禮物，千萬別低級到把它要回來，即使她眞的惹惱了你。不過，訂婚戒指例外，因爲如果她不選擇你這個男人，她便不能留下它。

歸還所有的鑰匙

只有卑劣的人才會迫使她換鎖。

付清所有的債務

你是個誠實的人，你付清你的帳單，而且你希望對方也這麼做。所以，如果她曾借錢給你付房租、車貸或保釋金── 在愛情告吹時要明白表示你會全數歸還給她。有可能你也幫她付過信用卡帳單，如果你曾借她錢，你肯定有權追回，但別因此事騷擾她。除非你覺得半夜在她住的公寓樓下大叫「XXX，快還錢來！」不是件丟臉的事。要是她欠了你數萬元且賴帳，那麼，老兄，你也沒什麼損失。你學到了一個寶貴的教訓，你知道她是哪一種女人── 在未釀成大錯前。

讓事情單純化

一旦你決定要分手，別找太多拖延的理由。最後結果不會有什麼不同，除非你可能說服自己別這麼做，因而又落入遲疑未決的牢籠中。

「如果你要結束一段關係，儘可能誠實和直接了當，但別傷了人。」心理學家曼里博士說道。不要說她太胖或者你就是不再愛她了。但如果你覺得兩人在一起沒有未來，雙方和別人在一起會更好時，便可毫無顧忌的去做。

別叫她做此事

人類是很有趣的動物，有時我們不願當壞事的始作俑者，卻故意使壞而讓對方不得不這麼做。例如，你想結束這段戀情，但又不願當壞人，於是你開始行爲不檢，使她對你徹底失望。如此問題便解決了，在技術上，是她結束這段關係，但事實上，是你，因爲是你差勁的行爲使她這麼做的。

「假使你發現自己的言行舉止是她所不喜歡、不贊同的，那便是個警訊。」曼里博士說道。當其時，你必須問自己：「爲什麼我極力要激怒她？」試著找出讓你行爲反常眞正的問題所在。「你們可以坐下來討論該情況——開誠佈公，而不是互揭瘡疤——並決定事情是否值得挽救。」

別忘了她

對多數男人而言，要忘了舊愛是很平常的事，伯區博士說道。分手已經夠痛苦了，為什麼還要想著她？其實不然。首先，如果你們曾沐浴愛河中，現在卻已成往事，你理所當然可以哀嘆，即使是你提出分手的。第二，即使你可能不想再和她在一起了，你可能曾對她付出眞情，也許現在仍然如此。把這些情感整理一下是很值得的。

再者，記住舊的戀情對於你最後找到生命中的最愛時是有幫助的，普雷桑洛博士說道。那些你覺得是錯誤或失敗的舊戀情實際上可能會有一些正面的功用，它可助你雙方獲得寶貴的經驗：你對哪種人有興趣，在男女關係中，你能掌握的範圍有多少等等。因此當你遇到眞愛時，你較可能確認它而且較不會重蹈覆轍。

♥ 離婚

就像生命中其他重大的決定一般——購屋、生子——我們也期望婚姻的抉擇是可長可久的。我們假定房子可維持30年不動產値，而孩子——當然是一輩子，婚姻也是相同。

奇妙的是，許多婚姻皆非如此。以社會疾病來看，離婚就像傳染病般，看看以下數字：根據美國的統計，全國有超過730萬的新婚男士，每年都有超過一百萬對的夫妻離婚，統計數字告訴我們有一半的婚姻是失敗的。二分之一是驚人的機率，你罹患重大疾病的機會都沒這麼高。但避免離婚的機率也可以很高，如果你和妻子可以瞭解及控制那些常會使夫妻們從教堂走到律師辦公室的行為的話。

避免離婚

本節包含兩個主要範圍：如何避免離婚以及處理善後。我們並未提及如何離婚，因爲關於這點，你需要的是專家，這已超乎本書範圍之外。此外，談到離婚，過程是因人而異。

「事實上，如果你有點擔心你的婚姻，這是個好兆頭，而不是壞事，一段長久的婚姻必須時時提高警覺。不擔心的男人便不會去經營它。」史丹利博士說道。

史丹利博士與其同事馬克曼博士花費超過二十年的時間研究已婚夫妻的變遷過程，他們發現他們可以預測夫妻間的互動達93％的準確率，因爲，就像身體上的疾病般，離婚也是有徵兆的，史丹利博士說，某些夫妻是離婚的高症候群。以下是一些婚姻觸礁最顯著的指標。

早婚。在十幾二十歲結婚的夫妻常出問題，因爲雙方都尙未成熟。「隨著年齡增長，你一直在改變，但你在這個年齡（眞正長大成人）所做的改變可能波濤洶湧。許多早婚夫妻無法承受這種壓力，或者當人們達一定成熟的年齡，他們可能會發現與十八或二十歲時所娶的伴侶漸行漸遠。」史丹利說道。

來自離婚家庭。假使你們夫妻任一方父母離異，這種家族史將使你有離婚的危險。「有對離婚的父母傳達給你的訊息是這是可被接受的、婚姻是短暫的。」史丹利說道。在你自己的婚姻遇到問題時，你很容易就會想到離婚，而來自無離婚史的家族的人較可能繼續守住婚姻關係，並試著經營它。

宗教或文化差異。史丹利在他的研究中發現來自相當不同宗教或文化

背景的夫妻，此種跨種族的結合常常出問題。差異性並沒有錯，但有時候人們會有不同的信念及價值觀，一旦出了問題便很難協調。這並不是一定要你與同種族、同宗教或同文化背景的人結婚的理論根據，而是一份有效的調查發現。史丹利說道。

避免衝突。許多夫妻相信，如果他們彼此是眞心的，就不會意見不合。「眞是一派胡言。」萊蒙說道。「衝突是無可避免的，兩人會爭吵，這是婚姻中健康的一部分。」她說道。

相反地，如果你發現自己和配偶談話時會焦慮緊張，因爲你擔心會起爭執，這也是一種警訊。「它表示你必須學習較佳的化解衝突的技巧。」史丹利說道。

不公平的期望。常常，當我們結婚時，我們會無意識地予伴侶深切的期望——他們永遠不可能達成的期望。「期盼某人總是使你快樂、或者你的父母從未給你的尊重與關心、解決你所有個人的問題。這些是人們眞實的需要。當他們結婚後，有時便假定配偶會成爲魔法公主或王子來解決所有未能解決的問題。」史丹利博士說道。這種不可能的情況只會帶來摩擦及衝突。

溝通不良。溝通不良是許多婚姻問題的根源。

「它本身會以各種不同的方式表露出來。」萊蒙說道。例如，未告訴你的配偶何時你有問題或有擔憂的事，反過來埋怨她不體恤你。或者你道出自己的問題，卻未傾聽她的需要和心事。「大體而言，最簡單、最好的婚姻健康指標便是他們溝通是否良好。」史丹利說道。「這是婚姻的基礎。」

你們過得好嗎？

你的婚姻生活幸福嗎？爲了更瞭解你的婚姻狀況，史丹利博士、馬克曼博士、布朗伯格博士讓夫妻們問問自己以下的問題。如果你只有一兩題答「是」，那表示還不錯。每個人多少都會經歷婚姻的難題，但如果你幾乎都回答「是」，那麼現在和你的伴侶開始努力學習較佳的溝通技巧及解決衝突的方法尚爲時未晚。

1. 普通的討論常演變成無意義的爭吵嗎？
2. 你和你的伴侶常規避或拒絕討論重要問題嗎？
3. 你和你的伴侶常不尊重對方說的話或者你們常互相貶損對方嗎？
4. 你對伴侶所說的事似乎常被負面曲解嗎？
5. 你認爲當有爭執時，一定要分個輸贏高下嗎？
6. 你們的婚姻關係常常屈居於其他興趣之後嗎？
7. 你常會想著你和其他人結婚會是何種景況嗎？
8. 想到還要和伴侶繼續相處多年便令你煩惱嗎？

你該怎麼辦？

本節所提的一些因素是史丹利博士所提的靜態徵兆——即你無法改變的事，所以你必須學習與它們和平共處。其他的稱爲動態徵兆——你們兩人可努力防止一場逐步逼近的離婚風暴，或者減少你們無法改變的危險因子。以下是你們雙方必須注意做到的事。

知道何時該說及何時該聽

瞭解意見不合及起衝突原本無可厚非只是一個起步。史丹利博士說下一步你必須學習「公平地爭吵」，你們雙方設法傳達你們的不滿並感覺對方已聽見你的話。在他的預防及增進婚姻關係課程中，史丹利博士和他的夥伴們教導夫妻們這些技巧。其中一項最重要的技巧便是給彼此一些時間說話，而不要打斷對方。利用所謂的說者——聽者互換技巧，聽的人可以重述說者方才說過的話。然後，聽者有發言權，換說者聆聽。「一開始似乎有點強迫和造作，但這對於溝通不良的夫妻頗有助益。」史丹利博士說道。「它確保人們有機會說出煩擾他們的事，而且經由重述對方的話，說者也可以再次確認聽者眞的聽見，也瞭解她。」

忽略小事情

她因爲你總是在星期四晚上和朋友出遊而對你大呼小叫，當你每次發現她的褲襪掛在浴室時，你便對她發牢騷。「我們都會爲小事中傷對方，但注意是否你們不斷地因爲小事情而彼此嘮叨，夫妻常常會爲了微不足道的小事爭吵而逃避談論背後較大的問題。」史丹利博士說道。也許她罵你並非因爲她不希望你出去找樂子，而是因爲她覺得你們兩人相處的時間並不多。她心中正想著你呢！試著瞭解眞正的問題所在，兩人共同來解決。「而且光是尋找問題的過程就有幫助，夫妻們會覺得彼此距離更近了。」史丹利博士說道。

離婚的事實

根據《離婚史料集》(*The Divorce Sourcebook*) 所述，美國第一對登記有案的離婚案件發生在1639年。麻省法院判准一名婦女訴請離婚，因爲他的先生另娶了別的女人(法院後來逮捕他，將他送進大牢，而後被放逐)。

滾石不生苔

當夫妻間出現問題時，有時處理上會太過衝動。「當你們在婚姻中遇到嚴重問題時，或者如果你覺得你想投降的時候，不妨問問自己——我眞的嘗試過各種方法來挽救婚姻了嗎？我曾試著將它說出來嗎？我曾去尋求諮商協助嗎？我已盡了全力了嗎？」史丹利博士說道。在深思熟慮後，大部分的夫妻通常會發現他們尙未走到盡頭。「這是好事，這意味著仍有許多選擇的空間。」史丹利博士說道。

知道何時要尋求協助

有些屬於婚姻中的情況純屬本質不良，你們不太可能靠自己解決。如果你們其中一人有嗑藥或酗酒的問題、如果你們的口角演變成拳腳相向、如果婚姻中不好的成分多過於好的成分、如果你們彼此無愛亦無恨、如果你只是覺得很矛盾，在這些情況下，便是尋求協助的時候了。「別等到情況緊急時才行動。」性愛及婚姻治療師舒茲曼建議道。

「你可能發現婚姻無法挽救，但至少你已嘗試，而且是以第三者的眼光來看問題。」萊蒙說道。

離婚之後

在你試過各種方式後，你可能發現只剩下最後一個選擇——離婚。無論你已離成、剛有打算或正在辦理離婚，我們都寄予同情及祝福。但你也有一堆問題要處理，以下我們提供了一個概要，幫助你在艱難的時刻把焦點放在重要的事情上。

設定新的優先順位

假如你的婚姻結束了，別耿耿於懷或仔細研究。試著檢討過去的行徑，這意味著爲你自己和你的未來設定新的優先順位。它也意味著設定你個人可達到的目標。「有時將你認爲重要的事列一張清單，有助於你將焦點放在未來而非過去。」萊蒙建議。

保護每個人的權利

無論你們的分手是否和平協議，聰明的你在簽署離婚協議書時還是要請一位律師顧問。這看起來好像你無情無義，不過以另一個觀點來看，你是在保護每個人的權利，尤其是孩子。離婚不只是情感上悲痛的事件，也是複雜的法律問題。記住，協議書上白紙黑字詳細說明了各方權利，所以沒有人會因此爭吵。

善用時間和孩子共處

如果你有孩子，那麼因離婚所要付出的情感只會更多。你和你的孩子都將受到傷害，如果孩子最後和母親住，男人總是在孩子離開後才驚覺自己有多思念孩子，萊蒙說道。如果你有探視權或共同監護權，要巧妙地善用時間和孩子共處。「讓他們知道可以問你有關離婚的種種問題，別讓他們懷疑你是否還愛他們。」萊蒙說道。這對你是件難事，對孩子而言更是難上加難，你現在如何對待他們，足以影響日後他們處理婚姻的方式。

當見到前妻時要保持風度

遲早你一定會和她再共處一室。要和一個曾與你共同生活的人相處必定會不知所措，如果你們的分手經過劇烈爭吵，那麼兩人很容易又擦槍走火，或者你可能會覺得惱怒而對她的冷嘲熱諷、反唇相譏。

或者你可以表現出最佳的方式：以文明人的方式相互尊重。

「沒有人說你必須和前妻成爲朋友，但也不須持敵對態度。」萊蒙說道。試著提高層次，別去回應任何揭舊瘡疤的無聊事。「因爲你的日子還是要過下去，所以你必須釋懷。往者已矣，即使她未往前看，你也應這麼做。」

走回婚姻（但別一頭栽進去）

最後，記住，離婚並不意味著孤獨一生，在你的婚姻結束後，你可能會覺得整件事是你不想再碰觸的，這可能會使你變得有點逃避社會。或者你可能走上相反的路，和第一個願意和你上床的女人發生關係，只是想抹滅對前妻的記憶。

我們並不是說你應該變成一個喜歡和女人交際的男人或變成和尚。「花幾個月時間遠離女性倒是個不錯的主意。將時間花在調整單身生活上或和孩子相處。」萊蒙說道。離婚，無論你是否主動提出，對你的打擊就像失去親人般。換言之，你應該讓你自己有悲嘆的時間並對已發生的事逆來順受，而且要對自己有耐心。「這可能會花上一年以上的時間，但到時你可能會覺得已準備好要再回到婚姻關係中，這一次要比之前更聰明些。」

2

做自己心理的主人

♥ 你的性觀念

有關男人性徵的發展，是不帶一絲神秘色彩的。我們男人在青春期時，荷爾蒙會急劇增加，於是就變成了一個成熟且具有生育能力的人，這是可理解且必然的過程。然而，男人對性的看法是如何形成的，以及是什麼原因導致男人對「色情、迷人、興奮、慰藉，或者是粗俗、淫蕩、放蕩不羈」等字眼有不同的定義及獨特的見解的呢？就連科學上也無法給予一個明確的回答。

當然，若從表面的角度來看，答案可能是「個人的經驗」，但其實還隱藏了更深的含意。我們可以說，你現在對性所抱持的觀念是來自於過去發生在你生命中無數事件累積的結果。事實上，絕大部分的性觀念以及你對性的態度及偏好，早在你十四歲以前就已經定型了，如果你能更瞭解影響你對性的態度的原因，那麼，不管是現在或未來，你都更能盡情地享受魚水之歡。

老師在哪裡？

大部分的人第一次接觸到「性」這件事，都是自學而來的。我們從不斷地嘗試與錯誤中學會了它。也因此，我們各自都有屬於自己的一套自學課程與經驗。例如，在青春期時，我們學會了如何對付那個無法控制且不定時勃起的傢伙，也學會了在十三歲這個年紀就鼓起勇氣打電話給漂亮的

評估你的性觀念

在性愛過程中，你常常發笑嗎？對性愛這檔事難以啓齒嗎？你是否特別迷戀大胸脯的女人？或許這些發生在你青春期時的種種事件，就是導致你後來對性的態度及觀念的原因。這裡有一些問題，你可以問問自己，也許可以幫助你更瞭解自己。

1.我的父母親是否曾經跟我談過性這件事？
2.我是否曾見過父母親之間肉體上親密的接觸？
3.我是否喜愛小孩？
4.青春期時，我是否曾看過黃色書刊，如果有，它是如何影響我對性的看法？
5.我是否曾經對朋友說過謊或是誇大有關性愛方面的事，如果有，為什麼？
6.我的初次性經驗成功嗎？或者是令人困窘的呢？
7.青春期時，是否有任何的創傷，影響我對性的看法？
8.青春期時，有那些和性方面有關的回憶，讓我印象特別深刻的？為什麼？而這些經驗又是如何影響我對性的觀念呢？

「美眉」，邀請她參加舞會，然後再從被她拒絕的傷痛中回復等等的事情。

男人終其一生都應該持續不斷地學習有關性方面的事，且從其中得到成長與成就，不過，這只是個理想罷了。事實上，並非每個人都做得到的。心理學博士泰勒說道：「有些男人在他十四歲的時候就停止學習了。」

麥卡錫博士也說道：「問題的癥結點在於男人們通常不希望別人發現或和他一起分享性刺激和性解放所帶來的愉悅。」對某些男孩而言，性的意義就是——能自我控制的陰莖和自我享受的快感。因此，從性學的角度來看，這些正值青春期的男孩很可能把女人看做是可供交易、使用及拋棄的玩物。如果這樣的態度和觀念一直持續到他長大成人，顯然地，他和女人之間的關係一定會很糟。

麥卡錫博士建議：「美滿的性生活除了肉體上的刺激及舒解之外，當然還得包含彼此分享、情感的交流以及心靈上的相通。」

上述所提到使性生活更美好的要素是可以在任何時間學習而來的，有些男孩不費吹灰之力就會了，可是有些男孩卻無法做到。我們是不會一直停留在十四歲時所抱持的性觀念的，因爲社會會幫助我們成長，不過它同時也會阻礙我們。

青春期、思春期及對性的態度

普雷桑洛博士曾說：「如果眞實的生活就是我們學習性的場所，那麼這個課程早在我們誕生的那一刻就已經開始了。」從我們嬰兒時期至童年時期就不斷地被灌輸有關性方面的圖像及事件，且這時期也正是建立愛和親密關係的階段。我們和同學們玩「醫生」的遊戲，觀察老師、父母以及鄰居們的互動情形；我們看見公園裡接吻的情侶，也留意到看板上的色情廣告。當電視上正在上演某些「污穢」的情節時，我們就被告知離開現場、不准看，於是我們偷瞄了一下，發現原來所謂的「污穢」，就是兩個人一絲不掛的畫面。普雷桑洛博士說道：「這些性意象在我們七、八歲之前就已經在腦海裡根深蒂固了。」也因此，當我們正値青春期時，這些意象就變成了我們性幻想中的一部分了。

泰勒博士也說道：「就是這些不斷累積的意象，再加上青春期的經驗，形成我們對性的態度及觀念。」

青春期是人生當中最動盪、飄浮不定的一段時期，而我們卻要在這樣不安的時期去建立一生的價值觀及喜好。此外，青春期也是你開始拓展人際關係的時候，那意味著你的爹地不再抱你了，你的媽咪也不再親你了，而你的朋友也開始嘲笑你那像鴨叫般難聽的沙啞聲音；再者，在青春期時，每當你看見一位漂亮的女孩對著你微笑、嘆息、噘嘴，或者只是在你的身旁輕輕呼吸，你都會不由自主地勃起，於是，你感覺全身發熱，頭昏腦脹，飄飄然被帶往性愛的幻想夢境，等到回到現實中，才發現自己早已滿臉通紅，恨不得有個地洞讓你鑽進去。

泰勒博士說道：「就是這個時期，讓你開始產生了不同的想法。」你開始強烈地需要獨立自主，但同時也爲了適應它而感到無比的壓力；你開始質疑所有的權威以及別人告訴你該做或不該做的事——因爲你對事物已經有了新看法；你自覺別人老是在你的背後竊竊私語，認爲你是這世界上最可笑、最愚蠢的人，而當你每天早上看見鏡中的自己時，你可以非常肯定這一點。

泰勒博士把這一時期稱做：「徬徨的歲月」。他說：「在這個生理以及心理發展的階段，你會發現你的基本性格以及自我價值觀已經顯現出來了，而且，在十四歲之前就已經完全定型了。」

你在性方面成熟嗎？

下面的問題請回答是或不是：

1. 大部分的時候，浮現在你心裡的第一個問題是：「我是否想要做愛？」
2. 你會定期與你的伴侶擁抱、愛撫或觸摸，且不堅持在性愛的過程中一定要達到高潮，或者若沒達到高潮時會感到很失望呢？
3. 你是否擔心你的陰莖尺寸比一般人小？
4. 如果性愛的結果是很糟的，比如你沒有射精、無法勃起或是沒有達到高潮，你是否會感到很沮喪呢？
5. 你是否常性幻想或是喜歡追求性愛，或是沈迷於性愛當中呢？
6. 你是否會幻想一些社會中完全不能接受的性行爲呢？
7. 從你二十歲以來，你對性的觀念、態度及想法，是否曾經改變過呢？

答案分析如下：

1. 回答是的人，表示你還很年輕哦！但是，如果你已經超過二十五歲卻還回答是的話，表示你可能需要一些些活力了；也可能你的性生活貧乏，因爲你對它已經很絕望了。
2. 麥卡錫博士說道：「回答是的人，表示你在性愛方面很成熟。一個性愛態度成熟的男人，是有能力去給予、去接受以及去享受它所帶來的任何快樂的感覺，而不見得非得達到高潮不可。」
3. 麥卡錫博士說道：「此一問題其實和性方面是否成熟並無太大

的關聯，因爲根據研究報告顯示，有75%的男人還是很在意自己陰莖的尺寸。其實，尺寸大小眞的不重要，比較重要的是你的做愛技巧和對性的態度和觀念。」

4. 麥卡錫博士說道：「男人和女人一樣，有時也會有一些不好的性經驗，這是正常的。學習如何接受它，並從中成長，才是使性愛圓滿的關鍵。」一個在性方面成熟的男人可以很快地就從不甚完美的性愛過程或經驗當中回復且不會感到沮喪。麥卡錫博士補充道：「事實上，兩個人要同時感覺有性慾望，以及同時被燃起慾望且同時達到高潮的機會不到一半。而且，有5%到15%的時間，性經驗常常是平淡無奇甚至是失敗的。有期盼是好的，但你也得面對現實。」
5. 麥卡錫博士說道：「大約有15%到20%在性方面成熟的男人，在生活中喜歡性愛的追求，不管是生理或心理方面皆如此。不過，大部分都只是想想而已，並非眞的去做。」
6. 麥卡錫博士說道：「性方面成熟、健康的男人或女人，都曾有過性幻想，且對此感到很舒服。」他說：「性幻想的事情通常是不正當的或是被禁止的，且對象常是自己伴侶以外的人，因此，性幻想總是特別刺激。性幻想是健康的，只要你能分辨出幻想與現實、想像與實際的行爲之間的差異性就可以了。」
7. 麥卡錫博士說道：「男人對性的觀念及態度若還一直停留在二十歲時的階段，那是不成熟的。」他建議：「我們的性意識應該隨著年齡的增長而變得更加敏銳才是。性方面成熟的男性比較在意愛和分享所帶來的愉悅，而不是陰莖尺寸大小的問題。」

特殊影響

是什麼原因影響你對性的態度？以下有幾個重要的因素：

遺傳學。我們的外貌甚至某些性格皆是遺傳而來，遺傳基因同時也決定了我們性慾的強弱。泰勒博士說：「科學家們漸漸地相信，性慾或性偏好是天生的。」

我們的父母。麥卡錫博士說：「行爲偏激的父母，會導致心理不正常的子女，而這種不正常的心理很可能會持續一輩子。這些偏激的行爲包括像在孩子的面前不斷地談論有關性方面的事，而且強迫孩子也得和他們一樣。另一種完全相反的偏激行爲則是絕口不提有關性方面的事。」

泰勒博士補充說道：「在把性視爲是羞恥或見不得人的家庭中長大的孩子，在性愛的表達上，會比一般人困難；反觀那些在充滿愛與擁抱、開明與相互尊重的家庭中長大的孩子，在面臨外界所給予的一些負面影響時，總有足夠信心去克服它。」

第一次的性經驗。麥卡錫博士和泰勒博士說道：「如果你在第一次性經驗中受到很嚴重的傷害，那麼這種負面的影響可能會持續很長的一段時間。否則，第一次的性經驗通常是不會造成大礙的。對大多數的男人而言，第一次的性經驗是件大事情，而且常常會拿來炫耀。不過，即使如此，第一次通常都來得太快或者甚至在你還未察覺時就已經發生了。男人對第一次常常感到非常地恐懼，甚至有無法勃起等等的問題。當然，這些問題他們是不會向朋友承認的。」

麥卡錫博士和泰勒博士指出：「如果你的第一次是被強暴、被傷害或是被嚴重苛責，那麼很可能會扭曲你往後在性方面人格的發展。」麥卡錫

上帝僅僅知道……

心理學博士泰勒曾說：「我的祖母——一個聰慧的女人——就是我的老師。她教導我所有的事情，我們之間幾乎無話不談。當我第一次發現我會手淫以及那些和性有關的念頭浮現在我的腦海裡時，我更加虔誠地信仰上帝，並且相信這一切都是撒旦搞得鬼，是撒旦使我變成一個邪惡的人。」

在一次沮喪的心情中，祖母問我：「怎麼了？」我告訴她：「我感到非常的羞恥。」於是就將所有事情的經過告訴祖母，祖母開始向我解釋性其實是生活中的一部分，也是自我表達的一部分。每一個人都是好色的，只是有些人將它隱藏起來，有些人則表現出來，且這種好色的感覺會在不同的時間裡產生。

於是，祖母笑笑地問我是否相信上帝，我告訴她我相信，然後她說：「告訴你一個小秘密哦！這個秘密就是：上帝若能創造出任何比性更美妙的事，那麼祂早就留著自己用了。」

博士說道：「被女人批評有關性方面的事，是男人最大的恐懼。」

媒體和文化。麥卡錫博士說道：「電影中的性愛是完美無缺且強烈的，你似乎不必擔心愛滋病和避孕方面的事。媒體所呈現的性愛是非常不切實際且讓人覺得不恰當的。我認爲那可能會對男孩們在性方面的發展造成傷害，因爲它挑起我們心裡面不切實際的期盼，那就是——你視自己爲一部性機器，你所關心的事只有陰莖尺寸的大小以及翻雲覆雨之後所帶給你的驕傲與自信。對男人而言，它建立了一條不切實際且太過嚴苛的性愛

標準，這對人們來說，實在是太難達到了，因爲他們並非電影明星。」

我們所處的時代及社會壓力。我們所處的時代及社會環境，會影響我們對性的觀念。試想想近代的性愛觀及道德觀，我們就會更加清楚我們所處的年代及環境，是如何影響我們對性的觀念。

♥ 瞭解女人的需要

男人和女人在某些方面是不同的，關於這點，生物學家是可以證明的。女人有不同的荷爾蒙、不同的生理需要及意圖，結果就導致不同的情感需求。婚姻兼家庭治療師畢佛說道：「女人因情感上的親密而做愛，男人藉由做愛感覺情感上的親密。」所以，如果你想要擁有一份美好的親密關係，我們建議你要學習給予女人所想要的，然後，你就會得到你需要的）。

畢佛指出：「女人特別需要浪漫的感覺，那是一種會在兩人初期約會當中產生的親密感及愛的感覺。」所以，當女人得不到這樣的感覺時，她們就會感到失望、沮喪，進而生起氣來。畢佛指出：「我們最好能定期給予女人這種感覺。」但是，要如何做呢？由於本書是談論有關性愛方面的事，所以我們也將建議設定在此一範圍內，這樣一來，我們就可以開始討論如何滿足女人強烈情感需求的方法了。

滿足她的性慾

兩性關係諮商專家葛雷博士指出：「女人的性慾不像男人有個固定的模式。每個女人都是獨特的，且在性愛關係中應該得到尊重，每個女人的需要會隨著每天、每年，甚至每個時刻而改變。」

想要成為超棒且善解人意的愛人嗎？那麼你最好把那些慣例和公式通通丟掉，我們並不是要你忽略伴侶的需要及喜好，而是怕你會不知不覺陷入了性愛技巧的迷思當中，而流於形式。

畢佛說：「有些生理上或心理上的技巧需要學習，例如，射精的自我控制以及熱情的前戲。但是，千萬千萬記住，不要流於形式化，也就是不要在你的性愛過程中設立公式，因為不管你的技巧再好，久而久之，女人一定會發覺，且開始感到無趣。」

想要滿足你的伴侶性方面的需求嗎？記住：她和你曾經見過或認識的女人是不同的，今天和昨天的她也不相同。畢佛建議：「把握重要的關鍵時刻，那麼你就可以以她喜愛的方式擄獲她。」他說：「忘記性交，將所有注意力集中在感覺、愛以及言語、眼神、撫摸的親密交流上，這就是性遊戲，也就是所謂的前戲，是擁有美滿性生活的重要因素。」

麥卡錫博士說道：「前戲，是臨床上的一個名詞，它是必要且不可或缺的，女人需要它，男人也同樣需要它，但是絕大多數的人都不太瞭解它。青春期時，我們過於重視自慰所帶來的瞬間快感。其實，大部分的時間，女人需要的是溫柔以及充滿愛的前戲和溫暖的後戲，如果我們能做到這樣的話，那麼你也同樣可以感受到無法言喻的快樂。」

所以，慢慢來，試著和你的伴侶講講話、親親她的頸子，或是鑽進她的臂彎裡，沈浸在你所感覺到的快樂中，這樣的做法同時也表現出你的伴侶對你而言是多麼的重要。畢佛說道：「撫摸她、凝視著她、給她快樂，也會讓你感到很興奮的。」露斯蔓補述道：「而且這也會讓你的伴侶瞭解到，你非常清楚，若要讓她達到高潮，是需要花點時間的，而你很願意爲她這麼做。」

千萬不要太猴急，立刻就直搗她大腿內側的地方，你可假裝那個地方太熱了而無法碰觸，假裝你只要稍微一碰到，就會被燒傷。你只需輕輕地撫摸其周圍的地方直到確定她的慾望已被燃起。葛雷博士提出忠告說：「千萬不要太快就脫掉她的內褲，也不要用扯的，只需輕柔地將它褪去。只有在你感覺她已濕透或是她的手指不斷地戳進你的手臂裡時，就是時候了。」這就是女人的需要，她需要的是浪漫的感覺，她不希望你草草了事，她只是想確定你會爲她守候，所以你要耐心等待。

如何與女人做愛

作家露西・珊娜和凱西・米勒針對數百位女性做一調查，主題是有關她們對浪漫、愛和做愛的定義。調查結果顯示女人希望男人能慢慢來、別心急，試著去營造屬於彼此之間肉體上與精神上的親密感。

根據調查報告顯示，女人通常視「做愛」爲一天二十四小時持續不斷進行的事，而不單單只是在床上而已。如果你期望女人在床上熱情火辣，那麼下面有些事情是除了在床上之外，你必須做的。

1.經常打情罵俏，而不是只有在你想要做愛的時候，例如，在市場裡、在餐廳裡、在朋友面前、在車子裡、在客廳裡，都是有趣且令人振奮的。

2. 讓身體上的碰觸成為一種生活方式，這種碰觸是非關性愛的，而是像擁抱、接吻、愛撫或是攬著她的……等等的動作。而且很多女人頗鍾情於在大庭廣眾之下充滿情感、熟練的以及出乎意料之外的親密碰觸（例如，在桌底下、衣帽間……等等。）
3. 眼睛微笑地望著她，從房間的另一頭用一種充滿讚許、欽佩的眼神凝望著她、讚賞她優美的動作，讚美她是有魅力的女人。
4. 含笑望著她的時候，別忘了讚美她。

然後，當你想要引誘她的時候：

5. 醞釀情緒、關掉電視、弄暗燈光、點亮蠟燭、播放輕柔浪漫的音樂，然後再將所有焦點放在她身上。
6. 放輕鬆、愉快地說著話，花點時間僅用你的唇、你的呼吸、感性的言語及觸碰去愛撫她，而且不要太快褪去她的衣服。
7. 告訴她一些有關你愛她的事。
8. 從頭到腳、全身上下溫柔地愛撫她，且持續不斷。
9. 珊娜和米勒建議男士們：「慢慢來，不要急。」當你感覺太過激烈，那就先緩和下來，她會感激你的。

臥房外的關係

「女人渴望來自其伴侶的支持，渴望感覺和你之間是密不可分的，彼此相互鼓勵與支持，她需藉由這些感覺才能和你一起享受魚水之歡，只有在這些事情都是眞實的時候，她才感覺得到。」葛雷博士說道。

男人所犯的大錯誤是總喜歡扮演「意見」先生，而女人對此總是感到相當的困惑不解。當她們有問題求助於我們時，總覺得我們根本沒有專心聽她們傾訴，我們只是一味地告訴她們自己的想法及提供意見，覺得這樣就是對她們的幫助和支持。然而她們眞正需要的是我們能夠設身處地爲她們著想；她們只是想知道我們是否眞正關心她們的感受。因此，大部分的時間，她們是不需要意見的。然而我們男人卻對於做個「意見」先生樂此不疲，因爲這樣會讓我們覺得自己是有用且被需要。

葛雷博士又說：「女人通常藉由說出心中感受來發洩生活上的挫折、不滿及壓力，所以我們必須試著學習不批評、不建議地讓她們盡情發洩。因此我們能做的就是多關心她們，多站在她們的立場爲她們著想。」

但是，什麼才叫做設身處地呢？這裡有一個例子：

當她說：「眞是氣死我了，強尼老是把他的髒衣服亂丟在地板上要我來撿，而且從不舖床也不清掃房間。我上了一整天的班，回家還得做這些事情。」

他則說：「你對強尼很失望，因爲他老是亂丟衣服且又不打掃房間，而妳工作一整天已經很累了。」

如此一來，在她的心裡所得到的訊息是：「他眞的瞭解我的感覺。」

菲德博士認爲：「此種說話技巧說穿了只是一種心理遊戲而已，而且在現實生活中，人們是不會用此種方式說話的。」她建議說：「其實你只要表現出最自然的方法傾聽你的伴侶說話就可以了。」

另外一種方法是由作家露西·珊娜及凱西·米勒所提出來的。她們說：「女人需要的只是你的傾聽、讚美以及瞭解她的處境。因此，與其提供她解決之道，不如先抱抱她、安慰她、設身處地的為她著想，謝謝她願意與你一起分享一切，而讓她能知道你支持她。」

珊娜和米勒又說：「女人只是想知道你是否重視她們，而且你也願意將寶貴的時間空出來陪她們。」那麼就這樣做吧！專欄作家麥克說道：「每天花些時間在一起說說話、聊聊天，對夫妻兩人來說是很重要的。」

十種保持親密的方法

我們很少用行動來溝通，這裡有些方法能夠讓你的伴侶知道你是眞正的很關心她、在乎她、感激她。這些雖是小動作，卻可以持續很長的一段時間，而且能讓你的伴侶感覺你們倆個是眞的緊密相連的。

口頭上的表示

告訴她你愛她。現在就做。一天好幾次且要眞心。

請教她

徵詢她的意見且認眞傾聽。

買束花送給她

你可以在任何一家花店買到，而且不會花費你太多錢。記住，一定要買最漂亮的那一束哦！就我們所知，盆栽植物似乎較實際也較持久。但是葛雷博士建議：「完全不要考慮它。」只有被包裝成一束的花才可以，因爲這種花是會枯萎、會凋謝的，這就是羅曼蒂克的感覺，正因如此，你才會出去再買更多的花來表示你的心裡有她，且認爲她是獨一無二的。不要只有在約會時才送花，而是要將送花的這筆花費納入你每個星期的戀愛預算中。

偶爾幫她點菜

在餐廳時先詢問她想吃些什麼，喜歡吃什麼，等到服務生來到你們桌前時，幫她點菜。我們建議你在點自己的菜時，先轉向她，問她：「這樣對嗎？妳還想要吃些其他的東西嗎？」諸如此類的問題。葛雷博士說：「這會讓她覺得你眞的關心她。」

告訴她你的發現

「任何時候，只要你發現她一些迷人或可愛的事（像她頭髮的香味、笑時眼裡閃耀的光芒），一定要告訴她。」

給她驚喜

寫張充滿愛意的紙條給她、打個電話告訴她你想她或送她意想不到的禮物，都會帶給她驚喜。珊娜和米勒建議說：「如果你想要一直保持戀愛的感覺，就得持續不斷地帶給她驚喜。」

迎接她

不要一進家門就大喊：「寶貝，我回來了。」試著去尋找她，然後給她一個熱情的擁抱。

運用你的聲音

將你的聲音錄下來，不過切忌嘮叨個不停或是語出惡毒的話，或是一副可憐兮兮的樣子，記住聲音要儘量保持愉悅。

笑鬧著掛電話

珊娜和米勒建議：「學習此種語言表達方式，並且靈活運用它。」當你非得掛你愛人電話的時候，就使用它。千萬不要說：「我必須回去工作了。」而是要說：「我已迫不及待想見妳了，等會兒見。」

身旁守候

葛雷博士說：「當她疲倦或操勞過度時，給她幫助與支持。」

♥ 瞭解你的需要

男人需要什麼才能夠盡情地享受性愛呢？答案當然不僅僅只是女人的身體而已。根據畢佛博士的說法，男人的性生活要美滿、豐富，就必須：

- 和女人在一起感覺很輕鬆自在。
- 對女人不能懷恨在心。
- 放輕鬆、讓焦慮遠離。
- 對性愛的表現不要期望太高。
- 別時時刻刻注意自己的外表、感覺、聲音及氣味。

• 盡情地將所感覺到的快樂表現出來。

性愛之外的簡短課程

因此，我們要如何才能達到這些要求呢？心理學家及性學專家卡本萊說道：「我們需要的是心理建設。」而所謂心理建設就是：在性愛關係中，情感上的親密關係和肉體上的親密關係同等重要，情感上的親密關係是必要的。「將注意力放在愛和快樂上，那麼性交過程中的不安就會消失了。」性交本身沒有錯，它只不過是性愛中的一部分。學習如何在性交之外去給予和接受性愛所帶來的快感，而後你對此的感覺能力便會增加，而且你的伴侶也會。

麥卡錫博士也同意此種說法：「別將注意力集中在你的陰莖大小及高潮上。」只需要盡情地享受，這就是所謂沒有負擔的快樂，方法就是不斷地學習、再學習。如果你的伴侶累了，那你可以先愛自己，放輕鬆且享受它，這是醫生的建議。

畢佛解釋道：「爲什麼學習這個課程這麼重要呢？那是因爲男人的另一項特質是喜歡把每件事情都拿來競爭，包括性。」我們自設目標，若沒有人和我們競爭，我們就跟自己競爭，然而我們若將此套用在性這件事情上，那麼我們很可能就會失去我們眞正所需要、所想要以及所應得的快樂。

課程：男人必須不斷地提醒自己性不是一種競賽，也不是供人觀賞的娛樂，我們的性愛技巧不須無時無刻被觀察、被批評、被審判，且高潮也不是最終的目標。

保持溝通管道的暢通

我們都需要別人的暗示及鼓勵。葛雷博士說道：「男人需要感覺他的伴侶是眞的非常享受和他做愛的歡愉。」

葛雷博士表示：「當男人感受到他的伴侶眞正沈浸於性愛的歡愉中時，他就會感覺非常地舒服；相反地，如果他的努力經常遇到挫折，那麼他很可能就會放棄繼續嘗試的勇氣而且失去性趣。」

總而言之，男人需要溝通——坦然、明確的溝通。

課程：向你的伴侶要求在性方面做一個坦然且明確的溝通，眞的要做到哦！這是你的任務。

葛雷博士說道：「當你的伴侶向你說：『不是現在』，可是卻很明確地表示她非常沈浸在和你做愛時的感覺，並且很快就會有慾望想再一次時，你一定要讓她知道你並不會有被拒絕的感覺或是認爲問題可能出在自己身上。」

菲德博士也說道：「男人需要得到來自於其伴侶的支持與肯定，所以，他們的伴侶若稱讚他們是迷人且性感的，慾望也是因他們而起，這對男人來說是很重要的，因爲大部分的男人對此都相當地沒有自信。男人和女人一樣，通常都對伴侶是如何看待自己的裸體都缺乏自信且感到非常地不自在。」

找出時間

男人需要留點時間給自己。葛雷博士指出：「我們都需要把自己稍微從親密的關係中抽離出來。」事實上，我們實在無法掌控整天膩在一起的親密關係，因爲如此一來，我們就會開始感到厭煩，甚至當這種親密關係被強烈要求表現出來時，我們就會不禁發怒。

葛雷博士說道：「男人總在親密關係和獨立自主之間自由地更換角色。」我們若能清楚此種情形，且給彼此留點空間，那麼就可以建立一個更穩固的關係了。

葛雷博士是這麼解釋的：男人渴望親密的關係，然而一旦得到之後，卻又開始嚮往獨立自由，等到獨立自由慣了，卻又開始渴望回到親密關係中。葛雷博士以橡皮筋做比喻，男人就好像橡皮筋一樣，彈出去又彈回來、彈出去又彈回來，這不是缺點，這是動物的天性。

葛雷博士說道：「我們必須瞭解女人是不同的，當她們再一次重新對曾經疏離的人感覺親密之前，是需要一點安慰、求愛和肯定的。對她們而言，疏離即表示拒絕；對我們而言，偶爾分開一下，可使愛情加溫；可是對她們來說，卻是關係中的裂縫。所以如果我們期望再聽到她們清脆的笑聲，看到她們眼裡的光芒及溫柔的觸摸，我們就得再重新和她們交談。」

*課程：*男人心中裝有一個自動調溫器，來調節親密關係的冷與熱，如此，就可以保持關係的平衡。當處於冷淡關係期時，男人也不會覺得沮喪。因此，爲了保持親密關係中的平衡，學習如何在冷淡與熱烈的關係間，得體地轉換角色，就顯得非常重要了。當處於冷淡關係期時，若伴侶非常想要更多的親密感，那麼就試著鼓勵她談些自己的經驗和感覺，這樣

請教性學醫生

菲德博士說道：「大部分的男人都是有愛好競爭且非達到目的不可的傾向，然而他們卻沒有認清，其實性經驗只是經驗而非目標，況且高潮也只是一種獎勵，而不是性愛和感覺的分享。大部分的時候，當一對夫妻到我這裡來尋求解決之道時，我總是設下一個規則，那就是：沒有高潮，只需彼此盡情享受。不過，這對許多男人而言，實在是一個很難理解的觀念。」

會讓她覺得和我們是緊密相連的，即使我們不想說話，也只需藉由陪伴她、傾聽她說話和鼓勵她來表現我們的關心。葛雷博士說：「這些只需要小小的努力，就可以持續很久很久。」

並不是所有的專家都認同葛雷博士對親密關係所持的論點，他們也不同意男人和女人在親密關係的需求上會有這麼大的不同。露斯蔓博士指出：「我們都需要親密關係，只是表現的方式和時間不同。我們同樣也需要空間，而且我們需要多大的空間以及情境，都有很大的變化。我們每個人都同意的是：試著瞭解你自己以及在和伴侶的親密關係上獲得了什麼，另外，如何建立親密感以及如何察覺你們太過黏膩對方也很重要。

做朋友

菲德博士說道：「許多男人非常需要情感上的慰藉，可是他們卻不善於表達，也不會把自己內心的話向別的男性友人說，而期望從伴侶那裡完全得到情感上的滿足與需要。」

我們的社會不教男孩們和朋友之間建立親近且可溝通的關係，而是教他們如何競爭、如何打敗對方，以及成群地嘲笑女孩們。他們根本不向別人透露自己的心事，男人根本沒有較親密、可談心事的朋友，他們只有所謂運動上的夥伴。

麥卡錫博士說道：「男人被教導成不可輕易將情感表露出來，所以，唯一讓他們感覺親密的方式就是透過做愛。」

菲德博士說道：「結果就導致男人在性愛和情感的關係中，非常渴望得到慰藉，然而結果卻往往事與願違，因此，我在男人的身上看見了許多的落寞感。」

課程：畢佛、菲德博士和其他人建議：「我們眞的需要結交一些値得信任且可傾吐內心恐懼與感受的男性朋友。」

放輕鬆

別這麼嚴肅嘛！畢佛說道：「我們必須停止做些傷害自己的事，學習來點樂趣，我們需要樂趣，眞正的樂趣。男人需要去感受與工作或競爭無關的快樂，只不過，我們需要再教育。」

課程：畢佛建議，找些可以讓你很快樂且感覺熱情的活動，打破「我必須製造些事情以得到歡樂」的觀念。但大部分的人還是做不到，因爲我們還是覺得必須「做」些事。

數據說性

89％的男人說他們的妻子就是他們最好的朋友。

資料來源：*The Janus Report on Sexual Behavior*

♥ 建立和諧美滿的性生活

「老闆，很抱歉，我來遲了，但是我老婆今天早上眞的想要，我們只稍停留了一會兒，就忘了時間，我到現在還有點站不穩呢！」

這可不是男人增進健康的方法。性可以使地球運轉，但我們建議你可以找一個導致你上班遲到、錯過重要會議等事件更好的藉口。菲德博士指出：「事實上，上班遲到、錯過重要會議以及信口雌黃都是你性生活失去協調的徵兆，想要保持性生活的協調是件棘手的事，這大家都知道的，不是嗎？」

菲德博士說道：「每個人都不該對自己太過嚴苛，並且認爲自己假如一天二十四小時都在想著性這件事是不正常的，然後就很久很久都不敢再想。」

那麼，多少才是過多或是過少呢？

菲德博士說道：「一個心理健康的人，他們知道多少才算適中，也知道自己保持性生活協調的方法。」

協調的各層面

性教育學家拉克說道：「除非我們能在情感、本質以及技巧上保持協調，否則，性是一件令人痛苦的事。」

讓我們來看看保持協調的各個層面吧！

情感。拉克說道：「如果我們在情感上的態度是健康的，那麼，在性的各個層面上，我們就可以知道關於自己和伴侶的感覺、心情與慾望。」我們和伴侶談論自己的感覺、心情和慾望，也同樣要問問伴侶她們的情感和情感上的需求；我們信任伴侶，也同樣感覺被信任；我們尊重伴侶和自己，給彼此空間，避免壓抑自己或被壓抑。

本質。這裡我們所要談的是接受我們的性別、定位及身體。在性愛過程中，我們並不會因爲自己的樣子、動作或氣味而感到難爲情。大體而言，我們得對自己的性本質和性慾感到自在。拉克說道：「我們懂得如何在性愛過程中放鬆自己，且使它變得有趣和愉快。」

技巧。拉克說道：「健康的技巧認知是要包括瞭解我們自己和伴侶的性生理狀態、什麼樣的感覺才是好的以及如何創造美好的感覺。這包括性技巧上及步調上的發展、避免懷孕和防止性病等。」

臨床心理學家楊艾森卓拉斯博士指出：「除了上述之外，協調也意味著你將自己的伴侶視爲一個完整健全的人，而非只是性玩物而已。」他還補充說道：「許多婚姻衝突皆來自於夫妻們把另一半看得太狹隘了。例如，男人會把他的伴侶理想化，成爲自己的情婦，而很難接受她所扮演的其他角色，比如說她很可能是個母親、是個家庭主婦、是事業上的伙伴或是一個期望在情感和肉體上有所需要或回應的人，甚至是一個忙裡忙外的職業婦女。」

諮商專家說道：「我們的伴侶必須知道我們將她們視爲她們眞正的自己。」主動且努力地做到，那對我們在性愛關係中保持協調是不可或缺的要素。

十種性生活失調的徵兆

根據菲德博士的研究：下列徵兆可能顯示你在性需求方面有太多或太少的跡象。（注意：這些徵兆也可能表示你在生活上其他方面的沈溺或失調，若有這些徵兆出現時，別急著以爲就是自己性生活出了問題，好好想一想，再仔細分析。）

1. 缺乏睡眠。
2. 睡過頭。
3. 用餐過量。
4. 頭痛。
5. 肌肉緊繃。
6. 易怒。
7. 喜怒無常。
8. 夢遺。
9. 開車到城市中有流鶯的角落，直接找靠在公車站牌上身上幾乎沒有穿衣服的女人聊天。
10. 下班後就立刻衝進成人書店或錄影帶店。

多少才算正常？

一個「正常」的男人每星期做愛三點二次，每次四十分鐘，每星期性幻想三百二十次，每次四秒鐘。不、不、不，這些都不是眞實的數據，這些都是我們杜撰出來的，可是它們的確吸引了你的注意力，不是嗎？我們男人要的就是數據，我們將自己和那些平均值相比，然後再看看自己是否達到標準。

我們並非故意要把這件事弄得如此神秘兮兮，也沒有意思要使你覺得有挫敗感，你想知道應該花多少時間在性事上，然而眞的有一個標準嗎？答案顯然是沒有。性研究報告提供了一些平均值，但這些平均值並非就代表標準，就如菲德博士所說的，性交與性幻想的頻率是屬於個人的事，況且它還會隨著情感或是荷爾蒙以及生活上的忙碌及壓力而改變。

怎樣才算正常呢？這裡我們將給你二組統計數據去思考。研究員針對四千四百二十人做調查，詢問他們在五分鐘之前是否有性幻想，訪問時間分散在早上、下午和晚上。結果是十四至二十五歲的男性，有52％的人回答有；二十六至五十五歲的男性，有26％的人回答有。

另一項研究報告是訪問一百零三位男性，要求他們評估自己一天花多少時間在性幻想上，結果55％的男性回答一天的十分之一以上。

怎樣才算失調呢？答案和上面的統計數字一點關係也沒有。菲德博士說：「當你沒有時間做愛或性慾缺缺時，就表示失調了。」當生活上的種種事情皆因爲性而感到苦惱時，就表示失調了。

男人要如何保持性生活的協調呢？「對性所帶給你的快樂負起責任。」菲德博士說道。盡情地享受自己的身體，無論是獨自一人或和伴侶一起。

定期花些時間享受性所帶來的愉悅，這樣，保持性生活的協調就不難了。

這就是女人在第一次遇見男人時，在短短的時間內所要尋找的東西嗎？要如何才能使我們更性感呢？科學家確實有些線索和理論，簡而言之，就是性感的秘密。

性感的科學探討

心理學家亨德利發現：「社會科學家、生物學家及心理學家共同提出了導致我們被未來的伴侶吸引以及我們如何擄獲她們的三個基本觀點。」它們是決定性感與否及選擇伴侶的要素。

進化論。這是達爾文單純生物學上性吸引力的成分，這意味著男人會被漂亮、眼神明亮、健康的年輕女性所吸引，外表愈完美、愈健康、愈漂亮的愈好，這些因素顯示女人大部分時候都生得出一個強壯、健康、漂亮的小孩。就從種類的繁殖觀點而言，當男人看見一個美麗的女人時，他的慾望就會被激起。

理論上又指出，女人會被那些強壯有力、有才華的男性吸引。對女人而言，男人的年齡並不是那麼重要。一個外表醜陋但有權、有錢、且有成就的五十歲男人，可能比一個二十五歲年輕、帥氣的小伙子更迷人。

門當戶對。當我們遇見一個未來可能成爲自己伴侶的人時，我們會在

心裡做千百次的揣測，以決定彼此是否爲同一世界的人，我們會尋找學歷、背景、態度、喜好和我們類似的人。

看我、感覺我、摸我、爲我療傷止痛。我們會被那些能加強自我價值、自我評估感覺的異性所吸引，因爲她們可以讓我們感覺更完整。亨德利博士更進一步強調，許多性愛諮商專家也同意，除了上述所說的之外，我們潛意識在尋找一個完美的父母親，一個可以爲我們療傷止痛的人。

走出實驗室、走進酒吧

在本書裡，我們喜歡引用醫生和一些有類似評論的專家的言論，但此處所引述的約翰·艾根並不是個醫生，不過他仍然是個專家，我們可以把他視爲名譽的「調酒醫生」。除了在夜總會當酒保，調和數以千計的酒之外，他可看盡了無數的客人混來混去的情形。因此，他把研究美麗的女人當作是他的使命。他讓二千人塡寫問卷表，然後親自討論他們的答案。

艾根問的問題像：「第一眼看男人身體的哪一部分？男人吸引你的地方在哪裡？當你遇見男人時，什麼原因會讓你想躲開？男人對你說過最美好的一件事是什麼？」再加上許多相當精細的複選題，將結果作成表格。艾根同意在本書裡與我們這些幸運的人分享他的發現，所以我們也把這個好處帶給你，爲了引起興趣，我們將回答上面所提到的第一個問題：女人第一眼看男人身體的那一部分？答案完全一面倒的集中在一個地方，那就是男人的眼睛，然後再決定是否有興趣再看其他的地方。

艾根說道：「她們在尋找溫暖、眞心誠意、信任及心裡的秘密，而這些她們都可以從我們的眼睛裡看出來。」

卡本萊同意的說：「我們的眼睛反射出了全部、甚至更多的心事。詩人是對的，眼睛是我們的靈魂之窗。」

你不禁要問：「我的眼睛？我的眼睛能做什麼？」心理學家渥斯曼說：「能做的事可多了。首先，將你的注意力集中在眼睛的接觸，練習放輕鬆，延伸眼睛接觸的範圍，如果很困難的話，那麼每次只做一個步驟即可。努力在所有的人際交往中，讓你的眼睛持續保持接觸至少十秒鐘，當覺得舒服時，就可加倍練習，練習到感覺舒服時，再加十五秒。

什麼會讓女人覺得著迷？

當女人第一眼看見男人的時候，還有哪些其他事情會讓她們覺得著迷的呢？這裡有七大點，我們讓艾根來談談吧！

保持乾淨

艾根說：「我常告訴男人，當他們接近女人的時候，一定要從頭到腳，包括手指甲和腳指甲都要很乾淨，因爲她們有我們男人所沒有的細心。如果一個男人和一個女人相見，之後你要求男人描述這個女人，他一定無法描述得很詳細，但是如果你要求女人描述這個男人，她一定可以從頭到腳、巨細靡遺地將他描述出來。」

渥斯曼博士支持這個理論。他說：「如果要讓別人覺得你很性感，那你一定要覺得自己和自己的外表是不錯的。」外表是在配對中的首要因素，但也可能是短暫的。渥斯曼博士說：「微笑很有用，還有保持整齊和清潔特別重要。我們應該定期做一張外表總檢查表，而且確定我們已把自己最好的部分呈現出來。」這不僅可以加深別人對我們的印象，而且我們也會覺得自己是很迷人的。以下是渥斯曼博士個人外表總檢查表的項目：頭髮、牙齒、皮膚、氣味、體重、服裝。每一項都要定期的檢查及保持。

艾根問女人有關男人應該如何穿著，好消息！大部分的女人都說那不重要，平常的穿著只要合宜，不須太過流行，整齊、清潔就可以了，女人不太喜歡不修邊幅的樣子。

輕鬆一下

艾根說：「普遍讓女人想躲開的正是滿腦子都是他自己的男人，那表示這個男人是驕傲且自我的，他只想談論自己的豐功偉績。」我們應該多聽、少說，當她在敘述一件事情的時候，以讚美回應她。

微笑

根據艾根的研究報告指出，97％的女人表示，如果男人想引起她們的注意，就必須經常面帶笑容。但是艾根警告說，不可以是被勉強擠出來的笑容，因爲女人可以分辨得出來。渥斯曼博士也同意艾根的理論。他說：「微笑可使人的臉上綻放光芒，可使全屋滿室生輝。」

有趣

女人喜愛幽默的方式，她們希望你是有趣的，那幽默就是關鍵了。

強調足智多謀和企圖心

女人真的想知道在工作上，你是一個有前途、充滿企圖心的人，所以，不論用何種方式，都要讓她知道。

艾根說：「男人需要多花點時間在自己是如何的努力工作、成功以及足智多謀等事情上，而不要太過自以為是。在彼此的談話中，巧妙地把這些事溶入你們的對話內容中。記住，女人通常不喜歡失敗者，她們喜歡的是未來會功成名就的男人。」

敏感

女人想知道你是有感覺的，你不須嚷著要她們證明。艾根說：「但你真的需要多留意、多關心身邊的人、事、物以及表達一些情感。」

艾根說道：「拋開一些具有男子氣概的行為，現在的女人要求的是真心誠意、誠實、相互尊重和情感上能和她們交流的男人，千萬不要唯唯諾諾的迎合任何人，你還是得保留住你的男性特質。」

敏感的意思就是留意、瞭解女人的感覺及所做的事情，做個善解人意、有回應的男人。艾根說道：「我不管你現在是第一次戀愛或者已經結婚很久，當你敲門，然後發現她美美的站在你面前，那你就要告訴她。我的意思是，她花了那麼多的精力和時間在裝扮自己，期望男人能夠聰明的察覺她們花了許多時間在上面。」

這就是敏感的一部分。

凸顯個性

艾根說道：「女人比男人更容易被迷人的外表所吸引。」然而，對女人而言，迷人的外表並不是最大的吸引力。如果迷人的外表下缺乏體貼與誠意，那麼一旦開始談話，吸引力就會消失不見了。幸運的是，女人表示不太完美的外表是可以用體貼與誠意彌補的。

艾根說道：「男人就是所謂的「視覺動物」，女人則是「聽覺動物」。如果你想追求女人，你就必須學習如何在言語上與她溝通，必須先通過她的耳朵，那麼她才會被你所吸引，這就是魅力。我們並非天生就充滿魅力，那是需要靠學習的。」

如何使你更吸引人？

當你和伴侶在一起時，想使自己更吸引人嗎？卡本萊博士說道：「學學下面這三句話，然後把它們運用在性愛的過程中。」

1. 我們有足夠的時間。
2. 我很高興能帶給你快樂。
3. 告訴我妳希望我爲妳做什麼。

愛有味道嗎？

老兄，你的汗臭味會讓某些女人想靠近。

科學家們證明了此一理論。他們針對年齡約二十五歲上下的四十九位女學生和四十四位男學生進行一項味道測試實驗。

首先，他們先將每個人遺傳因子中的免疫系統做一記錄。

然後叫男學生用無香味的洗潔劑洗他們的被單，然後再指示這些男學生用無香味的肥皂洗澡，勿使用香水或除臭劑之類的東西；遠離臭的環境，以及避免食用某些帶有特殊味道的食物等等。之後再給每一位男學生一件百分之百純棉未穿過的T恤睡過兩晚，再將這些T恤和已穿過的衣服一起放入塑膠袋裡，再過二個晚上，將它們交給研究人員，每一件T恤皆放入一只紙箱、且編號。

隔天，女學生被帶進來，每一個人透過紙箱的孔嗅聞六件放在箱內的T恤，她們並不知道所聞的六件T恤中，有三件是來自於免疫系統和她們相類似的男學生的，另外三件則是屬於免疫系統和她們不同的男學生的，然後再指示她們根據自己覺得愉悅和性感的程度或是其他因素，做一等級區分。

結果是——女學生較喜歡那些免疫系統和她們幾乎不同的男學生的味道。事實上，這和她們現在或前任伴侶的味道有關。

作者們根據他們對老鼠所做的實驗猜測，這種偏好或許有助於避免同系繁殖或是遠離病原體。生理不同的夫妻所生下的小孩，會得到來自於父母兩個人的遺傳基因，也因此，這種小孩在免疫系統上比來自於父母親有相似免疫系統的小孩要強得多。結論是：女人潛意識藉由味道來幫助她挑選伴侶。

♥ 前戲

前戲在字典裡的解釋是：性交前的性挑逗。究竟，在性交之前，你眞正需要多少的性挑逗呢？通常，只須一個女人的裸體就夠了。

另一方面，女人卻需要足夠的肉體上及情感上的挑逗，才能被激起、感覺潤滑及達到高潮。這就是爲什麼許多男人將挑逗女人性慾的前戲視爲必須的苦差事，所以他們的前戲就反覆這些動作：五分鐘撫摸這裡，十分鐘舔舔那裡、這裡按摩幾下、那裡吻幾下，然後——開始做愛。

顯然，這是錯誤的態度。我們要傳遞給你的訊息是：前戲不僅僅是挑逗而已，前戲本身就是性愛。

如果你想要成爲一個世界級的愛人，務必記住——調情、戲謔、碰觸、愛撫、親吻、洞察力、性交、高潮——這些都是讓性愛持續的重點。

前戲高手

兩性關係專家兼心理治療師維裘博士說道：「做個前戲高手，你已經擁有兩個最重要的東西了，那就是——你的心和你的身體。」如果你想要知道如何成爲前戲高手，那麼你必須：

心甘情願。你知道這是基本要求，不是嗎？是的，如果你將前戲視爲性愛的一部分，而不是將它從性愛中抽離出來，你就必須敞開心胸去接受許多新的可能性。

克萊德門博士說道：「在我的研究講習會中最重要的部分之一就是讓男人運用他們的創造力和想像力去取悅他的妻子。對男人而言，那表示他接受妻子的需求及成爲她的性幻想對象。」簡單一點的方式就像只要比平常更體貼地對待她即可，或是困難一點的，成爲她羅曼史小說中的英雄。「主要的關鍵在於想像力，那麼你就可以敞開自己的心胸去接受所有的可能性。」

全天候的態度。就如我們所說的，前戲不僅僅只是發生在性交前的十五分鐘或一、二小時的行爲而已。說眞的，前戲可包含一整天的態度。

伯區博士說道：「古語說：如果你想要在晚上做愛，那麼你必須從早上就開始準備了。」花一整天的時間在一起、讚美她早上所做的第一件事、上班時間打個電話給她——這些事情都會爲你以及良好的性關係建立親密的基礎。

說些好聽的話。你或許已經知道女人是屬於聽覺性的動物。伯區博士說道：「說話是挑起女人慾望的最好方法之一。」更重要的是，說話也可讓你的伴侶知道她可以利用她所需要的時間。

伯區博士認爲：「在前戲的過程中，女人常常想著自己看起來如何，是否可以取悅你以及是否有慾望，因此，你們倆個就會將注意力集中在她的高潮上，這是非常有壓力且會導致不良後果的。」

這裡有三個最好的字，你可以在前戲的過程中向你的伴侶說，那就是：慢慢來。

維裘博士說道：「這聽起來雖然有點愚蠢，但你只管說：『慢慢來。』或『當妳覺得準備好了，我也才眞的可以了。』你讓她放鬆且享受自己，這是非常有效的，她會很感激你對她說這些話。」

乾淨的身體。伯區博士指出，女人對氣味和碰觸的感覺比我們男人更敏感。因此，前戲的一個必要的部分，就是展現乾淨的自己以及把鬍子剃

乾淨——不要有煙味及酒味。伯區博士說：「不僅僅讓她覺得你更迷人，而且你也要透露訊息讓她知道她是値得你爲她把自己弄乾淨的人。」

給予的動作。維裘博士要求數百名女性投票表決她們認爲最羅曼蒂克的時刻，結果，這些最羅曼蒂克的時刻都有一個共同的起源，那就是：她們的愛人給予她們某些東西，如一束花、擦背、一杯香檳。所以，做些給予的動作，特別是你能給她她所想要的。維裘博士說道：「給予的行爲就是代表關心及提供她的需要，這些都是讓女人感覺親密的重要因素。」

樂於做些老套的事。這裡有一個根據前戲的實際經驗所得到的作法，那就是——如果覺得老套的事情，就去做它。

維裘博士說道：「此種方法適用於男人和女人的身上，但是方法不同。對女人而言，穿上緊身內衣或性感衣服是老套的，可是男人卻覺得很刺激。」同樣地，男人覺得老套的事——對女人的讚美、親近、擁抱及隨侍在側，然而對女人而言卻是最有效果的前戲模式。維裘博士說道：「所以，許多男人老是說他們不懂得如何取悅妻子，其實，他們眞的懂，只是不會運用想像力去做或說而已。如果你覺得不好意思做老套的事，你現在知道那可能就是讓她快樂的事。」

樂意接受。你可以不必爲了性愛而被撫摸或被舔，但並不表示你就不需要性愛的挑逗，特別是在一個長久的兩性關係中。前戲對於保持男人對性愛長期的興趣及挑逗女人短暫的興趣上，是非常有用的，所以愉快地接受它吧！瞭解擦背、美味的一餐、突然的擁抱、親吻以及呵癢都是她所喜愛的方式，也是挑起你的性慾的方法，所以，感激地接受它們吧！若能從這個觀點去看，那麼你將會驚訝地發現，你在前戲中獲得了更多。

♥ 變化你的性愛技巧

當你處在一個完全舒服、放鬆的性愛環境時，我們不會時常警告你滿於現狀可能帶來的危險，然而，有時候顛覆一下性生活現狀，給性生活注入一些新意確實是健康的。

那是因爲：人類喜愛舒適，我們好逸惡勞，喜歡一成不變。然而某些時候，對某些人而言，一成不變成了習慣，這就是問題的所在了。在性生活當中太過滿足現狀，你就會開始感到無趣。

維裘博士說道：「大體而言，人類能專注於一件事物的時間是非常短暫的，我們必須給予生活中的事物不同的變化，例如，我們的工作、我們所吃的食物，甚至我們的性生活。」不過，這裡有個困難，那就是要使一個只包括兩個相同的主角，且經年累月的性生活多樣化是件非常棘手的事，雖然棘手，但是並非不可能。

曼利博士說道：「有時候你只須認清你的性生活正處於一成不變的情況就可以了，但是許多人都害怕去承認它，他們覺得可能是自己那裡出了毛病，或是若承認了它，可能會傷害到別人。」

重新開始

如果你的性生活一直都很好，非常恭禧你。

曼利博士說道：「決定嘗試不同的事物是正面的，它可使你更充實、更勇敢、更具挑戰性。」

但是首先你必須具有這些基本要素，才能使你的做愛技巧多變。

開放的心。維裘博士說：「任何成長的第一步就是樂意接受新鮮和不同的事物，就算在一開始時，你可能會心存疑惑。」給個機會，你或許會發現你眞的喜歡一些新事物，萬一不喜歡，那你只要把它當成是一次冒險就可以了。記住那些世界的改革者就是對現狀提出質疑的人，也是會問：「我要如何使它更好？」的人，所以別害怕去想一些誇大的、大膽的，甚至有點不可思議的事。

即興發明的技巧。在人生的舞台上，性不是一本寫好的劇本，它是一齣鹵莽的、誇張的、即興而作的喜劇。維裘博士說道：「拋開過去傳統所給予性的制式化觀念是很重要的。」

願意配合的伴侶。性愛是兩個人的，如果你的伴侶只喜歡一種做愛方式，那麼首先你得先配合她，這樣你們兩個才能使其多變化。敞開心胸地交談，表達你的性幻想、你的渴望，將你所喜愛的嘗試方法說得愈多，就會愈接近你眞正想要的，而且你若不喜歡，還可以嘗試其他的。

曼利博士說道：「如果你們其中一個遲滯不前，那麼另一個就該採取主動，同時你也應鼓勵另一個人能瞭解這種想法，不過不要用強迫的方式，也不要沒有耐心，你可以用舉例的方式來引導。

變化，萬歲！

現在，你準備好要藉由例子來引導，卻又很害怕？沒關係。這裡有幾種輕鬆的方法，你可以在今晚就開始革新。

和她講話

曼利博士說：「缺乏溝通通常是關係惡化的第一步。」

點些蠟燭

如果多變和改變將要蔓延，它們需要一些適當的氣氛成長，你最好是氣氛的主導者，劃一根火柴或是放點羅曼蒂克的音樂。打破一成不變的性生活最快的方法之一是只要對環境略施小計即可。維裘博士說：「做點努力，只要一些些的羅曼蒂克，就可以持續很長一段時間。」

幫她按摩

一成不變的性生活通常都是很快草草了事，沒有太多的輔助動作。克萊德門博士建議：「努力延長時間。」一個長時間的、充滿情慾的按摩就可以做到，或者你們可以一起洗澡，給自己充足的時間專注在彼此上，而不是在生活上一成不變的事上頭。

使用三種以上的不同姿勢

維裘博士說道：「做些有趣的規劃，可以為你們的性生活增添情趣。」

♥ 性幻想

有時候讓許多女人爲了想要得到你的注意力而互相競爭是一件困難的事。例如，在上班的途中，一位穿著短洋裝的金髮女孩，開車至你的身邊，詢問你是否願意搭個便車，嘿！這已經是這個星期以來的第二次了。

當你踏進辦公室，仍然在想著她，完全沒有注意到你的女同事已經注意你很久了。過了一會兒，當你正準備要做事時，你的秘書穿著緊身衣走進來，她輕巧地溜至你的辦公桌邊，當她身子往前傾，你可以很清楚地看至她肚臍的部位，她輕咬著筆，談論著已執行的命令，她……。

等等，你並沒有秘書啊！

男人：性幻想機器

或許你的性幻想偏好對象不是秘書，而是你那個傲慢的小姨子，或是你昨晚在高速公路上遇見的那個想搭便車的妙齡女郎。也許你的性幻想不是你的伴侶，而是一個情節——不管她是誰，這並不重要。

結論就是：每個男人都有一個幻想，一個或二個藏在心底深處珍愛的性幻想，就像罪惡的秘密一樣。其實，我們不應該對自己的性幻想感到有罪惡感，甚至若它們還包括不尋常、不道德以及不合法在裡面時。因爲，就整體而言，性幻想並不表示你是邪惡或有病的。事實上，性幻想是心理健全的象徵。

性幻想：最安全的性

幻想是我們上演自己每天的困惑和慾望的私人測試場所，而且不會做出任何不適當或錯誤的事。

普雷桑洛博士說道：「幻想幫助我們遠離麻煩。」它們對那些可能會被強烈挑起卻是社會所禁止的意念或行爲而言，是一個很好的遊樂場。普雷桑洛博士又說道：「人類天生會被所謂遭禁止的事物所吸引，當然，你並不想在眞實的生活中做出這些會傷害自己或別人的事來。在幻想中，你可以探險一些被禁止的事。」因此，活躍的幻想生活就像蒸汽活門一樣，是釋放生活壓力的一個安全方法。

男人希望一天中的任何時間都保持活門的敞開。根據一些研究報告指出，超出一半的男人花一天十分之一的時間在性幻想上，據估計，我們每天性幻想的次數是六次或七次，或者一年超過二千五百次。

讓幻想成眞

這麼多不同情節的性幻想在你的腦海裡盤旋，某些你最喜歡的部分還可能會發生在眞實生活中。

讓幻想成眞是件棘手的事，畢竟，並非每個幻想都能在眞實的生活中轉換成美好的結果。也就是說，性幻想是你最富創造力的部分，它們可以提供一些使你的性生活更有趣及興奮的思想。這裡有些可供討論的安全指導方針，或許可以使你的性幻想成眞。

先討論、後行動

當你想要讓你的性幻想成眞時，我們不禁要再一次警告你，你期望加強性生活的樂趣，但絕不能是那些荒誕或是會嚇到人的性幻想。

健康科學教授哈慶斯博士說道：「某些性幻想只能自己留著，或是在性愛過程中你想要加入些助力時才能上演。」但是在相互信任與尊重的關係中，你和伴侶可能希望彼此談談有關幻想生活上的某些觀點。

普雷桑洛博士說道：「和伴侶溝通，分享你的感覺、慾望和期望是個好主意，當然，分享你的性幻想也可以成爲其中的一部分。若你們倆人沒有人願意說出來，那麼你永遠不會知道伴侶是否有和你類似的性幻想。」

輪流

就像在你們情愛關係中的任何一部分一樣——分享和滿足，每一個人的幻想都是意見交換的過程。維裘博士說道：「你們是兩個不同的人，不同的意見及情節較能挑起你的性慾，如果你想要她爲你做些事，你就必須能夠放開胸懷去做些能取悅她和挑起她性慾的事，也許這些事對你來說並不太感興趣。」別期望她做所有的事，而是彼此都要付出。

別過度分析

哈慶斯博士說：「對只有出現在性幻想中的人物做過度分析與詮釋是不恰當的。性幻想不代表什麼，它只是你的身體被挑起性慾而去享受更多性愛的一種方式。」

她的心裡在想什麼？

你以為只有你有性幻想嗎？繼續做夢吧！女人同樣也有性幻想(84％的女人說她們在做愛時有性幻想)，雖然女人的幻想世界可能和男人的完全不同。對初開始的人而言，女人的性幻想通常不是很清晰，但是有時候卻比男人的性幻想更複雜。兩性關係專家艾倫·克萊德門說：「在我的研討會中，我常會說男人的性幻想是限制級的，女人的性幻想是輔導級的，有時候她們最強烈的幻想也不會包含性在裡面。」

如果你曾閱讀過許多女性幻想的書籍，你會發現比較不像在看黃色書刊，倒像是在看一本羅曼史小說，因為對女人而言，羅曼史是最能挑起性慾的部分。

還是很迷惑嗎？為了給你一個更清楚的描繪，這裡有男人和女人性幻想的比較，看看它們之間的不同在那裡！

男人：	女人：
做愛	擁抱
在沙灘上做愛	手牽手在月光下的沙灘散步
在廚房的桌子上做愛	一頓擺在桌上的燭光晚餐
在公共場所做愛	你在公共場所抱她或吻她
和超級模特兒做愛	和電影明星做愛
電話裡做愛	你告訴她你有多愛她、她有多漂亮
口交	口交
他以口交叫醒你	你用按摩叫醒她

男人：
扯掉彼此的衣服，瘋狂做愛
她穿著美麗的服裝和你做愛

女人：
盛裝打扮，然後跳支愛的舞曲
你像超人，將她從惡魔手中救出

性幻想偏好

人人雖都不同，但性幻想卻會重複圍繞著某些相同的主題打轉。因此我們決定列出一些男人普遍喜歡的性幻想，而且我們也將告訴你爲什麼會被特殊情節挑起性慾的原因以及要如何運用它們，才能爲眞實世界中的性生活增添情趣。

另一個女人。不論她是一個褓姆、妓女、遙不可及的明星，或是陌生人，性幻想和自己伴侶以外的任何一個人是最普遍的一個類型，雖然這常常是最具犯罪感的引誘，特別是那些性幻想裡若還包括了你和伴侶都認識的人，如你的伴侶最好的朋友或是我們先前提到的小姨子。

普雷桑洛說道：「幻想其他女人是爲生活注入些許變化的安全方法。」這一類型的幻想幫助我們抑制男人想和每個見到的女人上床的最原始衝動，且滿足我們一夫多妻的強烈慾望及避免離婚。

許多其他的女人。和隔壁的女人上床的幻想就是立刻和每一個女人上床的幻想。第一，它是再次肯定你對異性吸引力的方法。第二，團體性幻想有一定程度的匿名作用。普雷桑洛博士指出：「注意力不在你身上，你可以不必做所有的事，你可以坐在一旁，只是享受。」事實上，男人普遍都愛幻想看見兩個女人做愛。

全身綁起來。限制某人且用你的方法和她發生關係，對男人而言，是非常有熱烈的幻想。普雷桑洛博士說：「幻想將你的伴侶綁起來是典型男人想要駕馭另一個人的標準。一個完全沒有任何反抗能力的人，對你而言是吸引人的。在這類型的幻想中，是沒有機會反抗的。」

試著將此一類型的幻想帶入現實中是非常棘手的事，也並非適用於所有的情況。就如你能想像的，當你想要完全掌握她們時，許多女人都會強烈地反抗，甚至你們已經在一起多年了，當你提起這個主意時，她挑起了眉毛，你也不必感到太訝異，但是若有一些事情是你眞的很感興趣的，那麼就和她談談，或者更好的方法是，你自願當隻天竺鼠——讓她將你綁起來，這將會更加深你們彼此之間的信任感且讓她更願意遵從你的願望。

如果你夠幸運能得到她的同意，那麼就要很溫柔地進入那個全新的世界。開始時先用些鬆軟的東西綁，不要用太粗糙的，你可以考慮用領巾和浴袍的帶子，不要用繩子或曬衣繩。

被駕馭。一日復一日，在日常生活中，我們有太多的壓力、權勢及責任。因此，在家裡、在房間裡，我們會希望將這些放開一點點，讓某人來接管。

普雷桑洛博士說道：「有權力的執行者、警察、政治家最樂於享受被駕馭的感覺。」

夾帶痛苦的快樂。另一個一再浮現的性幻想就是所謂的被虐待狂或SM。SM和痛苦沒有太大的關聯，而是和創造使你的意識和性慾加強的強烈感覺較有關係。例如，某些人喜歡被打，那是因爲巴掌落下之處會使皮膚變得很敏感，而且這種行爲也會激起他們性感地帶的神經末稍。如果你曾經喜歡讓女人用她的手指在你的背部來回穿梭，也許你就可以稍微瞭解痛苦其實也是一種快樂的感覺。

如果你想將此類型的性幻想帶入生活中，你得小心處理。和你的伴侶談談，一步一步慢慢來，記住，你的性幻想不應該是傷害，而是催化劑。

*另一個男人？*如果在你一年二千五百次的性幻想中，有一、二次是幻想和另外一個男人，這並不代表是不尋常、不健康或不自然的，而我們也不會把它列入異性戀男人的性幻想偏好當中。哈慶斯博士說道：「如果你不是一個同性戀者，可是卻時常會有同性戀的性幻想，那並不一定表示你有潛在性的同性戀傾向。所以，當你在幻想時，若有同性戀的意象浮現，別讓它困擾你，繼續幻想吧。」

♥ 後戲

後戲，指的不是你射精之後的事，譬如，若她還沒有達到高潮，而你也決定耐心地幫助她達到這個快樂境地，那這就不叫後戲，你仍然還在性交的過程中。

後戲是性愛的快樂結局，缺少最後一點點的碰觸，就不算完成性之大事，而且你也喪失了和伴侶好好在一起的大好時機。

維裘博士說道：「後戲是經過前戲、性交之後必然且適當的程序。男人在生活中沒有太多的機會眞正感覺到放鬆，而後戲卻能給他們這個機會。」

沈浸在快樂的回憶中

大多數的男人都喜歡利用機會和一個認爲他是最棒的美女共度美好時

光，然而事實是，許多男人在射精之後，都眞的覺得想睡覺，且精疲力盡。這是什麼原因呢？是生理上還是心理上的問題？恐怕兩者都有一點關係吧！

首先，我們先來看看生理方面的問題。在性愛的過程中，有四個明顯的階段：興奮，是性愛的開端，你開始勃起，她的陰道也漸感潤滑；然後就是高峰期，你們倆個達到興奮的高點，而通常性交就發生了；然後，許許多多的刺激，高潮就產生了，最後是平息階段，一切都逐漸緩和下來。

在你射精之後，瞬間的鬆弛感貫穿全身，帶領你進入無比歡愉的境界，然後回復「正常」狀態。這種從極度興奮到回復平靜的過程，對男人而言，只需花二分鐘。

可是，對女人而言，從緊繃的狀態回復到興奮前的狀態得花一些時間，通常是十五分鐘或二十分鐘。有些科學家指出，生理上的不同是導致男人和女人緊繃時間不一的重要因素。女人討厭獨自度過平息的階段，她們需要的是溫柔、愛撫和親密的感覺。

爲她設計遊戲

維裘博士說道：「某些生理機能可能會導致男人在做完愛之後容易倒頭就睡，但並不表示你也是這樣的情形，因爲我認爲心理的成分佔多數。對男人而言，性愛是壓力的紓解，所以一旦他們高潮之後，就會允許自己盡情地放鬆。」同樣的道理，我們也可以運用意志力去控制自己保持足夠的清醒以瞭解她的需要。

就如我們先前所說的，當女人平息下來之後，她們需要的是安慰的話、溫柔的撫摸以及溫暖和愛的感覺，而這些都是你必須負責帶給她的。

伯區博士說道：「女人在這個時候需要的是感覺被愛以及親密感，這對一個男人而言，幫助她有這樣的感覺不會花很多時間，你總不希望性愛變成一種只有肉體接觸的無效交易吧！女人需要的是談心、擁抱、安全感及親密時間，如果她們得不到，那麼超過時間，你可能就會有大麻煩了，她將不再感覺被珍重，而且你也不會知道她的心裡在想什麼。」

我們當然知道你在做完愛之後或許會很累，我們也知道你最想做的一件事就是睡覺。伯區博士說道：「除此之外，你還未眞正完成，性愛過程仍未結束。」此刻，正是你告訴伴侶她有多棒，你有多需要她、關心她的時刻。

維裘博士說道：「只須花一點點時間，卻有顯著的效果。」性愛之後，給她多一點點的關心，你已爲自己在未來的性生活中得到更多的保障。這裡有一些經過實驗且靠得住的方法，不僅可以爲床上故事寫下令人滿意的結局，而且也給未來留下無限的可能性。

此時有聲勝無聲

告訴她她是多麼地棒，不需巨細靡遺的解釋，也不要只告訴她：「寶貝，你是最棒的。」告訴她她是多麼地性感、多麼地讓你覺得不可思議。光是表現極興奮是不夠的，你得清清楚楚地讓她知道你會感覺如此美妙是她的緣故。一些精挑細選的話是你必須說出來的，千萬不要喃喃自語。

表現出來

現在，該說的你都說了，那麼就將她擁入懷裡吧！將她抱緊一點，這會花多少時間呢？三十秒或一分鐘？維裘博士說：「你一定可以保持清醒那麼久的，不要轉身背對她，而是轉向她。」

溫柔地對她

當你對她表達情感與讚賞的時候，動作千萬不要太過笨拙，因爲高潮之後，許多性感地帶會顯得更加敏感而無法被碰觸，在高潮時感覺美好的事，在平息階段對她而言卻過於激烈了。所以，輕輕地愛撫她，很輕、很柔的碰觸。

充當她的服務生

也許你是屬於做完愛之後能克制自己不會馬上倒頭呼呼大睡的幸運男士之一，也許你會起身，走到浴室，再走回來，然後才呼呼大睡。當你起身時，問問她是否需要任何東西，例如，一杯水。維裘博士說：「你對她以及她的需要表現出特別的關心，而這種用心可以持續很久的一段時間。」不管她的要求是什麼，一杯水或一盤小點心，都幫她帶來。

一起做些其他的事

如果你試著讓自己保持暫時的清醒，維裘博士建議你們可以一起做些除了性以外的事。你們可以一起去散步或煮一頓飯。維裘博士說道：「當然你們不一定非得下床。」你們可以在床上看電影或爲對方誦讀詩書，重點在於繼續分享及保持彼此在性愛過程中所建立起來的親密感。

隔天的後戲

如果你們沒有住在一起，隔天打個電話給她；如果你們住在一起，隔天也撥個電話給她，或者你也可以不經意地提及「昨晚眞的很棒」；有時候在她上班的時候，送她一束玫瑰花。維裘博士說道：「你將會成爲她心目中的英雄。」

♥ 社會壓力

我們所表現的行爲會受外界許多因素的影響，這是不可避免的，畢竟我們都是屬於社會的動物，形成人類的部分原因是我們和社會的互動——我們的朋友、我們的家庭以及整個社會。

因此，儘管不甚瞭解，我們還是會屈服於某些不可解的事或訊息，允許它們形成我們的審美觀，還有我們對世界、社會及人際關係的理解度。

男人反抗社會

書籍、雜誌、電影、報紙和廣告，這些都一點一滴地在灌輸我們對生活的奇怪觀感，在這些大眾媒體的影響之下，我們被告知所謂的「美女」就是處心積慮保持苗條身材、且擁有大胸部及長腿的女人；而所謂的「俊男」就是身高六呎、且擁有一頭濃密頭髮的男人。而且我們若想成爲這些人或是想要吸引他們，那麼我們就得穿對衣服、喝對啤酒、吃對零食以及用對除臭劑。

有時候，這些訊息雖然沒有那麼詭譎，但卻是互相矛盾的。一方面，電影或電視上所展現出來的性愛是永不褪去的熱情，且男人的性伴侶可以一個換過一個，就算他已經結婚了。但是另一方面，我們又看見了公共宣導有關安全的性的短片或嚴厲苛責一個有外遇的成功男人的故事。不管你對道德或性愛懲罰的觀念是什麼，你都不能否定這種混淆不清的訊息。

心理學家和人類學家表示，當我們每天都接收這類矛盾訊息時，我們自己也會變得很矛盾。有關我們應該如何在性愛關係中表現自己，有關我們應該如何互相討論這些話題，男人對此特別感到罪惡。我們可以對性開玩笑，甚至吹牛，但是我們卻無法正經八百地去談它。

費雪博士說道：「這又強調了另一個矛盾。事實上，在談論到有關性話題時，我們都表現得太過拘謹了。」如果我們能夠學會過濾一些訊息，或者至少知道我們何時會被外界因素影響，我們就不會感到那麼矛盾，且在性愛關係中比較沒有麻煩。

抵抗家庭和朋友的影響力

和媒體一樣具有強大影響力的來源是我們的家庭和朋友。我們對愛及親密的能力是在早年就發展而成了。費雪博士說道：「從出生，我們的家人就教我們如何與人互動。」然後他們繼續不斷地影響我們。我們都記得父母試著將他們的觀念強加在我們的生活、工作的選擇、朋友及伴侶的選擇上，他們總是想知道我們何時會「安定下來、長大、結婚、組織家庭」。

朋友在許多方面是我們的基準，我們不斷地以他們的感覺及行為來和自己的比較。回顧你的生活，你也會發現大部分你的朋友，包括你在內都已在短短幾年內結婚、生子或者甚至離婚，那些都是和你同年紀或在生命中有類似歷程的人。但是我們也願意打賭在你的朋友中，你也會認識一個到處東張西望並且說：「老天，傑克已安定下來了，我想也該輪到我的時候了。」這樣的傢伙吧！

在壓力下茁壯

如果聽見我們生活中瀰漫著這些社會壓力讓你有點生氣的話，或許是應該的，因為聽了這些話會讓我們不知不覺被朋友或文化所洗腦，而這是令人苦惱的。

臨床心理學博士巴布許說道：「那是好的，它應該困擾你，任何時刻當我們開始屈服於外界所傳遞的訊息時，我們應該對它會有一些覺醒，這樣我們就可以控制所發生的事了。」就如巴布許博士所解釋，覺醒是性愛關係的自然程序中，避免外界壓力的第一步。而這裡也有其他方法確定讓你不會屈服於同輩的壓力或是文化規範。

質疑你的動機

首先，你必須問你自己：是什麼推動你？巴布許博士說：「如果你感覺做某些事或不做某些事有壓力時，試著找出壓力的來源。」如果它是來自於內心，而且是你真正的感覺，那麼就去做；如果它是來自於外界，那就得小心囉！

避免反抗手段

當你被某人或某物強逼時，所採取的第一步行動如果是戮自己的腳踝或是打它，那是危險的，雖然這讓你覺得很有男子氣概。當我們瞭解是外在的影響力控制我們時，我們直覺的反應就是去反抗它。

曼利博士說道：「當你覺得有股衝動想反抗時，最好的方法就是先問問自己：我想要的是什麼？」只有以這種方法碰觸你心底最深處，你才會有力量去抵抗外在的壓力，然後做你眞正想做的事。

別相信誇大不實的宣傳

根據實際所得的法則：你在電視或電影上看到的性，那不是眞的，相信我們，那的確不是眞的，想想明星、想想特別的效果、想想幻想，你們倆個都擁有完美無瑕的身體，那是眞的嗎？

巴布許博士說道：「當你接收到一些會影響你的外界訊息時，自覺是非常重要的。」試試這個方法：數一數電視螢幕上每一次性愛的時間，難道你希望你每一次做愛的時間都那麼短嗎？

數數看

這裡有另一個方法，看一齣肥皀劇，然後數一數你在劇中所看到有關性方面的事，它可能只是一個吻或是公然的性行爲。這個方法有兩個目的，第一，它讓你張開眼睛看看透過大衆媒體你是多常被灌輸有關性方面的事。第二，它能幫助我們抵抗這些理想化性知識的影響。

別老愛面子

如同活躍的男性荷爾蒙工廠，好勝心是我們的天性，特別是和朋友。當老朋友已經做到副總統職位，而你卻還在小城市裡熬不出頭時，突然你會感覺有股衝動想要在事業上更進一步，這種工作上的競爭，同樣也會表現在兩性關係中。

曼利博士說道：「最終回歸到一件事：只有我們自己能夠決定什麼才是對我們好或壞，朋友和家人可以幫助你、提供支持和意見，但他們不能替你過生活。」只有你能這樣做、你得靠你自己。

♥ 色情

現在，假裝你是聯邦最高法院的法官，你必須判決一個緊急的問題：什麼是色情？它是：

（1）你的爸爸藏在後方小屋的少女雜誌。
（2）在你畢業舞會播放的三級片。
（3）你的太太在夜市買的黃色小說。
（4）以上皆是。

你可能會選擇（4）的答案，全部都是色情的，我們實在很不喜歡去說到它，因為「色情」是如此骯髒的一個字眼，我們較喜歡說它像藝術。

大體而言，色情並非是文化所衍生出來的非法或不道德的產物，就像其他備受爭議的娛樂一樣（如，拳擊、打獵……），當色情被正當的使用或消耗時，它可以是有價值的資源，然而若不當使用，它也可能會變成一股摧毀的力量。專家說購買色情刊物或沈溺於色情的事物並不表示你討厭女人或是會對女人不尊重。

情趣商店老闆娘安妮・莎曼斯說道：「毫無疑問地，色情事物可以被用來提升夫妻之間的性生活，它可以是一種非常好的刺激物，只有當你必須依賴它去維持你們之間的關係，或是它讓你彼此都覺得不舒服時，它就是不好了。」如果你是一個聰明、有判斷力的人，那麼你應該能夠沒有罪惡感的去使用色情且享受它。

男人：天生喜歡色情

維裘博士說道：「男人幾乎無法克制地會對色情的東西有所反應，這不是弱點，這是男人的天性。」就如同維裘博士所解釋的，男人是視覺的動物。

普雷桑洛博士說道：「男人需要視覺上的刺激去挑起性慾，女人需要的是口頭上的刺激，不管是用說的或用寫的語言，都可能挑起一股比男人看到一些圖像所得到的反應更強的性慾。」

供情侶觀賞的色情產物

有些色情產物是同時給男人與女人欣賞的。珊曼斯說道：「運用色情產品最佳的方式就是共同分享，這是增添性生活情趣的良方，你們可從中獲得一些靈感。」關鍵在於找到適當的種類，不論在視覺圖片及文字上都要有所要求。

電影。你可能未注意到，今天許多X級的電影都是有情節的，這對你可能不重要，但對你的伴侶肯定重要。「有一些故事的台詞、一些情色的話語才能激起她的性慾。」珊曼斯說道。例如，「艾曼紐」(Emmanuelle)系列就是這類的經典之作。

享受色情的守則

如果你經常接觸色情產品，或正打算要接觸，以下我們給你一些基本方針，讓你少受點苦頭或避免尷尬。

別讓小孩拿到

若你家中有小孩，一定要做事前防範。例如，把色情錄影帶和家中其他錄影帶分開放置。為了安全及隱私起見，把它們藏在高處的櫃子裡或上鎖的抽屜中。

當心觸犯法律

一個謹慎的男士知道要先查查當地的法律是否將訂購色情錄影帶和書刊等等視為違法情事，因為，請記住，不是每個立法者都像你一樣開放。

書刊。你或許已瞭解愛情小說及它對女性的影響力，這些書刊中沒有圖片，而是以文字的力量引誘讀者。你們可以輪流誦讀這些故事——或至少最激情的部分——給對方聽。

教學媒體。有些性愛手冊及錄影帶相當能激發性慾，例如醫學博士康佛所著的《性愛的歡愉》（*The Joy of Sex*）一書，其中就包含了絕佳的插圖及流暢的文字，書中描述許多的性愛姿勢及練習，不但能刺激想像，也很實用。

其他媒體。如果你想超越傳統的形式，那麼，錄音帶、光碟產品、網路皆可引領你進入色情世界中。

現場表演。雖然你們不太可能一起去觀看脫衣舞秀，但它確實可挑逗你的情慾，如果你決定要去看脫衣舞秀，而她意願不高，你也要開誠佈公地向她說明白。

萊曼博士說道：「如果你和你的伴侶能一起欣賞是最好，但假使你們個別進行也無所謂。只要瞭解到你們使用它的目的是想為你們的關係帶進一些新意。」

如果你的伴侶不諒解你那成堆的少女雜誌或錄音帶怎麼辦？那就把它當作是一個秘密吧！只要它不喧賓奪主，影響到你們之間的關係就好。假若你發現自己要依賴色情產物才能達到眞正的肉體刺激，那麼你可能忽略了在你們的兩性關係中一些重要的問題。

♥ 妓女

我們活在商業社會中，我們的生活有賴於物品及服務的交換。在某些情況下，某些圈子理，性愛是被歸於金錢的範疇中的。

以某種角度觀之，性本身就是一種市場交易。一個眼神的交換、笑談、親吻、觸摸及愛撫都是流通的貨幣。有時這種情感買賣會演變成性的交易，有些則會告吹。

把妓女問題攤開來談也頗重要。在性的歷史中，以金錢作性交易的觀念，在許多社會都由來已久。在古老的美索不達米亞，妓女被認爲是重要的服務性產業。早期希臘的著作中亦賦予妓女一個宗教上的觀點：歷史學家希羅多德提及當時只要是捐錢給廟中女神的男士都可得到妓女的服務。

即使在今天，這種世界上最古老的行業仍生意興隆。《性在美國》（*Sex in America*）一書所作的研究顯示：有16％的男人說自己曾花錢召妓，有更多則說自己曾想過。

爲什麼男人要召妓

統計數字告訴我們，地球上的女人多過於男人。那麼，爲什麼男人不找個約會對象，如此一來，他不須花錢也可擁有性。

其實男人召妓的原因有很多。「我們曾逮捕許多男客，他們都是有自信、有權力且事業成功的男人。他們不是結婚了，就是有很好的約會對象，但他們仍會召妓。」波士頓警察局的警官羅勃．歐圖說道。

雖然歐圖和我們所約談的妓女們對於妓院的合法性意見不一，但他們都同意一件事：客人來自於各行各業，有富人、窮人、已婚男士、單身漢、同性戀者等等。

每種不同類型的男人召妓的理由也不同。有人因情場失意，有人覺得冒著被捉的危險很刺激，有的則因爲在自己沈悶的男女關係中找不到發洩的出口而去召妓，還有一小部分是肢體殘障的男客，他們也和其他四肢正常的男人一樣有性的慾望，而他們在妓女身上可以得到別處所得不到的滿足。在歐洲，有些醫生甚至會建議他的殘障病患召妓，因爲他們認爲性的接觸有益於病患的健康。

如果你正有召妓的打算

也許你就是花辛苦錢買性服務的其中一人。也許你只是想想而已。無論你屬於哪一種，我們都力勸你三思而後行，或許你尚未考慮得很清楚。所以現在，正當你夠冷靜、頭腦清晰的時刻，我們希望提醒你一些有關召妓既存的事實。

它是不合法的。召妓在法律上是輕罪，但卻是會令人蒙羞且可能丟差事的罪狀。除非你的名字叫「修葛蘭」，或許還可藉此聲名大噪，否則你只會接到罰單、被判坐監以及被公開揭發。

「在波士頓，我們罰這些召妓的男客掃街，並請來媒體拍照。這樣男士們會很清楚地知道：『召妓會讓我上地方新聞。』」歐圖警官說道。

未經管理。沒有任何契約或政府機關能保證非法活動交易的品質。召妓使得你和你的錢財都在冒險。

妓女們本身首先指出以下事實：我們努力要使自己的工作合法的理由之一就是保障每個人的安全──無論是客人或我們自己。不過雖然大多數的妓女都堅守安全的性原則，但是別忘了，只要有性的地方就有性病傳播的危險。

利益衝突。如果你已婚還召妓的話，我們要提醒你回想結婚時的諾言。你眞的要當個說話不算話的男人嗎？

無論你是否已婚或正在談戀愛，請好好思考為什麼你會傾向於花錢賣性？捫心自問一些重要的問題：我正失去哪些東西？試著找出未被滿足的慾望——不只是生理上的，也包括情感的慾望。

3

做自己身體的主人

♥ 認識性驅力

到底是什麼導致男人的性渴望呢？別想算得清。對性的慾望是由內在的化學物質和許多外在的誘因——例如，微笑或者色情片——形成的複雜組合所引發的。它可能是某種香水的氣味、一首抒情歌、觸摸別人或自己的身體，可能是一個想法、一頓晚餐或者一個夢。

就像導致性渴望的原因不計其數，在任何既定時間內，人們產生性慾望的數量也往往因人而異。儘管男人和女人終其一生都對性懷有慾望，但是慾望卻可能每天每年都變化多端，其詭譎不亞於股票市場的大起大落。首先要知道，並沒有典型的或標準的性衝動和性慾存在。性學專家蘭修醫師指出：「性慾變化的範圍十分廣，事實上，幾乎人人不同。」所以性慾較低的男人不需覺得自己無能。蘭修醫師認為，「如果人們感覺十分滿足，那麼這根本不成為一個問題。眞正的問題是在一個雙方許下承諾的關係中，你的伴侶無法得到滿足。」

接下來，我們將先解釋生理上的成因，然後是心理所扮演的角色，最後我們將探討這兩者如何相互配合。

荷爾蒙的角色

下一次當女人談到某些男人活躍的性驅力，並想諷刺他們的性荷爾蒙——睪丸激素時，可能要先考慮一下，因為睪丸激素同樣也加速她們的性慾望。如果把我們的性器官比喻成一部汽車的引擎，那麼睪丸激素就是燃料。當男人有如八大氣缸的引擎全靠此燃料來發動時，女人的引擎裡卻只有一點點而已。性學專家麥維拉博士表示，睪丸激素和其他賀爾蒙會造成一種「莫名的躁動」。這種躁動的感覺就是你的性驅力── 它依賴的不是色情的刺激，而是更深一層的性刺激。換言之，生理的和心理上的因素都會影響到它。麥維拉博士認爲：「睪丸激素賦予你性機能的活力。」睪丸激素就像一條連接神經細胞和大腦的導管一般，它運轉並因此創造慾望。如果沒有慾望的話，那麼勃起就只像是給你一把沒有燃料的法拉利跑車的鑰匙罷了。

睪丸激素在睪丸中製造出來後流進血管，然後它就無所不在。一生中，男人血管中睪丸激素的數量會有所變化，其實即使在一天當中，數量也會不同。當我們贏了網球比賽或者辯論賽，或者有性幻想，甚至性交時，睪丸激素就會增加。將睪丸激素和心理上的刺激結合的話，血液衝進陰莖，恭喜，你勃起了── 不過最好是在臥室而不是在網球場。奇怪的是，性治療師克蘭修醫師指出，睪丸激素也有「孤獨的一面」它會增加男人自慰的慾望，而不是性交。睪丸激素會讓男人在性交過後，衝向另一個房間自慰，徒留他們的伴侶獨自惱恨不已。

當然，睪丸激素不僅僅是一種性賀爾蒙，它也負責以下事務：

- 當我們還是胎兒時，形成我們的陰莖、陰囊和睪丸。
- 增進我們肌肉，骨骼和認知技能的發展。
- 讓我們具有攻擊性，積極和自信── 好比說被粗魯的駕駛激怒或者上戰場。
- 天然的抗憂鬱劑── 對男女雙方皆然。

蘭修醫師認爲，「如果一個男人因荷爾蒙分泌不平衡，造成睪丸激素不足的話，那麼他的性慾和勃起射精的能力都會受到影響。比方說，腦下垂體裡的腫瘤或者是攝護腺癌的放射線治療，都會導致荷爾蒙的不平衡。幸好，這樣的案例很少而且是可以治療的，尤其對年輕人而言。

不過一個有正常睪丸激素以及性慾的男人無法因注射更多的睪丸激素而獲益。相反地，這麼做反而會阻礙到他原本正常的睪丸激素系統而蒙受其害，就像某些健美先生和運動員服用合成類固醇的下場一樣。這些合成賀爾蒙讓男人的睪丸萎縮並且損壞他們的生殖力。

睪丸激素的幫手

在扮演性驅力的重要角色當中，睪丸激素從下列的數種化學物質處得到幫助：

• **黃體生成激素── 釋放激素**（LH－RH）。在酒吧中，某個辣妹坐在你身旁並對你挑逗的微笑著，砰！荷爾蒙釋放出來，傳遞信息給你的睪丸，讓它快速生成更多的睪丸激素。LH－RH也充當睪丸激素的安全活門，如果你的睪丸激素水準下降，它會刺激睪丸製造多一點；當睪丸激素分泌足夠了，大腦就會接收到訊息促使LH－RH 分泌。

• **血清促進物**。克蘭修博士認為，少量的血清促進物可增強性能力。而且當睪丸激素增加時，血清促進物常常維持在少量的狀態，以增加我們的的性能力和攻擊力。但是極端少量的血清促進物卻會導致可怕的結果。當動物體內的這種荷爾蒙驅近於零時，它們會變得很痛苦，甚至會在性交時殺死並吞噬它們的伴侶。有一些甚至會騎在死掉的動物身上交配。幸好人類的血清促進物不會少到如此極端，不過較少量的血清促進物的確會增加男人的攻擊力，特別是對酗酒者而言。

• 多巴胺和PEA。多巴胺是一種神經傳遞素，讓你尋歡作樂並渴望性滿足。PEA（苯乙氨），有時候被稱爲愛的分子，是我們體內製造出來的天然安非他命。它會讓我們產生興奮和暈眩的感覺。無疑的，在情侶們的血管中發現有多量的PEA。

• 催產素和血管加壓素。這些是酶分子——與我們的荷爾蒙相互作用的化學物質——有時候被稱爲一夫一妻制分子。因爲女人體內的催產素被認爲可增強伴侶間的約束力和承諾，而血管加壓素則被相信對男人有相同的作用。

• DHEA。這是男人和女人擁有最多的荷爾蒙。主要是由腎臟上方的腎上腺素所製造，它可增加性慾望，尤其是女人的。它也製造費洛蒙——一種從皮膚釋放出氣味來吸引我們喜歡的人注意的物質。不過我們得要快一點享受它的效力，因爲在二十五歲時，它的產量就達到巔峰，從此就持續下滑。

克蘭修博士指出，女人的性驅力和某些化學物質之間的互動和男人的很不一樣。舉血清促進物爲例，它會增強男人的性慾和攻擊力，但對女人卻有相反的效果。在嚙齒類雌性動物中，當它保持少量時，牠們變得十分好色，並且不挑對象交配。牠們會跨騎上其他的雌性動物或者體型較小的雄性，有一些甚至會像雄性動物射精時那樣弓起背來。我們不知道女人是否也會有如此反應。克蘭修博士指出，濫用安非他命——這會降低血清促進物——的女人會有雜交、強迫性手淫、賣淫、受虐以及虐待狂的傾向。

事實上，你可能並不想要太多的睪丸激素。「一個有太多睪丸激素的男人是比較自我中心、自私自利，而且有精神異常的傾向。」克蘭修博士如是說道。賓州大學一項針對超過四千人的荷爾蒙研究似乎支持她的論點。這項研究發現有較多睪丸激素的男人比較不可能結婚，而結婚的則因爲無法好好跟妻子相處，而容易有桃色糾紛，或者虐妻以及拋棄她們。

心理的角色

心理醫師古柏博士說道，「人們認爲性驅力是屬於生理層面，其實它們主要是心理因素。」古柏博士和其他性治療師強調，睪丸激素固然是我們性驅力的重要角色，不過我們大腦的重要性可不亞於它。將氣味，影像和聲音轉換成性的慾望的是我們的心智。從童年時期開始累積的喜好和態度使得每一個人被不同的事物撩撥。有些男人被美腿吸引，有的則是胸部，也有的是裸露的背部和長髮。這不是生理的，這是心理的生成程序。

在男人之間有共通性嗎？當然有。男人常因爲他們只需非常少的心理的火花來點燃他們的性慾而聞名 —— 或說是臭名遠播。對男人來說，視覺上的刺激是最主要的 —— 某種煽動性的影像，通常是動人的女性胴體。古柏博士說道，「男人在視覺上的天線特別發達。一個男人可能並不覺得他的太太性感，但是卻會覺得花花公子女郎潘密拉．李十分性感迷人。女人卻不會因爲視覺刺激而感到同樣的興奮。」你懷疑嗎？古柏博士建議你去比較一下花花公子和花花女郎的銷售量。

事實上，心理在性驅力裡扮演的角色是很重要的。 性學專家史泰頓教授說道：「在某些情況下，即使你割除男人的睪丸 —— 製造睪丸激素和精液的地方 —— 他還是會對性感興趣，並因此而興奮。因此，建議對性侵害

增加你的性慾

你知道性驅力是因人而異，你也知道較低的性慾沒甚麼好擔憂的，可是你還是想要擁有較強的性慾，你該怎麼做？

- **看醫生**。他可以告訴你是哪些生理上的因素讓你活躍不起來。
- **運動**。研究員認爲運動可以增加睪丸激素的分泌量。
- **改善你的外表**。減肥、買新的運動夾克。你對你身體的感想會影響你的性慾。
- **區分你的生活**。在浪漫時刻裡，把經濟上、工作上以及其他的煩惱拋諸腦後。
- **走到戶外**。何不好好度個假，即使只是週末？帶著你生命中重要的女人，享受與平常不同的景色和不受限制的時間，這些都可以讓你更有「熱忱」。
- **看治療師**。如果上述的都失敗了，治療師可以幫助你找出阻礙你性慾的問題所在，在表明自己問題之前要先確認一下他或她的資格證明書。

者去勢是很荒謬的，這樣做只會使他們無法生育罷了。」反過來說，擁有較多量睪丸激素的男人如果被教導成對性排斥的話，他很可能會有較低的性慾望。史泰頓教授認爲，「如果你採樣三個有相同睪丸激素量的男人，你會發現他們的反應各不相同，這是因爲他們社會化的過程不盡相同。」

達諾夫醫師指出，憂慮、壓力、沮喪、疾病、疲乏和毒品都會削弱一個人的性驅力。好比說，工作壓力、貸款苦惱，以及對配偶或小孩的憤怒都會減低男人的性慾。你大腦想的絕對會影響你的性生活。蘭修博士說道，「傳統的刻板印象是女人一年365天都會頭痛，不過事實上，有『頭痛』的男人也不少。」

不過治療師說有一些尋求協助的男人，問題並不在他們的性衝動太少，只是他們的伴侶要的比他們多。或者是當妻子抱怨先生對性不感興趣時，事實卻是他經常性的暗中自慰。如此一來，問題並不在他的性驅力，而在他的性關係上。蘭修博士說，「我不停的聽到男人們訴說同樣的事：自己解決比包括前戲和其他種種的一整套做愛要來的輕鬆多了。那簡直變成一種負擔。」

荷爾蒙如何和心理結合

你的荷爾蒙和心理其實就像哥倆好一樣，它們是不可分離的。在性驅力當中，它們是彼此依賴銜接的。你的睪丸激素乖乖坐在血管裡打理它自個兒的事，直到某樣事物——一個觸摸，一段幻想，或一種氣味——按下了性趣的開關。然後化學物質湧入，睪丸激素和神經傳導素製造了尋歡的衝動。大腦經由神經系統傳達訊息給陰莖（醒來吧！），預備勃起。很快地，血管擴張、血液湧入，恭喜，你勃起了！

荷爾蒙和心理到底影響我們的性行為到怎樣的程度，這常常視詮釋的人而定。古柏博士認為，男人總被說成不滿意他們伴侶的性慾低落，而女人總是抱怨男人性慾太強。史泰頓博士說，去罵你的大腦吧！「在社會化的過程中，男人被教導成可以在任何場合，任何時間，對任何一個人都性趣勃勃，而女人則被教導成以性來取悅男人，而不是滿足自己的慾望。」

愛情的氣味

一些專家認爲除了視覺的刺激，色情的想法和觸摸以外，還有另一引發性慾的刺激物——費洛蒙。

理論上，在我們鼻子內側約半寸深的地方有一個叫鼻犛骨的器官（簡稱VNO）能探測到費洛蒙。我們已知其他的動物和昆蟲有費洛蒙，但是它是否存在人類體內則尙未釐清。

如果我們的確散發費洛蒙，一般相信它是從我們的汗水、皮膚、毛髮、口水和尿液中散發出來的。史泰頓教授對此抱持肯定看法，他說道：「我相信我們有費洛蒙是因爲我們是從動物進化而來，在進化過程中，我們喪失了大部分的費洛蒙，不過卻不是全部。你可能要問爲何某些人就是會吸引到某些人，原因可能就是費洛蒙。讓某些人著迷的卻無法讓另一部分的人也爲他著迷，我們稱之爲緣份，而我認爲費洛蒙就是這個緣份。」史泰頓教授指出，一項針對戀童癖者的實驗結果支持費洛蒙理論。戀童癖者通常會迷戀年齡差距在兩歲以內的兒童，好比說5歲到7歲。這項實驗讓戀童癖者面向角落坐著，當符合他喜好的年齡的兒童進入房間時，即使他完全沒看到，戀童癖者還是可以察覺兒童的存在。但是當年幼或年長一點的兒童進來房間，他則渾然無所覺。

不過其他的人則不相信這項理論。蘭修醫生認爲就目前的研究結果而言，這個理論還是太具爭議性。她說：「當然我們會散發費洛蒙，可是我們並不像我們的哺乳類親戚一樣發情。」此外，她嗤之以鼻的說：「我們使用克異香就是不想讓人聞到氣味。」不過，這也讓我們失去原有的氣味了。

古柏博士補充道：「衝突的原因之一是，男人要的是變化，而女人要的是浪漫。」克蘭修醫師則說，去罵你的荷爾蒙吧！睪丸激素讓男人尋求性變化和新奇，雌性激素則讓女人尋找親密感。

女人如何不同

你最好跟你的女人好好溝通，要不就最好是絕佳的讀心術師，否則你永遠不會知道她現在有沒有性趣。克蘭修醫師說，因為月經週期的關係，女人性慾的複雜性遠遠超過男人。她認為女人會因荷爾蒙的起落而歷經四種不同的情慾強度。她將之定義成積極的、消極的、誘惑人的和抵抗的。而男人這種原始動物則只有一種——積極的。

換言之，男人的秘訣就是計算出在他的伴侶在28天的週期中，到底哪一段時期她是比較有性趣的。克蘭修醫師在試驗過約四打的案例後得到一個結論：儘管每一個女人的性慾都不盡相同，不過這個實驗仍然提供了一個共通性。拿出月曆然後跟著做（以月經的開始日為女人週期的第一天）。

- 一般來說，女人認為她們月經開始後的第6天和第7天是性慾最強的日子。
- 性慾次強的是在月經開始前——也就是第25天到第28天。
- 第三是排卵期，從第13天到第15天。
- 月經期間（28天週期的前幾天），很少女人有性趣。
- 最後，女人性慾最低的時期是介於排卵期和月經來臨之間。

雖說睪丸激素是女人性驅力的要素，雌性激素卻她最重要的荷爾蒙。雌性激素之於女人，一如睪丸激素之於男人。雌性激素負責以下事務：

- 當她還在媽媽的子宮裡時，雌性激素會形成女人最基本的性特徵——陰道、子宮和卵巢。
- 在青春期時，使她心情起伏、胸部膨脹、臀部渾圓，以及其他劇烈的變化。
- 在做愛時，產生對親密感的需求。
- 增加陰道潤滑，並增進性器官的組織和結構。

就像女人也有一些睪丸激素一樣，男人也有雌性激素，但是雌性激素對男人的性驅力沒有影響。較多的男人自慰，而且次數也較女人頻繁，對性的遐想也比女人多，所以女人的性驅力比男人低嗎？一些性治療師不以爲然。李文生博士認爲那只是因爲男人比較喜歡談論性。露絲醫師則認爲女人其實比男人更有性能力。男人勃起的性器官比女人的更容易感染疾病，而且，不像男人，女人高潮之後不用休息就可以再次做愛。

除此之外，傳統上認爲男人大約在十幾二十出頭，性能力就達到顚峰。而女人則一直持續到三十幾歲。無怪乎男人想做的時候，女人不想，反之亦然。不過並不是每個人都認同這種說法。露絲蔓醫師說道，「對我來說就根本不是這麼一回事。」這個觀念可能來自好幾代以前，那時還有一些其他的汙名加在女人身上，比方說年輕女人和未婚者性慾都較高昂。露絲蔓醫師說道：「我會說十五到二十歲的女孩子可能有較強的性驅力。以現今社會來說，自慰在年輕女孩之間應該是很普遍的，而這讓她們對自己的身體瞭解更多。」

我這麼熱情，她卻如此冷漠

性治療師常常聽到以下的抱怨：另一半要的比你多或者比你少。雖然它總是笑鬧劇中笑料之一，不過其實這一點都不好笑。史泰頓教授說道：「我認為在尋找另一半的時候，選擇性趣強弱和你差不多的伴侶是很重要的。如果你是一星期裡有五天想做愛，而你的伴侶是一個月只想要兩次的，那就不妙了。幾乎已成定律的是，通常都是性慾缺缺的人獲勝。而那個性致高昂的人到最後則變得易怒、焦躁不安、沮喪。所以當性慾缺缺的人獲勝時，事實上卻是雙輸的局面。」

以下是給處於這類麻煩中的男人的解決之道：

- **妥協**。如果你是一星期裡有五天想做愛，而你的伴侶是一星期只想要一次的，看看你們能不能折衷成一星期三次。蘭修醫生建議：「有時候，先滿足你的需要，有時先滿足她的。這是雙方關係中的互惠原則，或說是利他主義。」
- **自慰**。自己解決或者讓你的伴侶幫你。史泰頓博士說，「對你的伴侶來說，她只需要動到她手腕的肌肉。」
- **解決憤怒**。有時候性慾缺缺的人其實是在壓抑對自己或對她的伴侶的憤怒。
- **治療生理問題**。沮喪、壓力、疲勞、過度飲酒、服用鎮定劑、荷爾蒙失調及其他醫療都可能是一些減低性慾的生理因素。
- **變成好情人**。如果有較低性慾的那一半想要提升她或他自己的性慾，史泰頓博士說，「那可能意味著他們需要的其實是個更好的情人。」

調情歲月

有一種秘密說法是，你年老時是否能保持性趣從你小時候就可以看出來。露絲蔓醫師說研究顯示年幼時對性較有興趣的人，在年老時也擁有較強的性慾。

想要終其一生享受性生活的話，男女雙方都會遇到一些障礙，不過大多都是可以克服的。當停經期一開始，女人會劇烈而且突然的大量流失她們最重要的荷爾蒙之一——雌性激素。這會導致某些心理和生理的症狀——比方說，乾燥而敏感的陰道會造成性交時的疼痛——而削弱她們的性驅力。幸好，現在已經有治療之道了。而且對某些女人來說，停經期對她們的性生活來說簡直就是恩惠。

達諾夫醫師指出男人性驅力的減退十分徐緩，以致於有些人一直到八九十歲都還擁有活躍的性生活。的確，當男人因年老而逐漸減少分泌睪丸激素，大多數的男人在製造精液和精子的過程中持續分泌睪丸激素，直到生命終止。史泰頓醫師說道：「我們相信一件事，如果一個人在青年和中年時期都保持活躍的性活動，那麼他們的睪丸激素數量就不會掉下來太多。」要把它用掉還是白白浪費？他表示：「這不用我多說吧！」

事實上男人該關心的不是睪丸激素的衰退，麥維拉博士指出，眞正讓男人性慾衰弱的是一種他稱之爲可利用的生物睪丸激素的降低。他說，當男人年老時，愈來愈多的睪丸激素因爲血液凝結而被限制活動，而這對於男人的性慾並不是件好事。因此，當病患因性慾衰減而就醫時，除非醫師也對上述原因進行檢驗，否則檢視過睪丸激素數量之後，貿然排除睪丸激素不足的因素很可能導致誤診。

老年人的一些疾病和醫療可能也會減損他的性慾，不過這些大多可以矯正。只要男女雙方對彼此保持興趣，大多都還是可以在晚年享有魚水之歡。達諾夫醫師說，並不是因爲你老了，所以才停止性生活，是因爲你停止性生活你才開始變老。

♥ 女人的生殖器

在自然界中，女性的身體乃登峰造極之美。從古希臘雕像、文藝復興時期的畫作，乃至今日最棒的攝影作品，裸露的女性軀體所流露出的曲線和柔和比其他的影像更讓藝術家們以及全人類著迷。

當然，那是指遠一點的影像。從遠處看來，豐胸、柳腰、尖翹的臀部和恥骨的V字形隆起，在在說明了隱藏的歡愉和母性的滿足。但是若把焦距拉近到生殖器——那就完全不一樣了。沒多少藝術家處理這部分。當然啦，那是因爲大部分的女性生殖器都在體內，它不像男人的睪丸和陰莖懸垂在那裡供全世界瞻仰。不過事情沒那麼簡單。對大多數的男人來說，女人的生殖器是難以瞭解的。陰唇？陰蒂？陰門？男人總是想，那跟我們沒關係，那是她們的事。嗯，也許現在是靠近一點的時候了。你可以發現即使近距離的看，女人的性器官也是藝術品。

陰道

勃起讓人印象深刻，不過若跟陰道的技藝相比，那麼它肯定只能在性的奧林匹克會上得到銀牌，金牌得主當然是陰道了。一個成熟女性的陰道長度約只3或4吋，但是在性交時，它卻可以配合比它長的陰莖而延長，更驚人的是，在生產時，陰道甚至可以延展成比原來大許多的面積（到目前爲止，世界最大的新生兒是1879年在加拿大的案例，長約30吋，重達23磅，約12公斤）。陰道內壁的深褶皺讓陰道在性交和生產時可以延長、變寬。陰道壁裡是肌肉、結締組織，以及在性交時分泌黏液的黏膜組織。子宮頸也分泌潤溼陰道的黏液。陰道裡有很多血管，當女人性興奮時，血管裡會脹滿血液。

跟男人相同的是，女人也會因觸摸或情色的念頭而興奮，而且雖然數量較少，不過女人也有促進性慾的睪丸激素。若顯示男人性興奮的是勃起，那麼女人的就是陰道分泌物了。不過這也不完全是正確指標，女人的濕潤程度受到女性荷爾蒙多寡影響甚大，有時候即使她很興奮，可能還是乾燥的，尤其是年紀大的女人在性交時，並不容易製造足夠的潤滑液。

長久以來，關於陰道的錯誤的觀念一直不少。很多男人相信女人若沒有處女膜——一層薄薄的附在陰道上的組織——就不是處女。的確，性行爲會讓處女膜破裂，不過騎腳踏車和塞入棉花球也會。另一個謬論是，男人總認爲陰莖大小是決定女人性滿足的主因。史泰頓教授說道：「幾乎全部的性慾神經末梢都集中在陰道前面三分之一的地方，所以說陰莖的大小根本不重要，尺寸只是一種迷思。」即使一個三吋長的陰莖也可以讓女人的陰道獲得充分的滿足，史泰頓教授說，「眞正的問題其實是過大的陰莖——一般來說，若超過八吋長的話，那麼在性交的時候，陰莖會不停的撞擊到沒有彈性的子宮頸。」結論是：陰莖長且大的男人無法完全進入。

不過性研究常會有爭議。一些研究員發現仍有女人有陰道深部的高潮。這些感覺究竟來自骨盆肌肉，還是子宮收縮，還是G點尙不清楚。某些研究員甚至還推測可能是子宮頸有回應陰莖推擠的神經末梢。

G點

如果意見分歧讓生活更有趣，那麼對於G點的爭議的確讓性科學家的圈子喧騰好幾十年了。基本的問題是，它到底存不存在？如果是肯定的，那麼它眞的是讓女人達到高潮的魔幻按鈕嗎？事實上，如果讓美國的性科學家和研究者投票的話，那麼認爲它存在的肯定是壓倒性的多。不過懷疑仍然存在，因爲研究人員還是無法從女人的私處明確找到一個實際上的G點。

史泰頓教授說道：「它會引起爭議是因爲這還是一個相當新的觀念。人們很難接受在過去的幾百年內，我們設立這麼多醫學院，解剖了這麼多屍體，而居然它的位置還無法被標明！」史泰頓教授解釋解釋：「理由是G點是一個被刺激後才會腫脹並明顯出現的勃起性組織。因此，解剖屍體時根本不可能發現，婦科醫生也不可能接觸到G點，因爲當他們檢查女病患的骨盆時，他們是不可能像刺激G點那樣的方式碰觸病患身體的。」

大多數的人都同意G點應該是位於陰道的上壁，約恥骨背後1到2吋的地方。它是以德國產科醫師葛藍芬堡（Grafenberg）的名字來命名，因爲是由他在1940年代提出G點的。G點由神經末梢和血管組成，當受到刺激時，會由一角硬幣大小增大成五角硬幣那麼大。而這提供女人一種強烈的美妙感覺——甚至達到高潮。不過，敏感度因人而異，有的女人說她們的G點沒甚麼感覺，有的則完全找不到它的存在。費西安博士認爲那是因爲她們不知道要在哪裡找，要不然就是因爲有些女人的陰道就是沒甚麼感覺。

一些性學專家則對刺激G點可以產生高潮抱持懷疑。李文生博士認爲，那些說刺激G點而達到高潮的女性，其實是因爲刺激到陰蒂而帶來的快感。

不過，有一些女人宣稱她們不但藉由刺激G點達到高潮，而且還射出了液體。史泰頓博士說，有些女人在她們的G點被刺激時會感到有尿意，而那些射出液體的女性將之藉由尿道排出，不過如果因此而認爲這樣的女人的骨盆肌肉功能不佳，那就大錯特錯了。事實上，這些女人通常骨盆的肌肉系統有很好的控制力。他還說，已經有研究員發現女性射出的液體並不是尿液，而是跟男性射出的精液有相同化學物質的液體，只除了沒有精子。

不過其他的試驗卻顯示女人釋放出的確實是尿液，費西安博士說，也許眞相是因爲性交時強度過於激烈，使得內部的括約肌鬆弛，而當此同時，尿液就被排放出來了。至於尿液之中是否還有其他物質則有待進一步的研究。

至於那些著急地尋找伴侶G點的男人，費西安博士建議他們放鬆。她認爲G點高潮其實不是什麼神奇的事。「高潮就是高潮，如果你摩擦手肘而讓女人達到高潮，那跟摩擦陰道而達到高潮是一樣的。感覺不一樣的只是因爲你刺激不同的地方，也就是說，那只是特殊區域的神經末梢的差異罷了。」

那麼你和你的伴侶如何找出她的G點呢？布洛克博士建議，你和你的伴侶面對面躺著，你的掌心朝自己的方向，溫柔的將濕潤的食指和中指輕輕推進陰道前端三分之一的地方，直到找到一小塊比周圍肌肉粗糙的地方，用指頭挑逗撫摸這個點。費西安博士補充說道：「四點鐘和八點鐘方向的地方似乎效果最佳。」你的陰莖很難在性交時撫摸到G點，不過小狗做愛式和女人在上位的姿勢是比較容易成功的。

陰蒂

這是女人身上最近似陰莖的一部分。就像龜頭或陰莖的最前端，陰蒂上面佈滿了敏感的神經末梢。它也像陰莖一樣有兩個陰道海綿體，興奮時會充血的海綿管，這時候它也會勃起。不過陰莖具有讓精液和尿液通過的雙重功能，陰蒂則單純讓女人快樂，它唯一已知的功能是提供性歡愉，人體組織中唯一如此被設定的器官。這讓它成為女人身上最具性快感潛力的地方，布洛克博士在他的書裡寫著，「只有不到三分之一的女人能不刺激陰蒂就達到高潮。」

男人的問題在於找出這個小傢伙。這個粉紅色羞答答的愛情按鈕位在內陰唇交會的頂點，它的範圍從3/4吋到2吋長，不過它可能看起來更嬌小，這是因為大部分的陰蒂都埋在女人的體內，只留一小部分叫做陰蒂蓋的在外面。就是這一小部分（而不是全部的陰蒂）在性興奮的時候會腫脹。當它豎立起來時，腫脹的程度因人而異，有人脹成兩倍大，有人幾乎沒變化，不過任何大小變化都無損於它所給予的歡樂。

跟陰莖勃起時繃緊拉長的情況不同的是，陰蒂在女人性興奮時還是羞怯的躲在陰蒂蓋底下。所以，你該如何刺激它呢？嗯，這個嘛，每個女人喜歡的方式都不一樣，直接問你的伴侶或者讓她引導你。性交時很難刺激到陰蒂，不過如果那是你的目的的話，性專家說女人在上位是最好的方式，當然你和你的伴侶也可以在性交時用手揉搓陰蒂。或者你也可以用你的舌頭，布洛克博士建議嘗試不同的技巧，比方說，在陰蒂上轉圈圈或上下移動，讓你的伴侶的反應引導你。

陰門

陰門就是當女人裸體時，我們看到的部分。它是外顯的生殖器，以下是一些主要的組成部分：

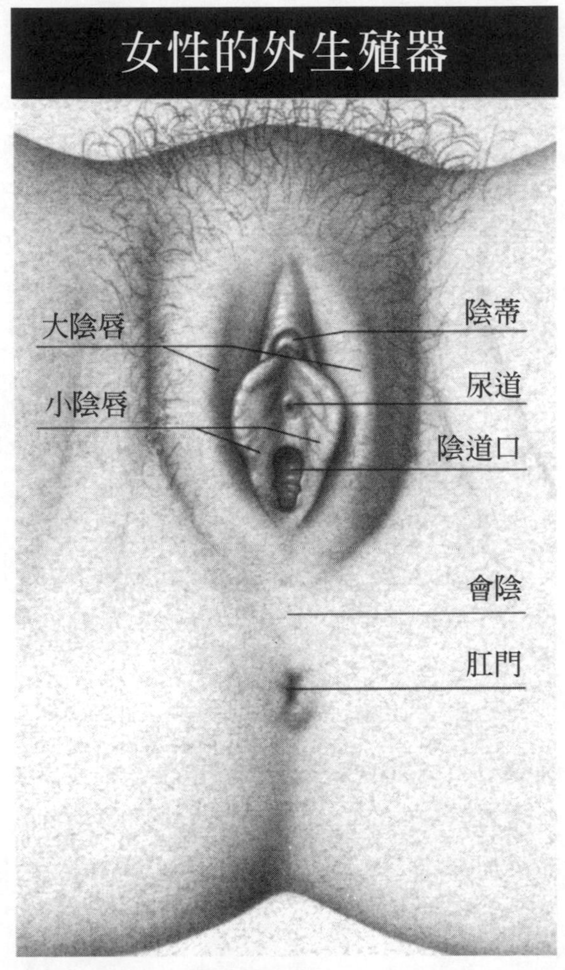

• 大陰唇：它們是陰道的開口，由兩個肉質褶皺和脂肪組織所組成。當女人性興奮時，這裡會因充血而腫脹。

• 小陰唇：陰道開口的內唇，大部分都被大陰唇掩蓋住了。小陰唇通常會掩蓋尿道和陰道的開口。每個女人小陰唇的大小、形狀、顏色都不一樣，具有神經末梢，所以十分敏感。小陰唇之間的開口叫做前庭，當女人性興奮的時候，腺體會分泌潤滑液到前庭的地方，濕潤液可以減少皮膚摩擦，讓你在性交時更容易進入。

• 尿道：這是讓女人尿液通過的管子，不像男人的尿道還輸送精液，女人的尿道功能只有排尿。女人的尿道比男人的寬，但是卻短多了——女比男大約是1又1/2吋比8吋，它的開口在陰道開口的上面，陰蒂的下面。

子宮頸

現在我們的探索之旅開始進入女人的體內。陰道的後面是一個叫做子宮頸的圓筒狀的組織和肌肉的集合。位在子宮的頸部，子宮頸是女人的守門員，它讓精子通過一個小小的開口進入子宮，也讓經血從陰道流出去。子宮頸分泌的黏液隨著女人的月經週期而改變，在排卵時還能協助精子的通過與存活。在生產的最後階段鬆開擴大使得嬰兒可以前進到出生口的也是子宮頸。

子宮

這裡就是我們出生前居住的溫暖好地方，我們在那裡不時的踢踢媽媽，好提醒她我們的存在。子宮的形狀像個上下顛倒的西洋梨，約3到4吋長，位於膀胱的後面。

若卵子受精，那它會把自己埋在子宮壁裡，在那裡面它可以得到充分的養分，如果沒有受精，卵子就會隨著經血排出體外。在懷孕期間，子宮會隨著胎兒的成長而擴大和增加肌肉來負載胎兒的重量。而正是這些肌肉在母親陣痛時大量收縮，目的就是要把我們推擠到外面的新世界去。

女性的內生殖器

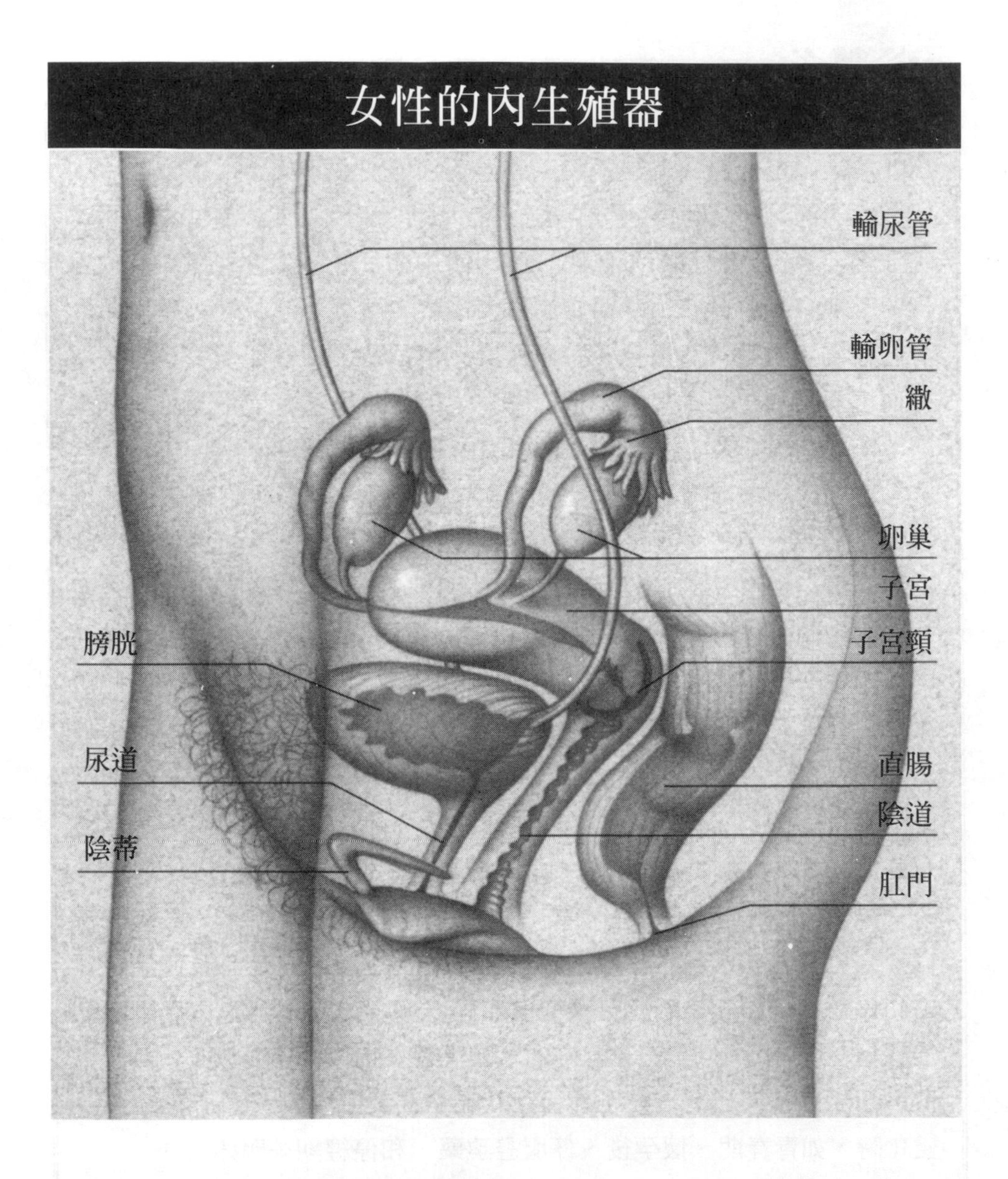

生理期

女人的月經被認為是「詛咒」。它大約28天來一次。有些文化相信經血是不潔的，而且如果你跟一個經期中的女人發生性關係，你會中毒。還有些社會禁止與經期中的女人性交。事實上，月經只是女人的身體在告訴她她沒有懷孕。每個月女人會製造出一個卵子，子宮內壁的血液和組織也會為受孕作種種準備，但是如果沒有受精的話，那麼卵子和這些多餘的血液和組織就會排出體外，這就是月經。

女性荷爾蒙雌性激素和黃體脂酮會調節此一過程，在28天的週期裡，它們和其他的荷爾蒙以及化學物質會時時變化，而這會影響女人心情的好壞和性慾的強弱。因為這些荷爾蒙的組成時常在變化，很多女人說她們在某些特定的時刻會有較強的情慾，比方說月經的前後。

跟經期中的女人性交並不會讓你中毒，除非她是HIV陽性。在此情況下，你就真的在冒險了。如果你不確定你伴侶的HIV狀況，那麼務必戴上保險套。如果你和你的伴侶不介意一點小麻煩的話，其實經期時的性交好處很多，例如，懷孕的機會很低。蘭修醫生說，那正是為何有些女人喜歡在經期做愛的原因，她們無須煩惱懷孕的事。

每個月裡有一段時間，你的伴侶會為了經前症候群（PMS）而苦惱。大約有九成的婦女經歷過經前症候群，在月經開始前兩個星期，她們會感到憂鬱和易怒。對有經前症候群的女人和她們的男人來說，這樣已經夠糟了。但是這種失調甚至會嚴重到使婚姻破裂、虐待兒童，甚至謀殺。研究員發現這種症狀最容易發生在女人的荷爾蒙急速變化時，如青春期、懷孕後、停服避孕藥，和停經期一開始時。

如果你的伴侶有此症候群，督促她按照下列的指示做，以減緩她的症狀：

- 減少咖啡因、鹽份和尼古丁的攝取量。
- 時時運動。
- 營養均衡。
- 作一份經期月曆表，當經前症候群發生時，把它記錄上去。

卵巢

卵巢的形狀像杏仁，大小像大顆的的胡桃，位在下腹部，子宮左右各有一個。它們的重要任務有三：首先，它們製造形成女人性特徵的雌性激素和黃體脂酮。第二，它們讓細胞充血、子宮壁變厚，好容納受精卵。第三，卵巢製造出卵子，當它受精後就可以創造出新生命。卵子在濾泡裡成長，正常的情況下，一次月經只有一個卵子會蹦出濾泡，在一種叫毛緣的細頸毛護送下前往最近的輸卵管。

輸卵管

這裡是奮「泳」向上的精子通過重重考驗的終點站，同時也是受孕之處。輸卵管大約三吋長，與子宮的上端相接，卵子經由輸卵管來到子宮。

關於高潮

我們眞羨慕女人！女人性交之後，不需要再次充電休息就可以迎接下一次性歡樂，而且有些女人能高潮不斷，就像主震之後的強烈餘震一樣。女人的高潮宛如四面八方而來一樣。承認吧！你樂於當個男子漢，但你只要歷經一個滿載情慾的夜晚，你可能會想當個女人。然後不久，你可能又不想了，畢竟女人在通往高潮的路上比我們艱辛多了。這是女人求助性治療師第二熱門的問題，性趣缺缺則是榜首（矛盾的是，有些女人高潮的能力十分驚人。費西安博士說：「有些女人可以在不碰到生殖器的情形下達到高潮。女人可以單靠性幻想而高潮。」)。

困難的原因之一可能是在陰莖插入陰道的性交中無法直接刺激到陰蒂。但布洛克博士說，這並非唯一的原因，約10％到15％的女人從來沒高潮過——即使當她們自慰時。史泰頓博士說也許是因爲是她們從小被教育成要壓抑性慾。還記得前面所說大腦在性慾裡扮演的重要角色吧，如果大腦對性不感興趣也不期待，那麼男人所有的努力都等於零。再重複一遍本書中提過許多次的重要課程：女人要的是浪漫、談話，以及一個她們愛戀也相信被其所愛的伴侶。古柏博士說：「男人要的是性，女人要的是親密關係。女人的性常常只是親密關係的後續動作，而男人的性還是性。」對大多數的女人來說，即便如此，高潮還是緩慢的。李文生博士說，在性交前，她們比男人需要更多的時間和刺激——平均15分鐘——在接吻、吸吮、說話之類的事上頭。

當女人克服所有心理和生理的障礙而到達高潮時，那眞是很美妙的事。對某些人而言，強烈的感官知覺像瀑布傾瀉全身，她們的心跳變快

女人關心的事

女人常因身材苦惱。即使是漂亮的女明星和模特兒也承認她們必須與貪吃和其他飲食失調奮戰。布洛克博士說對於身體，女人最關心的前五名分別如下：

1. 體重：大部分的女人認爲她們應該再瘦3到5公斤。
2. 胸部大小：不是太大就是太小。
3. 年老的跡象：鬆垮的皮膚，下垂的胸部和曲張的靜脈。
4. 大腿：太粗重了。
5. 懷孕和生產的疤痕：妊娠紋、剖腹的疤痕和拉長的陰道。

──它跳的愈快，高潮的強度愈大。陰道下方1/3處的肌肉無意識的重複收縮。肛門和子宮也會收縮，其實在生產的最後階段，有些女人的確有高潮。有的女人也說高潮減輕月經帶來的痙攣，所以下次你跟你的伴侶溝通性事時，你可以對她說：親愛的，做愛對你有好處。

♥ 男人的生殖器

男人跟女人一樣也會隨著年紀變矮，有些人擔心我們的陰莖是否也會跟著變短。達諾夫醫師說道：「陰莖的長度是終生不變的。」請注意，如

我們關心的事

我們對自己的外貌表現的一副不在乎的樣子，不過男人對某些生理上的缺陷其實是很敏感的。根據布洛克博士的研究，以下是男人對他們的身體最在意的五件事：

1.陰莖大小：大部分男人都覺得自己的還不夠大。
2.禿頭：從那麼多的生髮水廣告看來，頭髮稀少眞令人痛心。
3.年老的跡象：灰髮和皺紋已經不像以前那樣爲男人所接受了，尤其是工作場合裡的行政長官特別希望保有年輕的外表。
4.腹部大小：女人從屁股和大腿胖起來，男人則從腹部開始。
5.身高：女人還是較喜歡比她們年長、有錢且高一點的男人。

果你變胖了，你的陰莖會看起來像是變短了，那其實是它被你的腹部贅肉遮蔽了。

雖然陰莖大小是不會改變的，但是其他的卻會。隨著年紀增長，男人的身體會歷經無數的改變、週期和創傷。體內的化學變化隨著荷爾蒙增減而改變，肌肉和骨骼逐漸衰弱，頭髮和皮膚變得斑白起皺紋。當然啦，你身體磨損的程度要視你的飮食、運動和生活方式而定。由於本書重點在於性事，在此我們只談論你的性器官。以下是你的重要性器官的入門說明書：它們的工作爲何？如何運作？以及身爲一個見識廣博的男人，你需要知道哪些事？

陰莖

陰莖一直是男子氣概的象徵。的確，有些男人和他們的伴侶對這個小傢伙迷戀到給它取個暱稱，就好像它是個獨立的生命，由於大部分的男人都希望自己像匹雄壯無比的馬，於是這些暱稱，比方說，「巨無霸」，多少也反映了男人的心態。

陰莖裡沒有骨骼也沒有肌肉，那到底是什麼讓陰莖如此堅硬直立？答案是血液，大量的血液。基本上，陰莖是由一條長管和三個可膨脹的圓柱組成的。長管就是尿道，它從膀胱延伸到陰莖的最前端，負責輸送尿液和精液。尿道流過整個海綿主體，一如它的名稱所指，它是由裝滿了血管和非常微小的洞穴所組成的海綿狀的物質。其他兩個圓柱是背側海綿體，它們也是由海綿物質所組成，背側海綿體在陰莖的底部分開成像Y形的分枝。

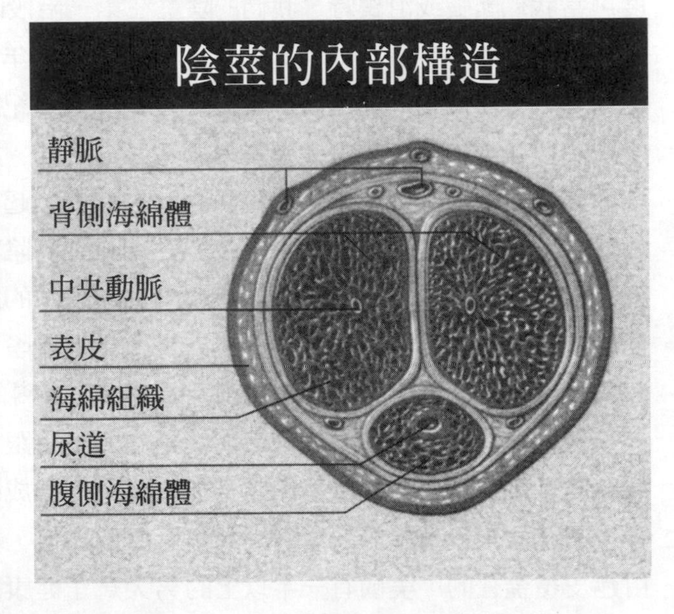

讓我們這麼說吧，當你爲躺在沙灘上的辛蒂克勞馥全身擦防曬油時，你發現自己勃起了，那麼到底是什麼力量讓你那謙遜的小東西轉變成雄糾

糾、氣昂昂的硬棒呢？簡而言之，當某事或某物，好比遐想或撩人的背影，性致勃勃的喚醒你的大腦，大腦把訊息傳到脊髓的腰部區域；訊息從這裡咻咻的快速通過神經的網狀組織到達陰莖。訊息通知陰道海綿體裡的動脈使其擴張，血液衝進這兩個圓筒裡的海綿組織的小洞裡，這比平常進出入陰莖的血液量多出好幾倍。

什麼讓勃起結束？通常是下列兩者之一：第一，刺激消失了。你喪失性趣，於是大腦通知陰莖動脈和海綿洞收縮，讓血液再從陰莖流回去。第二是射精，同樣的，陰莖動脈收到來自大腦的相同訊息：收縮，然後讓血液流回去。正如你所看到的，大腦完全掌控了讓血液流進陰莖的時間和長度，當我們緊張或沮喪時，我們的陰莖在第一階段時根本就無法堅硬。

勃起也不一定發生在我們興奮的時候。所有年紀的男人都會在睡眠中勃起。青少年的夜間勃起時間最長，之後就隨年紀縮短，不過即使是八十好幾的健康男人，一個晚上還是會勃起三、四次。達諾夫醫師說道：「平均而言，一個生理健康的男人每晚勃起的時間加起來超過一百分鐘。」古柏醫師認爲夜間勃起是件好事：夜間勃起讓你的陰莖充滿多氧的血液而得到養分。一個星期至少二到三次的夜間勃起對你的陰莖健康是必需的。每個男人勃起的角度方向都不同，主要是因爲連接陰莖和骨盆的韌帶的長度和韌度都不同，老年人的勃起角度可能是往下傾斜的。

最後是陰莖的外面，它的最前端是龜頭，它跟女人的陰蒂一樣，滿布敏感的神經末梢，而且陰莖和陰蒂在生命最初形成時是完全一樣的，只是之後睪丸激素使男胎的陰莖變大。不管原因如何，男人一出生時，龜頭是由包皮覆蓋住的，美國有一半以上的男人爲了健康或宗教的理由割除包皮（這儀式稱爲割禮；詳細內容請參考「包皮蓋」一文）。陰莖上的皮膚大都很敏感，尤其是陰莖下方，龜頭和陰莖軸相連之處，稱爲繫帶的地方最爲敏感。

包皮蓋

最近幾年最熱烈的議題之一就是要不要割除包皮。我們一出生時都有包皮，不過大都一出生後就予以割除。有時是基於宗教因素。不過西方社會割除包皮的主要理由是因爲這樣較方便清洗龜頭或陰莖前端。每年在美國出生的男嬰有超過六成實行割禮。

支持人士認爲割禮可減少嬰兒膀胱道感染，和小男孩龜頭的疾病感染。他們指出一項研究報告顯示未割除包皮者較容易得到性病，也較傾向得陰莖癌。但是反對的人說常常用肥皀清洗的男孩和男人很少感染跟包皮有關的疾病，他們也認爲包皮可以大大增加性刺激，因爲性交時它會摩擦到敏感的繫帶。

事實上，行之有年的割禮是在一百年前由英國人引進的，當初的目的是爲了防止自慰。看來反對者似乎佔上風。美國小兒科和婦產科學院找不到任何對新生兒實行割禮的明確理由。現在美國實行割禮的風氣已逐漸下滑，在加拿大、英國和西歐已不再普遍。

皮羅博士還組成一個機構作爲男人交換包皮資訊的地方，他稱之爲包皮保存運動。他寫了一本名爲《不割包皮的快樂》的著作來宣揚他的信念。皮羅博士說：「當很多美國男人知道全世界有85％的男人「完整無缺」時，都嚇了一跳。」

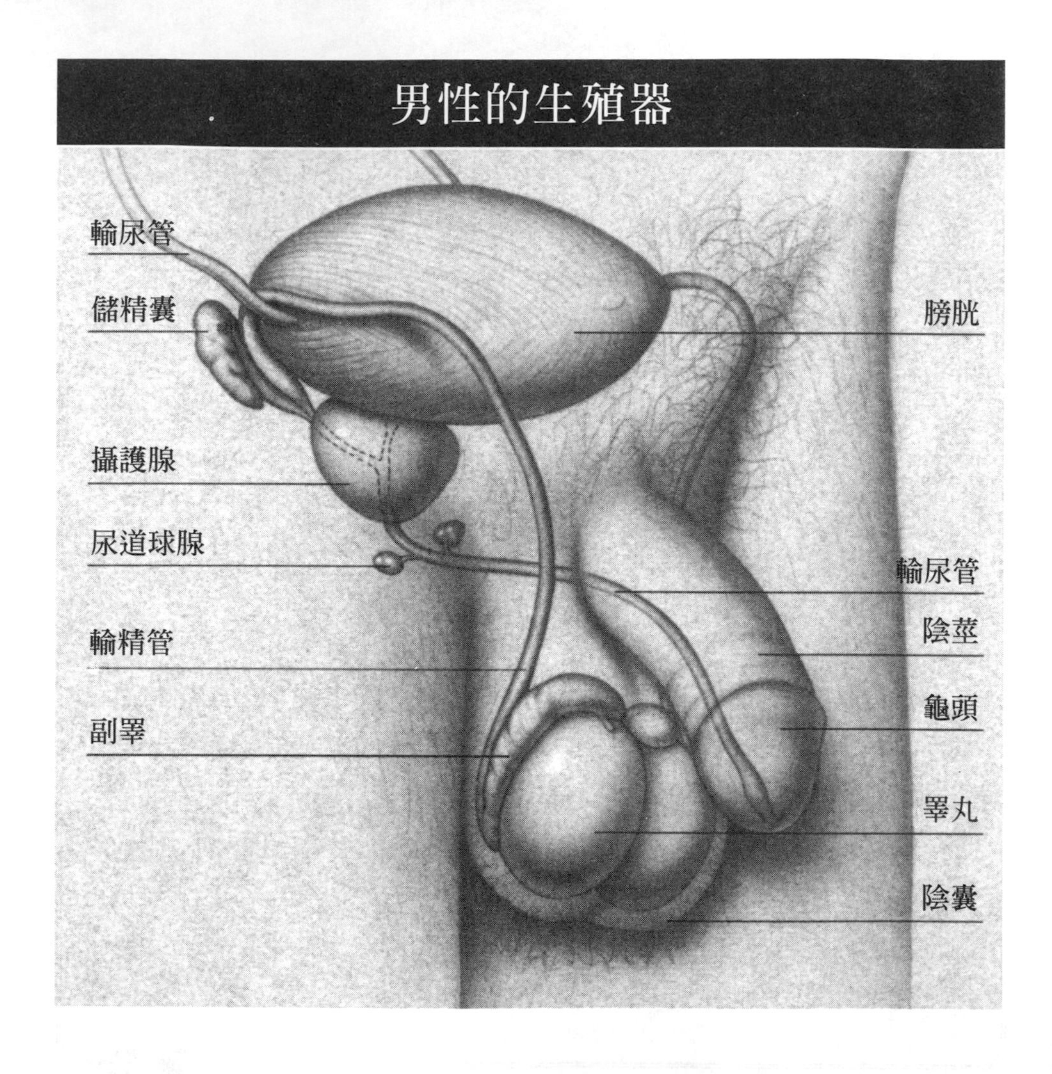

睪丸

睪丸跟陰莖一樣被視爲男子氣概的表徵，當一些男人很勇敢時，我們說他們有種，儘管對於睪丸的頌揚詞不少，不過卻沒有言過其實。因爲睪丸會製造兩個對人類非常重要的物質：精子和睪丸激素。當我們還是胎兒時，睪丸已經開始將男性荷爾蒙睪丸激素輸送至血管，這有助於我們性器官——好比陰莖——的形成。青春期時，大腦告知睪丸大量製造睪丸激素以及精子。我們的兩個睪丸以每秒製造5萬個精子的速度，每天每小時不停的生產，直到我們老去。

如果你把睪丸割開，你會看到一團像毛線球的細管，精子就是在這些細管子裡製造的，而細管之間叫萊狄格氏（Leydig）的細胞則製造睪丸激素。精子由輸精管傳送到精囊裡儲存，並跟其他的精液相混合，除非你的睪丸曾經遭受重擊。研究指出每六個不能生育的男人就有一個睪丸受傷。另一方面，如果你想絕育，可以請醫師切除並阻塞輸精管，這樣可防止精子離開睪丸，這項手術叫輸精管切除術。

睪丸位在精囊裡面，它可以使睪丸與你的身體略爲隔離，好讓睪丸的溫度比體溫略低，這樣的溫度使睪丸製造出更多的精子。所以說，當男人想組織家庭時，鬆鬆的拳擊短褲會比貼身緊內褲受歡迎，因爲前者使睪丸保持涼爽。

攝護腺

就功能而言，攝護腺相較之下是微不足道的器官。但是圖片上它卻佔了相當大的比例，原因有二：首先，它由神經末梢所覆蓋，這使得它相當的敏感。第二，更重要的是，它傾向於造成嚴重的健康問題。這胡桃形狀的腺體位於男人直腸的前方，在膀胱的下面包圍著尿道。它有兩個功能：製造組成精液的液體，以及使尿液不從膀胱流出，所以當男人興奮時，只有精液進入陰莖。

從你興奮到射精之前，你會注意到你的陰莖分泌幾滴像是精液的東西，其實這是由尿道球腺——兩個位於攝護腺下面的豌豆形的腺體——流出的液體，該液體可以中和尿道中的酸性而保護精子，而且也是潤滑陰道的功臣。

攝護腺由多神經的腺體物質和肌肉纖維組成，它常被稱爲是男人的G點。因爲它跟G點一樣敏感而且難以觸及，事實上，醫師認爲它跟女人的G點都是源自相同的胚胎組織。你可以讓伴侶潤滑的手指插入你的肛門來刺激攝護腺，或者對位於精囊和肛門之間的會陰施壓效果也不錯。

那麼攝護腺有什麼了不起呢？當我們變老，攝護腺會變大而擠壓到尿道，使得我們小便困難而且痛楚。這稱爲良性攝護腺增生過盛，簡稱BPH。一般的情況是夜裡頻頻有尿意，以往大約四個年長的男人中有一個需要手術矯正，不過現在已經有醫療方法來減輕該症狀。更嚴重的是約有12％的男人罹患攝護腺癌，在男人得的癌症裡高居首位。超過八成的攝護腺癌發生在年過六十五歲的男人身上，非裔美籍男子和有攝護腺癌家族病例的人尤其是高危險群。由於攝護腺癌早期毫無症狀，所以常常直到蔓延到身體其他部分才被發現，這就是爲何許多醫療團體常常呼籲年過四十的男子要定期檢驗。攝護腺瘤治療的方式會造成性慾減退、勃起困難——甚至還會陽痿和失禁，幸而這些副作用已漸被改善。

好消息是，過多或過少的性對此腺體沒有影響，事實上達諾夫博士還說，活躍的性生活對攝護腺還頗有好處。因爲射精使得腺體的導管打開，防止其中的液體停滯。

精液

大約95％的精液是由精囊和攝護腺裡的液體組成，其他的是精子和從睪丸流出的液體。蘭修博士說道，每一次射出的量約是一茶匙。正常而言，射精時男人膀胱開口處是關閉的，這是為了避免精液流進膀胱，不過，還是有些男人的開口處是打開的，這些男人高潮的時候不射精，因為精液流進他們的膀胱了。有時候這會發生在有糖尿病和多重硬化的病人身上，或是那些曾動過割除大腸或直腸手術的人。如果你想做爸爸的話，那這眞是個壞消息，而且也無法以手術治療，不過也有男人發現服藥有效，如果藥物也無效時，可以從膀胱中取出精子做人工受精。

精子長得像蝌蚪，它是帶有染色體的微細胞，不但可使女人懷孕，還可以決定寶寶的性別以及它的很多特徵。一般估計我們每一次射精，其精子的數量是從稀少的八千萬到多的三億不等。精子長度約1/1000吋，比針頭還微小。它們花個四到五天學游泳，一個小時慢慢的游個一兩吋的距離，但是一旦進到女人輸卵管，為了製造生命，它們行動會變得很快速。因為三天內精子會死掉，而在女人的生殖管裡最快只存活兩小時。如果你禁慾呢？你的精子會到哪裡去？老舊的精子就在被你的身體分解再吸收。

總複習

從勃起到射精的過程的確是大自然最偉大的工程之一，我們知道你想要與他人分享你的新知，以下的簡述可讓你對全部過程很快的複習一遍。

經由碰觸或遐想的刺激，男人感到性興奮，如前所述，大腦傳遞訊息至陰莖使它勃起。陰莖中的動脈擴張，好讓血液流進陰莖中的海棉洞裡。當你的興奮持續，會陰的肌肉收縮，將膀胱的開口處關閉，而將射精管打開，這是爲了避免你的精液進入膀胱，而使尿液混入精液裡。此時因血液的流入而變大的陰莖和睪丸會略微抬高以準備射精。攝護腺、精囊、輸精管都會收縮並將精子和精液湧入尿道，這些收縮動作伴隨著骨盆肌肉收縮推擠精子前進，直到射精。這就是爲何性專家都稱射精是不可避免的——它是純粹的反射性動作。

其實醫師們也很難瞭解爲何高潮是如此歡樂而且強烈的經驗。但有些是可以肯定的，男人高潮的體驗幾乎人人相同，高潮是全身的體驗，並不只局限於性器官。不由自主的神經收縮和痙攣有可能發生在手臂、腳和背部。乳頭直挺，幾乎全身發紅，心跳加速，血壓暴增，皮膚冒汗。有趣的是，高潮的時候，骨盆肌肉是以每0.8秒收縮一次——而這頻率幾乎每個男人都一樣，簡直像是宇宙常數。

其他兩個事實：你即使沒有高潮也可以射精，亦即沒有伴隨射精而來的全身強烈的感官體驗。更有趣的是，你可以高潮卻沒有射精。事實上，你可以自我學習後者並利用它做爲多重高潮的方法。跟女人不一樣的是，高潮過後男人會迅速平息，當收縮緩和，刺激結束，血液會再次流出陰莖，然後它又回復柔軟。這時候，大部分的男人會有強烈的慾望想倒頭就睡，不過卻可能被身旁的伴侶認爲是自私的行爲。我們會在另一章討論該主題。

♥ 自慰

這是舉世皆然、不可告人的罪惡。我們雖然都做了，卻不想承認。

伴隨自慰的快樂而來的是在暗處窺伺的罪惡感。覺得「眞正的男人」是不會讓自慰的憂慮啃囓著我們，或者我們會模糊的覺得我們是身不由己。而就是這類對於自慰置諸腦後的想法，使得它變成最少被討論的議題。這樣的忽視比起自慰本身還來得危險。

對於自慰較能接受和坦言的社會裡，人們對這件事較不避諱。別誤會，我們也同意一個人對自慰該抱持謹愼態度。我們只是不認爲這是個禁忌的話題，或是它是會讓你自我毀滅的。你已經知道自慰不會讓你變瞎、發瘋、身體衰弱，或者下地獄。不過它不僅僅是「無害的」，我們甚至認爲它是件好事。

如果你被養育的方式或者道德感告訴你自慰是不對的，那麼，我們可能必須承認它可能是錯誤的──對你而言。如果這種自娛眞的讓你承受道德上的痛苦，那麼從這裡開始你恐怕只能袖手旁觀了。但是你可能有興趣知道現今很多性學專家都認爲自慰是能解除壓力，讓射精控制得更完美，以及變成更棒的情人的好方法，最重要的是，它能帶給你歡樂。而且你也無須單獨做，在性交之前，你可以跟你的伴侶相互手淫作爲前戲。吉兒博士說道：「它完全是自然的、安全的、健康快樂的，而且容易達到的性刺激。」

實地訓練

《獨享性歡樂》（*The Joy of Solo Sex*）一書的作者哈洛．立坦認為，瞭解自慰對你有好處是讓你體驗到它的好處的第一步，也是最重要的一步。一旦你克服了心裡障礙，你就會開始思考怎樣讓它對你跟你的伴侶更有好處。

接下來的並不是自慰101招——我們希望你早已知道哪些對你有用、哪些沒用。以下是我們提供的建議和鼓勵：

慢慢來

在一篇男人的健康雜誌裡，讀者被問及他們花多久時間自慰。一個說

數據說性

承認一星期至少自慰一次的單身漢……………48%
承認一星期至少自慰一次的結婚男人…………44%
承認一星期至少自慰一次的離婚男人…………68%
大學畢業而承認自慰的男人……………………80%
中學沒畢業而承認自慰的男人…………………45%

資料來源：*The Janus Report on Sexual Behavior* and *Sex in America*

90秒，另一個說最久三分鐘。儘管這些數字如此顯示，不過自慰並不是百米比賽，儘管當睡不著或緊張時，很多男人發現這種急速的運動是最常讓他們安定下來的方法，不過在大部分的情況裡，自慰是悠哉的活動，所以說，放鬆的坐著，慢慢享受它的樂趣吧。

專心一意

無須驚訝，自慰是一項你不希望被打擾的消遣。我們瞭解，所以事先採取一些謹慎的措施總沒錯，例如，拿起話筒、鎖門、燈熄暗、準備好衛生紙和潤滑劑之類的配件在身邊。

不忠實

一些性專家認爲，自慰的罪惡感可能是因爲我們在自慰時，腦海裡性幻想的對象是其他的女人，而不是我們的伴侶。不過只要性幻想停留在幻想的階段，那麼就不會傷害到任何人，事實上這樣做可能對你們的關係還有好處呢。科爾博士指出，自慰時對其他的女人性幻想可說是一種對抗策略。對伴侶之外的女人性幻想足以讓很多男人在現實生活忠實。然而，如果你發現自己重複幻想一些很禁忌的事，比方說性暴力或戀童癖，那麼吉兒博士建議你不要只是壓抑那些性幻想，而應該與治療師一起找出原因。

保持濕潤

儘管有些男人喜歡乾手操作，不過如果你使用潤滑劑的話，你可能會更愉悅——而且這也比較不會擦痛你的性器官，著名的性教育學者達生博士也認爲潤滑劑是自慰中非常重要的一部分。按摩油或專爲性行爲設計的水溶性潤滑劑都很不錯，多嘗試不同的乳液和潤滑劑看看你喜歡哪一種。

多瞭解

多花一點時間探測你的生殖器，好知道怎麼做你會較興奮。好比你也許會喜歡你的陰囊被手掌握住或輕輕拉扯（或者你會覺得這樣非常不舒服）或你可能想知道陰莖下方V字形的的點——繫帶——是全身最敏感的地方。收集這些資料可以讓你跟伴侶在一起性交時有所幫助，當你知道怎樣是舒服，怎樣是過分舒服時，你可以變換姿勢角度和速度以減緩刺激，讓你在射精時更能掌控。

探索你的身體

不要只是專注在你的性器官，看看你身體的其他地方是比較敏感或遲鈍。在刺激性器官之前，先觸摸其他地方——乳頭、胸部、大腿——甚至你的肛門（這裡佈滿神經末梢，而且很多男人頗喜歡刺激這裡）。你還可以嘗試「調戲」你的性器官——讓手指撫摸性器官旁邊，而不是直接觸摸性器官。當你享受自我愛撫的樂趣時，記住兩件事：第一，沒有什麼地方是禁區，只要你摸得到的地方都可以試一試。第二，你所探索的不但對現在有幫助，而且以後你跟伴侶溝通時也有用。

轉換姿勢

我們說過自慰應該是一項實驗和探索的運動了嗎？試著嘗試各種姿勢、握法、施壓的程度、速度，甚至幻想的方法，直到你發現哪一種組合對你最好。記住：當你思考到底何種方法最能取悅你自己時，答案就在你手上——以及你的大腦裡。

♥ 接吻

吻之於性一如鑰匙之於汽車。它發動引擎並展開一段漫長美好旅途，當你沿路賞玩並充分休息後，它仍是重新發動引擎的鑰匙。但是如果吻是鑰匙，要記住它不但發動你的，而且也是她的引擎。這是男人搞錯接吻的地方，她的鑰匙可能是柔軟優雅的輕輕一吻，你的可能是強烈的法國式深吻，當你朝跑道疾馳而去時，她則被留在車庫裡。

有格調的男人善於接吻，他們的吻讓伴侶魂牽夢縈。以下便是訣竅。

一開始

接吻時，我們犯的錯就是太猴急、太具侵略性，以及過於親密，尤其是第一個吻時。肯博士說他最常聽到女人抱怨的是，「男人的吻簡直像是餓虎撲羊，而那就像地獄裡的蒸氣一樣讓她們倒盡胃口。」也就是說，對女人而言，吻是幸福，而對男人而言，吻只是前奏。對她來說，接吻（尤其是初吻）是一種愉悅親密的溝通方式，透過吻，她等於告訴你，「我喜歡你，我喜歡這樣，我很滿足。」這是為何她吻你的方式是輕緩溫柔的，既沒有粗重的呼吸也沒有溼熱的舌頭。肯博士給你的建議是讓她引導你。慢慢來，要有耐心，好好享受它。至少一開始要保持簡短，嘴唇閉上，然後溫柔地吻在唇上。不要計劃下一個「行動」，因爲它可能根本不存在。「如果接下來開始加速，那麼讓它逐漸發生，而且讓她做加速的動作。」

加溫

現在你已順利避免第一個錯誤，而且承認吧，她很愉快。接下來你們也已準備好更進一步，那麼你該怎麼做？

一旦你們雙方都已跨過第一次接吻的焦躁，那麼接下來是探索時間。接吻的秘訣是技巧，而技巧的秘訣是變化。

接下來，你還是慢慢來，但是開始做一點變化，試試持久的吻。肯博士說，一般來說，女人還蠻喜歡長吻，而且有時打開，有時完全閉上你的嘴唇，不時的輕啄她的嘴。你的手要暗示性在她身上移動，在她的背和頭

五個讓你接吻技巧更佳的祕訣

1. 猛烈和輕啄的吻，嬉戲的和刺激的吻交替出現。
2. 保持接吻的多變性，避免重複那一千零一招。
3. 有時只爲接吻而接吻。
4. 也許她身體的任何一個部位都很歡迎你的嘴唇，不過你要嘗試過才知道。
5. 接吻可包括舔、吸吮和咬囓，運用你的想像力，而且不要踟躕不前。

應該做與不應該做的事

1. 避免口臭，尤其是煙味。手邊隨時準備薄荷口香糖和牙膏。
2. 第一次接吻時，讓她決定步調，從她的步調中觀察她的喜好。
3. 不要硬梆梆的吻，尤其當你用舌頭接吻時。
4. 讓你的吻告訴她你喜歡她，而不只是想上床。

髮上下輕撫。同樣的要記住：要為吻而吻。亦即，別將它視為前奏，接吻並不只是上床的跳板，要享受接吻本身的樂趣。

繼續前進

到現在為止還不錯吧？現在可以介紹雙方舌頭見面了。當你繼續時要記住，大多數的女人並不想喉嚨式的深吻。肯博士說道：「那是十分親密的舉動，它具有非常明顯的象徵：舌頭像陰莖，喉嚨則像陰道。所以它是很挑逗的舉動。此時你也要溫柔緩慢，稍微試探一下，看她是否願意接納你的舌頭，同時也邀請她的舌頭到你的嘴裡。」

不要太呆板。運用你的想像力。舌頭糾纏著舌頭固然很棒，不過你也可以舔舐她的唇、牙齦和牙齒。溫柔的從她的嘴唇輕移到嘴裡，在臉頰跟牙齦間移動，像個清道夫那樣仔細的探索她的嘴。試著彼此吸吮對方的嘴——她吻你的上嘴唇，你吻她的下嘴唇。觀察她細微的反應，看怎樣做能讓她興奮。而且你不要吻得太忘我，放輕鬆並變化你的步伐。很多專家發現從強烈的轉換成輕鬆的動作，從性感轉換成調戲的，然後再轉換回去，這樣只會提高興奮程度並且增加樂趣。

終極接吻

不要只限於吻她的唇和嘴，用你的嘴探索其他部分。親吻、吸吮和親咬耳垂會讓很多女人興奮。有個好方法是先以嘴唇溫柔的輕扯她的耳垂，然後慢慢向上移動，讓你的舌頭在她耳裡畫圈圈式的旋轉，輕輕向耳朵裡吹氣也很能讓她興奮。另一個地方是脖子，先溫柔的吻，再輕輕的吸舔和咬。如果她把頭略微抬高，就表示你命中目標，在那裡停留一會兒。如果她的頭低下，那你得向其他地方摸索。一點點的不可預知性是無害的，吻她的唇一會兒之後，開始向她身體的其他地方移動，但是不要有特定的目標。女人對神秘的事物好奇。然後試試看肯博士稱爲滑動式的吻，亦即，慢慢的往下移動。也許是手臂、腹部、背部、手指腳趾，或者後頸。膝蓋內側和手臂的彎曲處，腳趾間的縫隙都很值得試試看。

在你的探險之旅中，若她眉頭輕皺地呻吟，或熱烈的顫抖時，請在地圖上插面勝利旗幟，這樣下次你就可以舊地重遊。同時，要記住即使在熱情如火時，也不妨添加一點遊戲心態，慢慢來是取悅她的不二法門。

麻煩地帶

接吻不但有其樂趣，而且還是通往其他性歡愉的通道，所以你得時時記住接吻時可能出現的障礙以及對策。正如之前提過的，第一個吻對女人來說可能是大問題，因爲她們認爲男人的吻就像在她們嘴上放了個吸盤。再者，露絲蔓博士還指出，當一對夫妻或情人在一起好幾年後，女人會抱怨接吻以及接吻時的親密感彷彿從性生活中消失了。

露絲蔓博士說，女人需要吻，因爲她們的慾望發動得比較慢。相反的，男人總是希望能跳過前菜，直接享用主餐。不過露絲蔓博士說，當性變得垂手可得時，它反而喪失了讓人心神蕩漾的刺激感。所以當你想重拾接吻的樂趣時，你可以試試看下面的方法：

- 重回不爲性而吻的時刻。單純享受接吻本身的樂趣，而不只是視之爲跳板。
- 當你吻她時，偶爾把她想成其他人，例如，某個陌生女子或你性幻想的對象。
- 試著不要用手或陰莖讓她興奮和高潮，使用你的舌頭、嘴和唇。
- 當你吻她時，偶爾試試不要回報的吻。純粹爲她服務地滿足她的需要。你一定會對自己的創意和她全然的滿足而感到興奮。

♥ 性感帶

性感帶跟禪很像：它們存在，也不存在。你只要知道大腦裡的性感帶跟性器上的一樣多，就是這樣。露絲蔓博士說道：「本質上，我們全身都有成爲性感帶的潛力，因爲身體的任何地方都有神經末梢，所以都能因刺激而興奮。所以說問題應該是：「哪一個部分是我們允許自己享受的？」這是決定脖子、膝蓋或肚臍眼是不是我們性感帶的原因。」

露絲蔓博士給了一些例子：「很多女人會因身體按摩而興奮，但是大部分的男人則因排斥這類被動——接收式的行爲，所以他們對於這個主意並不起勁。相反的，很多女人因爲擔心自己太胖，所以不喜歡腹部和其他地方被觸摸，男人則很少有這方面的顧慮。」露絲蔓博士還補充道，人與人之間的差異性不僅表現在女人，也同樣表現在男人身上。所以任何一個部位的性感帶都有男女雙方的擁護者。

最後，如同布洛克博士說的，「儘管性感帶不盡然會因年紀而改變，但是我們卻能發掘自己和伴侶未被開發的性感帶，所以心態上我們應該更開放。」所以請記住，沒有單一的「愛情地圖」能涵蓋所有的女人和男人。但是就像尋寶一樣，寶藏靜靜的躺在她的身體裡等待被挖掘，所以享受寶藏樂趣的同時，也要學著享受尋寶的樂趣。畢竟，神秘是性誘惑的一部分。

歡愉的生理學

之前提過，人體的某些部位比其他地方更能接受刺激所帶來的快樂。男人的性感帶較容易預測，一般僅限於生殖器周圍。最敏感的地方是繫帶，接著是龜頭的邊緣，尿道口，陰莖軸，會陰，最後是乳頭。如果刺激這些地方都無法讓你興奮，那麼以下所說的你就不需要了，如果它們能，繼續讀下去。

與男人相反，女人的性感帶是多方面的，而且她們也呈現出多方面的生理歡愉，最明顯的地方是胸部和生殖器。《性的魔力》（*The Magic of Sex*）一書的作者史達帕說，胸部和乳頭是全世界共通的性感帶，而小陰唇、陰道入口、陰蒂也都是。有個很棒的小禮物，陰蒂全然是個感官感應器，它唯一的功能就是使女人興奮。就跟眞正的專家一樣，只要有適當的輔助，它的功能可是一流的。因爲它被一層皮膚覆蓋住，所以找尋它時，你要有點耐心。但是就跟眞正的尋寶一樣，所有的努力都是值得的。

還有傳說中非常敏感的G點，它位在陰道裡，距出口約兩吋的前壁上。跟傳說中沈沒的大陸──亞特藍提斯一樣，沒人能肯定它眞的存在，然而如果它是眞實存在的話，那麼它一定值得造訪。儘管正反面的證據都有人舉出，但如果適當的刺激能讓你的伴侶快樂，那還有什麼好爭的？最後讓我們也把那些較遙遠而不明顯的區域記住吧，康福醫師說，嘴、頸背、耳垂、大腿內側，甚至腳、腳趾和腋窩等等都是能讓人興奮之處。

記住這些地方只是典型的性感帶，事實上她身上的任何所在都可能是歡樂的泉源。

讀取訊息

除了尋找路標之外，你如何找到按鈕呢？當然啦，問她。記住這可不是你一個人能完成的事。更好的是，她可以提供你一些立即派上用場的資訊。由於錯誤的驕傲或是根深蒂固的羞澀，你可能會感到難以啓齒。這點我們瞭解，但是重點是，沒有人能眞的瞭解另一個人生理上的狂喜和獨特性，而最好的瞭解之道就是問她。

說的比做的簡單，不是嗎？當然囉。布洛克博士說，「性偏好是個相當敏感的話題，而我們應該尊重它的敏感性。」也許你們當中的一個太害羞而不敢談，也許你們當中的一個對性感帶並不是太瞭解。沒關係，不管是什麼原因，只要記住跟別人溝通的方式有很多種。讓我們這麼說吧，當你的手在你的伴侶大腿上游移，而你的伴侶臉上顯得懶洋洋的，你的手繼續向膝蓋內側前進，而突然間，她的身體緊繃，眉毛皺起，微微出汗，牙齒咬著枕頭，那麼她可能正在跟你溝通，轉換成文字就是「對，那裡感覺非常好，你再多做一會兒。」

布洛克博士承認肢體語言常常沒有這麼明顯。有時候所謂的發現性感點比較常是一個滿足的嘆息或一瞬間的顫抖，而非沈浸在情慾中忘我的尖叫。不過你知道重點是：當探索對方的身體時，留心每一個肢體語言，多一點耐心，小心傾聽，有些線索可能就跟隨這些暗示而來。其他的可能更

表明你的喜好

當你試著跟你的伴侶溝通你個人的性感帶時，布洛克博士建議你對下列事項要牢記於心：

1. 言語的征服最能引導生理的征服。在你們探索彼此的性感帶時，兩人能開誠佈公的對彼此喜歡和厭惡的事進行溝通的能力是最好的。判斷一下議題的敏感度，然後儘可能在容許的範圍內坦白。
2. 無言的溝通也很有說服力。探索對方的敏感帶時，仔細傾聽那些她沒說出口的線索，好比是嘆息、皺眉，或者手的動作。
3. 有時最好的指引是迂迴的。亦即，當言語溝通不可行時，找出一張「讓她興奮的地方」之類的清單，然後不時參考運用，很多女性雜誌和／或女書中有這樣的清單（最好的開始是讓她讀這本書)。

明顯，露絲蔓博士指出，比方說她引導你的手——即使沒有言語和要求，這還是很有效果的溝通方式。

貿易的手段

除非你有鑰匙，要不然想打開一扇門簡直是徒勞無功的事。露絲蔓博士說，在你和伴侶之間也是如此，你也想知道如何擁有這把正確的鎖鑰，而當你想出來時，那麼就只剩下枝節的事，好比多快多慢，用你身體的哪一部分或者如何愛撫。

這裡我們所能給的最好的建議是：在你能力範圍內，儘量有創意。你喜歡羽毛？那就用啊。她喜歡你舔她的下背部？你喜歡舔她的下背部？你的性生活不需要一板一眼的那麼無趣。《美好的振動》（*The Good Vibrations Guide of Sex*）一書的作者之一溫克思鼓勵大家採用創意和常規的混合法。「記住昨晚讓她興奮的地帶，今晚不見得有效，隨時有心理準備，她的一些性感帶會改變。」正如同先前所述，溫克思也建議說，「一旦你找到一個性感點，停留一會兒，然後離開，過一下子再回來原地。」如果今晚她喜歡你撫摸她的膝蓋，戲弄她一下，親撫她的膝蓋一陣子，游移到別的地方一下，然後再回來。對此，溫克思說我們不應該低估多變的魅力。好比說，當你的左手親撫她的胸部時，她低低嗯哼著，很好，接著用你的右手愛撫她的臀部，她從低哼轉而為呻吟，恭喜你。現在讓你的陰莖放在她的大腿上，呻吟變成低沈的叫喊。現在我們已經進入佳境了，用你的舌頭舔她的陰蒂，她變成激烈的喊叫著。保持這樣，轉換姿勢，讓她的聲音跟你的雙手和陰莖說話。讓你身體的不同部位發動她身體不同部位的引擎。

或者也許你所使用你身體的那一個部位對她的重要性不如你使用的方法。好比說，她喜歡大腿被輕輕的或激烈的愛撫？或者她較喜歡你用指尖摩搓她的胸部？或者她喜歡你用陰莖刺激她的乳頭？換句話說，即使你有全副武裝，也要知道如何適當使用你的配備。最後，請記住，除非你們雙方已經經過仔細的討論，要不然可能還是要透過嘗試錯誤才能知道如何滿足對方，即使如此，正如詩人里爾克所說，你們還是可以愛上過程本身。

♥ 按摩

我們不能沒有接觸。人類是一種渴望肌膚接觸的生物，我們企盼愛意的觸摸，溫柔的愛撫，鼓勵的手。

很多人相信做愛是身體接觸的最高表現，如果眞是如此，那麼第二名一定是按摩。在很多方式上，按摩比性交還要更強烈、更親密。在情人間，按摩也可能變成性行爲——它可以引誘成千上萬的神經末梢。這是一次懶洋洋的做愛體驗，其中包含你身體範圍最大的性慾器官——皮膚。不過，跟做愛一樣，按摩也是一項很專門的藝術，做一個好按摩師需要經驗、探索和嬉戲的意願，以及對基本知識的瞭解。喔，對了，還有油，很多滑溜溜的油。

愛的接觸

我們希望你已經把按摩列入做愛的一部分，那麼想必你已發現按摩不僅僅只是前戲中的裝飾品。《新式情慾按摩》(*The New Sensual Massage*)一書的作者英可列斯說它像座橋樑，不但讓你通往生理上的親密，同時它也是瞭解你伴侶身體的偉大通道。就算不把性考慮在內，它也具有舒緩緊張、降低壓力，甚至還有治療頭痛的功能。

在此，我們的焦點並不是將按摩視爲家庭療法，而是視它爲一種情慾花樣。一如往常，我們將按摩視爲一項籠罩在神秘氣氛中的儀式，目的是要讓你知道它並不只是你老早知道的「親愛的，幫我按摩一下脖子。」那種程度的按摩。現在，我們要讓你進入更高層次的觸覺歡樂。本章節就是你的畢業證書。

不過首先，我們還是要先列出一些基本規則，一些必要條件。如果你想做個世界級的好情人和按摩師，那麼專家們認爲可以創造氣氛和情慾歡樂的方法，你就必須要知道。以下是基本的第一步：

放鬆

既然按摩跟創造輕鬆的心情有關，那麼何不從製造輕鬆的氣氛開始？把燈熄暗，開一瓶酒，放張慵懶的爵士樂唱片，一起泡個熱水澡或者淋浴，讓緊繃的肌肉放鬆，熨平緊皺的眉頭，輕淺的呼吸慢慢轉換成深沈、滿足的嘆息。

確認按摩油

一次美好按摩的本質是按摩油。確定你手邊還有很多按摩油，它不僅能提升性慾，而且也能降低按摩時摩擦所帶來的痛楚。你可以從最基本的嬰兒油或很多健康食品店都有販賣的按摩油開始。當然你也可以自己做，像是純的杏仁油或椰子油，或者鱷梨油或檸檬味的芝麻油，你也可以選擇乳液。不管你用哪一種，按摩之前摩擦雙手使其均勻以及發熱更具功效。

裸身

我們還需要告訴你這個嗎？穿著衣服的按摩不是按摩。這是一項全身的觸感經驗，跟性有點像。所以不要讓衣物阻礙你體驗按摩的感受。把衣服和緊張壓抑都一起脫掉。

創造正確的感覺

確定你的臥房跟你一樣都爲按摩作好準備。英可列斯建議說，「把你的臥室佈置成能醞釀氣氛的場所。」你用來放鬆的蠟燭和輕音樂可以派上用場，確定按摩的地方 —— 床上、地板或桌上 —— 是溫暖的（寒冷會讓她緊張）。把按摩油放在垂手可得的地方，在床上或地毯上舖一張大毛巾以避免按摩油滴落。

正確的按摩

儘管並沒有單一的規定說美好和情慾的按摩一定該如何做，不過專家們還是給了一些技巧和方法。你或許已經用過一些，不過多知道一些其他的技巧也無妨。只要記住按摩是即興藝術，那麼，你可以自由的揀選任何一種或者混合以下幾種吸引你們的方法。當記住這件事後，你就可以實驗下面的技巧。

開場。《感官按摩的藝術》(*The Art of Erotic Massage*)一書的作者約克建議，讓她俯臥著，手放在左右兩邊，頭朝一邊放。你朝著她的頭跪坐著，膝蓋分放她頭的兩邊，抹一些油在她背上和脊椎的兩邊，然後開始用你的雙手在她背上以畫大圓圈的方式按摩。試著在她背上一個疊一個的畫大圈圈，手放平，手指攤開，這是個實際的撫摸，可以讓油平均的在她背上勻開，你也可以察覺她是否有肌肉緊張的地方（好比有硬塊或僵硬的區域）。

揉搓。在最初的撫摸之後，當然你會想要開始替她按摩肌肉緊張的部位。在此，我們稱之爲揉搓。一如英可列斯說的，揉搓就是你所認爲的那樣：你以轉圈圈的方式按壓一小塊皮膚，就像捏生麵團一樣。這是個簡單的擠壓—— 放鬆動作，當你用一手按壓時，你另一手的手指同時也會放鬆。揉搓對肩膀和脖子很有益處。試試看，你會開始伴隨韻律揉搓。

撫摸。一如你看到的一樣：撫摸就是輕輕的愛撫她的身體。你並不認爲這會有什麼效果，但是輕輕的撫摸其實比用力的揉搓還更能刺激她，尤其是敏感帶以及骨頭跟皮膚接近的地方。撫摸跟揉搓是一體的兩面，所以你應該混合這兩種按摩法。例如，撫摸她的臀部，然後在兩腿之間揉搓。若她仰躺著，你可以揉搓她的肩膀或腳，然後撫摸她的胸部、臉或頭皮。

摩擦。當你想按摩某個特殊的區域，來減低關節緊張或者疏鬆肌肉硬塊，你會想在一個狹小的區域直接施壓。那麼你可以用摩擦的方式。用大姆指往下壓並且以圓形方向移動拇指，這樣可以穿透緊張並且集中按摩，這對像頸部那樣單一的區域很棒。若想要涵蓋一個較寬的區域，就用手掌代替拇指。至於多肉的地方，則用拳頭或指關節，記得要問她確定你沒有施力太重。

絞擰。當按摩手臂和大腿時，可以試試「絞擰」。好比把你的雙手分放在她大腿兩側，手掌打開握住大腿，分別朝不同的方向扭，扭的時候要

足部按摩

就女人而言，它是最有效的性感帶之一，敏感而佈滿神經末梢。因爲它在下面，而且有時候被認爲是髒而臭的，所以一些無知的男人對它敬而遠之。但是如果你是一個知道女人要甚麼的男人，那麼你就會想對這裡有多一點瞭解。有技巧的觸摸它，那麼你的女人會因快樂而扭動。

當然，我們說的是她的腳。

雖然沒有調查資料支持我們的論點，不過我們聽很多女人說過，一次美好的足部按摩就跟刺激胸部、口交以及享受冰淇淋上的糖霜一樣棒。如果你想當個能取悅女人的男人，那麼你最好學習如何做足部按摩。英可列斯在此給了一些建議：

1. 把她的腳放在手裡，從足踝到腳趾輕輕揉捏，腳的內側和外側都要兼顧。
2. 當你按摩時，把大拇指指尖或四指的指關節輕壓她腳掌凹陷的地方。
3. 同樣的，用你的大拇指或指關節按壓她的腳後跟。
4. 一次按摩一根腳趾，慢慢細心地向上拉。
5. 不要搔癢！

溫和的施壓加上一點扭轉的動作。若你覺得很像在扭一條溼毛巾，那就做對了。讓她的腳彎成L狀，大腿內外側和小腿都可以試試這個方法。

拉扯。這是一個很受歡迎的簡單技巧，在按摩術語裡，就叫做拉扯。緊握住她的腳、手，以及腳趾和手指。好比說，把她的右手腕放在你的左手，而你的右手放在她的肩膀上，然後慢慢地拉直她的手。保持拉緊的姿勢片刻後再放鬆，這樣做個幾次然後再換手做。接下來是足踝（不過她要握住某物來支撐身體），然後是頭——我們是認真的，把你的手掌打開，像捧杯子般握住她的頭，溫和的向上拉（不管是那一個部位，拉扯的時候千萬不要用力），然後再溫和的把它從一邊轉到另一邊。

即興。好，現在你要靠你自己了，剩下的夜晚都是你的了。只要記住兩件事。首先，你總是可以從一個按摩點變換到另一個，然後不管何時都可以再轉回來。不過你也沒有必要一定要一板一眼地遵守這項規定，好比說當你按摩完大腿，然後並不想再回來按摩一次，那也無所謂。接下來，輪流。就像你幫她按摩光滑的全身一樣有趣，你也可以讓她幫你按摩，尤其是手、腳和頭的地方。

♥口交

它在某些地方是違法的，某些宗教譴責它，在某些文化中則被視爲是粗俗或完全沒聽過的，難怪口交讓人那麼興奮。

有趣的是，人們覺得十分享受的事大都被視爲邪惡。好比口交，毫無疑問的，我們享受它，女人也是。當1/3的女人從性交得到快感時，據調查，約有1/2的女人從口交得到快感，所以到底口交有什麼好可怕的呢？

一開始時，男人可以專注在生殖器的特定區域，好比陰蒂和陰唇。吉兒博士說手和舌頭特別能刺激女人。陰莖是很好的刺激物，不過它沒有辦法像靈巧的舌頭那麼精準，它們之間的差異就像外科手術時的解剖小刀跟長柄大錘，所以要緊的並不是尺寸大小，而是在一個狹小的區域裡你小心使用的能力。

另外，女人對於只要安逸的躺著，所有事都交給男人做的這個想法十分興奮。好比說，你想像一下，當她悠然躺在柔軟的床上，享受神殿中奴隸的服務，而這服務的唯一目的就是將她送往極樂世界，她會覺得如何？吉兒博士說道：「這件事本身就很刺激。」的確是。

義務性的警告

我們同意，理論上口交是很棒的事，不過行動比理論困難，以下是你和你的伴侶必須事先清楚的。

不是每個人都能接受。有些人是基於宗教，有些人則一想到就覺得噁心。或者是懶惰，或者是粗俗感。事實是並非每個人都能做口交的。也許你們當中的一個並不想把嘴巴放在另一方的性器官上，不管是什麼理由。吉兒博士建議：「事前先溝通，最好是臥室之外。雙方做好協議，以確定沒有人對於做任何事感到有壓力。」

該做到什麼程度。既然你們已經提起這件事，你們也應該討論一下它在你們的性愛中扮演的角色。比方說，如果是她爲你口交，那麼你要她做嗎？她想做嗎？她想吞下你的精液嗎？她的這個決定會讓你的熱情冷卻嗎？因爲當你們想享受口交所帶來的歡樂時，最不好的結果就是馬後砲——你們事後批評彼此的行爲或反應。吉兒博士說，如果你們眞的想做，那麼事先要徹底討論過。

氣味問題。最後，是棘手的陰道的氣味。若干男人說他們對口交還蠻

樂在其中的，唯一麻煩的是陰道的氣味。那麼，你的選擇是什麼呢？如果你眞的想進行口交，而如果她的陰道有氣味，而且如果你實在覺得無法忍受，你的選擇就只有接受並學著與之和平共處，或者勉強將口交從你的性愛節目表裡刪除，再不然就是有技巧的問她是否介意做愛前先洗個澡。這可能是個嚴苛的話題，但是卻對長遠的性生活有益，你們甚至可以考慮把共浴併入你們性儀式的一部分，豈不是兩全其美？什麼樣的女人會對共浴後毫無顧慮的做愛不動心？

就定位

就像之前說過的，爲女人口交時，她會神思飄渺。當你考慮以哪一種體位口交時，你要記住這一點，因爲姿勢本身對她而言是很重要的。比方說，你們並沒有做角色扮演，而純粹只是爲了舒適，那你就可以讓她仰躺著腳打開，你跪坐在她兩腿之間（她可以把腳放在床上或你肩上）。或者你也可以以座北朝南的方向面對她的陰道。

除了舒適，因姿勢而來的功能性也要考慮。所以你也要想想你的計畫是什麼？比方說，你可能不想要拉傷肌肉就能讓舌頭刺激她的陰蒂。或者，你的舌頭不僅想接觸她的肛門，也想要刺激肛門跟陰蒂之間的敏感地帶。或者，你是否計畫也要用到手指呢？那麼你會發現你的頭向著她的腳，虛跨在她身上的姿勢是比較實用的。另一個考慮是你們是否想同時爲對方口交。如果是，那麼你們可能要變換成我們一般稱爲「69」的姿勢，這樣，你們的嘴就可以同時對著對方的性器。有很多方法可以做到這個姿勢。以下是一些普遍受到歡迎的方式：

- 首先，你仰躺著雙腳打開，她面向你，雙腳打開跨坐在你身上，並把你的陰莖對準她的嘴。這是一個受到很多男人歡迎的姿勢，因爲在達到高潮前，他們可以輕輕鬆鬆就維持久一點的勃起。
- 另一個與上述相同，只是變成你在上位。
- 最後，這是一個最民主的姿勢，因爲沒有人是「在上位」的。你們兩人朝相反的方向躺著，彼此的腳對著對方的頭。她的腳稍微打開，如果可能的話，稍微纏抱著你的身體。

完美的技巧

現在你已經得到你想要的了，那麼她想要的是什麼呢？吉兒博士建議，首先要記住的還是不要急，慢慢來，讓彼此感覺舒服，然後再慢慢開始。你可以先把舌頭伸進她的陰道和小陰唇，逐漸找到陰蒂的位置，試著用舌頭輕彈陰蒂一會兒。然後停下來探索一下，試著把舌頭伸進再伸出陰道口，繞著陰道口轉圈，然後再次舔陰唇壁。然後，也許再舔一次陰蒂，試著用不同方向舔它，不時變換你的速度和用力度。換言之，要多變化。

現在，她可能已經很興奮了，如果你們兩人都想讓她直接得到高潮，那麼你就集中注意力在陰蒂上。你不會有遺憾的，當她用潮溼的手抓住你的頭髮，像個舉重選手般喊叫、臉部痙攣，你知道她已經渾然忘我了。儘管這個聽起來已經很棒了，不過它還可能更棒，如果你還能搭配其他選擇的話。好比說，在使用舌頭時，你也可以搭配手指頭，當舌頭伸進陰道口時，手指可以慢慢的在陰唇上下移動。你也會發現除了舔舐的動作外，她也會很喜歡一點輕吻和吸吮的動作，這些都可以增加她的快樂。

吉兒博士警告說，只有一件事是你絕對不能做的，就是把空氣吹進她

若她不感興趣

男人喜歡口交。每一項研究，民意調查和脫口秀都確定這點。然而很多女人卻不完全喜歡做這件事，尤其是較年長的女人更是如此。所以，當你希望有人為你服務，而你的伴侶卻拒絕時，你該怎麼辦？

先付出

這方法蠻有幫助，如果你很願意為她口交的話。你為她做，她為你做。可是不要記錄次數，性不是分數的遊戲。而且不管你做了甚麼，你都沒有權利要她為你口交，決定權在她自己。

用說的，不要哀求

一如往常，溝通是最重要的。討論她的感受，然後認眞考慮她說的話。也許那是因為她害怕塞入嘴巴，或者是她討厭那種氣味或精液的味道。或者她根本就認為口交是侮辱或降低她的人格。這種種理由都是合理——相對的，也較容易克服。

尊重她的決定

如果她還是堅決反對，就接受吧。不能口交只是個小小的犧牲，可是你卻可以換得一個健康而快樂的關係。

的陰道裡。儘管罕見，但是卻可能製造出空氣泡泡進入她的血管裡而導致栓塞症。而這是非常危險的。

最後，你甚至可能想把冒險的路多延伸一點，你可能會想試試用舌頭舔舐她的肛門以及它的邊緣，甚至把你的舌頭儘可能深的伸進肛門裡。舔舐肛門可以是非常刺激的事，不過如果你們眞的想做時，要記住一些事。

淸潔

吉兒博士說，當然你一定會希望她能儘可能的乾淨，所以當你們想投身於無所禁忌的性愛活動時，考慮先一起洗個澡。

保持她的淸潔

吉兒博士警告，一旦你的舌頭或手指接觸到她的肛門，在淸洗之前千萬不要接觸到她的陰道。當然，它聽起來很累贅，但是至少這樣她不會因爲你的粗心而傳染到疾病。莫林博士說，記住陰道是個潮溼溫暖的地方，稍不留心就會成爲細菌的溫床。

聰明的姿勢

你可能已經發現用舌頭舔肛門所需要的姿勢跟口交是不一樣的。莫林博士建議，你可以試著讓她俯臥，腳稍微打開。或者讓她以狗爬式跪著，你則跪坐在她後面，這樣你的眼睛高度就約等同於她的臀部，這姿勢對你來說有很大的機動性以及舒適度。

♥ 性姿勢

讓我們假設你一星期跳三次舞。你每星期跳好幾個小時的舞，可是你只會一種舞步，溫和的搖滾步伐。於是不管音樂是快的慢的、森巴或藍調，你就是只跳唯一一種。當然你的伴侶高興她的男人會跳舞，不過她有一點無聊，也許有點不好意思和不快樂，她甚至也有點想換個新的舞伴。

性姿勢就像舞步。一個好情人知道如何隨著音樂和心情的改變調整舞步，無趣的情人則一種舞步走天下。這並不是不重要的話題，在有相互承諾的關係中，男人隨著時間的流逝得要跟固定的伴侶性交上千次。爲了維持一些冒險感或新奇感，變化是基本要素。而變化的一部分就是嘗試性交的新姿勢。需要證據嗎？以下有一些理由好說服你變化姿勢。

- **更好的歡樂感**。別以爲性交只有一種感受。不一樣的姿勢可以刺激到你的陰莖和她的陰道的不同地方。
- **延遲高潮**。藉著調整你的做愛姿勢，改變感受，調整時短暫的停止可以替每一小段做愛的時間增加個幾分鐘。這個結果不是很棒嗎？
- **冒險感**。當你不知道在每一次做愛的期間會發生什麼事，不知道你會在何處結束何處開始，甚至不知道高潮來時你是什麼姿勢，難道不覺得這種冒險感爲你的性愛憑添許多刺激嗎？或者從反面思考：當你知道你用的還是前幾晚的姿勢，也知道你的性愛會在固定的姿勢開始和結束，那不是很無趣嗎？

在「變化你的性愛技巧」(p.129）一文中，我們給的建議之一是，每

抽送的藝術

性愛的美好在於摩擦。不過，量不一定等同於質。以下的技巧，可讓你和你的伴侶在性交時能充分享受推擠的最大樂趣。

1. 女人普遍的抱怨是男人開始的太猛烈了。女人通常較喜歡逐步的增強。
2. 除非她有高潮的傾向，要不然不要停止或開始。相反的，女人較希望你能有韻律的推擠。
3. 除非有必要（好比變換姿勢），否則不要抽出來。一旦你們合而爲一，女人喜歡停留原狀。
4. 如果性交進行的太久，她可能會變得乾燥，在這種情況下，你的動作只會刺痛她，要知道何時停止。
5. 知道有些姿勢是她可以更有效的控制你的抽送（比方說女人在上位），就由她。她可以讓你們雙方都能在她喜歡的韻律下高潮。
6. 當然並不只是進去出來，在你推進抽出時，略微上下、左右，或者轉小圈圈的變化，問問她你是否有刺激到甚麼有趣的地方。
7. 快一點並不總是比較好的，性交又不是賽跑。問她喜歡的速度，然後舒服的前進。
8. 把短而快的推擠跟長而慢的混合在一起。看看這樣不同的方法是否能讓她興奮，說不定可以，說不定不行。
9. 不停的讀取訊息。她喜歡你正在做的動作嗎？如果你分辨不出來，就直接問她。一如你有許多姿勢可以嘗試，也有很多推擠的技巧可以試試。溝通，朋友們，多溝通。

一次做愛至少包括三種不同的性姿勢。這樣嘗試幾個星期，看看是否能多增加一些愛的火花。以下是不同性姿勢的文字說明以及圖片。先介紹基本的姿勢，想知道更多其他的姿勢，請看「進階級姿勢」(p.220)。

傳教式的熱情

「古典的」性姿勢是你在上位，她仰躺著。你們彼此面對面，她的腳打開而你的併攏，以此姿勢將陰莖插入。這稱之為傳教士姿勢。這個名稱來自於幾百年前，歐洲征服者指導玻里尼西亞人只能用這種姿勢性交，因為其他的姿勢都是野蠻而且是異教徒的姿勢。的確，這姿勢帶有征服的色彩，因為當你採用這姿勢時，你是主控全局的人。你可以控制抽送的時間以及深度。相反的，她則沒有多少空間移動。

當然，傳教士姿勢一定有一些實質的優點，只要看看它被運用的多普遍就知道了。而且正如齊士林博士指出的，首先是使用者受惠，這姿勢讓你無須花太多力氣扭來扭去。就這點來說，它對新手特別有用。它也是很親密的，採用此姿勢時，你們可以看著對方並不時親吻，這使得整個過程更為甜蜜。同時這也可以讓她很放鬆，因為大部分的工作都是你在做。

相對地，它也有缺點。這姿勢會很快的變得一成不變和無聊。而且，如果你上館子比上健身房勤快的話，你可能會變得體重過重而使得她難以支撐你的重量。而一如上述，如果她想稍微移動或搖動一下的話，那麼其實是受到很大限制的。因為這姿勢中，你是主控人，可是她不見得每一次都喜歡這樣。

當然啦，這姿勢也可以有許多變化的。如果你的伴侶是臀部靠近床緣躺著，你可以用半站的姿勢進入她，這對於你積極的推送是個很理想的姿勢。另外一種是她把膝蓋拉近她的胸部，用足踝勾住你的肩膀，你則以手支撐你的重量。這個姿勢讓你有更大的貫穿力，以及能更佳的刺激到她陰道的後壁。更棒的是將這兩種改良姿勢合併使用。將她的臀部放在床緣，你站著進入她，並將她的腳舉起抵放在你的胸部。

她在上位

傳教士姿勢的反射影像是女人在上位，在此她變成司機而你是乘客。你仰躺著雙腿併攏，她跨在你上面、雙腿打開。你們的腹部相對，她的雙手分放你手臂的兩邊。這個姿勢中，她是主控人，決定所有動作，推送的頻率和插入的深度。

對於某些想讓女人也承擔一些「工作」的伴侶來說，這個姿勢非常適合。它讓你扮演消極的角色，而你的伴侶則扮演積極的那一方。同時這也是一個很能讓她興奮的姿勢，因爲這姿勢讓你的陰莖可以進入的更深。而且，當她忙著扭動時，這姿勢讓你的雙手能空出來刺激她的胸部，臀部或陰蒂。而最棒的優點是，女人在上位能讓你比傳教士姿勢慢一點達到高潮。因爲男人一般都來得快一點，但這姿勢卻讓你有更佳的控制力。

也許你也想知道一些女人在上位的變化姿勢，如果她不是躺著而是跪坐著跨在你身上，你甚至可以進入得更深一點，也就是說，這項變化雖使你喪失主控權，卻回報你更多的性歡樂。第二個變化是她可以轉過身子，她的臉朝著你的腳跨坐在你身上，她的手可以抵著你的膝蓋上下移動。以這個姿勢，你們無法看到對方。有些男人對這姿勢感到十分興奮，不僅是因爲不同的感官感受，而且也因爲看不到，而能夠讓想像力自由奔騰。

後背式

這就是我們描述為小狗做愛的性姿勢。當然我們也可以稱它為貓式、臭鼬式和象式，因為這姿勢幾乎是動物王國裡最普遍的交配姿勢。

她的手和膝蓋抵著地上，好像在找遺失的隱形眼鏡那樣，她的腳略微打開。你挺直的跪坐在她打開的兩腿之間，以這個姿勢進入她，然後溫柔地用胸部環抱她的背部，或者保持挺直，手貼在她臀部兩邊。然後開始行動。

小狗做愛式的優點是你們雙方都有一些擺動的空間，而且都擁有一些操縱權。你的手也可以自由的到達她身上任何性感帶，包括陰蒂，肛門，胸部等等。齊士林博士說，最大的優點是無論男女都說這姿勢讓他／她們有更強烈的刺激感，男人是因為可以刺激到陰莖上的繫帶（一個超敏感的性感帶），而女人是因為這姿勢讓男人可以進入的更深，而且更直接的刺激到她的G點。

既然有這麼多優點，我們為何不多用它一點呢？嗯，它的確有一些缺點啦。齊士林博士說，有很多女人就是完全不想嘗試。有些人說這姿勢喪失親密感，沒錯，這姿勢讓你們在性交時無法接吻，同時她看不到你，她的手也沒什麼用處。其他的人則覺得一想到這姿勢就聯想到降低人格，或許是因為它帶有動物交配的意象。也沒錯，畢竟我們都曾經在街頭看過小狗以這姿勢交配。如果她不喜歡做愛時腦海會浮現這個影像，又何苦爭辯呢？最後，這姿勢還需要一點靈巧。如果你的運動神經變得較遲緩，那麼你就會發現你的陰莖會從她體內滑出來，而使得做愛無法一氣呵成。你可能會想，這世界有這麼多狗還眞是奇蹟啊。

。基本性愛姿勢

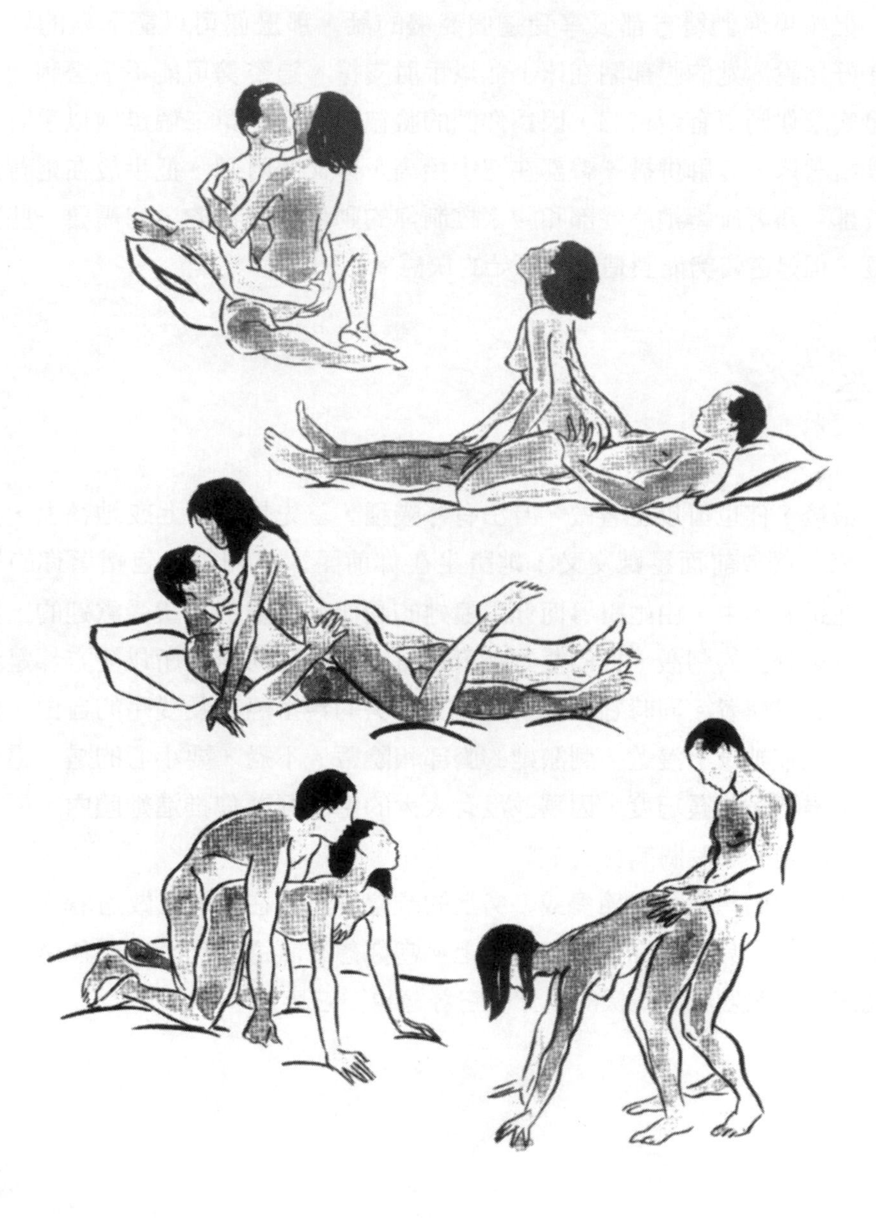

但如果你們雙方都很享受這個姿勢的話，那麼你可以記下它的變化式。好比說，她的腹部貼在床上並以手肘支撐，這姿勢可能不那麼刺激，可是它讓你們更有親密感，因爲你們的臉彼此貼近。第二個是她以手肘和膝蓋抵著床，雙腳併攏，臀部在空中抬高，你叉開兩腿，把手放在她背部或臀部，藉著旋轉她的臀部和腰來控制你的動作。同樣的，它需要一些靈敏度，但是這姿勢能製造一種原始的快感。

坐姿

最後，你也可以坐著做。方法有好幾種，首先是在床上或地毯上，你坐下來，腳放前面足踝交叉，她跨坐在你前面，雙腳環繞包圍著你的臀部。在這姿勢中，由她引導而你跟隨她的動作。這姿勢還蠻受歡迎的，因爲它有視覺上的刺激，你們雙方都可以看到彼此的動作，所以雙方都是觀察者也是參與者。同時它也具有傳教士姿勢的親密感以及雙手的自由，你的手可以在她身上漫遊，刺激她的胸部和陰蒂。不過，要小心的是，這動作也是需要一些靈巧度，因爲並沒有太大的空間好讓你推進她體內，所以何不建議她多練習個幾百次？

如果你們想要一點節奏或姿勢上的改變，試著在椅子上做看看。步驟幾乎都一樣，只除了你是坐在椅子上。當你想嘗試這姿勢時，記住選對椅子就跟選對保險套是一樣的，你要它舒適也要它牢靠。

《愛經》的智慧與愚蠢

還是很想將你的陰莖變大嗎？試著把一種叫做蘇卡（shuka）的小蟲子的毛跟油混在一起，連續擦拭你的陰莖十天。當陰莖腫脹時，臉朝下睡在木板床上，床中間要挖個洞讓陰莖從洞裡懸垂著。想確定你的女人對你永遠忠實？將猴子的排泄物潑在她頭上，她就不會愛上其他人了。你的女人不滿意自己蒼白的嘴唇嗎？將白馬的睪丸與砷混合後萃取出的液體塗在她嘴上，她的嘴唇就會馬上紅潤了。

這些療法和許多其他的方法都是從性愛寶典的《愛經》（*Kama Sutra*）中找到的。當然，這些建議已經有點不合時宜，但是還是有很多人買這本書。隨便走進一家書店，你可以在書架上看到成打關於性愛的入門書和進階書，但是很少有書店不賣《愛經》的。本書大約是在1600年前寫成的，直至今日，這本古老的性愛葵花寶典依然矗立在書架上，與眾多後起之秀互別苗頭。的確，《愛經》可以說是全世界最古老也最廣爲流傳的性愛手冊，內容有文字解說和圖解。至少有一個版本是由男女模特兒示範各種性姿勢。甚至還有貓用的《愛經》、3D立體的《愛經》，以及至少兩冊同志《愛經》。還有《愛經》的周邊產品，如《愛經》的錄影帶和光碟，當然啦，還有上頭印著《愛經》標籤的按摩油、乳液和香皂。

這本書是由一位名叫凡次雅雅那的印度宗教學者所寫，一直到19世紀末才被翻譯成英文，但英譯本的內容被刪掉了一大半。所以到底這本書長壽的秘訣何在？曼寧博士說道：「我認爲是書中瀰漫的東方神秘氣息，這是本書最讓人好奇之處。」還有呢？嗯，無疑的，這本書清楚深入到淫穢的地步。此外，這也是少數性愛手冊中沒有治療師對你說教的一本。但對知識份子而言，《愛經》的文字有情色之美。

《愛經》不只是部性書，它是部討論生活各方面的著作，好比說一個受過教育的男人如何處理情人間的爭吵，不過讓它如此出名的是，它花了很多篇幅在性姿勢、女同志以及獸交上。書裡的很多建議如果是由當今的作者提出，那麼他是必定要遭受「厭惡女性」這樣的責難和抨擊。好比說，書裡寫著「除了上嘴唇，舌頭和眼睛之外，女人全身都很適合咬囓」，以及男人跟女人可以藉著拉扯毆打對方而增加性愛歡愉。在後半部，《愛經》建議男人在他跟女人性交時，如果她是仰躺著的，那麼可以打她的兩乳之間，「剛開始時，溫柔的打，等到她開始喜歡時，再用力的打，最後打其他的地方。」

現在沒有任何性治療師會同意這樣的建議，我們當然也不建議。不過《愛經》的確描述了無數種讓性愛冒險家都想嘗試的性姿勢。比方說，「當女孩子把她上抬的腳交叉時，這是目前所知最緊的姿勢。」

就是這類的資訊讓《愛經》仍然風行至今。

費西安博士說，「就學習更多性知識這一點來說，《愛經》是很有價值的。人們會想估計到底有多少不同的性姿勢是他們想嘗試的。」

♥ 進階級姿勢

到底什麼是「進階級」性姿勢呢？幸好並沒有什麼組織或委員會來評價這種事。事實上，下面的很多姿勢還蠻自然而且簡單易學的。而且這些姿勢能讓你多一點創意和控制權。我們將從一些中級姿勢開始，然後在進一步到進階級。我們會以文字說明並搭配圖片。好好享受這趟旅途吧。

肩並肩

當你們雙方都累得要死但還是想做愛，或者當她懷孕的時候，這姿勢就蠻合適的。很簡單，你們面對面躺下，她的腳勾放在你的臀部上，你以這姿勢前進並進入她。這姿勢可讓你們在緩慢持續的搖擺中，得到漸進的刺激感。你會注意到你沒辦法進入得很深，而且也要花一點工夫留在她體內。但是你可以把它想成是喝著一小口一小口上好的白蘭地，它讓你醺醺然的拉長享樂的時間。

該姿勢也有一些變化。首先是「湯匙式」。你們兩個像湯匙一樣的側躺著，面向同一個方向，你在她後面，兩個人都像嬰兒那樣稍微捲曲著。然後你可以把手放在她的腹部，從後面進入她的陰道。這也是個很好的姿勢，因為它相當的放鬆和親密，你的手可以自由的愛撫她的胸部和陰蒂，而且她也無須舉起腳好讓你進入。她的手也可以自由的愛撫她自己。

另一個較複雜的變化是剪刀式。好比說，現在你向右側躺著，她則向上仰躺在你旁邊。她把她的右腳放在你大腿中間，左腳則放在你左腿上面。也就是說，她的雙腳像剪刀夾住你的一隻腿，你則從側角進入她的陰道，然後開始做愛。

進階性愛姿勢

"X" 姿勢

現在你已經試過湯匙式和剪刀式，接下來何不試試X式？以下是根據康福醫師書中對該姿勢的描述。你的腳伸出並稍微打開的坐著，然後微微向後傾，以手臂支撐上半身。她跨坐下來，雙腳在你兩腳的外面（她的臀部要稍微離開床，直到你完全進入她），她也稍微向後傾。當你在她裡面，你們兩個可以手握手，以緩慢的且相互配合的節奏擺動。這樣的節奏可以讓你們的做愛不可思議的持久。

後窗

這是康福醫師寫的另一個花式技巧。她以手肘和膝蓋抵著床，雙手在脖子後面相握，她的臉和胸部朝下，你在她後面跪坐著並進入她。接著，有趣的是，她把腳往上抬，勾住你的臀部，並把你往她身體拉近。你把手放在她的肩胛骨上並往下壓，這樣可以讓你進入得非常深，而且結合得非常緊。

站姿

如果你比她高的話，那麼你必須用手托住她的臀部到與你陰莖等高的地方，她的雙腿緊緊包夾住你的臀部。但如果她夠高的話，你們就可以站著，而你只要稍微彎身就可以進入她。這樣你們就可以選擇前面進入和後面進入兩種姿勢。現在站姿可能不只是你性姿勢中的一種，而被歸於「暴風雨中的避難港」的範圍了。它可以增添多變性和自發性，也讓你有在禁止的地方做愛的刺激感（只要不要因妨害風化被捕）。

調整

就跟你可以依食譜做菜時，視個人口味自行變化調味料一樣，這裡也有一些你可能會感興趣的「變化」。

- 這一個是康福博士對女人在上位的姿勢所做的變化式。你仰躺著，她以臀部面對著你的方向跨坐在你身上，當她上下移動時，她陰道的肌肉也會隨之緊縮和放鬆，所以你的陰莖可以隨著她上下移動而得到前後面的刺激。在這姿勢裡，她是主控人，所以你只要好好坐著然後享受就好。
- 這是一個坐姿的變化式。必須用到一個堅固的椅子，你可能會喜歡有坐墊的椅子。你坐在椅子上，她背對你以湯匙式坐在你的膝上。你從後面進入她，然後你的手可以自由的愛撫她的全身。如果她的腳夠長的話（或者，椅子夠低的話）她也可以做一些推擠，但是如果不能，你們雙方必須合力而有韻律的推拉。
- 即使是傳教士姿勢也有其變化。這姿勢要在一張很靠近地板的床上做，她在床緣躺下來，身體慢慢向後傾直到頭碰到地板（你可能要先在地板上放個枕頭），然後你以正常的傳教士姿勢進入她，性交時小心不要將她推下床。她可以將手放在腦後，或者如果手臂夠長的話，她也可以放在你的臀部以增加穩定性。因爲她身體拉長的緣故，所以當你進入時，她會有更強烈的感覺。讓我們假定她對此姿勢不排斥吧。

- 最後是一些混合的方法。在此我們只是很簡單的建議你可以在做愛時，從一個姿勢轉換到另一個，而且你甚至無須將陰莖抽出來。或者，如果你只想保持一個姿勢的話，那麼你也可以作一些調整。好比說，現在你是以傳教士的姿勢做愛，稍微滾動一會兒，然後她的腳可以在你的背上移動。若你是以女人在上位的姿勢做，那麼你可以將你的腳在她背上移動。站立的背後式？也許她可以彎腰，雙手抓住足踝，而無須彎曲她的膝蓋。

當你從一個姿勢轉換到另一個時，記住一些事：

1. 你不用在一次性交中把所有的姿勢都演練一番，這又不是表演。大部分的情侶夫妻在一次做愛中只用到1到3種姿勢。
2. 最好從比較傳統的姿勢開始著手，然後再逐漸嘗試進階級。
3. 在轉換姿勢時，要慢慢來。緩慢而優雅的從一個換成另一個。很多女人都抱怨她們的男人總是匆匆忙忙的，一副「快點把事辦完」的樣子。這樣子你可是在冒著將充滿熱情的做愛變成沒有熱情的摔角比賽的險喔。

♥ 肛交

在撰寫本書時，我們看了許多其他的性愛書籍以爲參考。而我們發現肛交這個話題非常非常少被提到。找一本書看看索引，你會看到少數幾個關於肛交的項目都只限於「安全的性」或者「愛滋病」之類的討論。關於肛交本身，多少人參與過，他們爲何做，以及如何正確的做之類的知識，則付之闕如。

你並不想深入地探討原因，因爲對大多數的人而言，肛交這個議題仍是非常禁忌的。有些人認爲它很低級、暴力、不自然和貶低人格，有些人則錯誤的將它跟同性戀意象連接在一起，其他的人則認爲它是骯髒而且不值得去做的。

事實是，肛交一點都不反常。根據《性在美國》的權威調查，在美國，大約每四個人就有一個試過，而約十個就有一個在過去的一年做過。

重要的揭露

我們猜想你們之中有些人，也許是大部分的人，對肛交這個想法感到厭惡。但是莫林博士指出，即使你對肛交沒興趣，但是對於肛門和直腸的自我探索卻對你的整體健康很重要。對每個人來說，瞭解和探索他們的身體，包括肛門和直腸，是一件很重要的事，尤其是當你正打算試驗肛交的樂趣時，你必須知道什麼是你喜歡的而什麼不是，什麼能放鬆你的直腸肌肉，什麼能讓你感覺很好而什麼不能。對於想參與這項樂趣的人——如果做的對，它的確是項樂趣——有些事是你必須先知道的。

安全。除非過去的15年你都活在月球的背面，否則你應該知道愛滋病（以及其他由性行爲接觸傳染的疾病）是經由體液交換而傳染的。在肛門地帶有非常大量的血液流動著，而如果表皮的微血管破裂或撕裂開——這很容易發生——這些微小的傷口就成了病菌進入的途徑。而即使是一個小

到肉眼看不到的小裂縫，都足以成爲病毒通過的入口了。這就是爲何肛門常常是愛滋病病毒傳染的地點。

所以，你該如何確保安全呢？莫林博士說道：「毫無疑問地，戴上保險套就對了。」

潤滑液。像人們說的，除非你能「潤滑跑道」，否則你和你的伴侶別想從肛交中得到一絲絲快樂。莫林博士說，因爲摩擦力實在太大了。肛門無法像陰道那樣自己產生潤滑液，吉兒博士建議，你須要塗抹大量的潤滑液在你的陰莖上以及她肛門的入口處（最好不要是油性的潤滑液，因爲它會溶解掉保險套），這樣就可以讓你們雙方覺得舒服多了。（而且，不要想用你的口水代替潤滑液，口水不足以達到潤滑的功能。）

保健。最後談到一個跟乾淨有關的字詞，就是洗澡。我們不需要詳細的解釋肛門的可怕（即原始功能），不過如果你們兩個想達到快樂的最大程度，而又想降低細菌傳染到最低程度，莫林博士建議，那麼你們在床上翻滾之前最好先跳進浴缸。事實上，共浴甚至還可以變成你們前戲的一部分呢。

走後門的技巧

這裡是一些重要的建議。

先問

很明顯的，第一也是最重要的一件事就是你的伴侶要有意願，記住她很可能對肛交有所排斥，所以永遠要先問。如果她拒絕，那麼你要尊重她的意願。是她會感覺到痛苦，不是你。任何急於說服他的女人的男人總讓人覺得沒有考慮到伴侶的感受。

傾聽她的痛楚

吉兒博士說，很多試過肛交的女人都說有時候的確會痛，但是那同時也讓人感到快樂。你作爲一個敏感的伴侶，必須要知道你是否已經在弄痛她的邊緣，並因此而把她的興奮澆熄了。記住，接受者在這裡才是控制行動的人，而她的舒適則有賴於你的細心。

莫林博士說，其實肛交根本不應該會痛，如果她會痛，那就表示她還沒準備好。她需要充分的放鬆和大量的潤滑液來進行完全不痛的性行爲。

你們兩個必須不停的溝通。如果在做愛的時候，她看起來好像有點難以忍受了，那麼你可能就要抽出來，休息一下，並且跟她溝通一下。如果她對你說已經有點太久了或有點太激烈了，記在心裡下一次好提醒自己。反正停的太早總比停的太晚要好。

讓她準備好

因爲肛交有潛在性的痛楚，所以放鬆和察覺非常的重要。首先，記住，肛門跟陰道一樣是可以探索的，而且它的肌肉也會隨著溫柔的指頭插入而放鬆。同樣的，記住你還是必須用到潤滑劑。你必須要慢慢的來，也許在你的手指插入前先從撫摸肛門的邊緣開始。

好的開始

莫林博士說，當你們都爲插入作好準備時，請記住不同的接受者喜歡不同的方式。就跟陰道性交一樣的是，並沒有所謂對的或錯的做法。有些女人喜歡你輕輕的進入一半，抽出來，然後再來一遍。也有些女人喜歡你插入後保持不動。就像有人喜歡稍微扭動一陣子，也有人喜歡你緩慢而溫柔的進入。慢慢來，學著瞭解她直腸的構造以及她喜歡的和討厭的事，並贏得她的信任。只要進入抽出過一次，你就可以開始隨你們高興的享受抽送的樂趣。

舒適的姿勢

莫林博士說，肛交也有很多不同的姿勢可以採用。最普遍的是肩並肩或者「湯匙式」的姿勢。這姿勢可以讓你有很大的探索空間和雙方的參與感。另一個受歡迎的是女人在上位，它可以允許很大的行動自由，也能給她很多控制權。然後，當然還有男人從後面進入的姿勢，這姿勢是女人以手和膝蓋抵在床上，男人從後面進入她。要別出心裁一點的？試試讓她站著，彎身成90度角趴在桌子上，如此一來，可以讓你很容易地以站姿進入她。莫林博士建議，試驗一下這些姿勢，然後再決定哪些是讓你們雙方都覺得舒服的。

先問你是否能……

不管你是否有戴保險套，你還是應該要知道她要不要你在肛交時射精。不要自以為是，在事前先徹底討論過。

事後的清潔

這將我們帶回保健的主題。當你的手指或陰莖接觸過她的肛門後，第一個你該去的地方就是浴室。吉兒博士說，沒清潔過以前，千萬別碰她的陰道。因為就算事前你們已經好好清洗過了，還是有無數的細菌存在，而它們若找到任何通道進去，就可能會造成健康的大浩劫。

♥ 更持久

做愛重要的不是你花的時間量，而是品質。當然，那就好比說，「我想看一場眞的很棒的棒球賽，即使它只有兩局。」就性愛而言，事實上，量是質的一部分，因為只有當它能持久到你們要的長度，那才是眞正有質感的性愛體驗。

很多事會影響做愛的時間，但是當然我們現在談的是延遲射精。如果你很仔細的讀這本書，你就會知道當男人一射精，他的身體會在兩分鐘內從極度興奮轉變成睏倦而放鬆的狀態。是的，我們鼓吹不射精的做愛，這意味著你用嘴巴、手、言語和任何可用的東西來取悅你的伴侶。你可以常常這麼做。不過在很棒的性愛之中，毫無疑問的，勃起的陰莖絕對擁有舉足輕重的地位。

我們談的也不是早洩。在此，我們假定你在達到高潮之前，勃起的時間是適度的。我們的目的是想將你引領到技巧的另一層面，在其中你可以控制射精的時間，而且配合適當的心理訓練以及一些生理練習，大多數的男人都可以達到比他預期的還要更好的控制。

第一步：放鬆

傑克和珍大約已經激烈的做愛了十分鐘，氣溫開始上升，傑克的體溫也是。問題是他覺得自己的體溫高到溫度計可能會爆掉的程度，可是現在還太早了。所以他怎麼做呢？以紐約醫院的創立者凱普蘭博士的話來說，他在「降低敏度」。翻成白話文就是，他開始焦急的想著其他跟性無關的事來引開注意力。棒球賽得分、清除草坪、回憶這一期的雜誌內容。好點子，傑克，可惜那沒有用，不是嗎？如同凱普蘭博士所說，那是因爲降低敏感的想法讓你降低快樂，可是你眞正的目的卻是延長快樂，換言之，當你非常興奮時能控制到停留久一點。所以到底傑克要怎麼做才能通過第二局呢。

對於剛開始的人來說，他必須瞭解著急和焦慮的想要延遲高潮通常只有反效果。吉兒博士說，放鬆才是讓你能掌握整晚勃起的秘訣。想著你正在從事其他運動最能讓你冷靜下來，例如，瑜珈、慢跑、輕音樂、深呼吸，任何一件事。放鬆你的心智，放鬆。好好控制你的想法，然後你就可以充分掌握你正在做的事。

第二步：停止和開始的掌控

在做愛時冷靜下來的確有其效果。它可以放鬆肌肉、降低血壓、舒緩你的脈搏。當你做到這樣時就能延遲射精，但是這樣還不夠。讓你更持久的下一步是要瞭解性交時你自己的身體。也就是說，在性的刺激中，到底是哪一個地方讓你興奮到使你拔掉你的瓶塞？當你正要穿過那令你心醉神迷的入口時，又是什麼感覺呢？

爲了清楚的劃分，凱普蘭博士建議你將你興奮的程度分成十級，一是軟趴趴的不感興趣，十是完全成熟的高潮。現在你所要做的就是在第七級或第八級的時候，你的感覺是如何？因爲那裡就是你正要達到最大快樂程度，可是仍然可以控制住的階段。

爲了做到這點，吉兒博士建議你可以先自我練習幾次。慢慢的自慰並注意過程中你的體驗，一旦到達關鍵的地方——也就是第七級——就停止，然後休息一下。你仍然保持勃起，可是你注意到你興奮的程度像電梯下降一樣，它從第七層慢慢下降到第六、第五……，但是可不要讓它降到地下室去，當你仍勃起時，重新刺激你自己，然後看看你是否能重新到達第七或第八級。等你到達時，還是一樣，停下來。等到你能操縱你的性刺激層級時，下一步就可以和你的伴侶一起演練了。

她所能協助的最有效的方法是以你的方式，而用她的手來刺激你的陰莖。你引導她該握的多緊，撫摸的多重，快或慢。在此同時，你也要注意你的興奮程度，觀察它爬升，注意何時該指示她停下來休息一下子。第一次讓她在第三或第四級停下來，等一會兒後，讓她帶你到第五或第六級，然後到第七。記住在回合休息期間，你們不需要坐在那裡聊天，你只要將注意力從陰莖的刺激轉移到任何其他形式的性愛遊戲。

如果她不會對這個方法感到不舒服的話，那麼你邁向持久勃起的下一步就是從手的刺激轉而爲眞槍實彈的做愛。讓她採女人在上位的姿勢（一般認爲這是對你的陰莖較不刺激的姿勢），先結合但不要搖動。然後再讓她慢慢的擺動，但是由你控制推送的快慢和深淺（你可以將手放在她的臀部，然後溫和的推拉。這樣你就可以不用像指揮交通一樣的給她指示了)。同樣的，試著停止，休息，然後再開始。這樣至少三次，讓第四個循環把你們一起帶到高潮。

在你可以掌控這個姿勢之後，再以傳教士姿勢或者男人在上位的姿勢，重複上面的程序一遍。它有用嗎？恭喜。你已經橫越過一座很重要的橋樑，並前往瞭解和控制你的性表現的大道上了。

第三步：控制你的愛肌

很好，你已經學會放鬆，也學會如何調整做愛過程以延遲高潮。但是我們的課程還沒結束呢。如何更持久的最後一課是增強一條我們叫它作PC的肌肉。它位於睪丸的後面，當我們想小便或想停止排尿就是由它控制。齊士林博士說，如果這條肌肉夠強韌的話，那麼它也可以像控制小便那樣的控制精液。

就跟你的二頭肌一樣，如果你想讓你的PC更強健的話，那你就得訓練它。齊士林博士和其他學者也建議你每天都運動你的PC。怎麼做呢？首先你要找到它。把兩根手指放在睪丸的後面。現在當你想停止小便時，是否已經感覺到有肌肉緊繃？跟它打個招呼吧。

下一步是確定你能在不緊繃臀部、大腿或胃部肌肉的情況下緊繃這條肌肉。你做到了嗎？很好，下一步你要做的是每隔一到兩秒，連續收縮它20次。齊士林博士建議每天練習三次，持續三個星期。聽起來好像工程浩大，不過你只要記住你隨時隨地都可以做，而且每一次也只要約一分鐘左右。看到那個等紅燈的男人沒？他可能正在訓練他的PC肌呢。

現在，如果你想擁有強健的PC肌，下一步你該做的是逐漸增加你的練

四個關於持久的迷思

1. 當我性興奮時，如果我想著其他的事，我就可以延遲高潮。錯。分歧的思緒只會將快樂從性愛中剔除而不是延長它。
2. 如果我很努力的嘗試，也許我可以停留很久。錯。延長性交的一個不可或缺的要素是你放鬆自己以及保持放鬆的能力。
3. 當我來的時候，我就是來了。當我來的時候，我無法忍耐住不射精。錯。性興奮有好幾個階段，最後一個才是高潮，你可以完全掌控所有的階段，甚至一直到你射精前的幾秒鐘。你可以擁有不射精的高潮。
4. 更持久一點是由我決定。大錯特錯。那並不是你的或她的事情。那是你們兩個在一段持續的時間裡共同享受對方的事情。必然的，她做她所能做的來延長你的勃起，這是你們雙方都感興趣的。所以當她急於想幫忙時，你可不要吃驚。

習量，齊士林博士說，多收縮你的PC肌十次，每一次費時十五秒。五秒鐘逐漸緊綳PC肌，五秒鐘完全綳緊它，然後五秒鐘再逐漸放鬆。

所以，現在你覺得你的PC肌已經準備好要派上用場了嗎？給它個機會。到浴室自慰，當你感覺高潮快開始時，緊縮你的PC肌約十秒鐘，齊士林博士說，如果你的PC肌夠強壯，而你的時間控制又正確的話，你就可以不射精。剛開始的時候很難做到，你需要練習、練習、不斷地練習。不過當你發現你可以忍住不射精的話，那麼你就可以邁向下一章我們所要談的多重高潮了，而生活也會變得更加甜蜜。

♥ 多重高潮

還記得你年輕時代，那些自稱羅密歐的青春期公牛老是自誇自己是一夜七次郎嗎？你曾經暗暗羨慕他們大力士般的狂歡之夜，但是現在你已經不用再羨慕別人了。你看，你的目的不是多重射精，而是多重高潮。

多重高潮這個詞通常用在女人身上，有些幸運的女人在適當的刺激下，可以連續擁有數次高潮。相反的，一個成熟的男人在射精之後，往往精疲力竭，而如果幸運的話，也可以爲第二回合而再度勃起。

多重高潮的夜晚對大部分的男人是可能的嗎？當然囉。但是多重射精的夜晚呢？嗯，是可能，可是能做到的男人則少之又少。覺得奇怪嗎？你不是唯一的一個。齊士林博士說，我們大部分的人都把高潮跟射精劃上等號。事實上，它們是緊密相連的兩個不同的經驗，而男人要達到多重高潮的秘訣就是學習如何將這兩者分開。所以讓我們先看看它們兩者的相異處，然後再考慮如何分別享受它們。

高潮 vs. 射精

高潮是強大而神秘的生理反應，是漸進的性興奮的顛峰。它可說是一種全身式的爆發，在其中你的心跳像阿拉伯駿馬般奔騰，你的肌肉收縮，你的神經在你全身跳霹靂舞，你的體溫直線上升，你的心智過濾掉所有其他的事。乳頭直立，腳趾彎曲，你的皮膚發紅。是的，這樣的感覺眞好。

從另一方面來說，射精非常類似於你體內有個酒保調了一杯性雞尾酒。在這杯雞尾酒中，你體內不同的器官貢獻不同的元素到精液裡，然後匯流到尿道，再由穩定收縮的骨盆肌肉將它由陰莖射出（很有趣的是，它每0.8秒收縮一次，跟女人在她們高潮時尿道和陰道肌肉的收縮時間是一樣的）。

在大部分情況下，高潮和射精是同時發生的，很難將兩者分開。而讓你能夠多重高潮的秘訣則是高潮時不射精的能力。

怎麼做到

入門者可以回過頭去看看前面談到更持久的那部分，因爲變得多重高潮的秘訣都已敘述過了。先前，我們提到了三個技巧。現在讓我們複習一下：首先，你要學著放鬆你自己，把你的身體想成是你在公園裡看到的疾馳猛衝的小狗。控制狗的妙方是讓它冷靜下來，安撫它，讓它的心跳慢慢緩和，令它休息，然後乖乖坐好。小動物愈是焦躁不安，它的行動就愈無法預測。你若愈是能讓它冷靜，你就愈能操控它並且讓它做你要它做的事。

第二，不管是獨自訓練或跟你的伴侶一起，你要讓自己能在高潮的邊緣停止，而當你充分掌握了這個小儀式，你也同時完成了兩件事：你已經很清楚的知道哪一段性興奮期是你高潮的臨界點，同時在擁有冷靜的頭腦下，你能運用你的認知來控制你兩腿之間的小傢伙。

第三，你要增強你的PC肌。它是位於睪丸後面控制你排尿開始和停止的小肌肉。PC肌是多重高潮的守門員，它必須夠強韌，這樣你才能達到高潮而不射精。如果PC肌沒有強健到讓你能隨心所欲的操縱的話，那麼前述的放鬆和自我的察覺對你根本沒有益處。所以，開始訓練自己收縮它吧！

現在，你已經具備放鬆的態度，強健的PC肌，以及對你不同階段的性興奮充分的瞭解，那麼你如何讓30分鐘的感官快感延長到一小時甚至更長？答案很簡單。一如上述，當你做愛時——包括性交、自慰和口交——注意你離高潮有多近，在關鍵時刻停個兩三次，然後再讓你自己達到高潮。但是以下是決定性的關鍵：當你開始高潮時，繃緊PC肌。齊士林博士說，你會發現你的身體還是持續高潮——你的心跳加速、肌肉緊張、快感的浪潮將會把你淹沒——但是你將不會射精。更棒的是，你依然保持勃起。在床上休息一下，然後你又可以自由自在享受燃燒的夜。這樣嘗試兩三次看看它有沒有效。然後，等到你們雙方都準備爲熱情的夜晚劃下句點時，你就可以在高潮中射精了。多麼漫長而歡樂的夜晚。

其他的方法

如果你在前幾次的演練中無法將射精和高潮分開的話，不要太驚訝（或失望）。這不是考試，而是一個必然的過程。就像你在學習學校球賽的規則一樣，你所要做的就是熟悉你的身體所提供的訊息和暗號，這樣一來，原先你覺得像外國運動的練習，在經過充分的排練之後，就成了你的第二天性了。所以要有耐心。

還有另一個是醫師們對於停止射精所做的建議。它被稱爲陰莖擠壓法。這方法跟前一章我們談過的方法很多是重疊的，不同的是，當你快要高潮時，你或你的伴侶要非常、非常溫和的用兩根手指頭握住陰莖的前端，然後像是要止住水管的水那樣的以拇指擠壓它。夾住你的陰莖前端直到射精的慾望消退，記住你的動作一定要很輕緩。

多重射精

當然，還是有些男人根本用不著爲上述的事情煩惱，他們可以在短暫的期間內連續射精好幾次。他們怎麼做到的？達諾夫醫師說，很簡單，因爲他們年輕嘛，「這在年輕健康的男人身上很普遍，如果他們的伴侶有意願，配合適當的刺激，他們可以射精好幾次。」

男人從射精到下一次性興奮勃起的期間叫做反拗期。達諾夫醫師說其目的是讓精囊能再度充滿精液。如果是這樣的話，那麼爲何有些男人可以在第一次射精後幾分鐘內再次勃起射精呢？達諾夫醫師說，那是因爲大多數再次勃起的男人並沒有在第一次射精之後完全補充完精液，所以在第一次射精之後的任何射精容量都會較少。達諾夫醫師舉例說：「一個20歲的小夥子有可能從午夜到早上八點間射精五次嗎？可能可以。不過第五次射出的精液量將會非常少。」

無須驚異，男人的反拗期範圍很廣── 從很短的幾分鐘到長達30天。達諾夫醫師說，兩個決定間隔長短的因素是年齡和性活動的頻率。你越年長，間隔時間越長。而一個在過去三天內射精十次的男人的間隔時間會比一個根本沒射精的男人長。但是這兩個可不是唯一影響間隔期的因素，疲倦、和伴侶關係的好壞，甚至環境都會有影響。達諾夫醫師猜測說，人們在花開芬芳的夏威夷可能會比在天寒地凍的阿拉斯加要來的有「性」致。

達諾夫醫師還說男人的整體健康也是非常重要的因素。他說，「如果有個人是較肥胖的，身患糖尿病，有神經上的損傷，並且還嗑藥，那麼他的射精功能和反拗期就會比體能狀態極佳的運動員要來得差。

最後，費西安博士說道，有很多男人其實在做愛期間經歷了多重高潮，可是他們卻不知道。他們來了以後卻還以為根本什麼也沒發生，結果，這就變成了自我實現的預言了。但是如果更多的男人能一再說服自己「我想我可以，我想我可以。」那麼事情可能就完全不一樣了。費西安博士說，在射精之後，男人常常可以再次勃起——並再次高潮——如果他們持續和他們的伴侶愛撫、摩擦、接吻等等的，大部分都視個人的生理狀況和能量程度而定。秘訣是享受你正在做的，而不是想著另一個勃起或高潮。費西安博士說道：「別停，如果你想繼續，就繼續。」

4

性與健康

♥ 健康與性

性不是奧林匹克運動會，它不需要好幾年的練習和訓練來符合體能上的要求。但是性仍是強烈的生理行為，當做到它完全的需求量時也是需要大量的汗水、肌肉和彈性。體能生理學家布尼博士說道：「你的體能並不需要好到令人咋舌才能享受美好的性，但是我認為如果你體能狀態愈佳，你就愈能享受性。」

以下是個簡單的測驗。你的手臂和背部能在一次做愛中，以傳教士姿勢全程而舒服的支撐你的身體嗎？如果你只是因為肌肉疲倦的理由而必須變換姿勢，那麼，我們只能說你必須好好的練練槓鈴。當然我們並不是說你一定要增加十磅的肌肉或者將你體內的脂肪百分比降低到個位數，這樣你才夠資格享受令人銷魂蝕骨的性愛；不過只要微量的體能訓練，你就能更持久的享受更美好的性愛了。

訓練或性練？

如果你需要誘因吸引你上健身房，這裡有一個：運動就是強力春藥。體能生理學教授懷特博士對於一群中年男子的性行為做了一項研究。他將一群每週運動3到4天，一次運動量維持一小時的男人跟一群不運動的男人在性活動方面做比較。他發現有運動的那一組男人在性表現和次數上有很明顯的提升。他們與伴侶做愛的頻率提高了30個百分點，同時他們高潮的次數也大幅度增加了。反觀那些沙發馬鈴薯，也就是不運動的人，則沒有顯示任何性行爲或表現上的進步。

米勒醫師說道：「性和良好體能的確有密切關係。首先是心理因素——運動和體能訓練增加你的活力，讓你更滿意你自己。而這會讓你更有自信，對你的伴侶更有吸引力。然後，因爲你有運動，你就擁有足夠的體能，讓你更持久更美好的享受性愛。」

有氧運動

以做愛爲目的的健身法中需要很多正確的運動，簡單的說，就是有氧運動。

當然當我們說到有氧運動，並不是要你穿著螢光緊身衣，跟著一大群人跳上跳下，而是建議你要做些可以讓你的手臂和腳活動，增進你心肺能力的運動。有很多的運動符合此條件：跑步、騎腳踏車、滑雪、爬樓梯、划船、遠足、疾走。不管你選擇何種運動，只要每次運動30分鐘，每星期3到4次。這可活絡你的心血管系統到可燃燒脂肪的速度。

保持這樣的運動量，很快的，你會發現你對性愛馬拉松有很大的持久力。有氧運動不僅可以增加你性歡樂的時間，它也可以延長你生命歷程中品質良好的歲月。布尼博士說道：「無疑的，有氧運動對你的身體很好。」它們幫你的心肺保持在最佳狀態，除此之外，有氧運動還可燃燒多餘脂肪，而一如所知，脂肪會造成心臟問題，下腰疼痛，並對身體其他部分造成威脅，好比中年以後的糖尿病。

運動前的性

對於大賽前夕的選手而言，這是個由來已久的警告：不喝酒、不嗑藥、不做愛。

喔，原來這就是專業運動員看起來總是一副心情惡劣的原因。

無疑的，喝酒和吃藥的確會減弱你的運動表現，但是做愛會嗎？

布尼博士說道：「在這行中，教練和選手腦裡都根深蒂固地認為運動前的性愛會消耗他們的元氣，影響他們的運動表現。」布尼博士針對這項信念做了測試，他比較在比賽前夕有做愛跟禁慾的選手的表現。「我們發現根本沒有差別。這兩組運動員的表現差不多，只除了一組在比賽前夕享受性愛。」

所以如果你正為公司的壘球比賽做準備，可無須為了比賽而犧牲性愛。布尼博士還說道：「如果你想做愛，儘管好好享受。它甚至還可以幫你解除比賽前夕的緊張或焦慮呢。」

鍛鍊愛的肌肉

除了有氧運動外，你可能會覺得必須要鍛鍊一些肌肉，如果是這樣，那麼你需要開始舉重。

布尼博士說道：「即使你只是舉舉啞鈴，肌肉的鍛鍊和加強對你身體整體而言都非常的好。」理由是多方面的：你的肌肉愈強健，你就愈可以在任何生理活動上表現優異，你可以搖呼拉圈，或在洗衣店中隨心所欲做做伸展操，不管需要做什麼，你苗條的肌肉、發達的身體都為行動作好準備了。

同樣的，肌肉也很有廣告效果。如果你有苗條的身材，手臂變強而有力，肚子也不再大到遮住皮帶，那麼你正給所有可能成為你伴侶的人傳遞一個訊息——你是一個懂得如何照顧自己的人，所以你很可能也知道如何照顧她？而一個滿是油脂的中廣肚子能做什麼？當做游泳圈嗎？還是搞笑的說你已經大腹便便？在人生的舞台上，你可以是聚光燈下的明星演員，或者只是在開場前跑跑龍套。你自己選擇吧。

如果你做了明智的抉擇，世界盃健美先生卡羅斯·迪荷瑟思建議你必須每週做3到4次的舉重訓練。你可以在有氧運動之後做舉重，這樣你的肌肉也已經為舉重做好暖身了。從一個簡單的模式開始：星期一做的是腳和腹肌。星期二運動你的上半身——胸部、背部、肩膀和手臂。星期三休息，然後星期四和星期五重複星期一和星期二的部位。先從輕量級的8至12 reps開始，數週後肌肉會逐漸開始成形，當你可輕易舉起12 reps的重量時，再增重5%或5磅，然後再次舉8至12 reps的重量。持續這個模式，一個月內你將注意到一些強化的肌肉，六週內你甚至可以發現新的肌肉了。

大丈夫為性能伸能縮

舉重訓練是很男子氣概的事，不過要達到更美好的性，它卻不是體能訓練裡最重要的一部分。

柔軟度顧問安得森表示：「舉重是很好的事，不過在床上重要的不是力氣，而是柔軟度。」一如安得森所說，性不是權力的運動，而是生理在優雅和流暢方面的追求。安得森問說：「你在不同的部位有一堆不同的肌肉，但是在性行爲中，如果一塊強壯的肌肉因爲太緊了而無法發揮作用，或甚至緊到受傷了，那麼強壯的肌肉又有什麼好？」很不幸的，大部分的男人都不願意花時間做柔軟度的訓練。不過安得森說道：「正是這群男人才可能會想爲什麼自己會背痛，或者腳會痙攣，或者在享樂的時候會扭到鼠蹊的筋。」

爲了擁有更好的柔軟度，你無須變成瑜珈狂，不過每天花一點點時間，做些簡單的伸展動作完全沒有害處。安得森說：「你要特別注意的肌肉是下背部、鼠蹊、腳背部。」保持這些部位的肌肉柔軟不僅對你在做愛時的彎曲動作有幫助，它還能幫你抵抗你每天可能遭受的肌肉痛——好比說，下背部疼痛。安得森建議你做下列的伸展動作，你可以很舒服地躺在床上自己做，或者跟伴侶一起做。他說：「如果你跟伴侶做，你甚至可以把伸展運動當成前戲的一部分，這樣它看起來就不像運動了。」

鼠蹊伸展

欲保持你的鼠蹊肌肉柔軟有彈性，可試著仰躺，膝蓋彎曲，腳平貼在床上，把足後跟拉向臀部，足踝轉個方向好讓兩腳的腳掌貼合。現在你的膝蓋應該朝外。讓你的膝蓋慢慢朝床上滑落，地心引力會把它們往下拉，不過你也可以把手放在大腿內側輕輕往下施壓、放鬆，並伸展約30秒。

若要跟你的伴侶一起做的話，讓你的伴侶在你面前屈膝跪下，她的膝蓋離你的足踝一點點的距離（這樣可以固定你的足踝不使移動），然後她把雙手放在你的兩邊大腿上並往下施壓，直到你感覺到鼠蹊和臀部有伸展——這應該不痛。當你感覺到有所伸展時，讓她穩定、溫和地施壓約30秒。接著變換姿勢。

下背部伸展

要伸展你的下背部和臀部，仰躺著，左手握住左膝蓋，把它拉近胸部。持續這動作30秒，換腳並重複上述動作。然後再兩腳一起做。

你的伴侶可以幫忙拉你的腳，她的手放在膝蓋下面，慢慢、溫和地把你的膝蓋往胸部推，當你感覺到伸展時，請她保持那個動作30秒，然後再放鬆。另一隻腳的動作也如上述。然後讓她把你的雙膝一起往你的胸部推，這樣你的下背部就可以得到充分的伸展。

♥ 欣賞你的身體

身體形象並不是男人會爽快承認的事。不過它的確在性慾生活的自我裡扮演重要的角色，尤其是當我們變老時。在某些時候讓我們看起來和感覺像匹活力充沛的種馬的身體，在某些時候可能會耽溺於過度優渥的生活而走樣。此外，我們從大眾文化中所接收到的訊息確定了我們最糟的懷疑。廣告、電影和雜誌都告訴我們說，如果我們想要有性生活的話，我們必須有頭髮，我們必須有六塊腹肌，我們必須要有像汽車引擎蓋那樣寬廣的胸膛。

而我們只想對大眾文化神祇說一句話：別胡扯了，好不好？

當現代生活的潮流一波接一波湧來，有時我們已經很難記得麥迪遜大道（譯註：美國主要廣告公司皆集中於此）強迫推銷給我們的理想化的人類形象其實是不真實，甚至是沒有價值的。當你看著最近的模特兒昂首闊步的展示在雜誌封面、電視螢幕和大型廣告板上時，請記住：它們都是虛構的。你所看到的只是光影下的傀儡，由染髮劑、合成藥錠和整型手術集合而成的虛假影像罷了。

布尼博士說道：「有些東西我們被告知一定要擁有的── 飽滿的肌肉、雪白的牙齒、滿頭茂盛的頭髮和諸如此類的東西── 其實當時間流逝，它們的存在是很不自然的。當然保持身材美好對你有好處，但是身材好跟看起來像健美先生是兩回事。」

一如布尼博士所說的，活在一個有地心引力且繞太陽旋轉的星球上，有些生理上的變化完全是很自然的事，好比皺紋、鬆垂、斑點以及其他皮膚上的缺點，甚至在中年以後有一點點大肚子也是很自然的事，而且不儘然是不健康的。它們可說是男人在人生的大遊戲中支付的支票上的證明。如果你的身體有上述任何一個特質，你不該覺得沮喪或厭惡自己，而且你也不應該覺得自己的身體已經快要七零八落了。

布尼博士認為：「在我們生命的任何一個階段，我們的身體一定都會有某些部分是我們不喜歡或認為沒有吸引力的，這並不只單單發生在中年。」想想看，當你是個小孩時，你可能覺得自己太矮或沒有肌肉，或頭髮永遠亂糟糟。在你青少年時，你的皮膚可能很糟，頭髮油膩，聲音像青蛙叫。跟這些相較之下，一點點皺紋或灰髮又算什麼？

形象什麼都不是

所以現在你知道社會和媒體對你施加的陰謀了吧，現在你不再被它們的心理戰術愚弄，而認為自己是個發臭的、令人不愉快的老頭了，對吧？

好啦，就算你有一點點相信它們說的，認爲自己應該長得好看一點，屁股緊俏一點，頭髮多一點。你知道嗎？你的伴侶可能根本不這麼想。

心理學家柏胥博士說道：「我諮詢過很多對伴侶，不過我很少聽到妻子對丈夫的外表有所抱怨。」柏胥博士解釋說，男人比女人更傾向於接受視覺上的刺激。也就是說，男人比女人重視另一半的外表，所以男人也會假定女人對他們的外表很重視。可是事實並非如此。女人比較容易受到無形物質的刺激，好比你的人格特質，你所散發的權力氛圍和自信，或者甚至是跟你很親密這個念頭就能讓她們興奮。柏胥博士說道，「如果她覺得你的人格特質很吸引她，那麼她對於你的青春痘疤痕或者陰莖是不會煩惱太多的。」

不過即使知道女人對男人的心智比肉體感「性」趣，男人可能還是會對自己身體的缺點感到煩惱。而且事實上，根據露絲蔓博士的看法，現在的女人已經開始希望能擁有一個身材好又性感的伴侶了，而這有一部分是由於媒體上男性形象的改變使然。既然如此，我們來看看男人們對於身體最普遍關心的事吧。

徹底解決形象問題

如果你的身材眞的是鬆垮垮而且胖嘟嘟的，當然你就常常會對自己的身材很敏感。星期天老是窩在沙發上，平時又很少運動——這就是讓你的身材游走在肥胖和適中之間的原因。

曼尼博士說道：「其實不見得一定是肥胖，有些男人會嫌自己太瘦而感到不自在。」你可以哀嘆的看著你彎腰駝背，毫無肌肉的骨架子，或者你也可以擺脫這些無意義的哀嘆，想辦法解決。我們並不是說你一定要砸個幾萬元在健身俱樂部並成爲健身狂。不過每個星期花個三、四天，每次30分鐘出去走走，並運動一下——任何運動都好——的確可以帶給你生理上和心理上的好處。

「重點是不要妄想重新擁有18歲時年輕的身體。你嘗試的是讓你對自己感覺好一點。」曼尼博士說道。運動的確有幫助，即使你從未有過像洗衣板那樣平坦的腹肌或巨大的胸膛，你還是可以在努力中得到喜悅。你正在努力自我改善，別以爲你的伴侶會忽視這一點，她會注意到你的努力，也會對你正試著照顧自己的事實而感激你，因爲你這麼做並不只是對自己有好處，同時也對她有好處（關於良好身材能促進你的性生活的細節，請參閱p.242「健康與性」）。

保持清潔

有些男人與之奮力搏鬥的形象問題可能跟視覺印象無關，而跟另一種截然不同的感官輸入——嗅覺——有關。你可能是世界先生和布萊德彼特，但是如果你有狐臭或口臭的話，沒有一個女人願意被你壓在下面。在一定的程度內，你擁有男人味並沒有錯。曼尼博士說，「有些女人可能還喜歡你有一點汗味。」然而如果你日常的活動已經讓你聞起來像酷暑裡的清道夫，那麼是你該注意生理衛生的時候了。

柏胥博士說，「女人比男人對味道敏感。這就是爲何你的味道——無論是尼古丁、酒臭味，或嚴重一點的體臭——讓她卻步的原因。」如果你想爲她散發男人味，那麼你最好聞起來宜人一點。

讓梳洗成爲你每天的口號。在上床前洗澡。柏胥博士建議你，即使你習慣每天早晨淋浴，考慮一下晚上也洗個澡，特別當你期待有個床上活動時。當你洗澡時，拿個好肥皂洗個泡泡浴，把全身上下的毛髮和肢體都刷洗乾淨。

柏胥博士說道，「如果你未接受割禮的話，要特別洗乾淨包皮和陰莖的前端。」有一種叫陰莖垢、會發臭的物質會躲藏在包皮褶皺裡，對每一個聞到的女人而言，這都是非常不愉快的經驗。一般來說，你並不需要塗上防臭劑才上床。事實上，康福醫生還認爲防臭劑在床上應該「被禁止使用」。男人和女人應該依賴他／她們身上乾淨且自然氣味的誘惑力。康福醫生說道：「徹底洗淨，然後就保持原味。」

用眞實和感受搏鬥

想到你能夠控制或者消除所有身上不吸引人的部分是很棒的事，然而還是會有些身體缺陷是你認爲你永遠無法克服的。

曼尼博士說道：「可能有些事是你一直很在意的，對於自我的感受彷彿不可能改變。」那些感受常常都深植於年幼期——一段更衣室裡的評論、一個過度挑剔的父親或母親、一件讓你非常尷尬的事件，這些都可能變成你生命裡自我認知中的陰影。這並非例行運動或改變陰鬱的習慣就能馬上去除的。

曼尼博士又說：「重點是：如果你擔心她可能會因你的某些生理特質而對你喪失興趣，那麼只有一個方法可以找出答案——你必須問她。溝通是你唯一知道她到底喜歡什麼和不喜歡什麼的方法。同時這方法也能讓你對自己的身體感覺好一點。單單是你對她說出：『嘿，我對這件事有點緊張。』就能讓你有不可思議的解放感，就像你終於放下懸在心頭的大石頭一樣。而有兩件事會發生：她會知道你的憂慮，然後你們就可以談談如何改善。或者，你發現困擾你的事對她而言根本不構成問題。」不管是哪一種情形，你們都處於雙贏的局面：藉著對她打開心胸，你不僅是開始與自己內在的惡魔攤牌，而且你們也變成更親密的一對。

♥ 更安全的性

在此刻，想像你的心靈是摩天大廈。在高聳入雲的瞭望台四周住著你高貴的負責任的自我。他從這裡可以完全看得到性的地景，而安全的性佔據了大部分的景色，他以優雅和活力接受事實。與此同時，在一百層樓底下的地下室住著汗流浹背的穴居人，正看守著爐子，一塊一塊丟著柴薪。每一次他聽到「安全的性」就搖頭。而且他欣喜的承認他上層的對手不曾考慮過的事。

現在讓我們走到地下室，然後也承認：安全的性並不像無拘無束的性交感覺那麼好。

鼓吹安全的性的人認爲，人皆有狹窄而自私的觀念。當然我們有——那就是我們被詮釋出來的感覺和感官。好比說，不管你怎麼使用乳液，它就是比不上與滑溜溜裸露的胴體相接觸所帶來的美妙感官經驗。

嗯，我們有點脫離本題了，現在讓我們面對現實吧。

1. 安全的性——或更安全的性，因爲性沒有百分之百安全的——事實上，對於居住在這個星球的男人是無法擺脫以及無法避免的。唯一的例外可能是你的爸爸和教宗吧。

2. 更安全的性比沒有性要好多了。

3. 更安全的性比因性交傳染的疾病（以下簡稱STD）所帶來的痛苦或甚至是致命的併發症要好的太多了。這類疾病還包括了愛滋病（駭人聽聞的細節請參考p.325「性病」一文）。而這就是每一次你跟新伴侶進行無設防的性愛所冒的險。

以下是事實經過：當你的A點滑近她的B槽，你們之間像插頭插入插座一樣有了連接。你的和她的身體所分泌的液體相遇並溶合。如果她有傳染性疾病，那麼帶病的細菌就會蹦蹦跳跳的從她的體液中跳到你的陰莖或你的舌頭上，或者透過你皮膚上任何微小的開口進入你體內。

如果你是STD帶原者，那麼過程也是一樣的，只除了你所攜帶的病菌會像靜止不動的沙發馬鈴薯，變成超廣角的電視那樣的進入她體內。一如你所注意到的，陰道是個溫暖潮溼的地方，非常適合病菌滋生。此外，儘管陰道的內壁是有彈性的，但是摩擦時還是會有微小的撕裂產生，而這只提供了更多的機會好讓你體內的病毒跳入她體內。同樣的事也發生在肛交，直腸纖細的薄膜組織的撕裂會更加頻繁（不像陰道，我們身體的這部分沒有潤滑液）。一般來說，只要你的生殖器和對方的體液或皮膚相接觸，那麼撕裂就不可避免。也就是說，不設防的接觸就有感染的危險。而策略則是在你的和她的細胞之間搭建一道壁壘，阻絕任何不需要的交換。

好幾年來，社會的守護者滿頭大汗的鼓吹我們身體力行更安全的性，而他們的確有好理由。根據疾病控制和預防中心的資料，男人要爲每年將近40萬的新的STD案例負責。

淋病和不明的尿道炎（nonspecific urethritis）只是普通的STD。最可怕的愛滋病，無須贅言，它可以自行蔓延全身。在1998年，單單是美國就有超過50萬罹患愛滋病的患者。相反的，你可以藉著一些簡單的預防措施而避免成爲這其中的一員。

數據說性

報告說他們的保險套太緊的男人百分比：19。

報告說他們的保險套緊到有時候會破掉的男人百分比：68。

資料來源：*British Medical Journal*

如果你已經在實行更安全的性，很好，繼續保持。不過，如果不管是爲了何種原因你發現自己跟新的伴侶或伴侶們處於一個勇敢的全新的性世界中，那麼有些很有效而且很愉快的方法你會想要試試看的。不，更安全的性可能不比完全赤裸的、全面接觸的性來得棒，但是它卻可以使你或你的伴侶免於很多悲慘命運下場。單單是這點就足以讓你好多了。

保險套王國的誕生

橡膠套子，雨衣，對大部分的男人來說，更安全的性基本上是跟保險套有關——何時戴上它們、如何戴上，以及如何享受戴上它們。

等一下，戴上這東西眞的有可能是種享受嗎？性教育學者昆恩說道：「當然有可能。安全的性可以是很情慾的。」但是你必須有正確的態度。比方說，不要視保險套爲阻絕骯髒疾病的工具，把它看成是情趣用品。昆恩說，「戴上保險套並不只是醫療上的麻煩事，它是個承諾，象徵你們之間的性行爲已經白熱化到插入了。」

聽起來還不錯，所以為了幫你安全到達終點，我們提供了下列的建議，當你有需要用到保險套時能夠進行的更順利。

嘗試範圍

曾經有段時期男人對保險套只有一種選擇——厚厚的、乾乾的、無添加物的「橡膠」，它只能在昏暗的交易商店中買到，或者你鼓起勇氣向鄰近的藥商詢問購買一大包。現在呢，即使是最小型的便利商店都販售數種不同尺寸和形狀的乳膠製的保險套。更甚者，幾乎每個大城市都有保險套專門店和為了更安全的性所生產的周邊產品。

你怎麼知道要買哪一種呢？你實在有太多選擇了——超薄、特薄、超大、特長、讓她愉快的顆粒保險套、讓你愉快的稜線保險套。選擇多到讓你不知該選哪一種。所以，別選了——相反的，多嘗試各種不同的樣式。昆恩建議你乾脆像個糖果店裡的小孩瘋狂購買各式各樣不同的款式，然後，在你家中，你可盡情跟你的伴侶試試看哪一種是你們喜歡的。

檢查成份

我們並不想在你瘋狂採購的興頭上潑冷水，不過為了更安全的性起見，你要確定你所買的保險套包含哪些重要的成份，最主要的要有乳膠結構（latex construction），它可阻絕疾病傳染；殺精劑（spermicide）同樣也有助於殺死病毒；以及彈性成份，可讓你插入時保險套不易破裂。如果你或你的伴侶對乳膠過敏（有一小部分的男人和女人會），那麼你們可以選擇聚亞胺酯的保險套。不過根據亞歷山大博士的說法，這類的保險套在阻絕疾病傳染上沒有乳膠構造的保險套來得有效。

要留意的是，應該要避免選擇由動物腸子做成的保險套，它們具有滲透性，所以無法隔絕能致病的微小生物。同樣的，也要小心新奇前衛的保險套——例如，在黑暗中會改變顏色或會發亮的。沒錯，它們是很有趣，但是在防止疾病上可能不是那麼有效。確定你選的是乳膠製品，標有「預防疾病」等字眼。

隨時攜帶

確定你將會實行更安全的性的最好方法之一就是隨身攜帶保險套。讓它們無處不在。放在床頭几的抽屜裡，放在盥洗用具組合包裡，這樣即使你出外也不虞匱乏。如果你出外遊蕩，也放一些在你夾克的口袋裡。但是不要把它們放在皮夾裡，你的體熱會使保險套品質惡化，導致它在關鍵時刻容易破裂。

別酒醉駕駛

最後這一項跟一般常識較有關。當你喝下影響人們心智的物質時，你就不太容易對於要跟誰過夜，或者過夜時該有何防備措施，做出明智的抉擇。加州的酒精研究小組研究過酒精對性行爲的影響，他們發現喝酗酒的男人也是最不常使用保險套的人。

衡量風險

戴保險套是安全的性最重要的一部分，不過安全性行爲並不止限於保險套。昆恩說道：「接吻、身體接觸、撫摸、說話、使用你的手、互相手淫……大部分安全的性行爲並不包括阻礙物和殺精劑。」上述這些都是你可以享受並且會樂在其中的性活動，而且它們都是可以在安全中進行。

除了性交之外，疾病還可透過其他的方法傳遞。根據舊金山一處人類性慾的高級研究組織指出，有些性行爲被認爲比另一些性行爲更安全。以下是一份性行爲的簡述，在其中我們以安全度來衡量每一項活動。

無性接觸。從握手到油壓，大部分的接觸——只要不包括體液交換——都是完全安全的。順便一提，這也是具有性刺激的。柏胥博士說道：「握手可以是不可思議的性感。它可以讓你們變得更親密。記住，在你面前的是一整個身體，而不只是性器官。」

接吻。相較之下，接吻仍被認爲是安全的，只要你避開深喉嚨式的法式接吻。在那種情況下，你們會交換大量的唾液，其中可能攜帶病毒。柏胥博士表示，在身體的任何部位乾吻也被視爲是相當安全的。

性接觸。一般來說，腰部以上的任何接觸或愛撫都是很安全的，只要沒有任何體液進入身體的開口。昆恩指出，即使是雙方彼此手淫都是安全的，只要你們的手上沒有傷口。同樣的，彼此手淫時使用一些潤滑劑是必要的，儘管用——只要不用口水代替。

口交。柏胥博士說，「儘管危險度較大，口交也可以在安全中進行。」男人要戴上保險套，你們可以試試有味道的保險套（儘管有的味道不佳）或讓她爲你塗上一層巧克力或奶油之類的。如果是你爲她口交，那麼讓她戴上女性保險套——只要確定她的陰道外圍完全被覆蓋住就好，或者你可以使用橡膠製品覆蓋住她的生殖器。

肛交。這可能是所有性行爲中最危險的一項，因爲肛門的內壁上佈滿非常多的血管。莫林博士說，若沒有適當的潤滑液時，肛交會在肛門壁上造成微小的撕裂或小開口，帶病菌的精液會輕易的由此進入血管中。如果

你想進行肛交的話，戴上有大量潤滑劑的保險套是很重要的。

一夫一妻制。這可能是所有方法中最安全的一種，不過說不定你已經發現，它也可能讓人感到不安。

亞歷山大博士說道：「如果你和你的伴侶互相許下承諾，不容第三者介入，那麼你們感染疾病的機率，比起一個持續跟不同伴侶發生性行爲的人會低上許多。不過即使在你決定持續實行一夫一妻，提倡安全的性的人士仍建議你花幾個月時間實施更安全的性。在那之後，你們雙方接受STD測試，如果你們雙方都證明健康合格，那麼在那時候，你們可以更安全、更聰明的決定要選擇雙方爲終身承諾的對象，並且信賴一夫一妻制是你的安全的性的選擇。

♥ 避孕法

人類文明的數百年進化中賦予性許多的功能和意義。性可以是有趣的、充滿煩惱的、刺激的、危險的，也可以是解除壓力的良方或親密的表現。但是一旦將它抽絲剝繭成最基本的功能，你會發現一個無可避免的，非常明顯的事實：性是生育的主要原因。

事實上，延續種族是性最原始的目的。我們最古老的祖先並不那麼關心當代所關心的議題，如性感帶或如何讓自己更持久等等。他們在性方面的目的一點都不複雜——進入，出來，換下一個。男人被設定成DNA的蘋果種子，而就像這星球上的大部分種族一樣，他們擁有非常明顯的繁殖衝動。

我們無須告訴你，即使到現在人類的性驅力仍然是很強大的。但是古時候性的專一目的，跟當代的較廣闊的目的常常是相衝突。說坦白一點，我們不想每一次性交後就擔心會有小孩。

如果你擁有某些宗教理由或個人信念，那麼是沒多少方法可以逃避性交的後果。每一次你和伴侶辦完事後，你都很有機會當上父親。我們尊重你的決定，但是對於剩下的我們來說，只要享樂但不要小孩最明智的方法就是節育。

避孕計畫

避孕的方法有很多——藥丸、果膠、泡沫、隔絕法、插入法、植入法，和注射法。有些比較有效，有些則比較沒副作用。但是有件事是可以確定的：對每一種現存的避孕法來說，你一定會發現就是有人認爲某一種是最複雜、最不舒服、最麻煩的節育方法，然後你也會發現也有人完全不考慮別種避孕法。

亞歷山大博士說道：「節育的方法是非常主觀的。對你和你的伴侶最好的方法其實要視情況而定，比方說，你們之間的關係多久了，你和伴侶對於懷孕有多在意，什麼方法是你認爲麻煩的或有問題的，或者有其他的私人考量。」

「價格」和「醫生」也是節育方法中很重要的考量。有些人連讓醫生開處方都不願意，更別說是植入法或注射法了。而且，也不是每個人都認爲某些節育的價格是合理的。幸好，節育的價格幅度很廣。比方說，保險套一個可能不到新台幣30元——在某些診所甚至是免費的。與此同時，節育的新方法，如皮下植入法可能就需要很多時間和金錢——而且無法以保險給付。

亞歷山大博士說道：「個人的喜好，便利性和效果，是現今會有這麼多不同的避孕法，而且以後還會有更多避孕法的一些原因。主要觀念是要能滿足每一個人的避孕法。」

最後，我們必須指出，幾乎所有的避孕法——除了保險套之外——都讓女士承擔責任。而除了極少數的例外，女人必須處理所有複雜的程序和嚴格的時間表。坦白說，讓她做所有的事，或者你希望她做這些事，實在對她很不公平。所以你也應該做好自己的部分，並隨時把保險套準備好以預防萬一。亞歷山大博士說，這不僅僅是現代禮儀和尊重你伴侶的表現，同時也是常識和自我保護。

你和你的伴侶可能已經有喜歡的節育法了，如果那效果不錯，很好。不過其他的避孕法說不定也值得去瞭解。以下是一列目前已經試過的最新、最好的避孕法。我們將告訴你它們如何發揮功效、效果如何、以及分別存在哪些可能的優缺點。（如果你考慮採用永久節育法，請參閱p.270「輸精管切除術」。）

保險套

在少數男人可用的避孕法中，保險套是最被普遍接受的。根據有計畫的親子關係組織指出，只要使用正確，保險套在避孕的成功率可達88％。

*用法：*滴進一滴水溶性的潤滑液到保險套的前面凸出的地方，這樣可降低摩擦（和可能的破裂）。一但你的陰莖勃起了，就把保險套完全展開，在前端留約半吋的空間，把任何空氣泡推出並攤平它，然後再戴上。當你要抽出時，一定要先從你陰莖的根部握住保險套，否則，當你拉出來時，它可能會滑掉而將精液撒落。

給男人用的避孕針和避孕丸？

幾十年來，男人只有很少的幾種避孕法可用：保險套、體外射精法、輸精管切除術。

亞歷山大博士認爲：「選擇極有限，而且困難度也大。但現狀如此——而且長久以來就是如此。」

也許這情況不會持續太久了。

世界衛生組織（WHO）曾處理過一項研究，它讓男人規律性地接受睪丸激素注射，好降低平均精子的製造量。遺憾的是，被實驗者必須每週接受注射，而這讓一些男人無法忍受。若跟女性注射的避孕藥（Depo-Provera）相較的話，女性只須每三個月注射一次即可。

最後，這項實驗的結果還蠻有希望的——WHO研究員將結果製成表格，顯示98.6%的成功率，與女性避孕藥物不相上下。

亞歷山大博士說科學家正想辦法針對男人體內的雄性荷爾蒙感受體（androgen receptors）做研究。這些感受體會告知身體何時製造更多的精子，藉著隔絕正確的感受體，研究員就可以發展出暫時關閉這些感受體的針劑和藥丸，並因此停止精子製造。

亞歷山大博士說，「我們已發展出一種可以每三個月注射一次的注射液，而且它已顯示具有功效。」然而此項避孕法仍在研究階段。距離男性注射避孕針廣泛上市還有幾年時間——而男性避孕藥丸則還要更久的時光。

優點：除了到處都買得到之外——哪家24小時的便利商店沒賣保險套呢？——保險套對男人也有個使用上的優點。因為保險套的彈力特質，它可以更有效地堵住陰莖裡的血液，因此讓你的陰莖更堅硬。此外，保險套也可以降低敏感度，這也可以讓你更持久。

缺點：嗯，降低敏感度這一點同時也對你不利。很多男人抱怨說戴上保險套感覺不如不戴的好。此外，很多男人對乳膠製品過敏，如果你也是其中之一，那麼你可能會高興聽到由聚亞胺酯製成的保險套現在也買得到了，只不過亞歷山大博士警告說這類保險套可能沒有乳膠製的那麼有效。

市面上有各式各樣的保險套這一點也可能是缺點。因為再也沒有人想在區公所的家庭計畫處徘徊過久。一般來說，不要被俗麗的顏色或奇特的訴求所迷惑了（如給大一點的男人用的，或者讓她更愉快的）。原則很簡單：尋找乳膠製的，前端有小突起的（可使保險套不裂開），以及有潤滑成份的。嘗試錯誤是你最好的指引。所以，第一次購買時，買三包而不要買一打。這樣的話，如果你後來不喜歡你買的，那麼也不至於浪費錢或忍受不舒服的性——你只要再試試其他的款式。

女性保險套

女性保險套也叫陰道囊，功能跟男性用保險套類似，不過它是由聚亞胺酯製成，功效幾乎跟乳膠成份一樣好。

用法：陰道囊的一端在底部有個軟塑膠環，將這端放入陰道內。有較寬外緣的一端則留在體外並覆蓋住你伴侶的生殖器區域。（這樣讓口交也變得安全）女性保險套會很自然的貼著陰道的外圍。

優點：女性保險套有所有傳統保險套的方便性，不會有緊縮的感覺，

而且你無須戴它。

缺點：據傳聞，曾有女性保險套的外緣曾經滑入陰道裡。而且，戴上女性保險套做愛會發出很大的噪音，那聲音不像貓發情的喊叫，倒比較像貓踩在垃圾袋上發出的噪音，這種獨特的霹靂啪啦聲大概要花點時間才能習慣吧。

殺精劑

不管它是泡沫狀、乳液狀、栓劑或果膠狀，殺精劑是設計成殺死它接觸到的精子。亞歷山大博士說道：「若單獨使用，殺精劑並不是最有效的節育法。」但若搭配其他避孕法，就會變得非常有效。好比說，保險套、子宮頸帽和子宮帽都依賴殺精劑來提高其效力。

用法：泡沫式、乳液式和果膠式的都需藉助塗藥器，你在性交前將它填充在塗藥器裡再放入陰道。若是栓劑，則直接將它放入，它會在陰道裡溶解。

優點：除了提高其他避孕法的效果之外，殺精劑也提供額外的潤滑。

缺點：大多數殺精劑的味道很難聞，而且很多男人和女人對殺精劑裡的成份過敏。如果你和你的伴侶在使用殺精劑時注意到有發疹、發癢，或生殖器疼痛的情形，則停止使用並試試其他的避孕法。

藥丸

節育藥丸是女人最普遍的選擇之一，它很方便，而且成功率高達97％

到99%。藥丸中包含雌性激素和妊娠素，它們能防止卵子被釋放、受精和附著在子宮上。

用法：你的伴侶在她月經循環的每一天都要服一顆藥丸。

優點：除了完全不費力氣之外，節育藥丸可以提供女人一些健康上的益處。服用節育藥丸一直跟降低某些女性癌症機率有關，藥丸也有助於預防骨盆發炎的疾病和貧血。最重要的是，它能降低女人在經期的痛苦，如減少痙攣、經血變少，以及減低月經前的緊張。

缺點：如果你的伴侶超過三十五歲，習慣抽煙，或者有心臟方面的病例史，藥丸可能不適合她。口服的避孕藥曾經顯示會增加血壓，以及增加循環系統問題的風險，包括心臟病發和心臟麻痹。同時，因為這個處方需要在每天同一時間服用藥丸，很多女人會忘記。

植入

植入法是較新的避孕法，較為人熟悉的是它品牌的名字「諾普蘭」(Norplant)。它會釋放妊娠素，一種能預防卵子附著於子宮壁的荷爾蒙，時效可達五年。

用法：你伴侶的醫生將一組六根火柴棒大小的管子植入她上臂的皮膚裡。這程序被認為是低危險，而且需局部麻醉後執行。

優點：植入法可說是節育法中最無憂無慮的，它既不需要每天吞藥丸，也不用每次跟伴侶做愛時都要一堆麻煩的預防措施。蓋爾醫生說道：「因為它的效力長達五年，當你尋找長期的避孕法，但仍然有在未來某個時刻生小孩的計畫時，植入法是蠻適合的。」

缺點：有些女人報告說有些麻煩的副作用，好比說不規則的經血、頭

痛、胸部發痛，以及反胃。同時在管子植入的皮膚部位傷痕會疼痛。

注射

廣為人知的是新避孕針劑（Depo-Provera），這方法是讓女人注射一種可停止排卵的合成黃體脂酮，計畫性親子關係組織說這方法有99%的成功率。

*用法：*由你伴侶的醫生為她注射（通常打在手臂或臀部）針劑的效果可持續三個月。

*優點：*蓋爾醫生指出，注射法的優點跟植入法一樣，都可以避免每天服藥的麻煩。

*缺點：*女人報告了數種跟注射法相關的健康問題，包括體重增加，不規律的經血，心情起伏，甚至脫髮。更甚者，在藥劑效果消失前，這些副作用會一直存在，所以上述的症狀可以持續三個月。

插入法

事實上是有一些陰道插入法：子宮帽是個寬而淺的軟塑膠製的杯狀物；子宮頸帽也頗類似，不過它深一點，而且是硬塑膠製成的。這些裝置需要訂製，也就是說首先須由醫生為你的伴侶戴上看看是否合適。第三的選擇是陰道環，當放入此物時，它會釋放出預防懷孕的荷爾蒙。

*用法：*子宮頸帽和子宮帽都是同樣的操作方式。首先，你在它上面塗上殺精劑，然後再把它放入陰道裡。因為它是為你伴侶定做的，所以這裝

置會完全合身的處於子宮頸上，不讓精子進入子宮進行受精。陰道環則無須塗抹殺精劑就可放入陰道裡。

優點：子宮頸帽和子宮帽對於無法或不想服用避孕藥丸的女性來說很理想。此外，這些隔絕裝置能持續有效好幾年。陰道環則提供了和注射法或植入法相似的優點，而且沒有任何侵入性的手續或者長期的副作用。

缺點：子宮頸帽和子宮帽比其他阻絕法（如保險套）的效果略差一點。同樣的，目前已知使用此種避孕法會增加女人膀胱感染的風險。而且跟任何避孕藥一樣，陰道環會導致不規律的經血、痙攣，或其他症狀。

子宮內避孕器

跟子宮頸帽和子宮帽不同的是，子宮內避孕器（簡稱IUD）被放在子宮內很長一段時間——在某些例子裡可長達十年。過去幾年，有缺陷的IUD造成感染、不孕，甚至在少數案例中造成死亡後，IUD的評價一直很低落。亞力山大博士說道：「現在的IUD安全多了，而且它們蠻有效的，我們開始看到有更多的女人在使用IUD的避孕法了。」

用法：醫生必須將銅與塑膠製的T狀物放入子宮內，它上頭繫著一條線懸出來，你的伴侶可以檢查T狀物是否仍在正確的位置。儘管有些IUD能放置長達十年，有些——成份是能預防懷孕的荷爾蒙，黃體脂酮——則須年年替換。

優點：跟注射法和植入法一樣，很多女人認爲IUD是既方便又持久的節育法，而且亞歷山大博士說它的成功率達99％。

缺點：還是有人對IUD印象不佳，而且在某些例子中，它會造成體內流血和感染。不過通常副作用就只有較多的經血流量或痙攣。

保持對節育的控制

當瀏覽過節育法的一覽表時，你可能已經發現沒有一種節育法是有百分百成功率的。蓋爾博士說道：「那是因爲沒有一種是百分之百可靠的。人類總會犯錯——你忘了吃藥或未能正確的使用子宮帽。」而且不管何種藥物在你伴侶體內系統內流動，總是會有精子能衝過防線使卵子受精，於是突然間你被迫面對改變生活的抉擇。

不過在面對那一刻之前，你可能會有興趣知道一些很棒的小秘訣，它們可以使避孕率提高。以下是一些建議。

加倍努力

使用兩種節育法。戴保險套並使用殺精劑，或者即使她有使用子宮帽，你也使用保險套。亞歷山大博士說道：「兩種總比一種好。」她還指出有很多避孕裝置其實已經混合一種以上的節育法了。好比說，很多品牌的保險套都以殺精劑處理過。他補充道：「子宮帽和子宮頸帽本來就是要跟殺精劑一起使用的。」

扮演積極的角色

如同之前提過的，很難不注意到大多的避孕法都是靠女性使用。柏胥博士說道：「不幸的是，這樣的狀況讓男人以爲避孕多少是女人的責任。」別這麼想，也不要期待她負擔所有的避孕責任。還是有些事是你可以做的，這樣也表示你的參與。方法簡單到你可以幫她放入子宮帽或塗抹殺精劑，或者每隔一段時間就提醒她吃藥（或打避孕針）。柏胥博士認為：「重點是即使避孕方法必須施用在她身上，你做了所有能顯示你支持、鼓勵的事，並試著參與其中。這是一種對她承諾和責任的表示，而你的努力會使你們關係更緊密。」

避免體外射精的報應

嚴格的說，其實有一些較古老以及較保守的避孕法根本不算是避孕法。一個較合適的詞應該是「投機」。而所有這類避孕法中最冒險的就是體外射精法，它意味著你在射精之前，將陰莖抽出你伴侶的陰道。它的觀念是你將精子射在較不肥沃的土地上——好比床單——而不是她的子宮。這方法不僅會弄得髒兮兮的，而且又不雅，事實上它可能碰巧不管用。

蓋爾博士說道：「如果你的陰莖已經插入她的陰道，而且你們雙方都沒有防護措施，那麼即使你還沒射精，都可能讓她懷孕。」原因是在你還沒射精前，你的陰莖已經開始滲出包含數千隻精子的液體，其目的是要潤滑陰莖的內部，好為即將來臨的射精做準備。當你預備好要抽出時，你已經遺留好些數量的精子在裡頭了。而你知道的，只要一個精子接觸到卵子，就能讓她十月懷胎。

別作家庭計畫

另一個傳統的節育法是週期避孕法，又稱之自然的家庭計畫。亞歷山大博士說：「喔，自然的家庭計畫是個絕佳的計畫——如果你想生小孩的話。」自然家庭計畫的理論是藉著檢查她的體溫和分泌物的多寡，女人可

數據說性

想知道你的節育法多有效？以下是各種方法的效果百分比。

殺精劑（不包括子宮頸帽或子宮帽）	72%
體外射精	77%
自然的家庭計畫（週期避孕法）	80%
子宮頸帽	82%
子宮帽	82%
保險套	88%
避孕藥丸	97%
子宮內避孕裝置（IUD）	97%
新避孕針劑（Depo-Provera）	99.7%
絕育手術（輸精管切除術，輸卵管結紮）	99.6%
植入法	99.96%
禁慾	100%

資料來源：Planned Parenthood

以測出她何時排卵。當她排卵時，你們禁慾；在她安全期時，則可無所忌諱的行房。

檢查體溫，測量分泌物多寡——聽起來就好像她是部刻度精準的汽車引擎。當然她不是，她是宇宙中獨一無二的人類，而她體內的運作亦然。蓋爾博士說道：「自然家庭計畫的缺點在於，它假設每個女人都有固定不變的排卵時間表，以及有固定的線索告知你她正在排卵。然而事實並非如此。」體溫上升可能表示她在排卵或者發燒，或者她只是單純的興奮。有些女人排卵期是三天，有的是四天或五天。甚至在她月經期間她也有可能排卵——可沒人保證她的身體一個月只能排出一個卵。

開始看出這種避孕法的危險性了吧？蓋爾博士說道：「它比什麼都不做好一點點。」但是除非你有個好理由——強烈的個人信仰，或者你伴侶的健康情況不容許其他的節育法——蓋爾博士建議你最好別使用自然家庭計畫。

♥ 輸精管切除術

不管你怎麼想，輸精管切除術並不是所有手術中最冷酷的。的確，它是要把你的陰囊和輸精管的敏感部位切除。但是這項手續並不會影響你的男子氣概，至少生理上不會。你的睪丸仍然會製造使你成爲男人的睪丸激素荷爾蒙。記住，你只是絕育，不是被閹割。

但是試著將這事告訴一些男人時，如果你像大部分的男人一樣，讀到上段文字可能會立即造成許多下腹部肌肉緊縮，你在潛意識裡希望保護你的小傢伙免於受到傷害。然而，輸精管切除術是非常快速、簡單，而且潛在併發症非常少的手術。

只要問問看任何一個結紮的女人。蓋爾博士說道：「當你比較這兩種不同的絕育手術，你就知道輸卵管結紮手術比輸精管切除術要複雜多了。」輸卵管結紮包括下腹部的手術，需要全身麻醉，它的複雜性和風險都比輸精管切除術要多太多了。相反的，把你的管子「切除」只要局部麻醉，動一兩刀，花費你20分鐘以及輸卵管結紮一半的費用。

你從這個角度看的話，輸精管切除術可說是好處多多。它讓你成為一個眞正的英雄——由於你個人的決心和犧牲，而讓你的女人免於受到傷害和痛苦。此外，它也讓你更加享受性愛。當動刀了之後，這點是輸精管切除術最棒的地方，不，它不會增加你器官的敏感性，或者讓你能夠在週末花幾小時跑完一場性愛馬拉松。不過它的確讓你無須再為用何種節育法費心費時，同時你和你的伴侶也可以不再為懷孕而擔心。儘管這方法不是人人適用，然而如果你和你的伴侶已經處於人生的某個階段，開始認眞的考慮永久的避孕，那麼輸精管切除術可能是你最好的抉擇。一旦你知道它的內容，你就比較容易接受手術。

動刀或不動刀？

輸精管切除術的方法有兩種，華倫醫師說道：「不管是哪一種，都得要將輸精管切斷，以避免你射精時精子跟精液混合。不過切斷輸精管有幾種不同的方式。」

最為普遍的方式通常是在兩個睪丸上各割一刀，由泌尿科醫生剪下一小段輸精管，再將其縫合打結，或以電氣儀器將輸精管的末端燒合（警告：你可能會看到火花和煙從你兩腿間冒出來），然後他再將睪丸上的切口縫合。一個較新、較不複雜的手術是不開刀的輸精管切除術（no-scalpel vasectomy，簡稱NSV）。有些醫生認為這方法應該會變成標準的輸精管切除術，做NSV手術時，醫生以專門的儀器在陰囊上開個洞——其實是刺一小孔。從這一個開口中，醫生將一次一條將輸精管拉出來，然後做絕育的必要切口。這個小孔不需要以針縫合，手術時間也較短，而且到目前為止，已降低感染和流血過多的風險。

好幾年來，中國大陸視NSV爲標準的輸精管切除術，但是一直到八〇年代後期，美國才開始使用。原因是它被認爲是較新的方法，而且很多泌尿科醫生認爲他們以前使用的傳統手術沒什麼不好，所以在你找到一位精通這項手術的醫生以前，你可能要四處物色一番。

你應該動手術嗎？

現在你已經知道你要參與的事了，你必須回答的迫切問題是：輸精管切除術對你合適嗎？

華倫醫生說：「有理想的手術候選人，也有我絕對不會爲他們執行手術的人，因爲他們不符合條件。一個好的泌尿科醫生在進行手術之前，一定會問患者很多問題，並對他的患者有所瞭解。」

如果你所想的全是把自己從讓伴侶懷孕的煩惱中解脫，並且你非常堅定的要做輸精管切除術，那麼你是可以找到醫生做這項手術。不過就理想而言，除非你已經符合至少以下一項條件，否則不要一頭熱的想做這麼重要的手術。

你已經夠老了。大部分的醫生都不願意爲三十出頭或更年輕的男人做輸精管切除術。華倫醫生說道：「比方說，我不可能替一個二十幾歲的單身漢做這項手術。在他未來的人生旅途，還有太多的時間和經驗等著他，他以後想法可能會不同。」

你已經播過種了。當然，如果在你三十歲生日時，你已經有三個小孩，而且你覺得已經夠了，那麼大多數的醫生都會認爲你是理想的手術候選人。華倫醫生說，「然而那是因爲你已經符合最重要的條件之一——你

回復程序

輸精管切除術是不能隨便做的，它是個重大的手術。你也不該認為手術後還可以輕鬆回復原狀。

是有些醫生做輸精管切除術的回復手術，他們將輸精管重新接合，不過這跟水管工接好一些管子，好讓熱水重新流到浴室可是完全不一樣的。

蓋爾醫生說道：「會有很多併發症，輸精管切除術的回復手術是複雜而且昂貴的外科顯微手術。」外科醫生須將管子打開，並將它們重新連接。這手術很棘手，因為原先的手術中拿掉的一小段已經不可能再放回去了。即使你把輸精管鬆開了，世界上也沒有外科醫生能跟你保證一定可以再擁有小孩。有的醫生認為機率是一半一半。「如果你的輸精管切除術是很久以前做的，那麼機率會更低，如果是近幾年做的，那麼機率會高一點。」蓋爾醫師說道。反正不管是哪一種，在你第一次想做輸精管切除術之前，花多一點時間徹底想清楚總沒錯。

吉堡醫生建議你，如果你決定要做回復手術，要小心選擇外科醫生。看看這醫生共做過多少回復手術，以及他的成功率是多少。

已經有小孩了。我們所執行的大多數手術的對象都是已經有了足夠的小孩，並且已經不想再有任何小孩的男人。」

不過如果你從未有過小孩，很多醫生在同意做手術之前都會表示質疑。華倫醫生表示：「對一個沒有小孩的男人執行輸精管切除術，我會特別慎重，即使他保證他完全不想有小孩。你和你的伴侶總是會有改變想法的可能。」的確沒錯，就算你認爲已經有足夠的小孩了，也許也會有改變想法的一天。花一點時間想想，確定你眞的完全不想再有小孩了。

你有很好的理由不生小孩。考慮不想有小孩是一件事，知道你不應該有小孩又是另一件事。亞歷山大博士說道：「如果你或你妻子有遺傳性疾病，或者你知道懷孕對你妻子可能有危害或威脅生命的，那麼這些都是考慮絕育的充分理由。」

你已經跟很多異性朋友交往過了。大多數的泌尿科醫生都同意理想的手術患者是已婚，或者已經持續穩定的感情關係好幾年的男人。蓋爾博士說道：「如果你單身，或者你認爲以後不會跟現在的伴侶在一起，那麼在做輸精管切除術之前要三思。你不知道你未來的伴侶要的是什麼，如果她們想要的是生下你的小孩，而不巧你已經做了手術了，那麼你就會遇到其實可以避免的問題。」

決心堅定

如果你都考慮過上述事情，那麼我們認定你是輸精管切除術的最佳候選人，或者至少你已經執著這個決定。不管是哪一種，如果你考慮在未來動手術，那麼有些事是你應該做以及不應該做的。以下是最基本的原則。

澈底思量

這句話說幾次都不夠。在捫心自問一些嚴厲的問題前，別去找醫生。你曾經想過要小孩嗎？她呢？你確定在未來的人生中，你都要跟目前這位在一起？如果你不確定的話，那麼你怎麼知道，你下一個伴侶不會想要你

液體的真相

• **迷思**：在輸精管切除術後，你會射出較少的液體，而這會讓你較不容易高潮。

• **事實**：幾乎所有你射出的精液都來自精液囊泡和攝護腺，而它們不會受到輸精管切除術的影響。精子只佔精液的極微量，所以根本不可能注意到差異性。

的小孩呢？你如何回答這些問題應該有助於你繼續前進或回頭。蓋爾博士提醒你：「即使有手術可以回復輸精管切除術，然而無論從哪一點來看，你還是應將此手術視為生命中永久的改變。」

說出來

當然啦，他們割的是你的輸精管，不過為了尊重你的伴侶，你還是該跟她談手術的事。華倫醫生說道：「這可以消除一些問題，如果她催你去動手術，那麼說出你的想法將可以幫你下定決心。」而且這樣也可以緩和你的緊張。這會讓你對手術感覺較舒服。

四處探聽

一旦你下定決心，問你的家庭醫師有關手術的資訊。你要哪一種？開刀的或不開刀的？然後再著手找能動手術的泌尿科醫生。你的家庭醫生可以給你一些建言，做過手術的朋友也可以（你可能會驚訝於原來你有那麼多朋友做過。）

華倫醫生說，跟醫生約個時間碰面，問他你所有的疑問。好比，這醫師做過多少次輸精管切除術？（一年至少要12次，一年50次更好）手術費時多久？會多痛？併發症呢？

在星期五動手術

一般來說，在沙發上待一個週末，再加上一些冰塊及伴侶盡心盡力的照顧，應該足夠讓你從手術中恢復了。這是爲何你應該把手術時間安排在星期五下午或晚上，然後做完回家的原因。靠在沙發上休息，並把用得到的東西都放在你舉手可及之處。要求伴侶每隔一段時間拿食物和水給你。不時的疼痛浸淫在隨之而來的同情。你是她的英雄 —— 這點讓所有一切都値得了。

在身上放冰塊

持續一兩天的疼痛和軟弱應該是危險範圍內的。大多醫生會建議在褲子上放一包冰塊，幫助防止疼痛和發腫。將這包冰塊用薄毛巾或手巾包裹好，敷個20分鐘，然後拿開20到30分鐘，然後再重複。不要直接將冰塊放在你的生殖器上 —— 那會造成凍傷，其嚴重性比手術本身還可怕。吉堡醫生說，如果你感覺到劇痛、腫脹、睪丸或陰莖變色，千萬別等症狀自動消失 —— 趕快打電話給醫生。你有可能輕度感染，即使發生這種情況的比例非常少，它還是可能發生。

放輕鬆

吉堡醫生說，你可能根本就不喜歡下列活動，不過我們還是要警告你，在手術後數天內不要從事某些活動，如舉重和性愛。

持續防潔

這可能讓你有點吃驚，不過即使你動完輸精管切除術，在數週內你還是不能從事性活動。華倫醫生建議：「要花15到20次射精次數才能清除活躍的精子系統。」除非你達到這個次數，否則繼續使用另一種避孕法，然後去看醫生做追蹤診斷。他們會做精液採樣以檢查是否有活動的精子。即使已清除完畢，在一兩週內他們還會再做一份採樣，預防萬一。在那之後，你就可以隨心所欲的做愛，完全無憂無慮。你的生活也更加穩定。

♥ 陰莖尺寸

我們會說得短一點。抱歉 — 不是短。簡潔，我們會說得簡潔一點。

當你談論到陰莖尺寸時，選擇用詞要小心。男人之間的話題，很少有比談到陰莖尺寸還要更敏感、更緊張的話題了。在這個世界上，成功是由薪水袋上的數字來衡量，聰明是由考試中的正確答案來衡量，而力氣則要看他能舉起多重的物品。在人生這麼多的爭論中，男人居然花了如此多的時間，專注於一小吋大部分的男人從未正眼瞧過的肉，這眞是令人驚異。

別過度延長自己

到目前為止，你已經從男性雜誌或媒體上知道陰莖延長手術，一種據稱可以延長並加粗陰莖的外科手術，費用約六千美元左右。這聽起來像是自古以來男人煩惱的解答了，然而在你將你的陰莖放上手術台之前，你可要三思。

葛思坦醫生說道：「除非你的陰莖短到有排尿的困難或難以讓伴侶受孕，否則你根本不應該考慮做這項手術。手術內容是要先把腹部中連接陰莖和恥骨的繫帶剪斷，然後將陰莖軸從體內拉出來，這樣好使陰莖看起來長一點。其實長度並沒有增長。」葛思坦醫生將這手術比喻成讓建築物的地基裸露，然後宣稱房子變高了。他說，「比較嚴重的是，將繫帶剪斷意味著你勃起時會搖擺不定——這會增加彎曲斷裂的可能性。」

當然，並非所有人都認為陰莖延長手術是不必要或不安全的。懷特漢醫生就認為只要手術做得正確，陰莖延長手術並不會導致勃起搖擺，而且對於男人的自信，它還能創造奇蹟。

這是激烈的爭辯。葛思坦醫師說在任何手術程序中，在陰莖根部會出現傷口組織，而它會將陰莖軸拉回去。瞧！你的陰莖比原先的更短了。

的確，懷特漢醫生反擊說，但是這只有在患者於手術後，未依規定使用陰莖拉長器具才會發生。

同時，加粗意味著要將你身體其他部位——臀部或鼠蹊——的脂肪移植到陰莖軸裡，這樣好讓它變粗。

葛思坦醫生說，「如果你藉由脂肪移植讓它變寬，過一陣子之後，脂肪可能或移往他處，或者在奇怪的地方擠成一 團冒出來。到最後，你可能會有一個瘤狀的陰莖。」

已經有些男人知道這個悲哀的事實，而且是以冷酷的方法得知。加州的陰莖擴增手術正蓬勃發展，然而好幾千人做過手術後，發現自己得到的並非更長更粗的陰莖，而是劇痛、明顯的傷痕，以及喪失了關鍵地方的敏感度。因爲太多人抱怨了，所以州立醫療局最後介入並撤銷醫生執照，並聲明此手術對於大眾健康和安全有害。

然而並非所有的外科醫生都採用這些高風險的手術程序。懷特漢醫生說：「我們有些是採取橫切面切開術（transverse incision）和眞皮脂肪移植（dermal fat graft）。這些程序較安全也較有效。」橫切面切開術的傷口較易癒合，而且也比較不明顯。至於眞皮脂肪移植，移到陰莖的脂肪是附著在皮膚上的，所以它還是活著，而且是敷平的。

不過，這程序也較難，所以它也比較貴── 搭配陰莖擴增術一起做是八千美金。

如果正考慮要做陰莖擴增術，確定你有實際的期望。懷特漢醫生說，「我們無法讓你增長3到6吋，但增長0.5到1.5吋尚有可能，並且以眞皮脂肪移植術讓你的陰莖變寬30％到50％。」

然而所有的外科手術皆有風險。這就是爲何處理你陰莖尺寸問題的最佳方式是去看心理治療師，而非外科醫生。曼尼博士說道：「大部分對自己陰莖尺寸有問題的男人大都屬於一般尺寸或高於一般尺寸。他們的問題並非陰莖尺寸，通常這種無能的感覺是來自於生活中其他方面。跟專業的諮詢師徹底談談可以幫助你釐清一些事，也能讓你對自己的觀感好一點。」

男人採取的措施

不過對男性心理專家而言，男人對陰莖尺寸永不止息的擔心並不那麼令他們費解。柏胥博士說道：「對陰莖的迷戀自古以來就是如此。回溯到原始時代，人們視陰莖爲生殖力的象徵而膜拜它。在原始藝術中可以找到許多例子，在一些古老遺跡中，你會找到被當成是盛產和生殖圖騰的龐大石刻陰莖。我們祖先的觀點在於生殖的潛力，從這點看來，越大當然越好。」

這樣的想法隨著時間滲入男人的心理。柏胥博士說道：「男人將他們對於男子氣概的感覺和自信都建築在陰莖的尺寸上。而且我們所處的社會也鼓勵這種大即是好的觀念，於是就越加強了男人對於尺寸的關心。」

恐怕你無法短時間內改變社會，但是如果你對於跟同儕間的尺寸比較有問題的話，我們倒是可以現在就修正一些觀念。我們曾經對陰莖專家做過問卷調查，並知道一些眞相，可能可以幫你驅除社會加諸於你的錯誤的陰莖資訊。

瞭解一般值

性學專家艾門說道：「每個人都想知道一般的長度是多少。如果有一個問題是我聽過太多次，以致於連睡夢中都回答得出來的，那一定就是這個問題。」多年來，大多數性學專家敢給你的答案都在廣泛的範圍內。但是葛思坦醫生想要一個精準一點的答案。所以他集合了幾千個無私的男人，讓他們進實驗室，並以每一種科學測量方法衡量他們的陰莖。

而一般的勃起陰莖長度是多少呢？

葛思坦醫生說，「五又二分之一吋── 我們的研究涵蓋所有的年紀和種族。」他說，只有勃起的陰莖長度才算數。因爲癱軟時的長度── 你的和所有其他人的── 變化很大，會隨一天中的各個時刻改變，甚至你的感覺，或天氣冷熱都會有所影響。

抽煙對尺寸的影響

不管你的尺寸多少，要安全的拉長它實在有限。不過我們覺得必須要指出，有些個人的習慣可能會使它縮短。比方說，抽煙不僅削減你的壽命，它也會縮短你的陰莖長度。

葛思坦醫生說道：「我可是十分認眞的。」在他對陰莖尺寸的研究裡，葛思坦醫生發現陰莖長度和一些健康因素，例如，糖尿病、高血壓和抽煙有所關連。抽煙特別會影響到彈力蛋白── 讓你皮膚柔軟有彈性的成份。彈力蛋白對於陰莖尺寸尤其重要。他更說道：「如果你陰莖的皮膚不夠有彈性，或者好比說，因爲抽煙的緣故而變得較沒有伸縮力，那麼它絕對會影響到你勃起的時間長短。」抽煙還眞是有百害而無一益。

短一點好一點

如果你的陰莖尺寸剛好是比一般値短一點，別擔心，事實上，我們告訴你一個秘密：你是個幸運的男人。葛思坦醫生說，「陰莖長其實沒有好處。就數據上來說，長一點的陰莖通常會較窄，以及較無能。」

理由是：如果它長一點，那麼它就必須厚一點，好保持堅挺。葛思坦博士說：「然而，一般來說，較長的陰莖卻都不是很寬，所以也就比較不硬。這在性表現上是很糟的事。」而且如果陰莖是又長又硬的話，那麼在性交時它也很容易折斷或彎曲── 可沒人會享受這件事。葛思坦博士指出：「理想的陰莖是短而厚的。這樣它會保持最硬挺的狀態。」此外，這樣的陰莖比長而細的陰莖更能取悅你的伴侶。「一個短而寬的陰莖比細而長的陰莖更能刺激陰道的外圍區域，而且感覺也會更愉悅。女人陰道裡的神經末梢很少，眞正敏感的是外面。」

此外，如果你依然對自己的尺寸有懷疑，下面有些步驟可幫你釐清。

照鏡子

如果你近來都沒這麼做過，那麼你可能對自己的陰莖和實際尺寸沒有眞正的認知。當我們一般檢查我們的陰莖時，都是從上往下看。曼尼博士說道：「俯瞰的角度會讓陰莖看起來較實際短。」要擊退這個視覺幻覺，曼尼博士建議你下次淋浴完站在鏡前檢查你自己。「那樣可以讓你看得較清楚。」此外，你可能會對於它看起來比你原先認為的長而感到驚異。而且記住這才是你伴侶看到的樣子。

修毛

當評估自己的尺寸時，很多人其實都看不清楚。柏胥博士說，「在很多例子裡，恥毛會遮掉大半的陰莖。」如果你想確定你露出了器官的最完整模樣，要好好的修毛。

擺脫贅肉

另一個遮蔽陰莖尺寸且無所不在的是陰莖根部的的脂肪。我們需要一些脂肪，它在激烈的性愛推擠中可作爲緩衝，然而大多數男人的脂肪卻比他們需要的多出太多了。

葛思坦醫生說道：「當你年歲增長，恥骨下方的脂肪會越來越多，而它會開始遮蔽陰莖的根部。很明顯的，你的脂肪越少，你就越能顯露出你眞正的陰莖長度。」避免這問題最好的方法是遵守一些飲食和運動養生法。試著一週做有氧運動三到四次，每次至少30分鐘，這會幫你燃燒脂肪。此外，遠離高脂肪的食物，例如，紅肉、蛋、堅果類；多吃麵食、瘦肉，例如，魚肉和家禽類，這樣可以避免脂肪在那裡堆積。

5

與性愛奮鬥

♥ 勃起問題

近來有一群醫師發表了關於「陽萎」這個字所隱含的恐怖意味，對一般人自尊心所帶來的傷害。所以我們不再使用「陽萎」而改用「勃起性機能障礙」這個字眼來代替。

當然，這個新名詞並不好記，但有它的優點在。「陽萎」暗示一個永久性的狀態。然而實際上，大部分的人無法達到勃起狀況只是因爲一些偶發性或是臨時性的因素使然。「陽萎」也暗示了一個成年男子喪失了他的男子氣概，而事實上，有許多人在達到事業顚峰時也曾遭逢此一問題。

由於心理學及生理學知識的增進，我們可以深入瞭解勃起及暫時性機能障礙的原因，而不必陷入爭議不休的狀況。「男人都能勃起，」曼尼博士如是說道：「而他們所必須做的只是下決定要去處理它」。

大多數的人約在四十幾歲之後才開始處理關於這方面的問題，一項由新英格蘭研究學會針對約1,300位男性所做的研究中指出，七十歲的男性罹患陽萎的機率約爲四十歲男性的三倍。泌尿科教授慕卡其博士指出：「從五十五歲之後，圖形呈現倍數成長。」這是因爲大部分長期且慢性的勃起問題，現在被認爲多由心理機能所導致，而非導因於身體機能，這種心理制約導致陽萎的發生，而且隨著年紀越大，越形嚴重。

男性在十幾歲、二十幾歲、三十幾歲時均可能有勃起的問題。但這多是導因於外在的煩惱而非內在的心理問題。當然，不論年紀大或小，心理及情緒都有可能影響人們，而引發勃起的問題，這也是爲何在處理此一問題時必須由身體及心理兩方面著手，以下由雙方面來探討。

老而彌堅

讓我們面對這個問題，人類會逐漸老化，皮膚產生皺紋，不得不戴上眼鏡閱讀，而且人生的黃金歲月也並未完全被利用。所以為什麼要為我們的陰莖怠工而驚訝呢？「隨著年華老去，勃起的次數與持久力也越來越低，」懷得漢醫師指出：「這絕對是正常的。」但這也不是不可避免的。

主要的原因是因為我們的陰莖會隨著年歲漸增而逐漸失去活力，瞭解這一點並不困難，陰莖會變硬是因為陰莖內的血管充滿血液，如果陰莖沒有由動脈與血管得到足夠的血液，那它就很難變硬。當血管壁上附著過量的膽固醇時，就會引發閉塞現象，而這也會對心臟造成負擔。保持良好的生活習慣——低脂肪的飲食、規律的運動——都會有所幫助。

保持血管的狀況良好，可以有效防止因老化而引起的陽萎症狀，新英格蘭的研究指出，當人們有心臟疾病、糖尿病或高血壓時，會比一般人更容易罹患完全的陽萎。

以下有數點可以在你年老時，幫助你保持性能力、快樂、健康並且有良好的準備。

化驗

做一次膽固醇檢查，這是發現你陰莖上的血管有無阻塞現象最好的方法。這只是一個簡單的血液檢查，以監測你血液中的高濃度脂蛋白(HDL，或說是「好的」)膽固醇，以及低濃度脂蛋白（LDL，或是說「壞的」）膽固醇。HDL幫助我們移除動脈中令人不舒服的阻塞，這也是為什麼新英格蘭的研究會發現當人們血液中的HDL減少時，罹患陽萎的機率較高。你可以藉由運動提升你血液中的HDL水準，這也是減少LDL的良方。

停止抽煙與飲酒

你可能認爲抽煙會使你看起來更浪漫，但是抽煙對你的陰莖一點幫助都沒有。根據威爾生醫師的說法，一個一天抽兩包煙，持續25年的老煙槍有勃起方面問題的機率，比一個從不抽煙的人多65％。

編一份藥品目錄

許多藥品都有可能引起勃起問題，從抗高血壓藥、抗抑鬱劑到抗組胺劑都有可能，假如你有勃起的困難，你最好去讀一讀你正在服用的藥丸的說明書。納森醫師建議，你最好詳讀藥品說明書中的副作用是否有勃起機能障礙這一項或是去和你的醫師談一談。

保持挺直

葛思坦醫師說，當你勃起時，陰莖周圍的細胞會擴展爲原來的三倍，當一個人邁入四十歲以後，這些構成勃起的細胞組織──當你勃起時，在陰莖內的一個個充滿血液的小洞──變得更脆弱。在一些例子中，當進行性行爲時，這些脆弱的細胞會破裂，因爲程度極微小，所以你甚至不會去注意到它，但是當它發生夠多次時，你就會。

頻繁的撕裂會留下傷痕，並且這些傷痕會阻礙陰莖中的細胞完全的充血，當這種情況發生時，陰莖中的細胞組織會產生一個扭結。當你勃起時，你的陰莖只有半邊會完全充血，產生扭結的半邊會呈現半堅挺狀態。這個結果會讓你大吃一驚——你的陰莖明顯的彎曲——在一些嚴重的案例中，陰莖的彎曲度甚至會達到90度。這種情形稱之爲北洛尼氏症(Peyronie's disease)，這會使你恐慌並感到不舒服，但是如果及早就醫的話，這是可以治療的。

以前的人們會對這種情況感到不悅，而歸咎於穿著或是性行爲時的姿勢，特別是女性在上位的體位。慕卡其醫師說道：「大約75％的北洛尼氏症患者都說曾在性行爲中採用這種體位，因爲這種體位會對陰莖產生太大的扭轉。」

讓頭腦和心智結合

假如對陰莖來說還有比膽固醇更大的敵人的話，那就是我們的心靈。想太多會使得原本讓你引以爲傲的勃起變成一堆鬆軟的肥肉，而在那些日子中，我們大多會更加自怨自艾。

雖然泌尿科醫師和心理學家都同意心理因素導致陽萎這個觀點，但在最近幾年中並未受到重視，因爲所有的注意力都集中在肉體的治療上。「每個人都想在醫師那獲得一個快速的解決之道」，蘭修醫師說道：「但這並非如此單純，有各種因素夾雜其中，心靈就像眞實的肉體，糾纏著陰莖並將它向下拉。」

最常見的心理性陽萎，尤其近來在年輕人和老年人都常見的，是一種被稱之爲表現焦慮（performance anxiety）的精神過敏症。基本上，這些人擔心他們會陽萎，而他們實際上並沒有。他們的憂慮變成一種自我實現式的預言。

而另一種心理性疾病使得越來越多的人走進心理醫師的房間，卻可能只是被描述成現代社會的生活狀況。這些我們每天都會遭遇的心理和生理的消耗，包括壓力、沮喪、憤怒和疲憊都會嚴重的破壞我們美滿的生活。這是我們在三十、四十甚至五十歲時都會經常遇到的問題，根據麥古婁醫師所言：「當生活中的複雜事物增加，各式各樣的事情都能危害到你的性能力，養育孩子的責任、離婚、工作壓力，當這些和一些生理問題相結合的時候，就像一條繃得過緊的繩子——啪——就像這樣。」

對陽萎患者來說，第三種常見的心理問題是關係因素，當一個男人發現他無法勃起時，其影響對他的配偶爾言就像他本人一樣嚴重，而這種關係通常使得陽萎無法輕鬆地解決。因爲這個原因，精神科醫師通常建議患者先作好充分的溝通以處理陽萎的問題。曼尼醫師說道：「你必須和你的妻子好好談談，她眞的想要知道。假如你沒辦法和你的伴侶談論性，那麼諮商是必要的。」

還有其他可以處理導致你的陰莖自信不足的方法。以下是其中數點。

不要驚慌

假如今天你的陰莖不合作，並不代表你的性生活就此結束。曼尼博士說道：「放輕鬆，男人的思考傾向於全部擁有，或是全部失去，而我們所接觸的病患中，有許多人的思考一下就跳到最糟糕的結論。」

不要放棄

有許多人懷疑他們不會再勃起時，他們就不再做愛。再一次，放輕鬆。柏胥醫師說道：「假如你不能勃起，不要放棄。玩一些輕鬆的小遊戲，開開玩笑。機會總是會再出現的。」

轉移焦點

對於勃起困難，一個常用在夫妻間的技巧，是將實際的性交從你們的性愛節目單中移除一個月或更久。這個方法是藉由前戲及愛撫，來學習獲得更多的愉悅，並且將壓力由陰莖上移開。柏胥博士說道：「關注過程，而非結果。當你較不關注性交時，你將更有可能獲得它。」

擴展你的節目單

另一種幫助你在性行爲時放鬆自己的方法，就是使用所有的肢體，而不是只使用陰莖。柏胥博士認爲：「如果你善於手和嘴的性刺激，那也能帶給你的伴侶愉悅，並有效減輕陰莖所承受的壓力，並且那能讓男人自然的回應。」

平靜

假如壓力使你無法勃起，那麼學習一些可以讓你放鬆的方法。在今日，放鬆的方法有許多種，冥想、瑜珈、生物反饋法（biofeedback）、祈禱和在森林中漫步都是有效解除壓力的方法。葛堡醫師指出，將生活中的雜訊暫時自身邊袪除，對你的生殖器官會很有幫助，對你本身也是很好的休息。

關鍵問題

我應該去看醫生或是精神科醫師？這可能是當人們發現他有陽萎的狀況時，最常問自己的一個問題。大部分人遇到勃起問題時所選的答案可能是「都要」，因爲這包含了一些生理的因素及大部分的心理影響，這裡有一張我們的專家所列出的清單，可以幫助你追蹤最有可能的問題根源。

1. 你是因爲手淫而導致陽萎的嗎？
2. 你是突然還是逐漸發現你有陽萎的問題？
3. 你最近有發展新的人際關係嗎？
4. 你在工作上有困難嗎？
5. 你爲錢煩惱嗎？
6. 你對自己的伴侶不滿嗎？
7. 你覺得你受控於你的配偶嗎？
8. 你的信仰在婚姻和性行爲方面有嚴厲的規定嗎？
9. 你感到疲憊嗎？
10. 你覺得抑鬱、沮喪嗎？

如果你有一項或一項以上的回答是「是」的話，那你勃起困難的原因發生在頸部以上的機率比發生在腰部以下的機率高。如果所有的回答都是「不是」。那麼尋求生理醫師的幫助更適合你。如果是後者的話，問問自己下面的問題。

1.你勃起時的堅挺度及次數是不是越來越少？

2.你的性慾依然不減嗎？

3.你有服藥嗎？

4.你有高血壓、糖尿病或是心臟病嗎？

5.你的體重過重嗎？

6.你超過一個月沒上健身房或是去運動了嗎？

7.你的醫生提醒你要注意膽固醇？

8.你喜歡奶汁燉菜勝過新鮮蔬菜嗎？

上述問題「是」的回答可能是進一步的顯示——雖然不是必然——你的問題跟生理有關。

何時尋求幫助

泌尿科醫師說，即使是在這樣一個可以公開在電視上談論有關性的問題已十分平常的年代裡，仍然有許多人延宕許久才告知他們的醫師有關陽萎的問題。這個錯誤不只在於他們不須在如此久的時間中沒有性生活，更是因爲勃起問題常常是心臟病的早期警訊。納森醫師說道：「如果這妨礙你的性功能，並且使你感到痛苦，就去看醫師。我們通常在進行前，會建議患者等六個月，但以我的意見，我認爲60至90天是一個較好的時間區間。早期治療會使問題較快解決。」

在採取以上步驟前，先自我評定一番，就像前面的「關鍵問題」一樣。然後求教於你的家庭醫師，特別是那些專精性功能障礙的泌尿科醫師——據慕卡其醫師說，並非所有的泌尿科醫師都是這方面專家——或是求教於性治療師。

如果你的醫師認爲你需要一些人爲協助來幫助你勃起，有許多方法可以選擇，最普遍的就是威而剛，一種長效性的治陽萎藥丸，當它在1998年上市銷售時便改變了治療的方式。它發揮作用的方式是藉由改變控制你動脈壁的肌肉細胞組織的化學作用。納森醫師說道：「的確，威而剛是有史以來最能引發陽萎患者性慾的藥劑。」但是約有15％的人服用後會有頭痛的副作用。而服用硝酸基的心臟病藥丸時，也會對血壓有致命性的影響。

賀蘭德醫師說道：「如果你要服用威而剛，先跟你的醫師談談是否能將心臟病用藥換成另一種不含硝酸的。提醒你的醫師所有你正在服用的藥，包括無須醫師處方即能購得的藥物。」

但是威而剛並不能治療所有的陽萎病患。納森醫師說，對一些嚴重的陽萎患者就需要用到其他的治療方法，包括注射、眞空吸引器和植入等方法。陰莖注射治療包括當一個男人要性交時，用一隻小針在陰莖根部注射藥劑，幾分鐘後，他會開始勃起，持續時間由半小時到一小時不等，端看注射的藥劑量而定。

眞空壓縮機使用一個中空的圓柱、幫浦和一個橡皮圈，將血抽到陰莖並用橡皮圈使血液停留在陰莖以便進行性行爲。陰莖植入法是利用外科手術將人工裝置植入陰莖內，以使患者可以在有需要時勃起，要多頻繁和持續多久都隨患者的意願而定。植入法是最有效，且越來越可靠的。這種利用外科手術植入的方式變成患者最後也是唯一的依靠。

♥ 攝護腺問題

打擊男人的事可能零零碎碎的湧來。例如，攝護腺，它原來只有胡桃般大，但卻打算在美國男性心理上留下特大號的印象。這是個相當新的發展，十到十五年前，男人們對攝護腺還沒概念，然而在過去十年裡，嬰兒潮（譯註：二次大戰後出生的一代）的許多名人紛紛死於攝護腺癌。搖滾樂巨星、運動健將、好萊塢名人，他們的事蹟引導新聞，躍居報紙頭版。於是突然間，幾乎每個男人都領悟到這小小的腺體的毀滅力。

這新領悟的好處有兩面：首先，男人願意接受檢查 —— 而一旦檢驗出它的存在，攝護腺問題還蠻容易解決的。第二是它刺激了醫學團體的回應，所以這就是爲何如今有這麼多創新的研究，這麼多發展中的療法，以及我們能樂觀理性的期待更無痛、更簡單的控制攝護腺問題的方法問世。

如果有什麼腺體需要控制的話，那就是攝護腺。一般來說，攝護腺會在兩個地方發生問題：它顯現出癌症症狀或者形狀變大。癌症是比較不普遍但很可怕，每五個美國男人就有一個在一生中會罹患攝護腺癌，而且它已經躍居成男性癌症的第二死因。但是對於幾乎所有的男人來說，當我們年老時，因攝護腺肥大所帶來的不適將會變成事實。霍克醫師說道：「男人是該注意攝護腺的問題，但是它並不是什麼讓人痛苦焦慮的事。」

形成中的痛苦

如果人體的器官也有自己的意志的話，那麼攝護腺一定會被認爲是其中最任性頑固的一個——當它變成歐吉桑時。在這之前，這個「性的附屬腺體」在你體內的生殖系統中的角色也不怎麼有魅力。它的工作是生產運輸精子的大部分液體。因此，它就位於膀胱和陰莖中間，由尿道環繞。

攝護腺惱人之處是當你四十好幾或五十歲時，這個該死的小東西，沒什麼特別理由就決定要變大。原本胡桃大的攝護腺會膨脹成橘子那麼大。該症狀稱爲良性攝護腺增殖（benign prostatic hyperplasia，簡稱BPH）。如果你壽命夠長的話，那麼你很可能要處理BPH的問題。根據邁格道加醫師的研究，四十歲以下有BPH的男人低於5％，六十歲以上則佔50％，到了八十五歲時，則有90％的男人爲其所苦。

很多男人有BPH，但是自己卻不知道。不過等到他們的排尿開始有問題時，他們就會一點一滴的察覺到事實。當攝護腺開始肥大，它會壓迫到尿道，讓尿道從一角硬幣的直徑大小壓縮到只剩吸管的寬度。因此，你會覺得自己無時無刻都有尿意；或是你的尿流量很微弱，即使你已經擠不出尿了，你還是覺得好像根本沒有把膀胱裡的尿液全部排出一樣；或者你覺得必須要很用力才能排尿。這些問題讓人討厭，不過症狀也頂多就是如此。BPH不是——再次重申，不是——癌症的症狀，而且有BPH並不表示你有任何得到癌症的可能。記住，它的關鍵字是「良性的」。

要等還是要開刀？

大多數有BPH的男人就學著忍耐它，然後一年一次或兩次向泌尿科醫師報到，以留意情況。這種「觀察性質的等待」還蠻有理的，因爲一般而言，這些症狀不會變糟，有時還會有所改善。不過還是有很多男人受夠了這些惱人的症狀而決定開刀治療。事實上，在美國最普遍的手術之一就是切除攝護腺增殖過多的部分。

攝護腺切除手術有其效用，不過任何的手術都是非同小可，而且有一定的風險的。所以這就是爲何會有專門讓攝護腺萎縮的藥物逐漸風行的原因。霍克醫師說道：「大部分的患者選擇的第一個策略要不是觀望的等待，就是藥物治療。但是每個人都不一樣，有些男人不介意每天吞顆藥丸，有些男人則不願意，他們寧願選擇一勞永逸的開刀方式。」

通常，BPH對性生活沒有影響，但是還是有些例外。其中一種是對於極其少數的男人（少於5％）來說，攝護腺的藥物治療會造成暫時性的陽萎。當然如果你是那極少數中的一個，那麼你應該跟醫師商量採用另一種治療方法。另一件值得注意的事是，約有3/4接受攝護腺外科手術的男人會有一種叫逆行射精（retrograde ejaculation）的奇怪副作用。這意味著當你高潮時，你的精子射回膀胱而不是陰莖前端。這種情況對你或你的伴侶都無害——精子只是融入尿液裡——而且它也不改變高潮的快感。不過，它的確會讓你比較不可能生育，雖然不是完全不可能。

另一個較重大的憂慮是外科手術有影響你性能力的風險。因爲攝護腺位於許多肌肉、血管，和陰莖的神經末梢的交會點，在此腺體上開刀可能會有損於你勃起和得到陰莖快感的能力。這樣的風險大約是5％到10％

——不高，但不容忽視。所以這也是泌尿科醫師較喜歡採用藥物治療BPH的另一個主要原因。

此外，已陸續開發許多新的、較不具侵略性的攝護腺萎縮科技，從使用雷射和過熱針（super-heated needles）來減少攝護腺大小，到採用液態氮進行無痛冷凍和移除肥大部分和患病部分的攝護腺。布盧醫師說，這些手術才剛剛從實驗階段出爐，就長期而言，現在要知道確切的效果還言之過早。重點是療法的選擇已經有大幅度的增加。

此外，如果你覺得BPH已經漸漸變成你生活中的一部分，那麼以下有一些建議可幫你處理。

排除感染

如果排尿突然變得疼痛，而且此疼痛是伴隨發燒而來，那麼有可能你是得到攝護腺感染，而非BPH。此類感染通常用抗生素治療，但治療的同時，抗生素可能會對你的性生活產生影響。蒙太奇醫師說道：「我想，發燒到39度，而且攝護腺部位又嚴重疼痛時，是沒多少男人還想做愛的。」不過，如果你有上述狀況時，儘量多性交或自慰，這是泌尿科醫師間的標準知識，頻繁的射精有助於排出攝護腺裡的細菌。

讓你的膀胱休息

藉著降低排尿的必要性可以減輕BPH的症狀，尤其是在晚上。晚上六點以後儘量少喝飲料，七點以後則完全不要喝。賀藍得醫師說，咖啡因、酒精、退燒藥和辛辣食物都會刺激到尿道而加劇BPH的症狀。所以少吃這類食品。

檢查排尿狀況

當你的攝護腺發生問題時，症狀並不是一湧而至。它們一點一滴的發生。在達拉斯的男性健康中心的專家設計以下的方法讓你自我檢查排尿狀況，你可以自己判斷你的攝護腺是否開始肥大。將以下問題中，符合你情況的答案圈起來（5表示非常頻繁，0表示完全沒有）。這項自我檢查不應取代你例行的攝護腺檢查或癌症健康檢查，不過它可以幫你及早發現問題。在過去的一個月裡，你多常……

1. 排尿後覺得沒有徹底排除膀胱中的尿液？
   0　1　2　3　4　5
2. 排尿後不到兩小時又必須再次上洗手間？
   0　1　2　3　4　5
3. 發現排尿時，小便停停流流好幾遍？
   0　1　2　3　4　5
4. 發現很難憋尿？
   0　1　2　3　4　5
5. 小便流量微弱？
   0　1　2　3　4　5
6. 排尿時要很用力？
   0　1　2　3　4　5
7. 平常上床後，還必須半夜起來排尿？
   0　1　2　3　4　5

現在把你的分數加起來，如果你的分數是十分以上，去找泌尿科醫生做檢查。

使用自然療法

很多喜歡採用自然療法的醫師相信一種叫鋸棕（saw palmetto，譯註：產於美國東南部的一種植物）的漿果抽取物有助於減輕腫脹的攝護腺。泰勒博士引用一項針對500個男人在食用過此抽取物後的研究，有88％的人BPH症狀有所減輕。如果你決定嘗試，使用油性的抽取物——這是最有效的。並尋找註明含有符合標準的85％到95％的脂肪酸和固醇的品牌。泰勒博士建議一天服用320毫克。在使用此種療法之前，跟你的醫師確認一下：鋸棕可能會跟一些攝護腺藥物產生作用，或者影響攝護腺癌檢查。

閃避攝護腺癌

癌症研究員提供的一份數據值顯示：超過五十歲的男人有30％到40％得了攝護腺癌。不幸中的大幸是這些癌症病例中只有8%是「嚴重的」，也就是說危險到需要治療的地步。有所謂「不嚴重的癌症」嗎？當然沒有。但若就攝護腺而言，醫師說其實沒什麼好擔心的。因爲攝護腺腫瘤發展得不可思議的慢，以致於很多男人雖然長了腫瘤，卻絲毫不爲其所苦，活的長壽又快樂，死的時候也是因爲其他原因而死的，所以常常有人說，伴隨攝護腺癌長眠的比死於此症的人多。

攝護腺癌的外科手術現今已經愈來愈普遍了，不過那是因爲能在想儘量長壽的年輕人身上早點偵測到。研究指出，若在癌細胞擴散到其他部位之前，動手術將其割除，那麼這男人的存活率跟從未得到攝護腺癌的人是一樣的。布盧醫師說道：「數年前，我所看到的攝護腺癌大都已經進入末期，而且無法醫治了。現在的情形則是完全相反。」

另一個治療攝護腺癌的重大進展是手術對性和陽萎的影響。在以前，割除攝護腺有時也意味著割除一些神經、肌肉和組織，而這會影響到你勃起和維持腸子和膀胱的控制力。現在仍然有風險，但是已經大幅度降低了，尤其是拜外科手術技術進步所賜。最成功之一的是一種叫神經縮減手術（nerve-sparing surgery）。神經縮減手術可增進手術後膀胱和尿道復原的能力，因此可避免手術後的小便失禁。同樣重要的是，此種手術讓醫師對於支撐性功能的神經看得更清楚，因此在手術時可以盡可能的避開它們。此手術的先驅——華胥醫師說，在神經縮減手術後，四十幾歲的男人有90％，五十幾歲的男人則有75％可保有其性能力。

但研究人員還未能找出預防攝護腺癌之道，不過目前已經有可靠的線索了。以下，我們將提供你如何將得攝護腺癌的機率降到最低的建議。

到醫院做篩檢

要預防攝護腺癌的最佳方法就是早期發現早期治療。美國泌尿科協會和美國癌症組織建議，你一到五十歲，就應該做手指直腸檢查（digital-rectal exam），檢查方式是醫師以戴上手套，並塗有潤滑劑的手指插入你的直腸，爲攝護腺做觸診。儘管檢查方式令人不愉快，然而觸診卻是讓醫師早點檢驗出你攝護腺問題的最佳良方。

同樣地，到了五十歲，你也應該每年作攝護腺專門抗原（prostate-specific antigen，簡稱PSA）的驗血，PSA是一種由攝護腺製造出的蛋白質。你的PSA值越高，得攝護腺癌的可能性越大。如果你是非裔美國人或有攝護腺癌的家族病例，那麼你應該從四十歲就開始做這些檢查。

攝取豆類食品

事實：日本男人死於攝護腺癌的比率比美國男人低五倍。一般認爲可能是由於他們的飲食多是低脂肪、高纖維食品。此外，豆類食品在日本食物中十分普遍，豆腐、黃豆粉、豆漿，都是能有效遏止攝護腺癌的食品。一項針對8,000名日本人祖先所做的研究指出，每天都吃豆類食品的人比一個星期吃一次或更少的人得攝護腺癌的比例還要低上三倍。

多吃番茄

在一項哈佛醫學院針對47,000個男人所做的研究中，研究人員發現吃烹調過的番茄產品最多的人得攝護腺癌的比例最低。所謂「最多」的意思是一星期十份。聽起來好像很多，不過1/2杯的番茄醬就是一份了——而且可能你舀在你義大利麵上的份量還遠遠超過呢。

吃維他命

一些攝護腺癌研究的主要人員相信補充維他命有助於預防疾病蔓延。在一項進行中的研究中，患者每天攝取25,000到150,000國際單位（international units，簡稱IU）的維他命A、1,000到3,000IU的維他命E，和1,000IU的維他命D。以上三種維他命都顯示能抑制動物的攝護腺癌成長。如果你會想嘗試服用以上這些劑量的維他命，先跟你的醫師詢問過。這些劑量不尋常的高，而且已遠遠超過政府確定的安全範圍。

小心荷爾蒙補品

蘭修博士說，有許多宣傳說睪丸激素治療可以提升你對生活——尤其是性生活——的渴望，然而高劑量的睪丸激素常常跟攝護腺肥大和腫瘤有關這一點，卻甚少被提及。如果你已爲攝護腺問題所苦，那麼遠離這些荷爾蒙補品。如果你沒有，那麼在你嘗試此類荷爾蒙前，先跟你的醫師討論它的風險。

放輕鬆

如果你做過或考慮要做輸精管切除術，不用怕——至少不用擔心攝護腺癌。數年前的一項研究聲明：輸精管切除術可能會讓你得攝護腺癌的機率增加，但是後續的研究卻未能證實這一點。秋黛醫師說道：「如果它們之間有任何關連，一定也很微弱，沒什麼好擔心的。」

♥精子問題

你的精子有多健康？

如果你跟大部分的男人一樣，想像你的精子就像成群結隊的健壯蝌蚪一般——微小世界的強壯英雄。其實好萊塢電影的影像跟事實差距不大，畢竟每一個精子都預定要向爆炸性的成長之旅出發——一個新生命。

但是當電影中的英雄總是得到勝利時，眞實生活的版本卻非如此。很多時候，精子就是無法勝任愉快。不孕一直影響了幾百萬的男人。有15％的夫妻無法生育小孩，他們儘可能地試，偏偏就是無法如願。

是什麼造成不孕呢？你如何分辨你是沒有生殖力還是單純的不幸運？

蘇庫醫師說道：「如果你和你的伴侶持續不避孕的性愛達一年，而她還沒懷孕，那麼你們其中的一個或雙方就可能有問題。」大約40％的可能性是男人的問題：精子短缺或其他問題。這稱之爲男性不孕症（male-factor infertility），這可能是男人在一生中會遇到的最痛苦的事之一。

有三個方法可以測量你精子的健康：它們的數量（精子數）、它們的形狀（精子形態），以及它們能敏捷有規則的游泳能力（運動性）。沒有男人可以在這三個項目中拿滿分——事實上，連要在一個項目中拿滿分都很困難。每個月精子的量都在變化，而每一個男人都會有變形或無法適當運動的精子。事實上，只要60％的精子在所有的項目中正常，那麼就算很不錯了。

所以還有什麼比懷疑自己的睪丸還要更糟的事？

把這些懷疑都看得太認眞了。你看，很多——就算不是大部分——不孕的問題都被知道了。而且最新的醫療科技也使得讓你成功「做人」的幸運之神站在你這邊。

就算你持續射擊落空好幾年，你也會樂於知道最近的事實，所以你該讀下去，但是要有耐心，我們先把可怕的事告訴你。

精子的麻煩

任何女人的卵巢終其一生都供應卵子，在她能生育的時光裡，卵子以每個月一個的速率被生產出來，所有的數量在400到600之間。爲了尋找這

活到老生到老

男人在生殖力上是幸運的動物。就像上了年紀的好萊塢明星還摟著十幾歲的模特兒，我們比女人更能持久擁有生殖力。安東尼昆效應——像種馬一般的祖父在古稀之年還能讓女人懷有他的小孩——可不是僥倖。

是的，生殖力會隨年紀降低。蘇庫醫生說道：「幸好不多。男人年過六十五歲後，精子濃度會略微降低，但並不是每個男人都這樣。」

這意味著我們男人可以一直保有生育力直到生命的最後一秒，至少理論上如此。

你還能想到有更好的離開人世的方法嗎？

麼少的卵子，我們男人派出了幾兆的精子。在五十歲時，男人已經生產了950兆顆「尋找卵子」的飛彈了。男人高潮時平均一次就射出2億顆精子。

老樣子，卵子常常擺出一副不想受孕的臉色。

懷孕的奮鬥變得令人受挫，甚至削減了性愛的樂趣。對於飽受不孕折磨的夫妻而言，不孕常常變成他們生活中的中心議題。

而且問題還日益嚴重，你可能已經知道工業國家裡的「精子危機」。這謠傳大部分是由一項誇大的法國研究造成，研究人員發現在僅僅二十年間，精子數量有驚人的滑落，從平均每公撮8千9百萬個精子減少到6千萬個。而且現在的精子比七○年代的駑鈍，變形的數量增多。

其他的報告加重了此項擔憂，看起來，精子變成了現實中瀕臨絕種的品種。

專家將此歸諸於現代飲食、毒品、污染，甚至是緊身牛仔褲和熱浴缸（你的陰囊功能就是要讓你的睪丸──精子工廠──離身體遠一點，好讓它們處於涼爽的溫度中。芬蘭浴、熱浴缸，或甚至緊身褲子都可能使睪丸過熱而危害到精子）。

儘管科學界有許多人質疑這項發現，這些杞人憂天者不見得是錯的。專家如葛思坦醫師每天都看見和不孕症奮鬥的男人。很多人是自己降低自己生育機會的──他們抽煙、濫用藥物，或酗酒。

一個更複雜的原因：蘇庫醫師發現社會因素，甚至女性主義，也會影響現代不孕症。她解釋：「很多女人一直到三十幾歲才開始組織家庭，就生理上來說是晚了。」

如果你閱讀得很仔細的話，你可能已經發現，到目前爲止，我們提到的每一個造成不孕的原因都是自己造成的──諸如藥物、緊身褲、抽煙。不過它們只是一部分，並非全部。很多不孕症的原因是超乎你控制的。以下是一些重要的成因：

- 隱睪症。這極罕有的情形約每一百個男嬰中有一個。這問題可藉由例行手術矯正，而且可能一勞永逸，但是它卻可能損害到睪丸。如果你不清楚你早年的手術病歷，你可能要檢查一下診療記錄。
- 基因因素，其中包括染色體異常。
- 荷爾蒙缺乏。這很罕見，而且可以輕鬆治療。
- 睪丸癌或受傷。兩者都會造成或導致不孕症。
- 生殖器感染。同上。攝護腺炎或腮腺炎會降低精子製造，或者在少數例子裡會摧毀精子。

協助小蝌蚪

在你痛苦之前，在你奔向醫師求助之前，以下有一些你可以用來鼓舞生殖力的步驟。

抓準時間，儘量做

即使在最理想的情況下，在任何一個月份懷孕的可能性，最高也只有20%，受孕只可能發生在女人的排卵期，這只佔一個月的幾天而已。排卵工具組（藥房有售）可以幫你判斷出幸運日。有些專家力勸期待小孩的夫妻在排卵期開始後，在週期一半時每48小時就性交一次。蘇庫醫師說只要在你覺得舒適的狀況下，儘可能的多做愛可以提高懷孕機會。

保持身材

據內分泌學家貝茲醫師所說，肥胖的男人血液中有較多使精子遲緩的女性荷爾蒙。

淨化，淨化

很多會讓人上癮的物品都會損害精子。抽煙降低精子量，而且根據西貝醫師的說法，香煙裡的尼古丁會使精子變形並降低活動力，而使得它們無法到達卵子所在地。

酒精也是生殖力終結者。雖然知道無數的酒鬼也生得出小孩，葛思坦醫師還是將飲酒的限制提高到一週兩次。大麻也是禁忌，葛思坦醫師說，大麻的影響力達16天。

注意處方箋的藥

抗憂鬱症和抗高血壓藥都會對精子造成損害。確定你的醫師開藥方給你之前已經知道你正在嘗試「做人」。

吃維他命

維他命C對精子有益。一項研究指出，每天1000毫克的維他命C讓精子成群結隊，而這有助於它們向卵子前進。研究還發現維他命C對精子的另一項貢獻，尤其是對癮君子。除了維他命C之外，里普修茲醫師還建議服用貝塔胡蘿蔔素，他稱他們爲清除毒素的清道夫。

檢查精索靜脈腫

在睪丸下面有個小小柔軟的區域叫精索靜脈腫（varicocele）。它是腫脹的血管，精囊版本的靜脈曲張。精索靜脈腫通常發生在左邊，它藉由使這區域過熱而限制精子製造。有些專家認爲它是男性不孕的主要因素。

男人中約有15％有精索靜脈腫。這情形對精子生產力不構成威脅，但卻可能惡化到逐漸阻塞精子。精索靜脈腫的治療是透過顯微外科手術，由葛思坦醫師於1980年代發展成功，現在只需費時半小時的門診。

向不孕進擊

認爲你有不孕的問題？首先，去看男性不孕症的泌尿專科醫師，做精液化驗。葛思坦醫師說道：「檢驗簡單且費用低廉。」精液檢驗可立即顯示精子的數量、形狀和活力。他認爲：「男人通常不覺得他們的男子氣概有什麼問題，但是這檢驗可以使你少受幾年苦。」

而且不要忘記在男性不孕症的領域裡，好消息比壞消息多很多。「十年前我們必須把男人趕走。」這些男人是徹底不孕的：每一毫克的精液中他們擁有的精子數不是七千萬，而是只有一百萬甚至更少。「在以前，他們是沒有希望的案例，然而現在我們有了革命性的療法。我們還曾讓精子數是零的男人成功的做了爸爸。」

跟不孕症奮鬥的夫妻中有10％求助於下列三種尖端科技。這些方法昂貴，但是對於成千藉助高科技方法懷孕的夫妻而言，它們也是奇蹟。

- 人工受精。醫師將健康的精子直接置於女人體內的卵子上，如果你的精子行不通，捐贈的精子也是個選擇。
- 試管受精（IVF）。精子和卵子在實驗皿裡結合，然後受精卵再被放入女人體內。一般來說，根據美國生產醫學組織，做一次試管受精花費是7,800美金，而全部過程會嘗試幾次，每一次嘗試只有20％的成功率。
- GIFT和ZIFT。接合體輸卵管內轉移（gamete intrafallopian transfer）和結合子輸卵管內轉移（zygote intrafallopian transfer），精子和卵或是已受精的卵子——稱爲結合子——可以移入女人的輸卵管內。

必勝策略

一位好萊塢的攝影師，丹恩說道：「我們曾嘗試過每一個方法。我們是不孕症的活廣告夫妻。」丹恩懷疑他的性能力，他摟著他哭泣的妻子，而她想著他們不可能擁有的小孩。「然後我們決定奮戰到底，我們要不就擁有小孩，要不就破產也要試。」

胞體漿內精子注射（Intracytoplasmic sperm injection，簡稱ICSI）是項專家稱之爲革命性的科技。因爲ICSI只需要一個精子，所以醫師甚至可以在精子數爲零的男人睪丸裡找到。這孤單的精子用注射吸量管輕輕的固定住它的尾巴，然後以顯微注射法置於卵子內，霍思頓的貝樂醫學院研究員報告說，ICSI有58％的受孕率。

葛思坦醫師在紐約醫院——康乃爾醫學中心也看到類似的成功率。「ICSI很貴，一次嘗試要一萬到一萬五千元美金，而且保險通常不給付，但是有44％的機會把一個寶寶交給你。」丹恩和他的妻子花了好幾年克服種種生育的困難，一直到生了安妮——他們的奇蹟寶寶，他們共花了二十萬美金。

丹恩稱他的經驗爲「昂貴的奇蹟」。他同時也稱它爲交易。

在一個凡事求快速的現代社會，仍然有些地方節奏慢一點比較好，臥

室裡就是其中之一。

你已經知道原因了，女人需要更多的時間和刺激才能興奮。性愛的騎士認爲應該是女士優先高潮。而因爲性愛如此美好，我們不希望它太快結束，不管是這個或那個理由，很多男人都將控制射精視爲大事，一如別人告訴我們的，好男人要最後結束。

不過，有時候我們無法調整導致射精的荷爾蒙連鎖反應。對很多男人而言，這只是偶爾發生，但也有些男人要與經常報到的早洩帶來的挫折奮鬥——而其實無須如此。

避免做個快槍俠

導致早洩的確實原因好幾年來一直是治療師們以及很多男人和其伴侶爭論的問題。它的定義從無法插入陰道後持續一分鐘，到有一半以上的次數，男人比其伴侶早射精。

福克醫師說，別太專注在比例和時間。應該是，當你的伴侶對於你射精太快而感到不滿意，這才構成問題。跟她領域裡的其他人一樣，福克醫師也不喜歡早洩這個字眼，因爲它對於來得太快有不好的影射。「快速射精」是目前醫師們選擇的標籤，福克醫師說道：「很多男人很快射精，但是如果夫妻繼續做體外性愛——意思是說不包括插入的性愛遊戲——那麼他們還是可以擁有令人滿意的性生活。不過這並不是說快速射精對於很多夫妻而言，就不構成困擾了。」

曼尼醫師說，有些男人就是比其他人早射精的理由可以從生理和心理層面來解釋。有些男人就是天生對性很敏感，從頭到尾沒有緩衝點，只要一點點的刺激就引起高潮的反應，然後他們就射精了。

就生理而言，其實快速射精對哺乳動物是很正常的。如果你有幸看到兩隻動物在動物園或農莊交配，那麼你就知道整個過程就是，進入，然後——碰——在你拿出照相機之前，它們已經做完了。這是種族生存，雄性動物必須有效率的播種，當然啦，我們也是動物，所以我們也曾經經歷過這樣的事。但是除了生小孩之外，我們將性提升到較高的層次。我們喜歡慢慢來，單純只爲了美妙的感覺而享受性，並致力於熟練性愛技巧。於是衝突產生了。理智上，我們想要享受性愛久一點，生理上，快速射精卻也是正常的。尤其是對年輕的愛侶更是如此——在他們的青春期或二十來歲時——他們還沒學到緩慢的技巧。

不過，在某些例子中，快速射精是後天學習的行爲，曼尼醫師說，匆促的或不愉快的早年性經驗會深深的刻印在心理。對這些男人而言，對性的焦慮才是問題的核心部分，這就是爲何這類模式常常從年輕人在床上較沒自信開始。

鍛鍊緩慢的能力

不管是哪一種情況，專家說一點點的射精訓練對於控制性反應很有幫助。在某些案例中，要忘記早年不愉快的記憶所導致的行爲是絕對可能的。你也可以學著瞭解你的限制——在達到不可避免的射精之前，你所能忍耐的刺激量是多少——以下的技巧可以幫你完全掌握這一刻。

專心一意

第一步你該忘記的是做愛時讓自己分心這種古老的說法。專心想著拳

另一選擇：化學藥品

處於一個快速運作的世界，我們無須驚訝於延緩高潮的方法業已被發掘。在藥物Prozac被施用於治療憂鬱症不久後，研究員發現了一個有趣的副作用：它可以延遲高潮。現在，含有Prozac的抗憂鬱症藥物種類——它們名爲SSRIs（選擇性血清促進素吸入器，selective serotonin reuptake inhibitors）——已經變成治療快速射精的最新治療選擇，尤其是對於那些因心理因素導致快速射精的男人。

1995年，克蘭修醫生指導了一項研究，其中60名無法持續性交超過30秒的男人服用Prozac。克蘭修醫生說，全部的人服用後很快的就能持久達6分鐘。在他以這類藥物治療的患者中，他說10%的人需要無限期持續服用，至於剩下的90%的人則只要間斷性的服用即可——通常是當他們知道他們要進行性行爲時——或者根本無須再服用。其他的研究也證實克蘭修醫師的結論。

儘管很多精神科醫師和泌尿科醫師已經開抗憂鬱症的藥物來治療早洩，但是別急著想找到萬靈丹。對某些患者而言，SSRIs還是會有一些他們不想要的副作用，其中包括性慾喪失——這可不是克服早洩的理想方法。

擊分數或政治家的演講稿只會讓把你從性愛中抽除，嗯哼，那只是讓你棄甲而逃的招術。

柏胥博士說道：「男人需要專心於正發生在他們身體上的事。大自然將我們固定成插入、抽出會帶來高潮，所以如果我們採取自動駕駛模式，我們就會無法控制的高潮。我們必須知道我們到達性慾的哪一點，這樣才可以擺脫自動駕駛模式。你就可以知道何時是應該慢慢做的時候了。」

自我測試

自己來或讓體貼的伴侶為你自慰是個有用、健康，甚至是有趣的學習控制的方式。福克醫師認為，藉著這方法探索你自己，你就可以比較能掌握什麼感覺很好，而什麼感覺太好。當你知道你的超敏感點後，你可以跟伴侶溝通，什麼是性愛中她應該做跟不應該做的事，藉此，你將可以有更好的控制。

啟動「停止一開始」閥

最普遍而有效掌握控制射精的方法之一是簡易的「停止一開始」的方法。這個想法是你以手刺激陰莖幾乎到達高潮的地步，然後停止。等到恢復鎮靜後，重複這個過程幾次，一直到他讓自己射精為止。久而久之，你就可以忍受越來越長時間的性刺激。到最後，你和你的伴侶就可以開始性交，一開始時，要慢慢的加強性愛的親密度和強度。

試試擠壓法

享有盛名的性學研究員曼斯特和傑森醫師在「停止一開始」的技巧上發明了另一個變化式方法，擠壓法。在男人即將要到達射精的前一刻，他或他的伴侶握住陰莖前端並輕輕擠壓，等到高潮的興奮感消退——順便一提，這方法不應該會痛——那麼就可以繼續性愛刺激。

試試PC肌

在這裡，PC肌指的是位於你恥骨區域，控制你排尿的肌肉。懷特漢醫師說，藉由訓練，你可以增強PC肌到讓它幫你控制射精。方法如下：一天三次，只要連續綳緊和放鬆你的PC肌20到25次。這麼做個三星期。然後再花8到10週在延長緊綳上，你在每一次收縮時費時2到3秒；或者是快速緊綳，很快速的綳緊和放鬆三次，一個快速緊綳的循環做5到10次。

到這時候，你的PC肌應該已經夠強健，所以在做愛時，當你覺得已經快要高潮時，只要用力綳緊你的PC肌，那麼就等於踩了煞車。

變換姿勢

柏胥醫師說，只是單純的頻頻停止和變換姿勢就可以讓你有更多的控制。每一次你停下來變換姿勢，你就暫時性的停止讓你高潮的刺激。側面的姿勢和女方在上位的性姿勢是兩個值得考慮的姿勢，它們都讓你十分享受性愛，但同時也不至於太刺激到讓你失去控制。

♥ 睪丸問題

球、種、寶貝，我們給睪丸取的名字可能跟愛斯基摩人給雪取的一樣多。想想我們加諸在胯間懸掛的小器官的形容詞和名詞如此豐富，這實在無須驚訝。

不過可以確定的是，大多數的男人卻可能對於我們的睪丸所知不多。在本書的其他地方，我們已經對這兩顆珍貴纖細的球體的功能做過基本解釋，但如果它們有什麼地方出了問題呢？這是男人最大的恐懼以及永恆的威脅。不像女人的性器官安安全全的藏在腹部裡，我們男人最重要資產的大部分可是暴露在一個我們想不到的危險世界中。

不過身爲男人，你知道爲每一個意外事件預作準備還是划得來的，即使並不愉快。所以如果你倒楣到感到你的陰囊劇痛 —— 或甚至只是模糊的感到有什麼事不對勁 —— 你無須呆呆坐在那裡不安。相反的，你應該對一些普通的睪丸問題具備充分的知識，也知道如何治療或完全避免它們。

相撞或觸擊

我們知道想到這件事令人不舒服，但是知道人生中可能會有什麼事降臨到我們倒楣的睪丸上，還是值得的。以下是關於睪丸疾病的一個簡單小辭典。

外傷。這是醫師稱呼它的名詞，不過對你來說，它是在睪丸上狠狠的一擊。爲何下腹部的一擊會痛的這麼厲害？葛來胥醫師說道：「可能是因爲那部位是我們身體中神經密佈的所在。第二，我認爲那跟睪丸的結構有關，它基本上是包裹在厚厚的蛋殼狀的容器裡的柔軟組織，當它受到擠壓時，這樣的結構讓壓力可以迅速建立，但是我們的身體對壓力卻無法好好應付。」單單用想的就讓人冒冷汗。

根據葛思坦醫師的說法，保護睪丸免於外傷最好的方法是拳擊手做的那樣：在任何接觸的運動中戴上硬塑膠的杯狀護墊。

腫瘤。有時候外傷會導致很普遍的睪丸疾病、腫瘤，或說是非癌症的

雄偉的下垂

當時光流逝，我們垂垂老矣時，大部分的人都對稀薄的頭髮，深凹的皺紋，模糊的記憶作好心裡準備。不過卻沒人警告過我們下垂的陰囊症候群（SSS）。

你在YMCA的蒸氣浴中看到七八十歲的男人，他們的球低垂到好像他們可以將它們甩過肩膀去。你會想：有一天我也會變成這樣嗎？可能喔，哎呀呀，SSS看起來不是能預防的情形。

根據列文醫生的說法，年輕男人的陰囊袋是由兩組名爲提睪肌和陰囊肉膜的肌肉的幫助而維持緊繃。它們也是由外在氣溫判斷該將睪丸移離身體遠一點或讓它們靠近點，以調節睪丸的溫度的同組肌肉，而移動的目的是爲了維持讓你的精子生存的理想溫度。

隨著時光流逝，這兩組肌肉會逐漸衰弱，重力也會損害它們。就列文醫生所知，目前尙未發展出能將身體的這部份提高的機器。再頻繁的性也無法讓這些肌肉強健到足以抵擋地心引力。

硬塊或囊腫。腫瘤有很多種類，陰囊積水（hydrocele）可能是由受傷所導致的，但很多時候毫無原因就顯露此症，如果裡頭積的液體不是水而是血，就稱爲陰囊血腫（hematocele）。液體類的腫瘤可能持續腫大，過一陣子後，它會巨大到讓你痙攣的地步。布盧醫師說道：「有些人不當一回事的走來走去好幾個月，等到他們就醫時，已經腫得像一串葡萄。」有時候變形的精子會形成你沒注意到的腫瘤，一直到你感覺到它── 那稱爲精液囊腫。它們大多對生命沒有威脅，但是它們會讓你不舒服，而且應該要由你的醫師予以處理。

精索靜脈腫（***varicocele***）。儘管從名字看來，它是腫瘤家族的一份子，不過精索靜脈腫並非腫瘤，而是你陰囊中的曲張靜脈，而它是很普遍的。據葛思坦醫師說，約有15％的男人在生命中某些時刻會患有此症。他說，「只有大的才看得見，它看起來像陰囊裡的蟲袋，位於睪丸上面，當你躺下時才會出現。」

精索靜脈腫是無痛，而且在大部分的狀況中是無害的，除了那些想生小孩的男人之外：研究指出它會大大降低生育力。你無法預防它；它們是由天生的管類問題引致。一般來說，精索靜脈腫是由外科手術予以矯正，不過除非你想要小孩，否則它是沒什麼好擔心的。

附睪炎（***epididymitis***）。睪丸的後面有個像線圈的盤起物稱之爲附睪。它就是精子離開睪丸後去的地方；它也是被感染和附睪炎的溫床。這種情況有很多原因：尿道管感染的細菌，攝護腺感染，或是因性交傳染的疾病、外傷或激烈運動導致的發炎，甚至是外科手術。

如果你的一個或兩個睪丸發炎，如果小便時它會痛，而且如果你感冒了，那麼很有可能你得了附睪炎。好消息是這情況是能用抗生素輕易治療。此外，爲了有助於緩和此症的不適感，布魯醫師告訴他的病患躺著，然後在睪丸下面墊上毛巾以提高它們。你也可以將冰袋以毛巾或手巾包裹著，敷在陰囊上，一天兩到三次，直到腫脹消退。你也可以服用一些無須醫師處方即可買得到的消炎藥，如阿斯匹靈。儘管有時發炎會導致附睪炎，不過你可以在做愛時戴上保險套以避免做愛時感染。但是如果你顯露出附睪炎的一些症狀，一定要看醫師，不使症狀惡化。

睪丸炎。這是全部睪丸的感染，它比附睪炎還少見，但是也更痛。事實上，它可能是因沒有好好處理的附睪炎惡化成的。其他的原因包括病毒感染——得腮腺炎的男人可能會罹患睪丸炎——和性交傳染的疾病（想多

瞭解性交傳染的疾病，參考p.325的「性病」一文）。吉堡醫師說，要預防睪丸炎的方法就是，快速處理任何附睪炎的症狀，實踐安全的性，並且讓你自己對腮腺炎免疫。

扭傷。這很罕見，但是卻棘手而且危險。剛開始時極強烈的疼痛發生在睪丸，可是你卻會覺得不知痛在哪裡。如果你有這類症狀，立即檢查——它可能是扭傷。睪丸扭傷是由於懸掛睪丸的腱帶扭在一起，而切斷了它的血液供應。葛來胥醫師說道：「在它惡化到對睪丸有不可挽回的傷害前，你有六小時的時間。」連一分鐘都不要浪費——去醫院把扭轉的腱帶解開。

睪丸扭傷是很少見的狀況（謝天謝地！），而且通常發生在十二到十八歲天生容易罹患此疾病的年輕男人身上。目前爲止，尙未有預防或醫療的方法，不過醫師建議在戶外活動或運動時穿運動專用的緊身三角內褲。

年輕男人的癌症

睪丸癌通常會襲擊正值性能力顚峰——在十五到三十九歲——的男人是上帝開的一個殘酷的玩笑嗎？不，眞正的原因比那個還實際。

尼爾醫師說，會罹患睪丸癌的男人通常是有遺傳上的缺陷，大部分在童年時期，它會潛伏著。「可能是因爲這些缺陷要花一點時間具體成形，而在青春期時發生的化學變化可能加速了它的成長。」

如果它沒被偵測出來，睪丸癌能在男人正值壯年時奪去他的性命，不過這樣的例子愈來愈少了。畢竟，它是現今較易治療的癌症之一：現在有超過90％罹患此症的男人存活。不過爲了要治療睪丸癌，你必須先找到它，而且越早越好。

最好的辦法是每個月自我檢查一次。美國癌症組織提供的方法如下：最佳時刻是在洗過熱水澡或泡熱水澡後，高溫能讓陰囊鬆弛，這樣要找到不尋常的東西比較簡單。你要找的是腫起物，通常會出現在睪丸兩側，不過有時也會出現在睪丸前面，用雙手的拇指和四指檢查一個睪丸，如果有一個睪丸看起來比另一個大，不用擔心，那是正常的。

如果你真的找到一個腫塊，不要驚恐，很可能你找到的只是一個無所不在的腫瘤。不過你真的需要讓醫師確定一下，跟你的家庭醫師或泌尿科醫師約個時間。

♥ 戀物癖、性恐懼症以及性上癮

網際網路有趣的事之一就是，它能讓你跟很多對性有不尋常想法的人接觸。下面的例子是在一個叫做世界戀物癖中心的網站上，一個尋愛的紳士貼的布告：「我今年三十一歲，男性，身高一百九十多公分。我喜歡穿著緊身塑膠衣，被有主宰欲且穿著皮革或塑膠衣，尤其是貼身手套的男性或女性捆綁起來，然後毆打我的腹部。我也歡迎其他的身體虐待，如果這聽起來很有趣，請發電子信件給我。」

發生了什麼事？這男人是戀物狂嗎？他對性上癮嗎？他有性恐懼症嗎？他是怪胎嗎？他需要幫助嗎？爲了得到明確的解答，我們需要先定義戀物癖、性恐懼症以及和性上癮才行。

戀物癖。莫林博士說道：「戀物癖是集中的情慾。就好像雷射光集中在特殊物品上一樣的對於純然激起性興奮物品的追求。」集中的強度提供了活躍的性爆發力，而這就是極端的戀物癖者很難根治的一個原因。

你可能會發現你會對胸部或你女朋友的黑色便服特別著迷，不過如果那不引起性興奮的話，那麼嚴格的說，就不算是戀物癖。當這物品變成男人唯一能達到高潮的方式時，那才算戀物癖。到了這時候，常常衍生出兩性關係上的問題：一個戀物癖者的伴侶很輕易的察覺到他對他著迷的物品比對她還要更有性趣。很多男人會尋求心裡諮商，因爲他們對於戀物的慾望感到丟臉。

麥卡錫博士說，戀物癖者分成良性和惡性兩種。一個迷戀足部的戀物癖者一般來說被認爲是良性的，除非他開始偷女人的鞋子。戀童癖、偷窺癖和暴露狂則是惡性的，這些病症會使別人受到傷害，而讓你被逮捕。

戀物癖者一面倒的都是男人。沒人知道眞正原因，不過它被推斷是跟男性的性驅力較強有關。

性恐懼症。麥卡錫博士說道：「恐懼症是會妨礙到你生活的一種不理性的恐懼。很多人與他們的的恐懼症奮戰著，但是恐懼症可能會變得愈來愈具有侵略性，以致於你的焦慮和逃避行爲增加，進而妨礙你的性能力。

麥卡錫博士將極端的恐懼症定義成嫌惡。他治療過一個男人，他對於性的聯想負面到他逐漸對自己的精液感到嫌惡。另一個患者週期性發作的陽萎導致他的焦慮，使得前戲一開始他就想嘔吐。麥卡錫博士說，男人比女人較不傾向於得恐懼症，但是並非沒有。通常他們包含了讓女人懷孕的恐懼，或感染到性疾病，或者性交時陰莖被陰道夾住。

性上癮。對一些男人來說，「對性上癮」這首歌並非笑話，性上癮者追求頻繁和雜交的性活動，而他們對此感覺身不由己。有些治療師稱此行爲是強迫性的性慾。

休華茲博士說，性上癮者跟有毒癮的人一樣，對於毒品對越陷越深，而且會需要越來越多的毒品才能滿足。性上癮者以性爲避難所，這一點也跟其他上癮者一樣。休華茲博士說道：「只要生活中有恐懼或焦慮，他就逃進他的習慣裡。」一個上癮的循環開始於這個習慣本身變成了焦慮和恐懼的來源，而導致性上癮者只好在這習慣中尋求更大的慰藉。

鏡中的美好形象

到底性上癮者、戀物癖者和性恐懼症者是怎麼開始的？在性治療師之間是個熱烈討論的話題。大部分治療師相信這些行爲可以回溯到童年期的重大創傷經驗，通常跟生理、性和情緒上的虐待有關。對於親密感的恐懼則被認爲是另一個共同的要素。

不過心理學家愛力斯博士卻認爲這個解釋忽略了更明顯的可能性。他說道：「人類天生傾向於誇張某些事的重要性，只有當此傾向跟性有關時，戀物癖這個詞才被提及。」

愛力斯博士相信有時候戀物癖可以追溯到童年時的創傷，但是他認爲大部分的情形都只是一個膨脹到不成比例的偏好，或者是生理上傾向於強迫行爲。他說，後者的解釋可能有助於說明爲何有些性上癮者和戀物癖者已經成功的以抗抑鬱症藥物治療。

不過你無須依賴藥物，如果你覺得自己爲某些性慾上的問題所困擾，還是有很多方法讓你抓住馬韁繩，控制住正在操控你的性行爲問題。以下是些有用的步驟。

寫日記

因爲否認和上癮是息息相關的，培瑞茲醫師建議你把你的性生活詳實記錄在紙上兩星期（只要把它收藏在不會被窺刺的地方）。他說：「每一

性行為小測驗

有時候變態或古怪的性行爲會變得難以控制，爲了幫助你判斷你是否已踰越過那條線，精神科醫師培瑞茲博士建議你回答下列問題。

- 你會習慣性地耽溺於性而熬過一天，或用以逃避讓你不快的事嗎？
- 你的性行爲會跟你生活中與人的重要關係相抵觸嗎？
- 你變得無法辨別如何、何時、何處，以及跟誰耽溺於性嗎？
- 你需要越來越多的性才會覺得沒問題嗎？
- 你的性行爲讓你跟一些你不會以其他方式接觸的人在一起嗎？
- 有朋友或家人告訴你他們認爲你有問題嗎？
- 即使在誠實的片刻，你可以瞭解它對你的生活有負面影響，你還是繼續耽溺於你的性行爲嗎？
- 你的行爲是否導致你跨越任何道德或法律的界限？
- 你是否對你的性行爲感到沮喪？你覺得你被它困住了嗎？

「是」的答案佔多數的話就顯示你的性行爲控制了你，而非你駕馭了它。

天都試著用不同的方法，看看你如何替自己的行爲找藉口，那樣可以命中很多你否認的坑洞。」

發誓

一般來說，在曼士德和強森機構裡，他們會要求接受性上癮治療的患者簽下一紙「禁慾協約書」，同意獨身約一個月。休華茲博士說道：「對大部分的人來說，這簡直就像突然處於斷絕毒品的時期，這可幫助他們瞭解他們對性的上癮程度。」很多簽下禁慾協約書的人會突然發現，他們會體驗很多負面情緒，而這在以前都是用性予以掩蓋的。通常，這些負面情緒意味著沮喪或焦慮。如果這些情緒讓你覺得難以抵抗，那麼你最好去尋求專業的心理諮商。

跟自己講道理

愛力斯博士相信一個人要把自己從戀物癖拉開是可能的，至少在它發展的早期階段是如此。他說：「如果你迷戀的是大胸脯，那麼你可以說服自己你並不全然需要它們。告訴自己，你的世界不會因爲沒有它們而毀滅。」然而，抵抗迷戀到某一種程度反而強調了它的存在。如果你發現自己持續的擔心你的性行爲，告訴自己不要擔心可能並無益處。

尋找團體

有很多專門針對性上癮治療的團體，培瑞茲博士相信，這些團體的課程對於私密地處理羞恥感和迷戀感特別有幫助。她說，「同儕的支持能提供治療師無法提供的東西。」

求助

本章中敘述的性問題可能是根深蒂固的，深植於內心的。如果它們導致你或你的伴侶驚恐，那麼你應該儘早治療。不管你選擇的是精神催眠師、心理學家、宗教輔導員，或精神科醫師，麥卡錫博士建議你尋找專門處理這方面問題的人。

別把自己看成惡魔

達森博士說，因性行爲而產生的羞恥感和罪惡感常常比行爲本身更具害處。她說道：「我們活在一個非常壓抑的文化中，而要把不正常的標籤貼在某人身上非常容易。但是誰能說有什麼正確的或錯誤的性呢？性驅力是我們需要重視的事物，而不是試著將它塞擠到一個限制的模型裡。問題並非是性慾的表現，而是性壓抑。

♥ 性病

讓我們假設你現在四十五歲，剛剛離婚，而且今晚你有一個充滿希望的約會。你爲了兩個原因而緊張。首先，你跟你前妻以外的女人上床已經是二十年前的事了；另外，如果你夠幸運的話，你對於到目前爲止聽得夠多的安全的性知識也不知該如何應付。你對於比原本預期還多的傳染疾病該有多擔心？

嘿！讓我們小心一點

有一卡車的細菌蠢蠢欲動的想讓你的性生活和健康完蛋。以下是你需要知道的。

愛滋病

- 普遍度：據估計美國約有90萬人感染HIV。
- 症狀：通常HIV的初期階段並無症狀顯示，儘管有些病人會短暫罹患一種很像單核白血球增多症的疾病。在三到六個月內可在血管中偵測到抗體。很多感染HIV的人可能好幾年都沒有症狀顯示，等到愛滋病發展成熟了，體內的免疫系統會崩潰，因而爲無數的傳染病敞開大門。
- 治療：儘管新的藥物治療能延遲它發展到成熟的愛滋病階段，HIV仍然無藥可醫。
- 預防：實行更安全的性。

披衣菌

- 普遍度：在美國流傳最快的STD，每一年就傳染給四百萬人。
- 症狀：很多感染到披衣菌的人並無症狀顯示，至於有顯示的症狀通常在傳染後一到六週出現，包括有陰莖末端有刺痛的感覺，陰莖流膿，以及小便疼痛。至於女人，披衣菌導致劇烈的下腹部或骨盆疼痛和不孕。
- 治療：抗生素。
- 預防：實行更安全的性。

皰疹

- 普遍度：在美國約有四千萬人有皰疹。
- 症狀：初期的爆發通常在感染後一星期左右。患者的生殖器周圍會感覺刺癢，接著是生殖器發炎或長膿泡，再接下來的爆發通常更溫和，有些人可能會有像流行性感冒的症狀。
- 治療：皰疹是無藥可醫的。有嚴重症狀發生的患者可以用三種減輕症狀的藥當中一種治療。
- 預防：實行更安全的性。

生殖器瘤（又稱人類刺瘤病毒，簡稱HPV）

- 普遍度：美國約有四千萬人感染HPV，而每一年都診斷出一百萬的新病例。
- 症狀：罹患此症的男人通常在陰莖或陰囊上會有腫瘤，腫瘤的形狀和大小不一，從小硬塊，到長成像花椰菜。有時它們是溼溼的，而且會刺痛。症狀會在感染後幾星期到幾年顯現，雖然有時候不容易看得到。
- 治療：如果不治療的話，生殖器瘤可能會自行消失、保持不變，或變得更大。儘管造成腫瘤的病毒無藥可醫，醫生仍可將腫瘤移除。
- 預防：實行更安全的性。

淋病

- 普遍度：據估計，每一年美國就有110萬人感染淋病。
- 症狀：一般來說，症狀會在感染1到7天後出現，包括小便疼痛，然後陰莖流出黃膿。淋病若不醫治，可以造成男人和女人不孕。

- 治療：抗生素。
- 預防：實行更安全的性。

B型肝炎（HBV）

- 普遍度：每一年美國就有20萬人感染。
- 症狀：儘管可能會有發燒，頭痛，喪失食慾，嘔吐，腹瀉和黃疸（皮膚和眼睛發黃）等症狀，不過通常是沒有症狀顯示的。大部分的B型肝炎會自行治癒，但有6%到12%的成人會形成慢性感染，而導致嚴重的肝臟傷害。
- 治療：藥物治療有助於處理慢性B型肝炎。
- 預防：注射B型肝炎疫苗。更安全的性也能預防傳染。

梅毒

- 普遍度：估計每一年美國有12萬新的梅毒案例。
- 症狀：感染後9到90天之中，在感染的地方會有個淺而不痛的潰瘍，通常在陰莖。約一個月後癒合。如果不治療的話，大約六週後，在手掌或腳掌會出現疹子，有時出現在嘴邊；淋巴結腫脹或生殖器上可能會出現腫瘤狀物。如果再不醫治，上述症狀消失，而疾病則進入一種長期潛伏的階段，此時體內的很多組織，從骨頭到腦部都會嚴重受損。
- 治療：抗生素。
- 預防：實行更安全的性。

華倫醫師指出，不管看起來有多拙，一定要確定你的防護措施做得足夠。他說，「有很多透過性傳染的疾病（STDs）正在那裡等著攻擊你，遊戲規則已經改變了，你最好做好準備。」

在過去的二十年內，我們對STDs已經知道很多，比方說，我們已經知道有比我們想到的還要多的疾病可以透過性行爲傳染。最新的數目是20種（我們在p.326的「嘿！讓我們小心一點」中解釋了主要的幾種）。我們也知道了其中很多疾病都沒有可辨認的症狀，這意味著很多人正快快樂樂的在做愛做的事時，把某些東西流傳下去——某些可能是無法治療，或致命的病毒，像是愛滋。

得到愛滋或其他STDs的方式是：跟一個你不熟知她性愛史的伴侶從事不設防的性。你可能會以爲提心吊膽的青少年會比年長而性經驗豐富的情人更容易做愛時不戴保險套——這種老套想法是有幾分眞實的。青少年要爲美國一年一千二百萬件新的STDs感染負四分之一的責任。不過，如果你認爲只有小鬼頭會從事不安全的性，那可錯了。一項研究發現，有可能傳染到HIV病毒的五十歲或更年長的異性戀男人（好比說，他們跟不只一個的伴侶睡覺），跟二十幾歲的年輕成年人比較的話，前者在做愛時使用保險套的比率只有後者的六分之一。

當知道潛伏在那裡的細菌數目時，我們還蠻慶幸知道，近幾年已經找到方法在它們釀成災害前予以遏止。亞特蘭大的疾病控制預防中心（CDC）的STD預防部門負責人瓦賽海爾醫師說道：「我們有一些很棒的方法和STDs奮戰，包括更準確、更便宜、比以往的方式更不具侵略性的診斷測試。我們也有更好的治療法。」

這些進步的結果可從CDC的統計數字看出，好比說，美國梅毒和淋病的感染數目明顯下降，而HIV的成長也變慢。然而，還是有一段很長的路要走。根據CDC的國家STD熱線負責人凱薩林．劉的說法，大約有五千五百萬的美國人感染性傳染疾病。她說，尤其是其中一種疾病正在激增：披衣菌。每一年就有四百萬個男人和女人受到感染。感染愛滋病的異性戀女人數目也在上升中。

跟其他工業國家比較，美國在STD上的記錄是讓人很難為情的。根據華什漢博士的資料，按人頭計算的話，美國淋病案例的數目至少是加拿大的八倍，而大約是瑞典的50到100倍。為什麼？華什漢解釋那是因為那些國家有較佳的健康醫療體系，而且也有較好的學校性教育。她相信同樣的理由有助於解釋在美國，非裔美籍人士罹患梅毒和淋病的比例遠遠高於白人的情況。

所以提到STD時，你要怎麼個聰明法呢？你可以從讀本書中「更安全的性」（p.252）開始，並將以下小秘訣謹記在心。

當個歷史教授

任何一個擁有多重性伴侶的男人，需要跟他的醫師儘可能坦誠地討論他的性愛歷史。不過，不要等到你的醫師開口。華什漢醫師說道：「很多醫師會覺得談到性愛史時不太舒服。」除了性愛史外，在每一次身體檢查程序中，對於生殖器的檢查和身體其他部位可能顯示STD徵狀的檢視都是不可或缺的。如果兩者中任一項顯示有必要，那麼就可進行實驗室測試。

當個歷史學生

吉堡醫師建議，就像你該主動提到你的性愛史一樣，別怕詢問可能會是你伴侶的人她的性愛史。提到這話題看起來很尷尬或是鹵莽，但是一點點尷尬總比大大的被感染好多了。為了克服難為情，你可以先談你自己的歷史，然後讓她自己談到她的，如果她沒有接收到你的暗示，不要害羞——儘管問。

保護彼此

吉堡醫師說，即使你們已經向彼此保證過你們是安全的，不過實行安全的性來保護自己還是必要的，特別是當你們才剛剛相處，或你最近擁有一個以上的性伴侶時。這無關信任——除非你們剛剛接受檢查（而即使如此，也並非安全保證；有一些STD很長一段時間不會顯示在檢查裡）或獨身禁慾好幾年，否則你們兩個都無法確定自己是百分百安全的。

堵塞病毒大道

感染到STD會讓你更容易得到愛滋病，尤其是皰疹或梅毒，因為這些疾病會啃噬皮膚，讓愛滋病毒更容易進入血管。接受治療有所幫助：華什漢博士引用一項研究，它指出因STD症狀而求醫的人感染HIV的機會將下降40％。

在家測試

現在經由家庭測試工具組的引進，發現自己是否感染HIV的檢驗變得比以前方便多了。消費者可以電話訂購或在當地藥房購得。你只要刺一下手指頭得到血液採樣，然後將它寄回實驗室分析。其他不需要血液採樣的測試也正在研發中。想知道更多資訊，可以打美國CDC的愛滋病熱線(800) 342-2437。

6

青少年

♥ 你的改變

記得當你還是個孩子，無憂無慮地打著棒球、在街角遊蕩、欺負女孩子的時光嗎？還記得這些快樂逍遙的純真時光如何在一夜之間突然消失無蹤嗎？你開始長出陰毛，臉上痘痘一顆顆冒出，曾經刺耳的聲音現在開始聽起來愈來愈有男人的音質。而且，現在你不想作弄那些女孩，反而想取悅她們。

當然，以上所發生的是青少年發育時期所謂青春期的開始。伴隨青春期而來的除了身體上顯著的改變外——舉例來說，你每三個星期驕傲地從下巴刮下的少許鬍渣便是，還有看不見的荷爾蒙在體內興風作浪。

倫敦一位性治療師拉可斯說道：「在你曾經小小的身體中，你的睪丸開始釋放出較多量的男性荷爾蒙或雄性激素，尤其是睪丸激素到血流中。如此一來，造就了一個新的你。其他一些身體上的改變包括肌肉變大、肩膀變寬、體毛變多，特別是長在胸前與手臂上的。」

這些聽起來不錯，但是，對我們大部分的人來說，成長發生得這麼突然，以致於我們感覺身體像是出自達利的超現實畫作一般，腳比腿長得快，手比手臂長得快，不過，在我們完成發育前，大約是十八、九歲或二十歲出頭時幾乎所有一切都變得比較均勻。

性的出現

最顯著的是我們的內褲中起了變化，你現在是個正在萌芽的性機器，而且生活從此不再一如往常。你對睪丸激素起反應，而且許多轉變會發生，有些令人相當難為情。其中：

- 你的睪丸開始產生精子。
- 你的攝護腺成熟了。
- 令人傷腦筋但有規律地的勃起開始在不適當的時間抬起他們的小尖頭，像是在早上第一節數學課的課堂上。
- 你加入其他成千上萬青少年的夢遺隊伍中，這些夜間的射精像黃石公園的老間歇泉一樣又準確又潮濕的向你報到。

資深泌尿科醫師丹諾夫說道：「難怪，在有性能力的青春期間，年輕人在勃起間隔中只需稍作休息，且一天可射精多次。在十八、十九、二十歲出頭時，他們能整晚性交。」你腦海裡充滿著男孩女孩或更秘密的東西以滿足性幻想。一份針對中學生的研究中發現十二歲的學生中有26％不確定他們的性向，而十八歲的學生則只有5％不確定

發展的階段

回想起來，青春期是生命中一段短暫又讓人心煩意亂的時期。事實上，根據由全國青少年性健康委員會的報告，青春期可分成三個延續的階

段，以下是各階段會發生的事。

1.報告發現，男生一般在十一至十五歲之間經歷第一階段。除嬰兒時期外，還沒有比此階段更劇烈的身體變化發生。與父母的衝突達到最高峰，可能會稍加嘗試性愛，但大多在青春期的中期或晚期時才初嚐禁果。

2.第二階段從十四歲到十七歲。這是男孩經歷最劇烈變化的時期，他們像個笨重的人不可思議地開始突然褪去舊有軀殼，轉變爲男人。

就是在這個時期，準確的說，大約十五歲，你的陰莖完全發展到成人的尺寸（看看我，我是男人！），我們大部分的人，陰莖不充血時是2到4吋，勃起時約6吋。但對有些男孩來說，青春期也帶來乳房的增大現象，雖是短暫現象卻令人感到難為情（看看我，我是……女人？）。

這個時期男孩子開始疏離家庭，從同儕中尋求認同。他們有性能力並且感覺沒有他克服不了的事，可能體驗初戀的甜美與苦澀。

3.最後階段開始於十七歲或更晚。晚期時，年輕人完成身體轉變成爲成年男子，較知道個人的限制所在，及過去行動如何影響未來。較難被同儕團體壓力影響，較可能會與自己熱愛的人有性關係。

古柏博士指出， 在青少年發育期某一時間點，大部分男孩子會稍微冷靜下來，不再對性迷醉或鬥志高昂，這種較成熟的一面通常會出現在有過幾次性經驗後。

古柏博士說：還沒做之前是團謎，做愛代表你是個男人及成人，一旦知道怎麼一回事，就不是謎團了（想進一步瞭解青春期對成年性態度的影響，請看p.94「你的性觀念」一文）。

♥ 她的改變

就生理上來說，在青春期之前，男孩與女孩沒有多大差別。當然，看法可能不同。但是，關係著成年男女差異的荷爾蒙的確受到相當程度的壓抑。但是，接著爆炸發生。就如同睪丸激素突然侵襲重新改造男性身體一般，女性荷爾蒙也開始了年輕女孩轉變爲成熟女人的劇烈轉變。

這種生理與情緒上發展可分爲三階段 —— 早期從九到十三歲，中期從十三到十六歲以及晚期從十六歲之後。最激烈的轉變就是發生在中期，男孩也有相同的階段，但女孩每一階段發生得比男孩早。以下概要呈現生理轉變的要點，緊接著介紹情緒或心理的改變。

生理改變

女孩在約九或十歲時，卵巢開始釋放多量的性荷爾蒙，最顯著的是雌性激素及黃體脂酮。這些荷爾蒙教導身體以新方式開始發展，剛開始身高、體重迅速成長。以後七年中會發生以下的其他改變：

- 胸部逐漸發育。這是女孩變女人最早出現的象徵之一，整體而言，身體會變得較有曲線，因爲屯積於胸部、臀部、腰部、大腿的皮下脂肪增加的緣故。
- 陰道及陰唇變大，子宮及卵巢開始成熟。
- 長出陰毛及腋毛。

- 長青春痘，夢中有性高潮，明顯開始有情慾。
- 月經開始。可能在第一次月經後，一年到十八個月中間，開始出現規則的週期、排卵或製造卵子。

順道一提，這個時間表是逐漸進展的。現在大部分女孩十二到十二歲半初經來臨。

像男孩一般，女孩的快速成長常伴隨不均勻的結果。例如，一邊胸部發育得比另一邊快。露絲蔓博士說道：「這些第二性徵發育的比例有時非常不均勻，這是個讓人困惑的時期，因為青少年常會想：『我到底正不正常？』。」

情緒上的改變

青春期間與生理改變一起發生的還有情緒上的改變，這對她及她的父母可能有些辛苦。這些改變是：

- 因荷爾蒙衝擊及半女孩半女人的不安摸索而導致脾氣陰晴不定。
- 同儕團體影響她的價值觀而導致與父母的衝突與日俱增。
- 初嚐戀愛滋味。
- 嘗試性經驗。

當然最後一點是十幾歲的男孩最感興趣的，也因此讓父母相當驚惶失措。因為她們在生理與情緒上比男孩子成熟得快，十幾歲女孩常跟比自己年長幾歲的男生發生性關係。她們傾向於稍加等待——也許一部分是因為成人的雙重標準作祟，我們男人第一次性出擊時，他們只是睜隻眼閉隻眼默許，對女生同樣的行爲卻是皺眉不苟同。據估計，在美國，男生第一次性經驗的平均年齡爲十六歲，而女生爲十七歲。但亞倫嘎瑪查機構（Alan Guttmacher Institute）在紐約的調查發現，30％的青少年在十五歲以前早已有過性經驗。

不管幾歲，青少年時期開始性生活的女孩比較是因爲屈服於同儕壓力，而不是基於古龍水的誘惑。古柏博士認爲，部分原因出在性激素是兩性性衝動的原動力，而男孩受其影響較深。性激素不僅使得男生比女生更好色，也更具攻擊性，更有活力及外向。

此外，古柏博士說，男生傾向於用性來定義自己，女孩則以其他方式，例如，透過友誼及友好關係。

露絲蔓博士說，十幾歲女孩傾向專注於性的概念——受男孩喜歡及受人歡迎，而不在性行爲本身。當然，青春期女孩也會反抗父母並且經歷性覺醒，不過荷爾蒙及同儕壓力不是他們早早接觸性的唯一原因。研究顯示，社經教育甚至地理因素也有關係。如果你想描繪一個可能年紀輕輕就性生活活躍的女孩，看起來可能像這樣：

1. 她可能生理上早熟且自尊心很低。
2. 她可能來自大都會市中心社區中不健全的低收入家庭。
3. 她可能學校成績不好。
4. 她的母親和姊妹青少年時就懷孕，或父親因死亡或離婚未同住。
5. 她可能嘗試過喝酒、毒品或其他危險行爲。

相反地，有大學學歷和職業生涯目標及堅定宗教信念的女孩較可能在青少年時期依舊是處女。

♥ 夢遺

那個東西溫溫、溼溼、黏黏、清清楚楚在那裡，不須否認，你起床時這團黏黏的東西就在你的內褲裡。

心理學家泰勒說，如果你沒有預期夢遺的來臨——許多男孩沒有受到事先警告說它可能會很快來臨，它可能會令人又吃驚、又討厭，並且帶來衝擊。男孩子可能把它當成尿床一般，覺得驚恐和罪惡。第一次自慰射精後，緊接著第一次夢遺即出現，不論睡夢中或完全清醒下射精，第一次經驗代表男孩已經在生理上轉變成男人，意義非凡，而且透露相當訊息。多年來，老舊大砲只能老老實實地發出空包彈，而現在它開始爆發了，屢試不爽，它所噴出的是一團黏黏的怪東西。第一次夢遺發生於青春期初期，當精子系統最後終於甦醒過來工作，大部分男孩夢遺發生在十一歲或過後不久。

心理學家與性治療師菲德博士表示，這是遲早的問題，幾乎所有年輕男性都有過夢遺。雖然在二十幾歲前會逐漸消失，但是青少年時期可以頻繁到一禮拜十幾次，成年男子還是偶爾會發生夢遺，特別在禁慾期間及性活動頻繁時。

爲什麼會發生？沒有一定的答案。但是性研究學家馬斯特和強森所提出的理論是：夢遺像個安全釋放活門，當性興奮時就會迅速打開。

當然，射精完全是發育成男人的正常徵兆。幫助父母、學區及各州建立性教育準則及計畫的美國性知識及教育委員會建議，應在男孩第一次射精或夢遺前向他們解釋性器官的運作，以免造成創傷或憂慮。

現身說法

我十一歲時第一次夢遺，夢中我跟我的女朋友在一起，接下來我只知道我尿褲子了，內褲裡全是精液，完全不知道是怎麼一回事，我沒和任何人討論這件事，幾年後我才知道這一切其實很正常。

——售貨員，34歲，明尼蘇達州

♥ 性好奇

到底是什麼讓小男孩渴望莫名地想瞄一眼小女孩的內褲？我們曾戰勝過自己想玩「你讓我看、我也讓你看」這種身體遊戲的慾望嗎？

私下偷偷看爸爸的花花公子雜誌，在車庫玩起免費身體檢查遊戲，問最信任的朋友是否能告訴你，某個你所聽到的帶有性暗示的用語或措辭是什麼意思，以上這些會不會讓你變成一個怪異、偏執、性妄想的小孩呢？

醫師說，不會。這些是正常行為，且完完全全正常。麥卡錫博士說道：「性好奇使得世界運轉，是個你也希望永遠不會失去的東西。」雄性動物——包括男孩及男人——一定會對與性有關的事或產生性趣的事著迷。我們樂於探索這些事，這種好奇心及探索行為早在搖籃裡就開始了。麥卡錫博士說道：「早在一歲時，男孩子就開始玩他們的性器，且當你談到小孩子玩的性遊戲時，不論是醫師的遊戲或其他種類，一定有以上情形，這是正常性發展的一部分。」

肉體的愉悅

斯威史東博士觀察發現一個有趣現象，男孩與女孩滿足性好奇的方式不同。他說在中學教了十二年性教育課程中，他問每一組同學：你的性知識從哪裡學來的？在你快十五、十六、十七、十八歲之前你是怎學到這些的？

常常男性會講到一些無根據的來源，也就是，他們看父親的花花公子，找朋友或哥哥的限制級錄影帶來看，聽兄長的對話，也一定會聽到黃色笑話。

相反的，女孩們會提到性教育書籍及為成為女人做準備所設計的小冊子，不過，多少也有一些無根據的來源，他們會提及與父母或姊姊的正式、嚴肅的談話。大部分的男孩子傾向與性器官或性有關，而女孩子就比較傾向浪漫愛情及格局較大的親密關係上。

泰勒博士說大部分男孩在十二歲之前把性行為當娛樂看待，且相當瞭解性器帶來許多樂趣。斯威史東博士表示，男性與女性看待性及表達性好奇的不同，並不在青少年時期就劃下句點，讓我注意到這個發現是在三、四年前，當我受邀到一個成人中心討論性慾、親密關係及人際關係時，早上我與六位女性見面，發起座談會的人其實也不太確定他們是否想談性，所以我說，「主題是接觸、觸摸，我們可以用各種方式詮釋，有性接觸、深情的觸摸、有感情上的觸動，例如，某某事物感動我，也有像保持聯繫的溝通接觸，你們想談什麼？」

一個女人說我們想談溝通及建立關係。

下午我與男性見面，我用一樣的開場白，而他們說：「我們想談陰莖，爲什麼我現在七十歲，但我的陰莖不能像我二十五歲時？」

好奇嗎？繼續讀下去。

♥ 歷久不衰

還記得走路時拿著一本書擋在胯部前，也就是當你蹣跚而行，走得非常不自在又詭異，想掩飾悸動又疼痛的勃起而小心移動步伐，深怕不小心，陰莖啪一聲折成兩段的時候嗎？

下面就要告訴你不公平的地方了。

首先，用書藏起來的老把戲騙不了人。第二，沒人告訴你這種驚人、瞬間控制不了的勃起是用之不竭的。

相反的，生物學用男性從沒經驗過、最大劑量的睪丸激素把男性引導到全然性慾的世界。以排山倒海的數量在血液裡流竄，產生前所未有的感覺、衝動、慾望及幻想，不需實質上的刺激就能勃起。

只需瞄一眼臀部、看到緊身胸衣、聽到聲音、聞到氣味，陰莖都可應聲而起。就像人家說的，一個老練士兵立正站好聽候命令時，身體卻忍不住痙攣，只因爲它的心已經飄到甜蜜的夢想國度了。

生活小課程

泰勒博士說道：「我們十三、十四、十五歲時的陰莖千姿百態，充滿鮮明又炙熱的幻想生活，但這只是一種僞裝，不保證什麼。」泰勒博士還說：「社會不允許十幾歲男孩隨心所欲，與另一個人滿足自己的衝動和慾望，這是青少年時期所應學習的重大挑戰之一，也就是，培養內在控制力及學習以安全及社會可接受的模式處理性衝動。成人可以幫助我們學習這個歷程，也可能傷害我們。」

當成人接受我們蓬勃發展的性慾及睪丸激素，並且在適當時機提供開放、坦率的知識溝通，瞭解所有的事實，他們是在幫助我們；但如果因我們自然的性表現而羞辱、咒罵、處罰我們時，卻是在傷害我們。

我們有些人還記得對某位老師產生好感，泰勒博士卻對一位殘酷的老師記憶猶新，她是位知道男生何時有性衝動這種具有超能力的人，一有狀況，她會叫那個人站起來朗誦，她有虐待狂，因爲男生勃起很明顯，大家會嘲笑，這是如假包換的故事。

泰勒博士推測，那個老師目的在教男生壓抑性反應。這是在生命中那一刻我們運用自我加諸的壓力所學到的一課。但是，將一個年輕男人置於難堪及譏笑中，並不是加速他學習的健康方法。你怎樣面對這類難堪的情況？長輩們或者善意或者虐待的方式又讓你學到什麼呢？你現在的性與性慾的觀念如何受到這些經驗的影響呢？

有一個經驗倒是自學自教的，但因爲其他什麼都不知道，幾乎大家都搞錯的就是，我們猜想長大成年就是只跟陰莖有關，那個只要稍加刺激就搖搖晃晃的東西。

所以斯威史東博士解釋，當男性年歲漸增，到達三十、四十、五十、六十歲時，低頭看他們的陰莖，會疑惑的問：咦？我的小弟弟到底怎麼了？其實，勃起會隨著年老而變得不那麼自動，而且需要努力給予身體及心理刺激，這才是所謂的正常，以長遠的角度來看，十五到三十歲之間才叫不正常，因爲我們的荷爾蒙是這麼的怪異。但因爲是我們與陰莖第一次的經驗，讓我們不瞭解這是不尋常的，才把它當作衡量基準。

對女人的迷思

麥卡錫博士注意到，男人看女人的方式受到我們生理上性慾啓蒙的影響非常大，因爲我們只要一點刺激就會沸騰，沉浸在歡愉當中，又學到藉著自慰紓解壓力，所以我們大部分內心對女人的性需求並不敏感。

問問你自己，我對女人的看法有多少是在隨時可勃起的那短暫幾年的印象所組成的？想想這個問題且調整長久以來少年時期觀感，可以幫助男性變成洞悉事實的愛人。（欲進一步瞭解青春期間所發展出對女性和性的看法，請看p.94「你的性觀念」一文。）

♥ 初嚐禁果

有比初嘗禁果更盛大的成年儀式嗎？

第一次，長久以來等待、想像、屏息以待的第一次，儘管我們爲初嚐禁果那麼用盡心思、夢想及乞求，對大部分人來說，這次經驗就像人家說的，到頭來只是床柱上的一道刻痕而已。

當時可能非常刺激，好幾天飄飄欲仙，體驗到兩腿之間溫暖的顫抖，臉上掩不住微笑。但是，說實在的，第一次也許不是很棒。愉快嗎？有可能。不錯嗎？ 不見得。那又會是怎樣的情形呢？沒有人第一次蠅釣就有職業演出的水準，我們可是一點經驗或技巧也沒有。

麥卡錫博士說道：「儘管如此，我們一定會記得它。不過，第一次性經驗也不見得一定令人不滿意。任何事第一次總是有點讓人害怕，因期望如此高，身心對性的渴望也高。」常常第一次經驗時，男孩在插入前或剛插入就達到高潮，或者無法勃起，而失去第一次的機會，這會讓你很意外嗎？假如以上任何一件發生在你身上，麥卡錫博士打賭你不會向朋友誇耀那方面的經驗。

有些男孩不會在意以上任何的缺失，因為事實俱在，你已經跨過門檻，做過，也可以說眞正進入女人的內褲裡，那是邁向成人的里程碑，你的朋友想聽的是這個，還有接下來發生的事。麥卡錫博士和泰勒博士同意一點：雖然第一次是生命中史無前例的，但對許多男孩來說，並不是那麼重要。

人？時？地？

根據《性在美國》的調查，兩性第一次性經驗的平均年齡在十五到十八歲之間，這只是平均值，有些較早，有些較晚。

和女性相較，多數男性「為性而性」而比較不會「為愛而性」，想得到更多證據嗎？當《性在美國》調查男性第一次性經驗的導火線是什麼時，51％的人回答他們對性感到好奇而想做愛，這個數目比回答說對女孩感到愛意而做的多出一倍多。有趣的是，對女人做相同研究時，得到的原因及百分比幾乎完全相反。

男人第一次的性伴侶是誰？以下是性在美國問卷調查得到的結果。

- 10％的男人在婚後才有第一次性行為。

數據說性

全美大約過半的青少年第一次性經驗分布在十五到十八歲間，五個當中有四個在快二十歲之前已經有經驗。

資料來源：*Sex in America*

- 30％的男人說第一次性伴侶是他們當時所愛的人。
- 49％的男人說是他們認識但不愛的人。
- 5％的男人說是剛遇到的人。
- 3％的男人跟妓女。
- 1％的男人是跟陌生人。

想要更多資料？《性在美國》的研究顯示，27％的男人第一次性經驗是一夜情，而其中只有10％的男人現在還跟第一次的性伴侶在一起。

一般而言，我們會傾向於尋找年紀、社會地位、種族、宗教信仰等等接近的性伴侶，不管是第一個或最後一個。研究者以加減五年爲年紀接近的指標，性伴侶年齡差距方面，中年時年紀接近，但青少年時期卻有相當差距。

第一次性經驗在哪裡發生？這方面找不到任何科學研究，不過，倒是聽到幾位專家的意見。許多孩子在戶外或車上做，或是現在因爲大部分家庭父母有全職工作，至少有些小孩有舒適隱密的床，放學後至少有幾個小時可以在家裡做，被抓到的危險比起我們前幾代少了很多。

葛雷德那斯博士說，從我行醫中與孩子的談話聽到是蠻多樣的，基本上，男孩子是蓄勢待發，只要有機會，哪裡都行，和誰也不要緊，管她是年紀較大，同年齡或老師。任何時間，任何地點，任何人都可以。男孩只想趕快變成男人，而女孩傾向較謹慎，考慮周詳。

受傷時

雖然麥卡錫博士和泰勒博士說，第一次對我們許多人不會有長遠的影響，他們也承認還是有例外。例如，你被女性嚴厲指責或看不起，被強暴、傷害，或是情感上還沒準備好而覺得被強迫時，這時就會有長期且負面的影響，這就是很多父親使用老方法帶孩子到妓院開眼界所產生的問題之一，有時候適得其反，因爲厭煩或不耐煩的妓女可能會粗魯或嚴厲的對待一個沒經驗的年輕人。

但是如果第一次一切順利，那就是一個重要時刻，你永遠不會忘記。不過你不會拿這次經驗來衡量往後的經驗，這只是在你性時間史上的一個重要小點。

♥ 吹噓

你現在與一個陌生人進入一對一，男人與男人對話的情境當中——我們現在指的是任何年齡——前幾分鐘，女人就會開始出現在男人的談話中，或是伸長脖子，揚起眉毛的肢體語言當中。

你或他會提到太太或開始暗示性地談起女人，對女人送秋波或讚美她

現身說法

我五十五歲左右，每星期天早上和一群十七到六十三歲的傢伙打壘球，昨天早上當我們正在做打擊守備練習時，我也沒針對誰地大喊大叫說：這眞是太棒了，太陽下山，我們一群男生打壘球，還有比這更好的事嗎？接著有人說，同時來個口交更好。我回家時跟太太分享說，我猜想女人玩壘球時不會產生相同的反應。

——心理學家斯威史東博士，專精於性愛健康領域

們。這幾乎必要的男性儀式是跨階級的，爲什麼會發生？可分成下面幾部分回答。

首先，斯威史東博士表示，這是評估過程，和我們青少年時期在更衣室吹噓是相同的恐懼。斯威史東博士認爲，吹噓自己在性方面的豐功偉業，用性暗示的方式談論女人，巧妙地讓眾人注意自己身旁的女孩及他們吸引人的特徵，以上是男人讓人知道自己性方面正常及擁有異性愛的方法。這讓大家都知道的方法，表示在我旁邊你可以自由自在，我不會對你有興趣。

尊敬的遊戲

接著，藉由告訴毛頭小子昨晚我們怎麼跟3或33個女人上床來擴展男性雄風。麥卡錫博士說道：「事實上我們想說的是，我是個你該尊重和羨

慕的人，因爲我有辦法和一個接著一個的女人上床。」

麥卡錫博士解釋，從青春期開始，男性總覺得他們身陷一場快要失敗的性競賽當中，所以他們才會吹牛。 但是，男人吹牛早在那之前就已經開始。麥卡錫博士指出，男性文化中注重階級及權力的焦點在性慾的議題引人注目前即已開始。當你用平均打擊率的角度看五歲的孩子，以你守什麼位置看六歲的孩子，你怎麼可能接不到球之類的話來看十一歲的孩子時，你可以看出來性慾只是其中增加的一項。

泰勒博士則說：「另一個青少年吹噓性的原因在於男性青春發育期被睪丸激素牽著鼻子走。當他們走下坡時會感到生氣、受到傷害，接著需要做些事來建立自我，而方法就是贏過別人。」青少年幻想活躍，可能努力捏造一個想像的意氣風發的故事，或者眞正從事一場眞槍實彈的競爭。

犧牲別人

男人開始向其他年輕男人吹噓他們如何上了某某人的代價，就是犧牲年輕女性的名譽，斯威史東博士表示，這是藉著剝削女性來提高你的自尊，有人糟蹋別人，有人被糟蹋。

有較健康的方法塡補那個需要，而不需要用語言來性剝削女性嗎？

斯威史東博士說：「當然有。有個較健康且不透過競爭而能滿足這個需求的方法，但我認爲需要文化大翻修，因爲我們來自一個強調贏，只有勝者爲王的文化。」

斯威史東博士、麥卡錫博士和泰勒博士都同意，那就是爲何性吹噓及廣義的吹噓從男性青少年直到成人時期充斥氾濫的原因。所以要學會控制自己，如果發現自己常常需要吹噓豐功偉業，斯威史東博士建議你問問自己下列問題。

- 自己的滿足是依自己的標準，還是依賴別人肯定？
- 我需要跟別人比較嗎？或者我可以對自己說，我自己就是標準，我夠好，不需要向別人看齊，也不跟別人比較。
- 被別人評價的意義為何？如果說評價自己也意味著要評價別人，那評價又有何意義？

♥ 抓個正著

這似乎一點也不公平，當人生中性衝動最強烈時，社會卻提供我們最少的機會來舒解。

擁有自己住處的青少年不多。

但是，涵蓋面廣闊的《性在美國》所做的調查告訴我們，80％的美國青少年在青春期畢業之前曾有過性經驗，所以，在哪裡發生的？答案非常明顯，任何他們認為可以的地方，像俗話說的，有時候被抓到時褲子還來不及穿。

有些被抓到是有明顯理由的，也許是當事人期望的結果。當男孩想要他所有朋友知道他正和大家夢寐以求的美眉做愛時，被抓到正好可以當作證明又可拿來吹嘘。所以，他會故意不小心或甚至設計一個讓朋友會撞見他正和人做愛的地點。有些則是因為荷爾蒙的關係，泰勒博士說道：「被衝動駕馭的荷爾蒙壓抑了理性和邏輯思考。」

你開始發生性行為，變得越來越興奮，忽然間做愛變成世上最重要的事，有些事變得無關緊要且遙不可及，像隔壁房間有父母在，像停在山坡上觀賞夜景，被警察定時的徒步巡邏所投射在車窗上的手電筒的亮光照到也不重要。重要的是熱情，饑渴和慾望在雙腿中間衝撞，在全身裡流竄。

那是人們被抓個正著的原因之一，泰勒博士說道：「當他們越來越投入性愛中，性緊張感持續加溫，只要不是發生在膝蓋和肚臍之間的事，他們是不太有感覺的。」

你會為此下油鍋

摩藍在他1973出版的《我如何成為性專家》(*How I Became an Authority on Sex*)一書中說，當他還是小男孩時，他怎樣被浸信會執事撞見他和鄰居女孩在樹林中做愛的過程，執事強力將他們分開，並且大聲吼叫、斥責他們，引用聖經章節詩句，用文字繪聲繪影表示，如果再次從事婚前性行為，燃燒的地獄、一大桶一大桶的油會等著他們，上帝的憤怒也會加諸他身上。那件事過後，有六年他一直避免和女人發生性關係。

斯威史東博士表示，現在成人已經較少恐嚇孩子不可發生性行為，或告訴他們性是錯的。

與孩子談話中，我知道父母最常跟孩子溝通的訊息不是你現在做的是壞事，反而是教他們跟適當的人做，不要佔別人便宜，不要利用別人，這樣不好，大人要告訴他們性是件好事。

大人給女生的訊息和男生有點不同，給女生的是，性是好事，但是等一等，盡可能越久越好。給男生的則傾向於，做什麼都好，只要不惹上麻煩——讓她懷孕，傳染到性病。

是的，孩子還是會被抓個正著，這會困擾他們嗎？要是父母大呼小叫罰他們禁足呢？要是警察抓到緊局通知父母，父母大呼大叫罰他們禁足呢？會造成持續性傷害嗎？一生的陰影嗎？

當時一定又棘手又難爲情，但是，但是對一個男孩子來說，他比同儕更進了一步，在他們眼中也許多了幾項勝利的紀錄。

會造成持續性傷害嗎？摩林博士說：「可能剛好相反。假如這個經驗增強了性是不好、不該做的想法，那可能對往後的幻想和愉悅是很大的誘因。」對大部分的成人來說，私底下做偷偷摸摸不該做的事才是讓人興奮的主因。如果這次大人大發雷霆，這樣可以有效的禁止孩子嗎？

葛雷德那斯博士說：「跟其他次一樣無效，父母在孩子面前一般會發怒許多次，我想這次和其他次爲其他事生氣的程度比起來，沒有兩樣。」

給父母的指示

有些父母讓孩子跟他們的愛人同住在家中，有些採取不插手、眼不見爲淨的方式，允許事情發生的同時卻假裝什麼事也沒有，有些則禁止孩子從事性行爲。

葛雷德那斯博士說，很難說哪種方法較好，最好問小孩子他們這種年齡發生性行爲的看法怎樣，聽聽他們的說法，解釋你對性的感覺，採取非懲罰、非刺探性的方式。

當你發覺你的孩子性生活活躍時，要瞭解他們不可能就此打住，大部分孩子在十八歲前性生活變得活躍是事實，你該做的是幫助孩子獲得必須的資訊和工具，雖然可以從事性行爲，但須培養健康的關係及避免懷孕和疾病。

最容易的方式是帶小孩到一家好的小兒科診所，讓醫師知道此行的動機，接著退出，讓孩子跟醫師談。他們的談話保密，但至少你知道他們可以得到良好、正確的訊息和幫助。

葛雷德那斯博士是以一個身為四個女兒的父親，及每天為青少年解惑的小兒科醫師身分發言，他發現以小兒科醫師身分提供諮詢時，可以很輕鬆、開放又平靜，但是面對自己的女兒可能永遠做不到。

與孩子在性與性慾的問題上建立良好的溝通很重要，不過並不能保證什麼。

即使你提供良好的性教育給孩子，他們還是可能會被抓個正著，提供性教育不能保證你的孩子在可以做之前不會從事性行為，反之亦然，不會因為你不提供性教育，他們就不會從事性行為。所以，假如你發現孩子有性行為，最好找個好的小兒科醫師、家庭醫師，或是一個你可以隨時打電話給他跟你一起處理完成這件事的人，因為你可能會因為太生氣或失望，以致於不知道該怎麼做。

最理想的是讓兩個人馬上實施某種避孕法，我認為最大的問題在每年有超過一百萬青少年懷孕，雖然很少人當時想懷孕，而且有數以百萬計性接觸傳染的例子。父母親需要瞭解一點：如果孩子與人發生性關係，他們已經跨越界線，可能會持續下去，你阻擋不了的。

葛雷德那斯說：「如果你的孩子性生活活躍，你可能應該提供一個安全的環境給他們，但是身為家長，我不會做也做不到，我會非常生氣。」

不這樣做，孩子必須在車後座、草叢中、荒郊野地上，甚至放學後在家偷偷摸摸的做，如此一來，會傳遞性是錯誤或不好的訊息給孩子，進而傷害到他們嗎？

葛雷德那斯博士說道：「你所傳遞出去的的訊息可能不是這個，孩子得到的訊息可能是，我身為你的父母，不認為你在你這個年紀發生性行為是為社會所允許的或適當的，我要你做的不是這個，而且我很震驚、生氣、傷心，身為父母的我有權力有這些感覺，也不必幫助你做我覺得你現在不該做的事。」

葛雷德那斯博士建議，父母應該盡一份愛的力量去溝通一個訊息，那就是：我知道你現在已開始從事性行為，身為父母，有責任幫你維持健康、幸福，不管我對你的選擇高不高興（想近一步與孩子溝通性觀念，請參考p.575「子女的性教育」一文）。

♥ 意亂情迷

我們在青少年某個時期會發現自己一天內可能戀愛、失戀一百次，而且一次喜歡上四、五、六個女生這種認眞且維持較長的迷戀還不算在內，有些比我們大上十或十五歲，有些已婚，有些連名字也不知道。

像在百貨公司窗簾部門的店員，突然發現有個男士幾乎每天都需要買個窗簾環、窗簾桿，或其他不貴的五金零件，所以他每天都會花十五、二十、三十分鐘在百貨公司研究各種不同的窗簾展示品和宣傳印刷資料。

誰說我們脫離這個階段了？

慶幸的是，現在不再是青春期的那種緊張亂糟糟的日子，不過男人一樣會被他們喜歡的女性吸引，常常，我們會徘徊在女性身旁，幻想並且珍惜每次這種女性不吝給予的一絲絲關注，但是已經身為成熟男性，希望我們不再是以前那種為愛苦惱的傀儡了。

泰勒博士說道：「就是青少年時的經驗教我們要培養對這種行為和衝動的自制力。」透過嘗試跟錯誤、成功與難堪，我們學到眞正與心理和生理上吸引我們的異性溝通，並且打造正面的友誼和工作關係。我們學到：事實上，溝通比在有魅力的女人面前陶醉，默默灌溉毫無希望的迷戀更讓人滿足。所謂男生青春期的迷戀就是你始終在戀愛和失戀中的那個時期。

葛雷德那斯博士說，「以後發生時，你學會一笑置之，不會把迷戀某人看得太過嚴重。」什麼時候迷戀會造成傷害？要是持續幾個禮拜、幾個月、甚至幾年呢？ 葛雷德那斯博士說道：「只有因為你甘願受你迷戀的對象擺佈，結果有損身體健康、破壞幸福時，這種迷戀才是有害的。」

否則，迷戀可以持續好幾年，也許有點令人困擾，但不會眞正造成問題。通常比起男孩子，迷戀對女孩子來說較常是個問題，因爲認眞起來的話，女孩子較可能會在迷戀的壓力下接受性要求，而且可能以懷孕或傳染到性病收場。

現身說法

我第一次迷戀上的是我的科學課老師，那時戰後不久，第一次有年輕又迷人的女老師進入教育界，她個子高，有著一頭金黃色的長髮，在我的經驗中是前所未有的，當時的我十五歲，我完完全全、無可救藥、全心全意的愛上她，我願意爲她做任何事，我愛慕她，只想接近她，爲了一直都在她身旁，當時的我清籠子、掃地板，什麼事都願意做。

——心理學家泰勒博士，六十四歲，美國聖地牙哥特別計畫助理教授。

♥跟父母談性

喜劇演員談性不會不安，但是我們很多人卻覺得不自在。除非我們像喜劇中演的一樣，開玩笑、吹牛、誇張一番，或是和一群男人一樣說些粗俗、下流的話，這倒簡單，不過公然、坦然、親密、直接地談性，擺明了就是很困難。

泰勒博士說：「這種彆扭的感覺根植於我們成長的家庭環境。」葛雷德那斯博士則說：「假如我們的父母談性時感到難爲情、不自在，十之八九，我們也會養成相同的態度。」但這不是我們想傳遞給孩子的，孩子與青少年對性的自在與輕鬆感影響他們成人後性關係的品質和最後的成功。

我們一起談性

早在青少年期開始前，你就需要開始和孩子談性，這樣一來，溝通管道不只暢通，更可持續到青少年狂風暴雨期。你需要成爲一個可以被問問題的父母，性教育家告訴我們，覺得可以向父母和其他可靠的大人問有關性的問題，並且相信他們的回答，對青少年來說特別重要。泰勒博士說道：「近來父母在這方面正逐漸努力中。」

但是，對多數男孩而言，青少年時期的儀式牽涉到一個時期，這段期間他們不願與父母談任何事或向父母透露任何他所正在做的事，葛雷德那斯博士把它叫做「幾近緊張性精神分裂狀態」，青少年間很常見，要積極突破有些方法可循。

並非所有父母都想努力或知道如何打開性溝通的管道，最好的建議是早點開始，甚至在孩子青春期前，讓他知道身體將會發生的變化，這段時期持續對話，當青春期到來時，能在男孩子遭受突然變化襲擊時，鼓舞他站穩腳步是特別重要的。否則他們可能對青春期發生但完全正常的事情感到難堪、羞恥。

除了需要加強家長可以對性議題溝通良好，使孩子養成健康性態度的認知外，性教育的責任接著主要落在母親肩膀上。

麥卡錫博士說道：「父親是該提供比較正面性榜樣的人，但是你很少看得到。父親若有對兒子說什麼，大概就是外遇或是婚前的風流韻事，爸爸傾向採取在男性更衣室談話的方式向孩子吹噓一番，他們很少談婚姻中的性、婚姻問題，或是婚姻機能障礙。他應說的是，去做，但不要讓任何人懷孕，不要傳染到性病。」

諷刺的是，女孩通常接收到完全不同訊息——等越久越好。

父親想給兒子實質又有幫助的性談話，有個最簡單的方法就是跟他一起閱讀、一起討論而不是只買本書給他而已。

♥ 早婚

近來很少男人被槍口緊貼後腰受威脅而結婚。

懷孕對未做好準備的青少年是個創傷，但是我們的社會不再像過去一般羞辱懷孕的年輕女性，我們不把他們藏起來或是送到少女中途之家，也不覺得早婚是解決未婚懷孕必要、適當、體面的方法。

斯威史東博士表示，這些看法上的改變可能是造成青少年婚姻減少的眾多因素之一。

有趣的是，孩子一般開始性行爲比以前較早，而結婚卻拖得較晚。

讓人意外的是，全國性健康委員會報告指出，青少年懷孕比率自從1950年代以後顯著下降，在1955年，年齡十五到十九歲之間每一千個女人當中有90個生產，但是1992年數目降到61個。

斯威史東博士注意到，不久前，性曾經是這些眞心相愛或有婚約的青少年才會做的事，他們從牽手到上床的時間經歷相當長的時間。現在，過程縮減相當多，所以有個孩子說，我跟這個女孩交往有一段時間了，我們還沒上床。我問他，多久了？他說，兩個禮拜了。對另一代的人來說，這是相當令人震驚的，因爲他們用星期來計算而不是用年。麥曼紐斯主張，年輕單身者間的性親密的增加是婚姻失敗增加及晚婚的原因之一。

夫妻該知道的事

麥曼紐斯說道：「青少年婚姻以離婚收場的比率是其他第一次婚姻的兩倍。基本上，青少年還沒眞正長大，不算成人，不知道自己是誰，因此還沒準備好對他人許下承諾。」

70％以上的婚姻在教堂或猶太教的會堂舉行，但是，他們大部分不會幫助新人做好心理準備，不管是年輕或較年長的新人，大部分的教堂僅僅是結婚機器或工廠，機械般的製造婚禮，不去思考讓婚姻持續的必要條件是什麼。所以，麥曼紐斯在60個城市說服基督教諮詢會實施婚姻諮詢計劃，要求訂婚的青少年，和所有考慮結婚的情侶參與婚前諮詢。

麥曼紐斯觀察到，有一部分問題在於性製造了親密的錯覺，讓你覺得

測驗：你準備好結婚了嗎？

莎士比亞知道愛是盲目的，但是歐森博士在幾世紀後才找到解藥。

他設計了一個包含125個問題的測驗和後續的會談，來幫助情侶面對成功婚姻的必要問題，這是在交往期間很少接觸到的。這個計劃幫助他們評估未來配偶的人格、背景、性情、態度加上自己做爲配偶的優、缺點。它也提供培養溝通、衝突解決的技巧，並且找出可能需要更深入討論的地方。

超過60萬對情侶參加過博士的PREPARE計畫——婚前個人及兩性關係評量，這項計畫由全國2萬名的諮詢師、神職人員及義工執行。

測驗中，受測者被問到以下的陳述並表達非常同意、同意、不確定、不同意、非常不同意等看法，例如，期望、個性、溝通、衝突解決、錢財、休閒活動、性、孩子、角色、宗教、價值和家庭環境等。

一些典型的陳述如下：

- 我可以輕易和我的伴侶分享正面與負面的情感。
- 我們已經決定如何處理財務。
- 我的另一半有一些我不喜歡的嗜好。
- 現在我們的意見不合在婚後會減少。
- 我有些擔心我的伴侶如何扮演父母親的角色。
- 有時我覺得參加我伴侶的活動有壓力。

這個測驗由電腦計分，接著安排兩個反饋會談，第一場，主要討論金錢和溝通等的問題。第二場，檢視和討論家庭背景。麥林斯說，這是相當重要的，因爲一個人成長的地方是此人定義家庭的依據，他們必須徹底談論他們成長的家庭中有什麼令人喜歡的地方，有什麼是以後要有所不同的。

歐森博士要求諮詢者在會談中運用文章中呈現的「解決伴侶差異的十個步驟」，至少幫助男女雙方徹底討論一個問題。

露絲蔓博士補充說：「有許多其他方法可以尋求婚前諮詢，她建議你和未婚夫仔細檢視任何你們正考慮中的諮詢計劃的適切性、經驗和目標，有些可能有非常不適合你們的考量。」

和另一人很親近，但是如果你沒把問題徹底談清楚，它只是種假象。

戀愛的過程不是找出另一人的差異反而是掩飾、忽略這些，你不面對意見分歧的地方，像錢這個最基本的問題一點也不討論。

突然，你跟一個你覺得並不太瞭解你，你也不太瞭解他的人的人結婚。每一個人都會驚慌，美夢很快就幻滅了。

答案就在一個叫PREPARE（婚前個人及兩性關係評量）的婚前評量。這是個心理學家、神職人員和受訓過的義工所實施的125個問題的測驗，麥曼紐斯力倡教會訓練幸福的已婚人士——心靈良師主持測驗，和訂婚的情侶討論結果。

PREPARE描繪每個伴侶對成功婚姻關鍵的信念和感覺，也顯現伴侶之間的優缺點、相容性與衝突所在。PREPARE把事實攤開討論，這個測驗的追蹤紀錄顯示，預測會以離婚收場的婚姻準確率達80％。

麥曼紐斯說，有趣的是，10％做過PREPARE測驗的情侶看到結果時，取消婚約。麥曼紐斯說，那個數字應該更高。所以，麥曼紐斯鼓勵教會也提供長期的諮詢。

數據說性

新郎第一次婚姻的平均年齡

1964………二十四歲

1990………二十七歲

新娘第一次婚姻的平均年齡

1964………二十一歲

1990………二十五歲

資料來源：National Center for Health Statistics

眞相過後

你早婚嗎？還沒離婚？恭喜你，麥曼紐斯如是說道。你越過一些障礙，但是，事情還沒結束，每一個婚姻都需要中途修正，把它導回生活的常軌，改善溝通方式，重新燃起愛火，早婚者可能需要早點做。早婚讓你失去任何東西嗎？你會後悔沒得到更多性經驗，享受更多嗎？

斯威史東博士說，也許大部分現在的年輕人不這麼想，因爲他們大多在十八或二十歲前已和一位以上的性伴侶有過經驗，假如沒有就會後悔。因爲他們有時候會猜想，如果他們有這樣的經驗又是怎樣的情形。

這是早婚者主要關心的問題嗎？

不是，斯威史東博士說道。

葛雷德那斯博士說：「在我臨床和研究當中還沒見過這種情形。早婚者的主要問題在於他們本身隨著時間改變，而婚姻在改變中卻難逃擱淺的命運。你不會聽到或看到研究報告說因爲婚前性行爲嘗試不夠而導致早婚者後悔、怨恨的，你只會看到一個結果——婚姻就是無法維持下去。」

葛雷德那斯博士補充說：「十七歲時遇到某人就此定下來簡直是天方夜譚，因爲你一直在改變當中，即使是年輕女性，例如，十八歲的女孩嫁給一個二十五歲的男性，也許男的改變不多，但是女的卻會改變很多。需求改變，期望改變，希望和比較合得來、體貼的人在一起的慾望，都是早婚的伴侶在更成熟、長大後向醫師、諮詢師普遍提出的問題。」

7

二十～二十九歲

♥ 你的變化

前紐約州噴射機隊四分衛喬．南麥斯二十多歲時吹牛說：「我等不及明天的到臨……，因為我一天比一天帥。」確實，這個年紀是你體能最佳的年代，二十多三十歲是你男性特徵最強固的時期，但就算自大狂妄如南麥斯，當時也未能避免的有了膝傷，而對那些非職業運動員來說，其他體能上的下滑，更在有形和無形中都已漸漸形成。

性方面的變化

睪丸癌。這是一種相當稀少的癌症——感染率為每十萬名男性中有三人，但感染高峰期就在二十歲左右，最常見的睪丸癌患者都是界於十五至三十五歲之間。

怎樣找出症狀？檢查看看睪丸上是否有突出物、睪丸有否腫大、下腹部有否脹痛、陰囊或睪丸是否積水、陰囊或睪丸有否不適或疼痛等。

睪丸癌之所以不尋常是因為它與劣質生活如煙酒、暴飲暴食無關，專家認為它與遺傳或腮腺炎病毒有關，另一說則是嬰孩時期的隱睪症也是引發該症的原因之一，但不論原因，只要及早發現，痊癒率可達百分之百。

性病。由於單身，身強力壯，性慾旺盛，二十歲左右的你將是感染性病的最高危險群，事實上在美國，每年一千二百萬個就醫性病患者中，有三分之二是在二十五歲以下的青少年。

隱藏在性愛背後的二十多種各式各樣的性病中，最值得擔憂的一種當然屬愛滋病，因爲它眞的無藥可救，愛滋病是二十五至四十四歲男性最主要的死因，其他性病如淋病、皰疹、菜花、梅毒，更使一代梟雄艾爾．卡邦成爲瘋子，其實最常見的性病是尿道炎，症狀爲流膿，小便有灼熱感，睪丸腫脹等（請參閱p.325「性病」一文）。

性慾。男性年屆二十多歲時，其性慾可以到達可怕的地步，男性之性慾高峰期就是在十幾到二十幾歲，醫學博士丹諾夫說道：二十歲以後勃起將會日漸減少，每次射精之間隔會拉長，幸運的是，它是個緩慢而漸進的下降。

其他變化

發生意外之傾向。這個年紀的人自以爲絕不會受傷，所以常有高危險性的行爲，例如，喝酒開車、從酒店陽台跳進游泳池的行爲，所以除了兇殺或自殺外，意外死亡是非常可以理解的。

其他癌症。除了睪丸癌之外，其他罕見的癌症，如血癌——白血球過多症，霍奇金氏症（惡性肉芽腫），以及腦腫瘤都會襲擊該年紀的人。

聽覺。你的高頻率聽覺將會開始退化，但就算那是事實，你根本就不會察覺任何差別，除非你已六十歲。爲什麼？因爲到那時候你的低頻聽覺也將開始退化，而多數日常聲音都屬於低頻範圍。

青春痘。人類身體所生產的一種稱爲後皮下脂肪的油性物質開始減緩，青春痘可說是一般青年的夢魘，到這年紀就可開始減少。

運動傷害。到了大概二十五歲左右，一般男性大概都只會在週末稍作運動，在家庭跟工作壓力之下他們不可能再像從前一樣可以有充分的時間

運動或健身，所以當他們一旦玩起籃球、足球或任何一種激烈運動時，抽筋扭傷、肌肉拉傷及撕裂傷乃成爲常事。

蒸發。人類胚胎蒸發後會發現其含有90％的水份，小嬰兒80％，成長後，人類流失越來越多的水份，體內脂肪越多的人，水份就相對的越少，人體及健康學教授史波多沙博士說道：「如果我們活了一大把年紀，我們體內的水份可能層層降低到體重的50％以下。」

♥ 她的變化

當一個女性到達二十歲左右時，那種飛揚神采是很難想像的，雙峰堅挺，皮膚緊緻而光滑，髮絲閃光如夢幻，但女性的身體跟我們一樣受制於時間以及生活形式而變化。

性方面的改變

性病之傳播。不要以爲男士們才是性病的散播者，女人更是性病成幾何倍數成長的主導者，因爲女性溫暖的陰道是各種細菌及病毒的溫床，何況男人可將大部分不受歡迎的不速之客自小便中排除。女性得到淋病或尿道炎的機率爲男性的兩倍，性病更是導致女性不孕、難產，甚至流產。至於愛滋病，千萬別以爲女性是較少受感染的一群，其實女性是後天免疫症候群感染最快的一群，高達60％的愛滋病菌由異性性交傳染。

尿道感染。當女性開始頻繁性交時，超過兩成會感染至少一種尿道

炎，通常是因為不潔之男性性器官夾帶細菌至女性陰道而被感染，婦女會頻尿、小便灼熱，以及多種令人不快的症狀。

陰道感染。就算她幸運的逃過尿道感染，還是大有可能得到陰道炎，陰道炎一共有三類：發酵性感染、細菌性感染、毛滴蟲病感染。發酵性感染使得患者感到患部發癢，又因不雅，未便抓騷，更時常流膿，原兇皆因頻繁沖洗陰部，服用避孕藥導致內分泌異常以及懷孕所致。

細菌性陰道感染為最普遍的女性陰道疾病，只要女性有一個以上之性伴侶，這種感染就可能發生，因為並非必然，所以不必太悲觀，通常當一個女性的PH值失去平衡時，這種感染就會發生，它更時常產生一股腥味，尤其在性交之後。

毛滴蟲病起因於一種寄生蟲，女性會從她的性伴侶那兒受到感染，症狀是流出一種難聞的白色、灰綠色或黃色的膿。

其他變化

動脈炎。風濕性動脈炎比一般的關節炎要稀少得多，但卻更使人虛弱難受，發生之原因至今未明，感染率男女相等，但因重症求醫者，女性卻高出男性三倍。它好發於一般人的黃金時期 —— 二十至四十歲之間，只要觀察任一名動脈炎患者的手部X光片就可發現完全扭曲變形，可知這是個多麼傷人的病症。

有些醫生，如赫胥博士，就認為風濕性動脈炎並非遺傳性，而是自發性的，意謂身體內部錯認關節之間的軟骨為入侵之異物而對之發動免役系統之攻擊，造成發炎、紅腫、及關節疼痛，尤其是手指部分，赫胥博士說道，患者會顯得營養不良且患有風濕症狀。

暴飲暴食。這是一般婦女都有的現象，年輕女性經過長期減肥餐的束縛或處於沮喪之中，她們是最廣泛的一群受害者。雖然這不至於像貪食症或厭食症那麼可怕，它卻會令該婦人變成肥胖並冒著得到心臟病、糖尿病之類疾病之險。

另外，如果某女士暴飲暴食後又以排便及自我嘔吐方式清除胃內食物，她將引發厭食症。

顎骨問題。自二十歲起的二十年間，婦女會產生咬合方面的問題，太陽穴下連接上下頷骨之鎖骨處會產生失常病變。

男士們也會發生上述問題，但這種失常現象不論男性或女性通常不致於嚴重到需要求醫的地步。若有，女性求醫率是男性的五倍。

一般人通常抱怨有頭、耳、臉部等疼痛，說話吃東西，甚至移動牙床時會聽到骨與骨之間的雜音，嚴重的甚至連張開嘴巴都困難。

這種問題的主要起因是因嚼口香糖及磨牙所引起的肌肉失常，其他方面大都是因爲遺傳或牙床受傷所致。

♥ 約會守則

女方的動作。由於女運動員的崛起，工作場所的女性增加，男性的知性增長，你或者會意識到這社會已經到了一個非變不可的地步，女性，尤其是年輕的女性，將會理所當然地開始在男女之間的約會或行動中起領導作用。

毫無疑問的，社會的轉變已賦予女性在性行爲中更多的自主權，法瑞爾博士說道：「事實上，這方面的改變是少之又少，女性根本很少在男女交往方面採取主動——主動邀請男方出遊等，除非女方比男方更在意這段交往。」

這就顯示出在男女交往中，年輕女孩並沒有任何的改變，不過女性比起十年前，她們受到更高的教育，眼光更遠大，思想更開放而且更能享受歡樂。在本書的第一章裡，我們介紹了如何跟女性接觸、交往，甚至進行性行爲，這裡我們要提供特定年齡層的女性的習慣與想法，以下是二十歲女性的交往習性。

何處尋芳蹤

如果你想尋找年輕女孩陪你去高空跳傘，問題是你要到那裡去找她，以下是幾個狩獵的好地方

- 在校園內。相當多的二十歲左右的年輕人還在大專院校求學，不必說，這是個能遇見美女的好地方。
- 自助洗衣店。她們跟你一樣要洗衣物，而有些洗衣店更備有雜誌跟電玩。
- 健身俱樂部。像學校一樣，這裡是年輕女孩的大本營，而且基於勤加練習之故，身材絕不會差，否則怎敢穿得一身勁爆。
- 你最擅長的活動。你最擅長的活動將可吸引各年齡層的女性，如果你最擅長騎人力車，可以參加單車俱樂部，如果你對文化最有心得與興趣，多到藝廊及博物館走動。「隨身帶著你的名片，因爲你隨時會碰上跟你有相同興趣的異性。」婚姻與性學諮商專家費加洛博士說道。

女性需要什麼？

如果你已跟一個二十多歲的少女認識了，你要如何贏得她的芳心？帶她尋找歡樂啊。「她們渴望做出一些獨特、驚人的事情，更想得到無限的歡樂。」費加洛博士說道：「她們雖然拼命努力工作，但更渴望享受眞正的人生。」下面爲你提出數點建議。

準備一個不落俗套的約會

你不用帶著她到一個充滿野生動物的森林去睡吊床，但也不要笨到帶她去狄斯耐樂園去玩旋轉咖啡杯。去爬爬山、騎著單車去遠一點的地方或去參加露天音樂節目等都是好主意。

保持浪漫

在晨曦中乘熱汽球升空，或在夕陽下找一家餐廳吃一頓有情調的晚餐，喝上兩杯紅酒，送她一束花，只爲表示你想她等等。二十歲左右之單身女郎都喜歡享受戲劇化的浪漫氣息，費加洛博士再次強調。

突發奇想

年輕女性常愛突發式的約會提議，所以，在某個週五晚上。你可提議一起到海灘度週末，或到山上去住小木屋，或者更省錢去看流星雨等等。

保持耐心

當知道她不可能時時刻刻待在你身邊——一個二十多歲的女性若不是在學校啃書的話，就是在工作上打拼她的事業——別怨聲載道，支持她。

保持開闊的心胸

別急著將她當成你的禁臠，跟你一樣，她在某些事物尚未達成前，也希望擁有一定的空間。「如今的社會中，年輕人認爲這是普遍被默許的行爲。」費加洛博士說道。

爲她動手做晚餐

「在一家高雅的餐廳用餐當然不錯，但在你自己的地方爲她做飯，效果則會更佳。」法瑞爾博士說道。爲什麼呢？因爲那將會更爲體貼，試想：除去了餐廳的竊竊私語跟杯盤碰擊聲，你又可自行控制燈光的大小及音樂的種類。「雖然不能當場製造出大餐廳的氣氛，但可創造出一個可維持長期親密的形態。」法瑞爾博士說道。

「你不需要精於廚藝，」法瑞爾博士說道：「簡單而清爽才是秘訣，況且花費更是少得多。」。

勿人云亦云

「女人喜歡被人發現她的優點，」法瑞爾博士說道：「如果她是一位選美冠軍，她就不喜歡你一再告訴她她是多麼的迷人，她聽得太多了，如果你稱讚她的智慧或她做事的態度將對你更為有利。」法瑞爾忠告說，針對平常她比較在意而又未能得到多數認同的優點去讚美她，但記得保持真誠，因為女性跟男性一樣，可分辨謊言。

別操之過急

「替她按摩背部，並陪她依偎在沙發裡看電視，這是一種舊手法，一般女孩以為男人都是性慾的奴隸。」心理學家狄薇拉博士說道。但身為男士，一定要堅持下去，不能將之當成一種欺騙的手段。

善用你的舌頭

「如果你和一位二十幾歲的年輕女孩有性關係，」狄薇拉博士給了我們她最後的忠告：「她正在期待你用你的舌跟唇，三十歲以下的女性從一開始接觸性就習慣這種形式，如果你不照做，麻煩可就大了」。

♥ 多重性伴侶

不管是到處留情，或因情慾的不平衡而到處做愛，這種現象我們一概把它當作是縱慾成性，不管我們怎麼樣看待這件事，年輕人都似乎不能滿足於單一的對象或性伴侶，當然，沒有事情是絕對的，但一女擁有多男或一男擁有多女也是不爭的事實。

這種情形在男方居多，「因爲年輕男人渴望有無數的性伴侶。」費雪博士說道，這可能是一個男人唯一可以爲所欲爲的時刻，沒有什麼可以阻擋他，因爲他單身，可以跟任何他喜歡的人上床，況且在青年與成年之間，他還在摸索什麼是對、什麼是錯；什麼是道德、什麼是不道德。他整個人生就像是一個大實驗，而他一生最容易接觸到的就是性，根據《性在美國》一書報導，在男士到達三十歲以前有25％曾有五至十個性侶伴，有10％有超過二十位性伴侶，可見房事之多。

我們會渴望性伴侶多多益善，起因於各種不同的原因，有時爲了表現我們的性能力，有時是受了一些神秘及野性的呼喚，有時我們根本不知道爲什麼，只是勇往直前的往裡頭栽，雖然各有不同的性愛理由，這種多角關係會導致不少頭痛的麻煩，讓我們來驗證一下這種多角關係對我們男人的影響，認識清楚我們慾望的力量，是控制自我的第一步，如果你能控制自我，你才能成長而成爲女性眞正的好情人。

如此多的女人……

人性方面的好奇並不是唯一驅使我們探尋新的性伴侶的力量，因爲它根本不是主因，一些原始的本能加上性慾的催化才促使我們有這種性向。

「在某些層面上，男性將這種性向解釋成與生俱來的本能，這種陳腔濫調，以所謂的DNA爲幌子，再加上生存本能，來主導這種行爲。」曼利博士說道：年輕男人善於從一張床跳到另一張床，請想一想，我們可以將我們的遺傳因子使無數的婦女受孕，而一個女性則只有一個卵子，如今，使婦女懷孕早已不是男性的目的，但能使多數的伴侶懷孕或多或少也是男性雜交的原因之一。

無獨有偶地，女人也有她們的生育方程式，而這也可以導致她們尋求大量的性伴侶，「女性有她們自己求偶的戰略。」費雪博士說道，男人求愛以播種，女性交合以得到某方面的利益，她們可以只與一位男士結合而取得他所有的財富，她們也跟其他男人結合以取得更多的利益。

可炫耀的伴侶與適合的伴侶

當我們成長並開始與異性相依時，以前所謂的禁忌都已被新的交往法則所取替，這就是我們頻頻替換性伴侶的主因，「這種現象並不是爲了傳宗接代，而是爲了尋找一位最適當的枕邊人。」費雪博士表示：「簡單的說，你在找一位美艷驚人的另一半，好教所有身旁的人羨慕。」

我們眞的這樣膚淺嗎？可是據性學專家艾爾曼指出：「這是大多數年輕人的想法，他們自認年輕英俊，所以一定要找相對年輕漂亮的另一半。」（警告：這種行爲在中年期可能會達到顛峰。）

但是擁有這種女人是需要付出代價的，至少你要迎合她的興趣，例如，不能完全發揮自我跟其他的一些特質。

「追求美女是一種膚淺的求偶意識，而且通常只能維持短暫的激情，因爲最後你會發現，不管她有多美，也不管有多少人羨慕你，在其他方面，你會感到空虛，最後她甚至不能燃起你的激情，尤其是經過一段時間之後。」費雪博士說。

這時候就是所謂適當伴侶介入的時機，一個志趣相投，沒有那麼亮麗，但擁有多種吸引你的特質，並能以她的幽默，相同的喜好，以同甘共苦的精神跟你相扶持的女性。

「簡單的說，她符合我們內心所嚮往的理想。」普雷桑洛博士指出：

「要是你現在的伴侶除了外貌之外一無是處的話，自然的，你會再去選擇一位外表可能較平凡，但是其他方面都能符合你的需求的伴侶。」

亞其式的生活

（亞其，Archie，譯註：其爲美國連環漫畫的主角，被稱爲典型的美國高中學生代表。）

人類的想法其實時常是互相矛盾的，尤其在挑選配偶的時候，亞其就是如此。他根本不知道應該挑選貝蒂還是維朗妮嘉，他在美麗而風情萬種的貝蒂跟老練熱情的維朗妮嘉之間搖擺不定，我們或多或少在這方面都有相似的傾向，就算我們做出選擇，不久後可能又會想念另一位或甚至其他的女人，而又開始尋尋覓覓，你說我們究竟要一夫一妻制還是多夫多妻制？

我想大概每樣都有一點囉！「我們天生就有這兩種傾向，而就算已和對方擁有另一半，這兩種傾向還是會在我們的內心交戰。」費雪博士指出，這是我們生活中的一灘混水，每個人都有這種矛盾和煩惱。

通常如果我們傾向多夫多妻制的時候，麻煩就跟著來了，如果你現在正想另起爐灶，或者完全沒有特定對象而隨意留情的話，我們希望你能利用幾分鐘看一看以下的指示。

思想保持前衛

亞其眞不是簡單人物，貝蒂跟維朗妮嘉都知道他腳踏兩條船，故以他爲例，如果你不是想被任何女性永久束縛，千萬不要製造出一種你要與她天長地久的假象，一定要讓她知道你的想法，當然，她不一定會喜歡，但最終她會尊重你的眞誠，因爲她同樣的可以跟別的男性交往，而且不瞞你說，比你還容易達到目的，你覺得如何？

互相尊重

性並不是等於你床柱上的刻痕——愈多愈好，如果你只在乎可以向你的酒友誇耀你征服了多少個女人，你的出發點就全錯了。

「試著想要得到更多的女人跟性經驗並不能說是錯，對性和各種不同的女性發生興趣跟好奇是可以被理解的。」艾爾曼說道，但如果你只知道要上床也不知道要善待你上床的對象，那你就大錯特錯了，你很快就會感到空虛，這也就是很多人回歸一夫一妻制的主因，他們發現光是上床已不能滿足他們的需要，這一切都是眞的。

保持小心

當你在到處播種時，你一定要小心你身上的犁。對你的性對象多做瞭解，做好保護措施——隨時準備保險套以防萬一。

經驗告訴我們酒吧是邂逅女人最最差勁的地方，如果你想要一個女朋友或終身伴侶的話，至少在這裡是不太可能，這不止是一般人的意見，我

們有可資證明的數據，《性在美國》一書報導，只有少於10％的單身漢跟在酒吧等類似場合認識的異性結合。

就算你是在尋找一夜情，酒吧也通常不在你的考慮之列，在這個愛滋病猖獗，強姦案不斷的時代，太隨便的性愛已經到了盡頭，如今沒有人會去酒吧找好人了。

酒店的迷思

「這眞是個不小的矛盾，如果酒店眞是個這麼糟糕的地方，爲什麼我們還要流連忘返？」康寧翰博士不禁要問。專門研究男女之間吸引力的康寧翰博士爲了進一步瞭解男女之間性關係的戰術，他和一些研究生也經常出入酒吧及酒店尋找資料。

「如果你跳過現在社會上的一般觀點，酒店有它存在的意義跟背景，它曾是社區的重要集會地，」康寧翰博士說道：「尤其在當時，一般人如果想找一個門當戶對的伴侶，除了去教堂、俱樂部外，就是附近的酒店了。」

到今天，酒店的作用已快成爲歷史了，但根據康寧翰博士的說法，還有一些人到酒店找尋以前才存在的樂趣，所以我們最好將一些忠告跟衛生常識暫時拋開，管它什麼數據，我們希望酒店能恢復成像以前一樣，成爲一個可讓一般人接受的去處，尤其去接觸那些可以成爲終身伴侶的女性。基於這種論調，我們請康寧翰博士來幫我們解釋以下的論點：

勇於與陌生者交談。當你在高中或大專院校就讀時，你是完全開放要接受所有周遭的陌生人的友誼，這些人不是住在隔壁宿舍，就是坐在你身邊的同學，每當放學後你的交友機會也就停止了。

「你要如何接觸陌生人，很多人都在工作的地方開始與人交往，但那可能會充滿危機。」凱根博士說道：「而且大部分人不能適應工作與玩樂混合。在這種情況下，酒吧應該是其中的一個選擇。」

「想一想，酒吧可能是一個成年人可以隨意與陌生人交往及談天的地方。」康寧翰博士說道，除了這個地方，你不可能有太多的機會去接觸女性，這就是酒吧受歡迎的最基本原因。

酒吧背後的自由自在。酒吧裡面的氛圍讓你不只可以隨意跟陌生人交談，因爲互相的不熟識，更在意識上加上了一些安全與自信的感覺，費雪博士說道：「你越覺得安全就越敢去接觸美女或跟她要電話號碼。」

與人接觸最重要的是先忘掉你的羞怯，無獨有偶的，酒裡的酒精正是讓你放鬆跟忘記羞怯的好伙伴，在這種環境之下，與人交往一點都不難，康寧翰博士說道。

你的酒吧與你。「雖然酒吧一般來說，提供你相當的隱密性。」康寧翰博士說，其實看深層一點，你所喜歡的酒吧跟你有一定的共通性，它多少可以反映出你是誰，甚至你喜歡什麼樣的人。

「這就是根據附近社區而發展成的酒店文化，你到這個酒吧，應該會發現裡面的人不但跟你是同一個階級，有相同的嗜好，相同的生活圈，甚至宗教信仰都相近。」康寧翰博士指出，在現今的大城市裡有各種不同種類的酒吧供你選擇，如果你喜歡歌唱，你可以到那種專門演奏民歌的餐廳去，如果你喜歡重金屬，你可以到一些迪斯可酒店，而且你可以期待來到這裡的美女們都跟你有同好，這不是很美妙的事嗎？

「所以你不妨出去走走，來推翻我的話，你會以你的補給站爲榮，睜大你的眼睛去找尋俏麗的常客，可能其中一位跟你有美妙的互動，不要以爲不可能在這裡碰到你夢寐以求的伴侶。」

♥ 搭訕術語

聰明睿智如你，一定知道搭訕是被認爲非常下流的──這種人常常被你以英雄求美的姿態踢開，但是在一個夢幻般的夜晚，你看見一個絕代佳人在一個充滿人潮的房間裡，難道你不過去一訴衷曲嗎？康寧翰博士說：你可能失敗，但不試永遠不會成功。

康寧翰博士認爲這是值得一試的，在他的研究中發現，向女士開口進攻只是小小的第一步，「不在於你怎麼開口，而在於你的行爲舉止，你說的話跟你的外表如果不能一致的話，那麼一切免談。」他說道。如果你長得帥，穿著也合時宜的話，就算說話詞不達意也無妨，但千萬別犯錯。你如果成功的話，是因爲你說的話跟你本身的其他優點結合的不錯。

但讓我們先針對我們的開場白來作一個檢討。你要講些什麼？你要如何開口？

「這是兩個非常嚴肅的問題，每個男人在向女士進攻前，應該先把它想清楚，沒有人願意被拒絕，即使是陌生人，所以你要知道什麼可以說，而什麼絕不能說。」研究男女關係超過二十年的伊根，他在各種酒吧充當酒保以實地觀察男女關係，他已和超過兩千名女性面談過（每個都是美女），以瞭解她們的好惡。「我的目的是教導男人女人對哪些事物感興趣，而不是教他們怎麼追求或棄之不顧，希望男女之間都可以輕鬆的交往，並覺得值得。」他說道。

「所以我們要介紹的不是神奇的用詞或演說，而是一個浪漫的身體語言，使你得到對方的信任，我們知道你的底細，但該女士卻不知道。所以別緊張，這樣她也會感到輕鬆愉快。」

眞心誠意

當伊根爲了他的著作而跟女士們做面談時，問得最多的一句話是，當男人走到妳面前，妳最想聽到的是什麼話？「絕大多數的女士會說：『一個眞誠的讚美。』」

最重要的關鍵是誠懇，「如果你不能表現出最眞誠的態度，則沒有任何言語可打動芳心——但如果你能拿出你最眞誠的一面，就算是最簡單的『妳好』，也會帶給你許多好處。」伊根說道。「任何的陳腔濫調都可以過關。」女性在這時候是非常感性的。伊根指出，一旦她們發現你的誠意，那麼所有的事都會水到渠成。

誠實為上

當然，你不會告訴她你的荒唐事蹟，但如果約會後，她發現你不是你說的英勇的油田救火專家呢？所以如果你想踏出成功的第一步，眞誠是不二法門，事實上，你會發現說實話會令你更得到女性的青睞。

「向一位陌生人自我介紹是很不自然的，」康寧翰博士說：「它絕對會讓你感到羞怯，但這說不定反而對你有利。」承認你感到羞怯或緊張，對女性來說更能爲她們所接受。

「她們會感覺你眞心誠意。」伊根說，你不需要手足無措的走到她的面前，只要說我很緊張，但我眞的想認識你，我的名字叫做……

別問太多

大多數的男士都知道他不應該一味的說自己的事情，讓她能感到你的關心，伊根說：「這是正確的做法，讓她感覺到她對你的重要。」但伊根警告說：很多男人過猶不及地向她發問很多她根本不想回答的問題，突然之間，她感到被侵犯了，開始武裝起來，甚至想馬上拒絕你，所以你應該問她一些問題使她感到你想進一步瞭解她，千萬不要問太切身的問題，稱讚一下背景音樂的美好，順便問她這方面的喜好等，問她在哪裡工作、開哪一款的車，但千萬別問她住哪裡，那只會弄巧成拙。

適時的讚美

在進行接觸的第一步時，一個眞心的讚美是不可或缺的。「女性在出門前，可能花上數小時化粧，她們當然希望有人欣賞她們的表現。」伊根說道。如果你的開場白裡包括了「哇！你穿上這件衣服迷人極了。」或者「我實在忍不住要過來跟你說你實在太美了。」，她會感覺你是個有品味的高尚男士，當然她會說你在討她歡心，不過在她的內心裡，她已在暗自欣喜著。

試著微笑，別開玩笑

到這個時刻，你應該知道一般女性對於有幽默感的男性存有好感，這是無庸置疑的，可是千萬別讓她覺得你是個搞笑的人（除非你眞的是儀表非凡，我們等一下再來談這個問題），在康寧翰博士的研究裡，做作而輕

座右銘

一個男人如果不能用他的語言去贏取女人的芳心的話，就不能算是男人。

——威廉．莎士比亞，*The Two Gentlemen of Verona*

挑的開場白的成功率連20％都不到（一個簡單的「妳好」，成功率還超過55％）。微笑，沒錯，讓她看到你眼中豪邁不羈的閃光，但絕不發現輕挑的詞句，一旦她接受了你，你有的是時間讓她欣賞你的幽默。

說的話要和身分相稱

爲了讓你的開場白收到最佳的效果，你一定要捫心自問，我夠帥嗎？還可以或是乏善可陳呢？我們並不想把你的樣貌提出來討論，不過在這裡它的確舉足輕重，在康寧翰的報告裡提到，愈是好看的不得了的男士，愈不可以語氣隨便，例如，「我剛買了新車，一起去兜風吧！」這種句子絕大多數會被拒絕。相反的，同樣一句話從一個沒那麼英俊的男人口中說出來，效果反而更佳。

那麼那些英俊的傢伙該怎麼辦呢？自我貶抑跟謙虛可使他無往不利，「謙虛可以更突顯他的內外在美。」康寧翰博士說道。剛才所提到的20％自以爲可愛的開場白成功率裡面，大部分就是這些英俊小生的傑作。他又說：「我們的研究發現，英俊小生如果表現出幽默感的話，他們的確在尋找異性方面比一般人的成功率高。」

♥ 肢體語言

在我們要說「我愛你」之前，我們一定要表現出來，在沒有語言的石器時代，眼睛的注視跟手腳的擺放都跟你求偶的結果有關，就像我們長毛的老祖先一樣，只要用命去拼回來，他根本不必說話也不必唯唯諾諾的浪費時間。

簡單的說，我們要依靠我們的肢體語言（或哈啦兩句），跟我們的老祖先一樣的來吸引她們，自從有了語言之後，肢體的語言就已慢慢的退化，但對性來說，肢體語言應該還有它的吸引力在。

「我們現在還一再用肢體語言來表示我們對對方有興趣。」眼睛的對視、舌頭的伸舔，甚至我們的坐姿都散發出某種意涵。「我們對他們的態度，只是自己不明白罷了。」性學專家歐曼說道。

「男人一般比較遲鈍，女人對肢體語言的敏感度就高得多了。」茉兒博士說道，女性是比較善於利用肢體語言的一方，因爲她們不止對男性，甚至對女性也常利用肢體來彌補言語的不足，結果他們學會了很多肢體的字彙，而男人在這方面還會幾個常用的符號。

你只要用心就可以學會怎樣去解讀肢體語言，其實我們認爲男性對非語言方式的暗示大多能夠意會，在這整本書裡，我們都一再強調，男人偏重於視覺，而女性偏重於溝通方面的互動，我們對視覺上的性暗示都能快速並感性地做出反應，可是這並不等於我們對一些電視頻道的艷舞女郎「舉槍致敬」，而是當一個女性向我們輕搖胸脯或以腳趾示意，都馬上可以被我們的潛意識接收，可惜的是，這種潛意識只會令我們的腎上腺充血，但經過自我訓練後，這種暗示使我們可以清楚地知道是否爲付諸行動的時候了，也可以使我們被拒絕的機會大大減少。

讀取她的肢體語言

她剛用手撥了她的頭髮，現在，她又用手抓了一下鼻子，她剛脫下她的襯衫又伸手去解開她的胸衣，你當然知道這種肢體語言的意思，但她其他可愛又奇怪的小動作又是什麼意思呢？

「她所有的姿勢都會有它的意思，不過你必須先學習怎樣去分辨她們所要傳達給你的訊息，要清楚的知道她們的意思需要時間跟磨練，怎樣去判讀他們的訊息，可不是一加一等於二這麼簡單。每一個女性都有獨特的性向，所以當一個女性向你送秋波的時候，她的意思可能是「來愛我罷。」但另一個女性的意思就可能變成「我的新隱形眼鏡叫我難過死了。」所以要眞的瞭解女性的肢體語言，就像一些情場老手所說的「用心去看。」以下就是我們所整理出來，女性從頭到腳的肢體語言經驗談。

頭髮：如果她在整理、撫摸、玩弄或者撥動她的頭髮，那對你就是有利的，撥動她的頭髮是絕對肯定的性暗示，就像鳥類以喙整理羽毛，動物以舌整理皮毛是一樣的，它基本的道理就是要讓自己看起來更迷人、更神氣，好把競爭者擊退，這跟在非洲大草原或者是單身酒吧裡是完全一樣的。注意：看到這種情形，你唯一要做的事就是──進攻。

眼睛：記住，這是她的靈魂之窗，如果她的目光不時的停留在你的身上，那就表示她對你有興趣，尤其是在你跟她眼光交會時，她不立刻迴避反而向你凝視。佩波博士說道：「另外，她如果向你眨眼睛或避開你的眼光，這也可能是被你吸引的訊息」。

但眼睛不一定可以讓她吐露心聲，拉寇絲說，有的比較羞怯的女性眼光不會停留在某一個特定男士的身上，尤其是她感到興趣的男性，所以多多觀察女性的肢體語言是絕對值得的，因為當她的眼睛說「不」時，她的其他地方都可能在說：「來吧，過來吧！」

眼睫毛：睫毛向上或者向上後又垂下，全世界的人都知道是表示對一件事情有興趣——在這裡就表示是你。其實睫毛向上揚起表示事情應該可以更進一步，莫亞博士說，睫毛的升降，是女性所創造的最佳歡迎詞，尤其再加上一個微笑跟凝視，你還等些什麼呢？

嘴跟唇：當你被某人所吸引時，你會渾身發燙，臉紅心跳，你會感到唇乾舌燥，她也一樣，所以她會怎麼樣？她應該會用舌頭潤濕她的嘴唇，她會將嘴唇稍微分開，「伸出舌頭舔嘴唇是最常見的挑逗姿勢。」茉兒博士說道。有一些研究也指出，嘴唇的活動加上肢體的語言，女人在暗示你，她的另一相似部分也同樣是潤濕，充血，而且或多或少打開著，這種機會你可以放棄嗎？

頸部：說個笑話給她聽，如果她只是笑，她可能覺得有趣，但如果她不止是笑更把她的脖子跟頭向後仰的話，她已經告訴你她完全願意，在解剖學上，頸子部位是最感性又脆弱的，而她已完全向你呈現這個重要部位，也就是說，她對你的信任與接受是無庸置疑的。

肩膀：當她伸直肩膀時，表示她對面前的事物感興趣，如果她把肩膀向後收，這也是一種表示興趣的姿勢，肩膀往後會使得胸部更突出——這不是好事嗎？

胸部：說到女性的雙峰，任何使它們看起來更突出的動作都可以被解釋成「願意」兩個字，除了把肩膀向後彎，其他動作如彎腰，向前露出乳溝，抬起兩手放到頭或脖子後面（好像她正要整理頭髮）等，若她更進一步靠近你，將她的胸部碰觸到你身體的任何部位的話，其意圖不言而喻。

不過就算你發現她的乳頭正堅硬前挺，別馬上就認為她已千首萬肯了。莫亞博士說道：「因為，可能是該女士感到冷、緊張或甚至害怕。」

手臂：雖然我們都知道不管用什麼指向別人都是種不禮貌的動作，但如果女性對某男士有意的話，她會下意識的用手肘指向他，同時，在交談的時候她會用她的手臂碰觸你的手臂來示意。

手掌：跟手肘一樣，手掌也可以朝向她們感興趣的事物，當一個女性把手放在她的腰臀處而凝視著你時，你認為她們的手在指著什麼？「在你講笑話時，她甚至不經意的把手放在你的身上。」佩波博士說道：「她在更進一步的叫你知道她的意圖。」另一個可以發現她的秘密的動作就是她會不經意的玩弄著各種身旁的小東西，例如，眼鏡，鑰匙等，她甚至會不經意的去碰觸自己的重要部位——把手放在胸脯上或甚至大腿內側，顯示出她要被撫摸的潛意識（千萬不要笨到眞的去摸她這兩個地方，記著，這只是表示她感興趣而已）。

臀部：任何多餘或誇張的臀部動作都可以被解讀成有興趣或她對某男性的接受度，譬如她把它朝向你，或加大這部位的搖擺度，或者她正隨著音樂搖擺（這時候，不妨走上前去邀請她共舞）。

腿部：就算她把腿交叉起來，並不等於她沒性趣，如果她不停的換邊交叉，而且不經意的露出更多的話，全世界都會知道她在說：「願意。」若她站著，而腿又不尋常的分得太開的話，她當然是表示她在期望什麼。

腳部：跟手一樣，她們都會用腳向著她們感興趣的人物，如果她們跟有興趣的男性交談，會不經意的把腳從鞋子裡套進套出，你認為那意味著什麼呢？

讀取自己的肢體語言

女性時常會利用她們的肢體語言來達到某種目的，男性也不例外，只是在程度上稍微收斂一點，弄清楚你自己的語言，對你要做的異性溝通是很有幫助的，如果你發現自己做出太誇張的姿勢，你就馬上可以剎車以低調補救，免得被認爲太傲慢了，或者你希望能自然的發出沈潛的力量跟自信，這裡是有幾個姿勢可以對你有所助益。

*眼睛：*給她一個比較深長的凝視，但別用瞪的，把你的目光定在她的臉上或眼睛，千萬不要盯著不該看的地方，就算你感到緊張，不要一下就把目光逃離，如果你的目光遊離的話，她不會認爲你對她有好感，你的機會也就渺茫了。

*嘴唇：*微笑，但別假笑，如果你的笑容跟你的眼睛不能同步，或者掛在臉上遲遲不退，你不會給人好印象的，你看起來就像是餓狼盯著她的喉頭一樣，也別笑得自鳴得意，最好能把嘴唇稍微張開。

*肩膀：*跟女性一樣，當別人看我們的時候，我們多數人會挺直一點，沒錯，就算你經過一整天的忙碌，在這個時刻也要表現得有點男性氣概，況且在你心儀的女士前面挺胸縮肚，難道不是男士常做的事情嗎？但記得不要做得太過火，讓她以爲你是個自大狂就得不償失了。

*胸部：*跟肩膀一樣，我們會常常吸氣增大胸圍以吸引異性，它或多或少會幫我們壯膽，並使我們以爲自己英勇蓋世，這種情況持續不久，一口氣之後你還是會被打回原形。

*手部：*在一個派對裡，你想表現你最迷人的「酷勁」，你變得鶴立雞群，讓別人一眼就看到你，所以你就跟所有同樣想法的男性一樣斜靠著

牆，將手插在皮帶裡或口袋中，實際上，你不知不覺地在告訴別人你在等待一夜情——看看你的手指在指哪裡！在對異性有需求時，不經意的指向自己的性器官是很平常的，這不能算是壞事，但總嫌太直接。

*骨盤部位：*女性常用膝蓋、手肘跟手去指向她們感性趣的男士，而我們也一樣，但男士還多了一項所謂暗示性的附屬品，一般來說，如果某男士發現使他感興趣的女性在觀察他，他反而會把骨盤移動向前，奇怪吧！

悲慘的訊息

女性有很多很多方法告訴男士她喜歡他，但對她們不感興趣的人只有幾個不約而同的做法，以下是最常見的五種：

- **坐立不安**。手腳不停的無意識點著，不停的變換姿勢，動作突然而快速，意味著她根本不耐煩。
- **武裝起來**。雙手交叉在胸前，大腿緊緊的交叉住，把手臂放在一邊的椅背上，這些都是防衛的姿態，你認爲她在防衛誰？
- **打退堂鼓**。如果她的肩膀開始下垂，而且她的臉也快要降到胸部去了，她正學蛤蜊把殼合起來——遠離你。
- **走爲上策**。她的每個姿勢都表示她想離你而去，她的身軀跟臀部，腳趾跟雙峰皆指向出口處或另一個男人，你已失去機會。
- **眼觀四方**。除非她眞是個羞怯到極點的女人（一般在這種場合不太可能），否則她的眼光到處亂飄，就表示她在尋找別的目標或可以拯救她的男士，在這個時刻你最好禮貌的跟她分手，另起爐灶爲宜。

腿部：當男士對某女性有性趣時，他會不自覺的向她顯露性特徵，無論站著或坐著，他都會把兩腿分開（當然是小心翼翼的）。同樣的，我們跟女士一樣把身體的各部分指向她，就表示喜歡，指向出口處或別人，就表示對她毫無性趣。

要記的實在太多了，尤其你要跟一位不相識的女士接觸。「別擔心你不能通過肢體語言的考驗，」陸斯蔓博士說道：只要吸收一般肢體語言的含意並身體力行，你的反應跟成功率都一定沒問題。

♥ 較年長的女性

有種現象叫「羅賓遜」太太症候群──一個比我們年長的女人，管她是個性感的公司經理、寂寞的隔鄰寡婦或者是博學世故的教授都好，喜歡引誘你們這些未經世事而又對性充滿幻想的年輕人，你們在她們那裡保證可以享受到瘋狂的熱情，而她們更會溫柔又耐心地教導你們怎麼樣去享受性愛，尤其重要的是怎樣去取悅女性。

除了性幻想之外，有的年輕人也喜歡在現實生活中接近較年長的女性，他們未必想得到一些性方面的安慰，但從這些有吸引力跟經驗的婦女那裡絕對可以學到一些有關女性的常識。

面對社會

你該把世俗的眼光拋開？還是乖乖的跟年紀相仿的女性交往？這一切都

由你決定，畢竟愛是盲目的──對外貌、身分，甚至年紀都可以不在乎。

可惜從前社會大眾可不這麼想，我們還活在一個對愛來說，有非常深的代溝的年代，唯一能得到大眾祝福的伴侶，一定要是男方比女方稍大，如此，表示男方已在社會上站穩了腳步，他有足夠的財力物力去娶回一個年輕而又漂亮的新娘，同時他又因爲這年輕又漂亮的新娘而得到更高的社會地位，而且也顯得更年輕了。

就約會而言，這種邏輯對於年輕男人跟年長女性的配對是完全不能理解的，因爲年輕跟漂亮的女性是被視爲男性的珍貴財產之一，所以一個年輕男士何必去接受一個老女人呢？就算她有一點身分地位，她可能已到了不能再上雜誌封面或甚至不能隨意生育的地步，所以，當社會大眾不能理解和面對這一種配對的方式時，他們就會一味自欺欺人的去譴責它，可是時代不同了，有太多較年長的婦女擁有財富跟權勢，而年輕男士多少會覺得這是個不小的吸引力，陸斯蔓說道：「況且現今稍年長的女士們比起以前是健康美麗得多了。」

如果你踏入了這種關係裡，最好有心裡準備會受到一連串的質問跟責備，它將使你疲於應付，例如，你想帶她回家見你的父母，而她卻是你媽兒時的玩伴，甚至她的年紀超過你的母親，你能處理這些問題嗎？如果你看上了個年紀比你小的女孩又或者她看上了個更有錢有勢的男人呢？

超越年齡的愛

女大男小的關係不是一無是處的，「如果你可承受社會大眾的老舊思想，你可以從這種關係中得到很多的好處。」歐曼說道。

她們可以教你很多事情。如果你不是太挑剔的話，年紀較大的女性比

較懂得如何生活，她們所能教你的東西是你永遠不能從年輕的女孩那裡得到的。「例如，她們可以教你怎麼從容不迫的進行前戲。」歐曼說道：老實說，這對一個較年長的婦女也是非常重要的，她們普遍需要較長的時間來刺激跟潤滑陰道才能較眞正享受性愛。

耐性是她們的優點。因爲年輕又漂亮，一般女孩不太可能花費時間去指導另一半怎麼去愛，如果你不能在各方面滿足她的需求的話，她會二話不說跳到另一個能一次就做對的男人懷裡，較年長的女性就不會馬上認爲你不行而會耐心地把她所知道的都傳授給你。

她們比較容易被取悅。當一個女性到了這個年紀，她會對性的本身有更多的認知，她會以比較輕鬆、更開放的態度來面對，這可以使她更能享受性愛，而達到高潮的機會也更多。

有一種說法證實女人的性慾高峰期應該在她年歲稍長時，這是有根據的——「不是因爲生理上的改變，而是因爲女性到了這個年紀比較知道她的需要，且對性愛的反應也更敏銳。」維裘博士說道。根據《性在美國》一書報導，當男女在二十歲左右時，「爲自己」的想法遠遠多於「爲別人」，這也就是爲什麼年輕女孩總是這麼的挑剔，隨著時間的腳步，情勢開始要慢慢改觀，一般而言，每一百零五個男生只能配大概一百個女生，所以在二十歲左右的時候，女生佔有一定的優勢，但到了四十歲的時候，男女比例又倒了過來，這本來不算什麼，但要知道男性的壽命本來就比女性短，何況再加上危險的工作跟戰爭等，所以如果你喜歡年紀比較大的女人，你就會像一個小孩子在糖果店裡一樣快樂。

♥ 網路性事

沒有人能夠忽略網際網路，當你看雜誌、新聞，或收到一張名片，你都會發現上印滿了各式各樣的網址，可見每個人都好像被網際網路套牢了，不然爲什麼每個人都在想著上網呢？

在網路上，你可以看到太多的不同的訊息——不管媒體或者是政治都一樣——這項超級消息來源更充滿著不道德的，比紅燈區還要露骨的性玩意，你可看到全套的性愛動作和完全赤裸的圖片，你還可以憑網路得到各種性服務，更能跟世界各地的年輕人交換性愛心得。

虛擬的善與惡

眞的，這些都是你可以在網路上找得到的，但當你在這裡碰上性的時候，這些網站並不全是所謂污穢的糞坑，就像在眞實的性世界裡它也有好有壞，網際網路上的性學專家高伯博士說道：「網路或網站可以供應你各種性幻想，並可以在相當隱密的情形下詢問或回答一切有關性的問題，你可以坐在你的搖椅上跟世界各國的女性作短暫或長期的接觸，聽取她們的經驗或幻想。」

當然靠著網站來得到性知識不一定適合所有人，如果你整天坐在電腦前面，它將不會是件愉快的事，尤其是好像你不能在現實生活中得到性滿足，這就是爲什麼有很多人對網路性愛不屑一顧的原因。

不過你對網站所能提供的各類消息還是會感到好奇吧？我們沒有立場來告訴你上網是對還是錯，我們只提供這種最熱門跟有效的消息管道——並且警告你這種方式的性事有相當大的負面影響。

遨遊在網路上的性

最基本的，你知道國際網路的性網站擁有最齊全的各種性資訊，對性有興趣的網友來說，只要你有一個連線的電腦，你就可以得到全世界這方面的訊息。

整天上網的電腦迷跟上網找尋有關資料的行動者是大有分別的，《愛情線上》（*Love Online*）的作者菲利士．菲利嘉說道。「有太多太多的網友花費整天的時間觀看照片、閱讀訊息，並發出建議，但從沒在現實世界中用到它，真是可惜！」菲利嘉說道：「把這些資訊用來增添你日常性愛的情趣更好，或者應該說更健康。」下面是你應該在網站上可以找到的例子。

虛擬偷窺秀。色情的肖像及錄影的剪影，可說是色情網站最常見的東西，要找它們，你只要在鍵盤上輸入「性」或者「裸體」即可連上線。「你應該從上千個網站中篩選出你所需要的。」《網路閣樓指南》（*The Penthouse Guide to Cybersex*）的作者南西．譚慕莎蒂說道：「你會發現從花花公子的玩伴到當前最熱門的模特兒，你更可能看到眞槍實彈的做愛場面，人跟人、人跟動物、跟各種工具等，別說我們沒提醒你。」

注意事項：在你上一個陌生的網站之前，先看看你的電腦有沒有先進的防病毒裝置，先掃描一下病毒的蹤跡，再天眞無邪的美女都不代表軟體裡面一定安全，一旦你的整個電腦因此當機的話，你就得不償失了。

網站性服務。當你一個網站接著一個網站的看下來，你會忽然碰到一些小方格顯示出來，向你要密碼，這是爲了要保護兒童不被色情感染，很多網站已設立鎖碼站，你不只要已成年而且要成爲這個網站的會員（當然要收取費用）才能觀看裡面的資料。

這些服務有的已經不止可以觀看訊息，你甚至可付費觀看脫衣舞、購買性玩偶、性雜誌跟錄影帶，甚至找個性感的小女生「一對一」的聊天，這些服務的收費各不相同，你應該仔細弄清楚這種網站的收費再下決定。

還有，在網上從事任何交易都得非常小心，爲了付費給這些網站，通常你要提供你的信用卡號碼，如果你不小心，別人會攔截到你的號碼，你最好先跟你的服務站溝通好，請他們加上保護措施以防萬一。

找尋建議。性服務跟偷窺「秀」以外，網路有無數的網站提供學術上或性愛上的專業協助，你可以在很多網站上得到專家解說你想要知道的性愛問題。」譚慕莎蒂說道。

有相當多的網站接受網友交叉使用。「這種情況可以增加你得到更多訊息的機會。」菲利嘉說道。別人提到跟你一樣的問題的話，你以前得到的答案就會馬上出現在他面前，這種情形以前根本連想都別想。

尋找資料最好的地方就是「新聞網」，這些網站訊息就像看板一樣成爲網友問答問題的地方。「如果你有問題，請先閱讀FAQ（最常被問的問題）然後才發問，你想問的問題十之八九都已經有人問過了。」譚慕莎蒂說道。

從新聞網內，你還可以延伸到全球資訊網，爲了有一個好的開始，我們推薦「雅虎」（Yahoo）搜尋引擎上的這個性網站。以下是它們的網址：http//www.yahoo.com/Society_and_Culture/Sex/， 而這些還不能算是你可以得到性訊息的所有地方，這些網站提供你跟別的性網站連接的通道，試著連線看看，你很快就會得到你所有的知識而變成一個性學專家。

線上的性愛

資訊對網路性事而言只能算一半，另外一半則是互動，眞實的在電腦前跟世界另一端的人性交。

我們怎麼可能跟我們從未謀面的人發生性愛？聊天室或者是利用網際網路交談轉送網（Internet Relay Chat, IRC），這幾個網站都供網友隨意傳送相互的訊息，它們可以讓你向你心儀的對象傳送你的心聲，你甚至可以向她說：「我要把妳的胸罩脫下、我要把手伸進你的裙子裡」等等，要讓網路性愛成功，你一定要能單手打字，相信你明白我們的意思。

在某方面來說，跟一個完全陌生的異性進行幻想式的自慰行動是最安全的性交，無論如何，你都不會因爲上網而得到任何性病。

「它可以是又好玩又刺激，但對眞實人生的性生活而言卻是個阻礙。」古柏博士警告說：「尤其當你在眞實生活裡已經有了異性伴侶的話。」

相當多的男性認爲網路性交不等於他們對另一半不忠，因爲他們並沒有眞的進行性交。「我可不這樣認爲，」萊曼博士說道：「那是思想上的不忠，最低限度你已把這個秘密對你的另一半保密，反過來說，如果你發現你的另一半在電腦前正跟人進行……，你會作何感想？」

但如果你是個單身漢，或者你跟你的另一半在這方面有共識，在進行網路性交時，還是要注意安全，以下是你所應該做的事。

多看多聽

在你決定跟任何網上的「寶貝」連線之前，你應該先花一點時間「觀察」，看看別人是怎麼進行的。「這是最佳學習網上性愛的途徑。」譚慕莎蒂說道：「你會學到速記的技巧，新新人類的用語，並在其中選出跟你最速配的交談目標，如相似的年齡、共同的興趣等，以免發生尷尬的事情或得罪對方。」

小心謹慎

如果你在酒吧間遇上一個女子，你不可能會把你所有的資料告訴她，在這裡也一樣。

「在你跟某人連線交談時，不要一開始就問她一些切身的問題或把你的一切一五一十的都告訴她。」菲利嘉警告說：「如果她感覺你問太多如身分等關係重大的問題的話，她會感受到威脅而拒絕你，而相同的，如果碰到別人這樣做的時候，你也應該斷線，不僅不可以把你信用卡號碼說出來，就算是電話或地址，如果不是經過一段時期的交往的話，也不能隨便透露。」

聽起來有些矯枉過正，但想想如果你跟珍娜連線，而你因爲跟她很來電，所以你將你的電話、地址，甚至於你的喜好、收集稀有金幣都告訴她，第二週你們又連線時，她告訴你她要於下週去旅遊，你當然也告訴她你的旅遊計畫等，當你旅遊回來時，所有貴重物品都不見了，包括你的「金幣」。菲莉嘉說，這種事情時有所聞，別忘記了，你們根本是陌生人。你們從沒見過面，一切都慢慢來，如果經過多次的交談，感覺很對再交換電話號碼跟照片也不遲，當然再下去你就想跟她見面了，但你一定先要花一點時間建立彼此的信任感。她說：千萬要謹慎，按部就班來！

如果你們計劃進行「面談」，則要注意安全——最好在公共場所見面，在私密場所見面是很危險的。

別受騙

既然你沒辦法看到或聽到連線網友的任何一面，你要記住一點：沒有事是絕對的，她所告訴你的可能是百分之百的實話，也可能一句眞話也沒有，這也就是網際網路迷人的地方，你可以告訴別人你長得像勞勃瑞福，誰敢說你不是？但是在你創造你的幻影的同時，別人也同樣可以。

「對所有線上看到的事跟物，你都應該有所保留，你根本無法判斷它的眞假。」譚慕莎蒂說道：「把別人騙的團團轉是很好玩，但是如果你發現跟你上網性交的美女事實上是一個『他』的話，你作何感想？」

♥ 與父母同住

詩人羅勃．佛洛斯特（Robert Frost）曾寫道：「家」是一個當你想要回去時，不會拒絕你的地方。

有的時候，你非回家不可，根據人口資料局報導，大約40％的人口在住家跟外地之間來來回回——年輕人回家依親的例子越來越多，如果你正在跟父母親同住，你可能會聽到你是現今不負責任的新新人類的一份子，但其實你不是的，自第二次世界大戰以來，有40％的年輕人回到他們成長的地方居住。

「但無論基於什麼理由，年輕人跟他們的父母同住在一個屋簷下多多少少會發生一些摩擦跟爭執。」親子關係專家金士伯博士說道：你是他們的孩子，你跟他們住是應該的，但你又是個成年人，這不是很矛盾嗎？你想過自己的日子，但你又非得守他們的規矩，他們知道你已成年——他們辛苦的把你養大，但他們卻還是你的父母，他們有強烈的本能去照顧你，並告訴你該做些什麼，「這時候你該知道衝突爲什麼會發生，尤其是你生理上的需要跟他們的意願相違背時」。

簡單的說，跟父母親同住，你是不可能享受正常的性生活的，它使你不能在起居室有任何性行爲，更使你每每煩惱著怎樣把你的女友偷運進你的房間，就算你女友約你在她家共度一晚，你還得打電話回家向你媽報告理由。

倘若你現在正住在你父母家裡，或者已經產生要搬回家的念頭，將本文當做我們送給你的「歡迎回家」的一份禮物。首先讓我們來看看是什麼原因使你想搬回家住，我們要教你一些方法，來確保你的自主性跟明智的想法，然後我們還要教你怎樣靠自己去得到身爲成年人應該享受到的各種樂趣。

回家的路

當你坐在雙人床上，看著塵封的獎杯和小飛機的模型，你不禁會問自己爲什麼又回來了。

「你的父母也在問同樣的問題，他們會有一些內疚，是不是沒把你教好，使你無法自立等等。」金士伯博士說道：你也可能想過這個問題，我們這裡要你完全不要理會這種想法。

心理學家表示：「在一般情況下，一定有個明確的理由——你所無法控制的理由——使你要搬回家。」下面是幾個最主要的原因，它們不能算是藉口——專家們都同意不管什麼原因使你搬回家，你應該可以想辦法重新站起來——但它們可以讓你瞭解你是怎樣造成這種局面的。

經濟。經濟萎縮、失業、日常生活負擔，一切的一切都在跟你作對，尤其對活在八〇年代的青年來說，面對全球的不景氣也只好回到家這個避風港了，高士達博士提到，你一定聽你父親說過無數次，他在你這年紀已經成家立業，並且擁有自己的房子，沒錯，我們該爲你的父親喝采，但不要忘記那個時代差不多40％的成年孩子都跟父母住。

「你父親還有一些有利的狀況是你無法擁有的，其中一樣就是當時的錢比較管用，而現在的生活費是當時的三倍。」凱根博士指出。

我們比較晚婚。*就*在上一代來說，年輕人上學、離家、結婚、找到自己的棲身之處是非常平常的，對這一代來說，男女都比較晚婚，這也就是說現實讓我們眞正成長的權利大大的延緩了。

我們比較節儉。財政問題並不是唯一使我們搬回家的動力，有時候我們有個相當好的職業跟相當不錯的收入，但我們還是寧願住在家裡頭而把錢存起來，房租動則上萬，我們爲什麼不把錢用來買房子呢？或者分期買一部車也好，其實跟父母住的人並不笨，他們把應該付的房租錢跟生活費都省下來以作爲將來搬出去的基金，凱根博士說道：這對他們父母來說是理所當然的，不過時間當然不能拖太長。

我們是無賴。好吧！我們有的人並不是眞的節儉，雖然是很不好的理由，但是還是要承認，很多年輕人體會到外面的世界不容易混，你買東西要錢，你還要勤奮的工作，可是家卻是不用消費也沒有責任的窩，這是搬回家最不高尚的理由，可是，雖然在家裡你不可能享受到太多的空間跟性生活，但想盡辦法死賴在家裡的卻大有人在。

「免費」的家

無論什麼原因迫使你回家都不重要，重要的是回家以後的問題。如果你長期住在父母家，你會不知不覺的掉進兩個陷阱中 —— 安逸陷阱或衝突陷阱。

「最大的問題就是當孩子搬回家，父母會顯得高興無比，而做母親的甚至會過分加以溺愛。」金士伯博士說，經過在外面的一番掙扎，你很快就會安於做你父母的「小孩」然後你不願意再去外面碰釘子，這就是安逸陷阱。

另一個層面就是你感覺不舒服，可能是不習慣在父母的屋簷下生活，你還在回味著單身男人的自由自在，這樣一來，你父母定下的規矩跟你就會格格不入，你認爲這種束縛小孩的規矩對已成年的你是種侮辱。

將問題明朗化 —— 對所有的人而言 —— 如果你長期留在家裡，你已成年，你本身的意識跟自我都不能認同你家中所謂的老規矩。這對父母或子女都不是個好現象。

同時，你不是唯一認爲你搬回來是錯的人，當你離家時，他們的生活已經開始改變，他們已經開始有他們的兩人世界，當然，因爲你是他們的孩子，他們接受你，可是他們內心裡可能也多少有怨氣，雖然他們不會說出口，但身爲一個現代青年，你不能連這個都感覺不到。

你們都處在一個棘手且尷尬的情況下，但要跟父母和平相處還是有可能的，同時，你也有自力更生的能力。以下是一些基本守則。

訂出一個日期

當你搬進去的時候，聲明只是暫時，那你就有六個月的恢復期，你有一個溫暖可愛的小窩，你陷入了安逸陷阱了，但你可以現在就解決它，找一個日曆，把你預定要搬離的日期勾下來，不要以狀況來決定你的行動，如找到一個好的工作或結婚之後等，以你的經濟及前景為準，跟你的父母商議一下，決定一個合理的日子作為再出發的底線，只要你訂定了日期，對你的目標就有很好的效果，凱根博士說道。

遵守規則

成年的孩子經常會為了一些家庭的規則跟父母起衝突，對一個成年人來說，叫他每次晚回家都要打電話報告或者不得將衣服隨地亂扔是件痛苦的事。

我們要指出明顯的事實，你是住在你父母的家，不是你自己的家。你如果選擇跟他們住，你當然要遵守他們的規矩，這跟借住別人的家是完全一樣的，所以當他們說，如果你要晚回家，則要通知他們的話，你應該照做，如果他們說你每天必須把床舖好，你就開始學著摺棉被吧，別將它看作是一種壓抑，當作你對他們的尊敬好了，況且遵守別人的居家規則對將來擁有自己的家是相當有幫助的。

努力分擔

就算你已同意遵守那些老規矩，你還要表現出你是家裡一個成員，其中一個辦法就是對家裡的事負責，如果可以的話，最好負擔一部分的開銷，試著每月付一點房租，雖然比起你的生活費那些錢不算什麼，但全家都會感到你的誠意，除房租外，儘量付些生活費，例如，電話費跟伙食費等，如果你借用了父母的車子，記得在還車時把油加滿，除了財務上的分擔之外，你應該分擔家裡的粗重工作，例如，剪草、劈柴等。

計劃預算

就算有分擔家計，大部分住在家的青年發現比起住在外面，他們手頭寬裕的多，他們大多會覺得不可思議，然後出去大肆採購或出門旅遊，這也是一種陷阱，因為你會習慣這種生活，你不應該到夜總會胡混或者購買昂貴的音響，而應該把你的錢存起來作為將來成家立業的本錢，把你每週的花費跟娛樂費設定，其餘的全部存起來。

設法控制自己

從這個主題中，你應知道我們沒有忘了你的性生活，搬回家住之前，你早應該想到你的性生活不能跟你住在外面時相比，除非你的父母是開明到了極點，一般來說，帶女人回家過夜是個禁忌，況且我們的研究指出，一般女性對男方住在父母家，所謂「母親的兒子」都相當反感——她們認為你還長不大，必須躲在她在圍裙下（是的，我們知道這種想法對一些經濟上出狀況而必須回家住的男人不公平，但這也無可奈何啊！）如果你有女朋友，帶她回家吃頓晚餐，然後在客廳看一下電視是無可厚非的，不過時間一到，她就得離開，就像在高中時期一樣，別試著把她偷偷帶進房間，以免大家尷尬，你是個成年人，把這種事當成你要搬家的原動力吧。

保護你的空間

「就算你父母設定了各種的居家規則，並不等於你要像你十歲時一樣完全遵守它們，你如果非搬回家不可，你也不必放棄你身為一個成年人的權利。」心理學家奧琪莫圖說道：你一定要知道你本身的權利，並讓你的父母知道在某些地方他們是要放手的。

- **飲食**：如果你有幫忙付超級市場的帳單，那麼你有權要求你愛吃的東西，然而你喜歡在不固定的時間用餐的話，也可以告訴他們，你不跟他們一起吃。
- **睡覺的自由**：只要你本身應盡的義務都有做到，就算是在父母家，你也可以自行決定睡眠時間。
- **你的儀表**：你個人的外表不需要得到他們的認可，如果他們不認同，可以不必跟你一起出門，但如果你的外表帶給他們困擾，如沾滿泥巴的鞋弄髒了地毯、你的習慣製造家中髒亂的話，他們當然有權說話。
- **你的朋友及情人**：雖然你父母可能規定你帶朋友回家的時間，身為一個成年人你有權自由選擇，如果他們不喜歡你的女友(或同性朋友)，那是他們的問題，可是如果你媽發現你的女友手腳不乾淨的話，當然另當別論。
- **你怎麼花錢**：如果你不能將當初議定的房租或生活費交出來，甚至把所有的錢都花在無謂東西上，例如，啤酒等等，你的父母當然會有話說。

♥ 男人的窩

你的家應該是一個令你過得舒適並嚮往的地方，它應該有你的風格，它更應該能夠讓你隨時邀請女士來訪，而不是髒亂滿地，讓她驚聲尖叫、落荒而逃的垃圾堆。

如果你是第一次自立門戶，你的自由可無限大，而且大得嚇人，首先你會想把它佈置成你上大學時候的樣子，但你很快就會發現那是行不通的，你不能隨便的掛幾張海報，就算是大功告成了，你需要各種的傢具、裝潢、擺設，你必須規劃出你自己的地盤。

「佈置自己的窩是表現你已成年的最好時機，並且非常有趣。」好萊塢的名室內設計家湯馬士．亞沙力說道：你不止可以做你自己的主人，還可以在這裡跟你選擇的人同居。女人或許是你佈置的考量之一，「這種情形下，你的房子不止要能令你感覺舒適，更要有你的風格。」他說道：「這就是我。做得好的話，你的公寓能展現出你的風格，它是最受到歡迎的安樂窩。」

當然，每個人都有不一樣的喜好，你的家當然跟別人也會不同，但是這裡有一些大家都認同的佈置手法，提供給你作參考 —— 而且不需要很多花費，國際視覺行銷經理傑洛．泰威爾說道，這裡有些視覺上的概念可以幫你創造一個舒適、迷人、使女性流連忘返的「酷」窩。

客廳

必需品：如果你住在一個小套房裡，起居室也就是你的臥室，你的主要傢具一定是你的床鋪，你當然還需要一件稍大的傢具來休息，泰威爾說，難道你要坐在地上看電視嗎？就算你有個多房的公寓，你也需要有張大型的沙發作爲你休息用或者用來招呼那些外地來的朋友，還有一些喝醉酒不能開車的朋友，如果你有一張這個大型沙發，你最需要做的就是買一張合適的沙發罩——大部分的百貨公司都有一系列的產品可供挑選，至少你也該買張床單把它蓋起來，泰威爾建議道。

在這個房間裡，電視是必要的。一般來說，一套音響也很重要，你一定要弄清楚幾個受歡迎的電台在那裡（尤其是抒情音樂），把你的CD、錄音帶都分類排好，千萬不要以字母排列（顯得你太一板一眼），但也不能隨意的亂丟成一堆，最少保持一張女性化的民歌集在手——女人對這一類的音樂都很著迷，隨便找一張封面有著蓬鬆長髮，手抱吉它的唱片就萬無一失了。

最後，在沙發旁放個書櫃，書本告訴她們，你是個細膩、知性跟善解人意的男人，當然別亂堆或照字母排列，應該用娛樂性或知識性（小說與非小說）來分類，如果你對閱讀沒興趣，你可到舊書攤去買一堆的廉價書，在你的書架上放一些驚悚書、一兩本詩詞集、你所仰慕的人物傳記等（最少你聽過這個人），再加上一些體育雜誌跟精裝書，還有把你完全沒有概念的書收起來，若不希望她忽然問到某一「篇」的話。

額外準備：隨時多預備一張毯子摺疊好放在沙發的後面，女孩子很容易覺得寒冷（就算在你懷裡也一樣），一張毯子會讓她們感覺你的體貼，

說不定請你跟她共用它也不一定，同時你最好設法弄一張好的羊毛地毯放在沙發與電視之間，它會增加這房間的品味（淡色地毯使房子看起來大一點，深色地毯可以使一個大房間看起來更溫暖）。

飯廳

*必需品：*我們知道所謂的飯廳不可能超過一張小茶几加兩張椅子的空間，它不過是廚房旁的小空間或者是客廳旁的一角，不管你是怎麼去規劃你的空間，你真的需要一個可以向你心儀的女士表現的地方，經過好幾個小時在廚房的努力，你當然要好好的坐下來享受一頓兩人相互凝視的晚宴。當然，如果你可以去買一套雙人的咖啡桌椅的話，情調固然是不在話下，最低限度你也要有一張麻將桌加上兩張摺疊椅（只要有塊好看的桌布就行了），也會爲你的單身生活加上一點生活情趣，如玩玩撲克牌等。

*額外準備：*蠟燭，太女性化嗎？荒謬，你該到一個好的臘燭店去看看有什麼好東西，泰威爾說，你該在你的每一個房間都預備一些蠟燭——絕對可以爲你的地方增加一些男性的氣概。至於餐桌，你要越簡單越好——幾根手指粗細，約一呎長的蠟燭，加上一或兩個玻璃或銅製的燭台就足夠了，昏暗的燭光不只會增加兩人的情趣，還會掩蓋你烹調上的缺點（記著，每樣東西在燭光下都很美）。

臥室

*必需品：*你已經知道你需要一張足夠兩個人用的床，有一張簡單的床

架對你會更好——有時候，一張沒有床架的床使你看起來像低人一等似的；在床的旁邊你需要一張茶几跟抽屜，千萬不要用一個木箱子草草代替。「我在所有單身公寓的床邊都設計了一個抽屜和小茶几，」亞沙里說道：「那是放『小雨衣』的地方。」除了讓你在性方面更方便，也可以讓你在上面放一盞「讀書燈」或鬧鐘，或讓她放首飾、耳環等等的小東西。

你可能還有很多的東西要放在臥室裡——一張有誘惑性的海報、美女日曆跟一些美女雜誌等，但這些都足以讓她們認為你對漂亮女性的崇拜，對她們是一種侮辱，所以把它們收好。

額外準備：足夠的枕頭以及一張既大又舒服的被子。當一個女人走進你的臥室，看到一張舖得很好的床、很多枕頭跟一床舒服的被子，她肯定會留下來過夜；打造一個溫暖和受歡迎的窩會使得大部分的女性願意再來你這裡。

浴室

必需品：除了必須乾淨之外，你的廁所只需要幾樣重要的東西，其中一個是小型的垃圾桶，任何不能用抽水馬桶沖掉的東西，身為男人，你都可以丟進廚房的垃圾桶裡，例如，空洗髮精瓶、肥皀盒等，但女人卻不願她所丟的東西輕易被外人見到，所以在裡面放一只垃圾桶是非常體貼的。

其他廁所必備物包括：衛生紙（可以隨手拿得到的）和多一套毛巾，如果你希望她留下過夜，你就應該多準備一套浴巾讓她可以隨時使用。

額外準備：一盒面紙、一塊踏墊（相信我們，她會感激你的），更貼心一點的話，放一把沒拆封的牙刷在裡面（如果她覺得你有預謀，告訴她是上次看牙醫時送的）。

廚房

*必需品：*除了各種你需要為女友做晚餐的各種用具，你一定要有足夠的碗盤，除了整套的用餐工具外，還要有幾個好的酒杯，各種雜亂的用餐工具，絕對不會贏得她的好感。

就食物而言，最好能先把調味料跟各種菜餚預備好（參考「完美的食品部」一文，就可以輕鬆做出你所預期的效果）。另外，在冰箱裡準備一些雞肉、魚肉或牛肉，並在架子上擺上一些通心麵條（不要買便宜貨）。

隨時預備一些點心類的小吃，但一定要低卡路里的，營養學教授羅森班說道：「很可能她在控制體重，你也該跟著做，你該放棄堅果跟洋芋片而在家裡放一些脆餅乾跟爆米花，或者去脂肪洋芋片，唯一例外的是，一定要預備一些巧克力，不管是冰淇淋或者是薄荷巧克力，巧克力會刺激大腦中的歡愉情緒，尤其是對女性，給她一盤巧克力，她不會認為那是飯後甜點，她會認為是性愛的前奏曲。

把微細的工作都做完

當你把前面所說的都做了，你就應該開始進行你最後的公寓佈置——額外的裝修。最後的整理可以讓你的地盤擁有你的個性跟特色，如果你的公寓只是你吃、喝、拉、撒、睡的地方，以下的建議對你沒什麼用，但如果你把你的地方當成一個可以與朋友聚會並可以招待女友的行宮的話，你一定會想盡辦法讓它更能見人。

完美的食品部

她突然之間說要來晚餐，而你卻覺得缺少了最少五種重要的原料來完成你的雞排餐，如果要避免這種事情發生，你只要照下面的清單準備好你的原料，你就可以隨時做出一頓快速又健康的晚餐。

櫃子

脫水蠶豆罐頭
番茄罐頭
番茄醬罐頭
玉米罐頭
青豆罐頭
雞湯罐頭
糙米
什錦穀類
洋蔥
薑
大蒜
橄欖油
通心粉

冰箱

水果、蔬菜
芥茉
脫脂乳果
脫脂乳酸
玉米餅

冷凍庫

去骨雞胸肉
火雞塊
冷凍蔬菜

重新粉刷

你只要花點錢就可以依照你的需要跟想法把你的房子變得不同凡響。

「多數的公寓都是白的，就算每道牆漆一個顏色，你的公寓也會活了起來。」亞沙里說道。

當然，你要先跟你的房東溝通，跟他說替他省錢，要爲他做一件好事，告訴他這地方需要重新油漆一下，而你預備自己動手，如果他要付你的油漆錢，可在這個月的房租裡扣；如果他不肯，最少也要讓他允許你隨意選擇顏色，並隨意漆，只要你不是在牆上亂塗或把房子漆成黑的，一般房東都會認爲粉刷一下對房子有好處。

定期清掃

我們也討厭嘮叨，但你一定要知道一個整潔的地方就是女人喜歡一再回來的地方。

你不用把整個地方完全消毒，但你最少二、三天就要清掃你的廁所跟廚房，把你的髒衣服放在櫃子或者籃子裡，如果你有地毯，記得一定要吸乾淨，如果是木板，一定要每週用拖把拖！

一週換一次床單，性交後馬上要換，沒有再比溼黏黏的床單更令女人反感了。

把一切裝框

除非你把該掛在牆上的掛上去，否則你的地方不會像個家，照片跟畫可以使你的公寓更像個家，而且也是很好的話題，可是你一定要把它們裝框，沒有什麼東西比隨便貼著的海報更幼稚了，或者你把一些照片就放在一個水果箱上，大部分的海報跟照片都有它們一定的尺寸，而每一個賣相框的店都可以找到合適的相框，買一些回來把它們裝框重掛，但你要把那些以前的女友的照片藏起來，掛一張你自己的嬰兒照作樣本，她會感到有興趣並對你更好，就像很多人所說的「有照爲證」。

忠實的做你自己

最後，不要爲了她而把你的地方完全改變了，記住，這是「你」的地方，「當我設計住所時，我完全是根據使用者的性向來作標準，他喜歡五穀雜糧，所以我就在室內堆放大量的雜糧盒。」辛佛說道：「如果他喜歡超人，也願意表現出來，我就會用超人雕像跟其他相關的事物來佈置。」

不管是「超人」或超級杯，依你自己的喜好來佈置，愈能表現你自己的擁有權，譬如，室內的色系、輝煌的記錄、喜好的藝術品等，你的家就越能表現出你的自我。「它告訴別人『這就是我』，如果她不認同，好吧，這也表示她不是你的最佳伴侶，而你也不需要在她身上浪費時間了。」亞沙里說道。

♥ 如何應付她的雙親

在你的交往關係中，有些時刻是非常令人侷促不安、精神緊張，甚至充滿壓抑情緒的，例如，她要帶你回家去見她的家人，一走進她的家門，被你愛人的父母凝視，你發現你像一雙穿著燕尾服的猩猩，一個以關節彎曲爬行的怪物，等著你做出一些特別的把戲，你微笑，有禮的點頭，溫柔地跟她的母親握手，然後熱情而用力的緊握她父親的手，你看著他的眼睛，互相寒暄恭維。

你心想：「我跟你的女兒上過床。」

他心想：「他跟我的女兒上過床。」

但這種不安的情況一旦過去，你就會發現一些事情：首先，她願意帶你去見她的父母親，表示對你有很好的評價，你通過她的標準，你的愛人認爲你是她重要的人，所以也要你認識她生命裡其他重要的人，毋庸置疑地，對你來說，這是個幸運，但又緊張的時刻。

當然你可能是那種不可思議，馬上可以跟她父母打成一片的高手——那種受她母親特別照顧，又能陪她父親打高爾夫的男人，如果你是，我們羨慕你、仰慕你，但多數的男士都沒有辦法做到這種所謂的無障礙關係。

「當然，也有因爲男友或丈夫跟她父母處得太好而使她頻頻抱怨的。」葛瑞斯博士說道：「不管怎麼說，最好雙方能以禮相待，如果不這樣，彼此的言詞會變成尖酸苛薄，再加上生活習慣的差異，你將更不會得到他們的認同，如果你跟她只是玩玩，或者她跟她父母很少連絡，那你可以說：『管他的！』可是如果她非常愛她的父母，而你又跟她有長期計劃的話，你就必須有一個應付他們的方法。你想跟他們變成冤家還是互敬互愛的盟友呢？」

我想你一定跟我們想的一樣。以下我們提供如何與女方父母親應對的方法，市面上有各種相關的書藉，但它們都很少提到當未來的女婿第一次見女友的父母，或從見面後到成爲他們女婿這段時間該怎麼辦，我們這一段可以填上這個空隙，我們將幫助你走出正確的第一步，讓你贏得他們的尊敬，說不定你們甚至會互相愛上彼此。

如何安然度過第一次會面

不管你多麼的不願意，你們的會面是不可避免的。既然如此，你爲何不面帶笑容，平易近人地度過這一關呢？現在還不是讓她父母知道你是個充滿熱情、勁道十足的男友的時候，對她父母來說熱情而勁道十足只表示你是個不穩重的享樂主義者，爲了你們的將來，你不應該急著表現你是個特異獨行的天才，所以第一步先跟他們打成一片，只要不傷你的自尊的話，爲了她，有什麼是你不能做的呢？所以，如果他們先入爲主的認爲你又禮貌又誠懇，這次會面就是百分之百成功了，下面幾點是告訴你如何保證戰果。

先跟她瞭解情況

在這凶吉未卜的會面之前，先跟你的伴侶談一談你們兩人之間的想法與預期，可以舒緩彼此的緊張。「我認爲之前先對他們有一定的認識，在你們的首次會面中一定有所助益。」葛瑞斯博士說道：「如果你覺得很緊張，你可以告訴她你的感覺，你可以問她對這次會面的預期，你該怎麼表現，應該說些什麼等等，聽起來像有預謀，但預先溝通對你而言將有更好的經驗跟機會去舖路，以達成一個好的關係的開始。」

「如果你是被邀請到那邊過夜，這也是跟她先行溝通的好時機，可能你會被安排睡客房，甚至睡客廳、沙發，預先談好免得屆時尷尬出糗。」

注意你的言行舉止

當你處在一個困難的環境裡，自我規範或約束有時會是個突破困境的助力，這就解釋了爲什麼一些教練要預設賽前計劃，而童子軍手冊裡，男士們如果記得他們必須謹守一些規則的話，那對他們將有很大的幫助。史坦利博士說道：「那能幫助男士們建立自我控制跟規律的意識。當你跟她父母第一次會面時，你必須遵守一些基本的禮節，讓你優良的言行做爲你跟她父母之間的擋箭牌，這對你有兩種好處，首先，這是一種尊敬的表示，第二，它可以使你成爲很好的公關人物 —— 在壓力下保持好禮貌表示你是個處變不驚的人，做父母的看到一個禮貌很好的孩子，不禁會想到他是被一對和他相似的父母所養育長大的人，他也不會壞到那裡去。」

多聽少說

除了被問到問題或需要你開口的時機之外，儘量少開口而多聽，聆聽別人說話不止是禮貌而且是一種尊重，所以坐好並張開耳朵，如果她的父母對你是個惡夢，不停的對你進行人身攻擊的話，一笑置之（提醒自己，他們絕對比你先離開人世）。如果他們對這社會觀點跟你相反，別跟他們辯駁，只要用一個百思不解的表情來聽就可以了。「記住，不止是你需要他們對你有個好形象，而你也需要對他們更瞭解。你今天瞭解他們越多，對你越有好處。」費雪博士說道。

表現出愛，而不是慾

如果你愛她，爲什麼不讓所有的人都知道呢？不錯——把你愛她的分貝提到最高，但千萬不要把手放在她身上，至少在她的父母面前，千萬要停止這種動作。

「你要把你對他們女兒的感情表達出來，如果他們看出你對他們女兒的愛與尊重，他們自然而然的也會愛你跟尊重你，」葛瑞斯博士說道：「隨時找機會讚美她，在外表上、能力上，甚至她的願望、她的理想，認同她所說的話、替她開門，在每一次你要離開時，問她有沒有事情需要你去做；相反地，如果每次他們看到你的時候你都在對你女友上下其手的話，他們會把你視爲把他們女兒當成玩物的男人。」

長期抗戰

自從第一次會面以來，她的父母已經意識到你將會不斷地出現，所以你們都要把防衛的心理減少一些，這表示你會看到他們比較像父母，而不是一對法院的判官，對你這方面來說，你會感到比較輕鬆，在他們的面前應該不會再全身僵硬，偶爾也能把手肘放在桌上了，他們有時也可看到你們兩人的親熱鏡頭，這是好現象，你們已經開始互相適應了。

可是還是會有摩擦的，如果你們已經同居了，但她的父母對你們的行爲不認同而對你沒好臉色，又或者你看不慣他們對她或對你的樣子，又或者他們對你沒什麼，但不停地說出或做出一些挑釁的小動作時，你會想站起來跟他們對抗。

你能嗎？你可以嗎？當然可以。

「要給他們一個好印像是不錯的，但最終你還是要做你自己並爲自己跟她的需要著想，他們可能不喜歡你侵入他們的生活，但你卻不能照他們的意思過生活。」葛瑞斯博士說道。最重要的就是在他們跟你們之間取得平衡，下面是一些建議。

支持她

在週末、假日，你們大部分時間會到她家跟她父母一起，你已走入她的家庭圈子裡，但要小心，你也無可避免地會捲進她的家庭政治觀裡，這種情況下，跟你在自己家裡一樣，可判你死刑。

設想情況：你們在飯後坐在客廳（而你已規規矩矩的向她母親感謝這麼好的晚餐），在餐後的閒談中，她母親開始向她說：如果她把頭髮留長，她看起來會更美，你完全同意，因爲你本身就喜歡她的長髮舖在床上的感覺（但不要光管這些）。她媽媽向她爸爸看一眼，然後，他接下來說，他非常同意她媽媽的見解，她媽媽感覺到她女兒受攻擊的眼光，而向你問道：她應該改變髮型嗎？

你該怎麼做？你看著她的眼睛跟她說她現在就已經迷人得不得了了。

什麼？就算你眞的很想她把頭髮留長？沒有錯！

「這是個最普遍的陷阱，不管他對他們的見解有多贊同，或不贊同，他都有被引誘去跟他們站在同一方的傾向。」葛瑞斯博士說道：大錯時錯，你不是去做他們的應聲蟲的，你應該去保護她，你看看她的父親，他立刻就跟他的另一半站在同一邊。「就算你有多想去巴結她的父母，你的第一優先是對你自己的伴侶忠誠，」他說：「在回家的路上，你可以告訴她，你並不反對她把頭髮留長。」

跟他們學習

當她的父母正在查探你的底細時，你也正可以向他們學習一些能夠讓你們相處得更好的方法。

「一方面觀察他們都做些什麼，他們怎麼樣對待子女，他們怎麼相處等等。」費雪博士說道：「這些觀察到的事物會讓你稍微瞭解將來你們該怎麼相處。」

「而如果你看到不順眼的事物，你應立刻跟你的伴侶溝通，以免後悔莫及。」卡拉斯博士說道。

表示負責

你對你的伴侶有責任——她也很清楚，如果你想跟她父母和睦相處的話，讓他們知道你對他們女兒的感情是個不錯的辦法，剛開始相處，你或者相當保留，但這段時間下來，你不應再有所保留，把你對他們的女兒的感情大膽說出來。

「表示你會負責，對大部分做父母的來說都很重要，尤其是你們如果決定要同居的話。」葛瑞斯博士說，大部分做父母的都不認同這種狀況——他們看不到你們要負責任的具體行動（如果你要負責，他們會認為你們不是早應結婚了嗎？）所以如果你現在正跟她同居而你也準備有一天要娶她的話，一定要讓他們明瞭你的想法，不過，如果你不相信婚姻制度，但你對她又充滿信心，你願意為她拋棄獨身主義，你就應該讓他們看到你對他們女兒的忠誠。

「一般為人父母的最終目的，只是希望子女得到幸福，若他們發現你是眞心誠意的對待他們的女兒，他們一定會對你刮目相看。」葛瑞斯博士說道。

取悅她，而不是她父母

一個悲哀的事實是有一部分爲人父母的總認爲全世界都沒有人配得起他們的女兒，你已走進死巷裡。「如果他們根本認定你是不可能得到他們的認同的話，你就不必要白費心機了。」卡拉斯博士強調：「重點是他們並不是你選擇來陪伴你度過一生的伙伴，她才是，倘若她認爲跟你在一起快樂的話，如果她知道你已盡力，更知道她自己父母是不明事理的老頑固的話，別再用頭撞他們所築起來的高牆了，跟她過你們自己的生活吧！」

♥ 交際費

約會需要花費，就算不在餐廳用餐或在酒吧裡喝一杯，我們也要付各項的最低消費，看秀的票價，汽油和過路費以及小禮物等林林總總加起來就非常可觀，如果交往變得更深入、更認眞，你的負擔也會跟你的交往情形成正比，的確，開始你可能只會帶她去當地酒吧去聽聽民歌，花上幾百塊錢，但經過長期以來的交往，你就要買黃牛票帶她去看麥可傑克森演唱會了，那可要花上萬元，曾經一把小小的花束就可令她欣喜若狂，現在不送一打玫瑰是絕不夠看的，隨著愛情的增長，你下注的本錢就越來越大，忽然之間，你發覺你在購買一些高價的物品，例如，到夏威夷旅行，鑽戒跟大禮堂等。

但在一切成定局前，你還要度過一段啃硬麵包的約會日子——這些日子裡你還想要讓你的女人開心，雖然你已入不敷出，這樣的話，我們會幫你用最少的金錢來達到最佳的約會效果。

「你跟她的交往，像所有其他有關財務上的生活需求一樣——你如果想要不受限制去享受它，則必須先有個預算。」凱根博士說道：換句話說，你要學習爲你自己跟你的人生做一個全盤的規劃，然後決定約會的定位。

便宜，但快樂的約會時光

一個好的約會不一定要很多的花費，但有時候又的確得花錢。「沒錯，一般女性會觀察你的寬裕程度，那是她們的本能，她們在觀察這個她們所感到有興趣的人能否提供她們的一切需求。」康寧翰博士說道。

「在女性觀察你的經濟能力的同時，」康寧翰說道：「她們也知道你跟她一樣，都剛開始工作，所以你可能不會有太多的餘錢來跟她約會，這樣一來，她會把注意力轉到你的規劃能力上，同樣一塊錢你能做些什麼或者能不能營造一個不太花錢但又難忘的夜晚。」這裡有幾個可以營造高度情趣——但不需要太多花費——的活動。

規劃一個野餐

這是最最便宜的一個約會——你只需要帶半條吐司、一盒火腿蛋沙拉、兩瓶果汁（如果有一瓶紅酒當然更好）、一張桌布、一朵玫瑰，你可以跟她騎著雙人協力車到一個鳥語花香、有山有水的地方去享受兩人世界。這是世界上唯一最便宜卻又最羅曼蒂克的約會。男人有很多方法去增加約會的情趣，他應該著重在創新與情趣，而不是花大筆的金錢。

別碰所謂大型演唱會

這些演唱會當然有它們迷人的地方，不然黃牛票怎麼會賣到幾千塊錢一張，可是除了這種貴得嚇人的娛樂之外，你可以打聽一下她所喜歡的歌手有沒有預備在某個場所打歌，如果運氣好的話，給她一個驚喜，帶她到那個酒館坐一晚，她會愛死你的，這是錢可以買到的嗎？

追求多元化

不一定每天都要帶她上一些五星級餐廳吃法國大餐，只要你有心，一些好吃並有點情調的小餐廳應該會得到她的認同，千萬不要一開始就固定模式，去大地方花大錢，你會很快就捉襟見肘的。

為她做晚餐

我們不必告訴你買一袋晚餐用的各類食材要比在外面吃便宜得多吧！更重要的事是，爲她做晚餐是件非常容易取得她好感的事，何況在一兩杯紅酒跟燭光的氣氛之下。

讓她付帳

這也是個省錢的方法 —— 可是有點不登大雅之堂，現在的女性，尤其是在工作的女性，都開始有一種回歸女權的心理，她們一般來說，比較開放，也比較崇尚公平待遇，尤其在經濟層面來說。「事實上，她們願意不時的請你吃飯或請你出去玩，或者跟你分攤你的負擔，她們非常清楚當所有的費用都是男方負擔時，他心裡想要的是什麼，爲了對抗這個心理，她們大多數願意在財務上略作貢獻。」費雪博士說道：「我們絕不強調這種作爲，但如果她自動提出要請你，或者她搶著把帳單拿到手，偶爾，你就應該讓她付，千萬不要在公共場所發生拉扯，並且不要以爲她這種舉動是表示要跟你上床（你當然想）。」

花錢花在刀口上

她的生日，情人節，你們的週年紀念（初識的日子或結婚紀念日），她得到升遷那天，都是你要忘記你的預算跟生涯規劃的時候，在這時候你要儘你所能令她歡樂，作爲一個節儉的人並不代表吝嗇或品格低下，朋友，你該知道什麼時候該省錢，什麼時候該花錢，前面所提的情況就是你要把你辛苦賺來的錢花在她身上的時候了，如果你在她身上一直保持低調（就是不是很大方）的話，你應該可以負擔偶爾的風光一下，到一個氣氛好的法國餐廳或者是她老是提到的情調餐廳去奢侈一下。

別老是抱怨

就算你窮得一文不值，也不要不停地喊窮，沒有人喜歡一個只會發牢騷的人，尤其是女人，她會馬上轉頭離你而去，時常提起金錢對你的重要，若讓她知道她增加你不少的負擔——妳是我沈重的負擔，我在衡量值不值得——這種想法的話，你會馬上得到反效果，相信我！

♥ 辦公室戀情

這是個老生常談的禁忌了，你知道你不該把公事和私事混在一起，但長期跟一些聰慧美麗的女性一起工作，這眞是個非常難應付的禁忌，且不管我們有沒有做這種事，我們還是不可避免的把其中一位當作伴侶（美其名為工作伙伴），而且多數男人不是因爲她們的能力或專業知識，而是爲了可以方便發展成「辦公室戀情」。

這是非常正常的，我們認爲起因是這樣的：當你到了這個年紀——離開了校園，有了工作，但還是單身——在工作場所遇到異性是可以想得到的。在你念書的時候，你從你的同學裡找伴侶，所以現在順理成章的你也會在你的工作場所裡尋找你的另一半。《性在美國》一書裡指出，15%結婚的人都承認他們在工作場所認識他們的另一半，你的上司可能也看出來了，《財星》(*Fortune*）雜誌針對兩百名高級行政人員所做的問卷調查發現，51%的人承認辦公室戀情是不可避免的。「它擁有絕對的滲透力，就算我們自己沒做，我們也知道有人沈浸在談情說愛中。」凱根博士說。

爲什麼工作場所會發生這麼多愛情故事？

把一切推給人類的習慣性是不公平的，因爲那只是一部分的理由。「有太多太多的理由讓我們會和女同事約會，就算有規定禁止這一類行爲或者大家都在意著辦公室裡的性騷擾也好，很多人還是認爲跟同事發展關係有它好的一面。」凱根博士說。這裡有幾個最有可能的理由，可解釋爲什麼你會跟你身旁的人發生工作以外的關係。

近水樓台

叫它方便也好，一般來說，我們跟某些人越接近，我們會越喜歡他們。「人是非常容易被同化的生物。」費雪博士指出說：「如果我們被派遣到某地跟某些人相處，自然會瞭解他們，然後建立一個互相尊重對方的立場，但是當我們發現我們跟他們有很多的共通點，而且想法跟習慣都很相像時，很自然地，（如果某人是異性）我們就會想到她可不可能成爲我們的另一半。」

你對她來說比較有安全感

她會對你感興趣的原因是自身的安全考量，跟同事約會對女性來說有一定的安全感。「如果她在酒吧裡選上一個男士，她根本不可能知道任何關於這個男士的底細。」費雪博士強調：「但是和同事約會——最少她知道你在這裡工作，你不是個完完全全的陌生人，就算她對你不是這麼瞭解，她聽過你的聲音，看過你與別人接觸，看過你放在桌上的私人物品等。」費雪博士認爲：最少她已知道你是個什麼樣的人，而這也可以讓她考慮是否要與你約會。

她比外面打滾的女人好看的多

這在全世界來說都是正確的。「性」當然比工作要更有趣，但當你每週拼命工作，爲了升遷作出各種的犧牲的時候，你眞的需要偶爾鬆弛一下，這也就是辦公室戀情的由來——在每個工作天的間隙裡隱現。「它是個非常好的減壓器，在你的忙碌的工作裡，停下來跟你的她喝一杯咖啡，或者只是看著她從身邊走過去，都是一種精神上的安慰。」凱根博士認爲，時間越久你就會對這種感覺越覺得舒服，這就變成有如滾雪球一般，一發不可收拾。

同一陣線的優勢

即便是一個極佳的關係，從初識到慢慢地弄清楚她的喜好跟習慣，都免不了要摸索許久，但如果你正與女同事約會的話，這些枝枝節節都可以省略掉了，由於我們正活在這個時間就是金錢的年代，比較起來與同事談情就更受歡迎了，「在約會前你們已經互相知道你們的好惡。」凱根指出：「一開始一起工作可能不能使你們成爲一對。」他說：「一般來說，你對某人產生好感並不是因爲你跟她一起工作，而是因爲你發現你們有相同的喜好。」凱根博士又說：「不管怎麼說，你們是在一個相當良好的層面開始交往，這也使得更深入的交往可以進行得更順利、更迷人。」

怎樣使它不妨礙你的工作？

知道它是怎麼發生的是很容易，但要知道怎麼去面對又是一個大問題了，我們就稱它爲分隔工作與熱情的竅門好了，或者它使你效率下降，整天想著她裙子裡面穿的是什麼，或者你跟她碰面時要如何自處，你當然不可能一直盯著她看，但也不可能自持過度而冷落她，甚至可能自己也不知

別使系統出錯

現在是早上10:00，你和愛人在同一間辦公室。

你決定利用空檔時間寫一封e-mail讚美她的美麗。你以職場中的方式來表達你的愛意。你的簽名也是一堆○○××所組成。

然後一不小心，你按了一個鈕，於是你將你的電子情書發送到全世界去了。過了幾秒鐘，從這裡到台灣辦事處的每一部電腦都有你的訊息。

在資訊時代，職場戀情的第一條守則便是：別發信、也別留下訊息。在今日光纖傳輸系統的時代裡，你很容易就會將一封淫蕩的e-mail寄錯對象，像你的老闆就是一例。

再者，記住，你所使用的傳輸系統屬於你的公司，他們有權監管系統的使用。所以即使你發出私人信函給你的女友，也絕不要列爲機密文件。首先，你透過該系統所發出的信件都儲存在某個地方，第二，公司中有些人可進入電腦系統中，包括你的郵件信箱在內。假使你的情書被發現阻塞了公司系統，你可能因此丟了差事。

所以，如果你希望你的甜言蜜語不外洩，那麼就以傳統的方法——親自送給她吧！

道這個關係對你或她的工作有無影響。

如果你的終生伴侶出現在你的面前，我們不會阻止你更進一步去發展你們的兩人世界，但如果你只是被面前的超級美女所吸引，我們就要代表眞理給你幾個應該遵守的規則，把它當成你在辦公室裡追求女同事的守則。

先做預防措施

如果你被一位女同事電到，你的頭腦不可能會太清醒，不過你最好先用一分鐘聽聽專家分析跟女同事交往的利弊。「最重要的是，你要先問自己，如果分手，大家還能共事嗎？在外面，如果你要跟女朋友分手，只要不再見她就好了。但你卻會在辦公室每天跟他見面。」凱根博士說道。

更嚴重來說，你的荒唐可能會影響你的事業。「如果你無法好聚好散地跟她分手，而她向上級告你性騷擾時，不管那是如何的荒謬，它都會對你的前途跟名譽發生影響。」大律師強納生．史高警告說。

其實你不必走上這一途的，一般女性工作者對男同事的約會都不會解讀成太嚴重的事情，但如果你約會的是低你好幾級的女性工作同仁，領導階層會擔心你洩露公司的高層資料——一有這種謠言發生，你就可能成爲代罪羔羊——就算那根本與你無關，如果你在跟你上頭的人交往，你還是免不了身處險境。「它會破壞你的名譽，如果你升級了，你的同事們會認爲你是憑著裙帶關係升上去的，而不是因爲你的優異表現。」凱根博士說道：「更糟糕的是，就算你早就應該得到這個位子，上層負責人會更猶豫讓你升遷，就是爲了避免同事間的蜚短流長。」他又補充說道。

千萬小心

所以說這種交往最好能保持低調，不必爲了它說謊，但也不必大聲張揚，你本身對你約會對象的異樣動作是逃不過其他人的眼光的，所以在工作場所，你要更小心你的言行，最重要的，這一切都跟你的工作相抵觸。

數據說性

不贊成辦公室戀情的總經理佔12%。

認為這不關公司的事的總經理佔70%。

資料來源：*Fortune*

清楚公司的立場

雖然很少公司會對員工之間的交往明文禁止，但瞭解公司的立場仍是很值得的，有些企業強烈反對主管約會下屬，例如，它是一個容易製造權力濫用的弱點，它更能製造同事之間的不和，如果你們分手的話，你們更會造成一個不能合作的工作空間。史高說道：「這樣的話，你不妨引用一句軍方的術言──『如果你是軍官，千萬不要結交士兵。』。」

把愛跟工作分開

就像教會跟國會獨立一樣，你的愛情生活跟你的工作一定要儘量分開，可以的話最好互不接觸。「這不是意味著小心而已。」凱根說道：「這是用你本身的自制力把你的工作與你個人的生活分開，就算你昨晚跟你的女友大打出手，也不可以在辦公室裡拿她出氣，同樣地，不可以把工作上的煩惱帶去一起約會，那只會毀了美好的晚餐，在上班時間，要公平、尊重跟愛護你所有的同事──一視同仁，然後等下班鈴響後，你就可以跟你的另一半進行愛的連續劇，不再是工作。」

♥ 說「我愛妳」

有些話好像會黏舌，短短幾個字，只有幾個音，但是當我們很想說出口時，卻哽住了，我們猶豫不決，吞下一堆的口水，當別人說出來，你猛點頭不停地說對，多少次你都差一點要說出來了，你知道那是什麼話嗎？

「對不起。」「你是對的。」「我需要幫助。」都令人難以啓齒。然而最難說得出口的卻是「我愛你！」

爲什麼這句最能夠表示我們最重要的情愫的一句話會叫我們這麼難以說出口呢？又不是你不愛她，你自己很清楚，你甚至願意爲她爬過玻璃堆、承受子彈的打擊、以及千千百百個捨身忘我的考驗去保護她，讓她快樂，但就算你全身黏滿玻璃碎片、被子彈打穿或跟著她阿姨當小丑也好，但那是不夠的，她需要聽到這些話，你一定要說出來。

請你告訴我？爲什麼你不能說「你愛她」？

行動勝過言語

90％以上的答案都一樣，這是個老衝突了。

我們有我們的做法，女人有女人的做法，在對愛情的宣示方面，男人始終堅持「只做不說」。

「男人是用事實來證明的，也就是用做的，他們情願用行動來表達他們的愛意。」克萊德門博士說道：「但記著女人是要用說的。」這也就表示你做千百件事都不及一句小小的話語。

「女性渴望聽到你說『你愛她』。」維裘博士說道：「他們需要你說出來，就因爲男性在這方面有心理障礙，他們眞的過著非常難熬的日子。」

另外一個難題是隨時做出言語上愛的表示——例如，向她說抱歉，向她求助等——對男性來說都是難以說出口的，那表示男性要自暴弱點，雖然只是在那一刹那。

你在承認你的弱點，你在把自己的防護罩脫掉。「而男人自小就被教導不可以表露出弱點或情緒，他們深信這種行動爲減弱他們的男性氣概。」克利絲汀博士指出。

就算我們不是那麼的感性，可是我們應該理性，你可以在這裡看出告訴她你愛她的好處，要證實你愛他，對你而言，有時候等於許多時間、金錢、做苦工的淚水，說出來卻只要一秒鐘，而且不費一毛錢，事實上，你反而會得到很多尊敬——你已經打破了男人的老觀念，你已變成一個不怕勇敢表現自己的男人，你已不再害怕說出來，上帝，這就是因爲，你愛她！

可是要想打破男性根深蒂固的觀念不是一蹴可幾的，你要慢慢建立起你的信心跟情緒，等待最好的時機，甚至要自我做些心理建設，你才能把你想要說的說出來，這也就是我們爲什麼用盡方法要使你可以擺脫以前的心理障礙，並且可以向全世界宣示你對她的愛。

要絕對眞心誠意

事實上，有些男人說不出「我愛你」是因爲他們內心並不是那麼的肯定這份感情，更糟的是，他認爲他是在被逼著說這句話。我們來看看，這種時刻時常是女方先說了「我愛你」，此時你應馬上回她一句低沈又眞心的「我也愛你」。

但如果你稍作猶豫，麻煩可就大了，你的這種反應在她看來，你簡直是個不懂情感的「豬」。說些「我也是」或者各種自以爲是的手勢一樣是過不了關的，但最糟糕的是你說了你愛她，而最後又承認你不是認眞的，用一些時間來認眞考慮你和她的感情和關係，這樣你才能眞正的給她一個答案。

先打草稿

男人比較能夠用寫的來表達自己的情感，潘貝卡博士說道：「我們比較不善於用言語表達這一方面的情感，用一張小字條就不一樣了，寫錯了可以修改，把你想要說的正確的表示出來。」

寫下「我愛妳」可以當做開口宣佈前的一大步，最令人安慰的是，你不一定非寫一大篇愛的箴言（雖然這麼做可以給你大大加分），寫一張小卡片給她或送她一些花夾上有愛字在你名字旁邊的卡片，下次你見到她時，她一定已經看過你的愛的宣言了，你已經提出了你的題目——你寫的東西已經代表你去試探她對你的觀感，如果她僵硬又面無表情地站在那裡，你該認清情況，別再做無謂的浪費了，通常她會張開雙臂、眉開眼笑，而且會說：「我愛死那些花了。」這就給了你一個最好的跳板，你可以說：「你知道嗎？我是認眞的，我愛妳」。

要直接了當

我們大多很擔憂會遭到拒絕，因此雖然最後終於提起勇氣向她表達愛意，頭腦裡卻會出現一些跟我們訊息互相衝突的言詞，我們固然應該說：

陷入愛河的10個預兆

對每個人或每段戀情而言，要說出那三個簡單的字的時間不見得都相同，可能是相識一年後，也或者在初識時。大體來說，有一些明顯的指標能說明你已陷入愛河，你的一言一行、一舉一動皆會洩漏秘密唷！

如果你正經歷以下某種情況，你便已愛上她。

1. 你無法停止想她。
2. 任何你所看到、聽到、嚐到、聞到或摸到的東西都令你想到她所說過或做過的事情。
3. 你有股衝動想打電話給她。
4. 你表現出溫和有禮或愛乾淨，因爲你知道她喜歡。例如，送她花、看她最喜歡的夜間戲劇而不打瞌睡、清理你的浴室。
5. 你和她去購物，並樂在其中。
6. 在開會時，你不斷在報表紙上寫上她的名字。
7. 你讓她借你的車。
8. 你將她辦公室和家中的電話號碼設定成快速撥號鍵，還將她的電子信箱網址背起來。
9. 廣播上每首流行的情歌似乎都可直接應用在你的戀情上。
10. 當你開始想著你愛她的時候，相信我們，如果你認爲你愛她，你就已愛上她。

「我愛妳的心比一萬個太陽還熱烈。」而你所說的卻是：「我，我想我大概很愛妳。」

「緊張是無可厚非的，」維裘博士說道：「但你絕不能讓她聽起來像不肯定你的感情。」這樣一來，她就會開始問你是不是眞的喜歡她。

根據大部分語言專家的建議，你該去除所有的「啊唔」等等的字眼，也絕不用不確定的字眼，尤其是「想」、「可能」等，別用那些自以爲流利的削頭削尾的字如，愛妳，愛妳，愛妳很多等，你又不是在跟一個軍中老友抱著在互拍對方，你在向你深愛的女人求愛，你認爲這種求愛言詞就算被拒絕的話也有下台的空間，事實上，這種你所謂進可攻退可守的求愛方式在她們眼中是笨得可以，記著有三個最有效的字，不必再自以爲聰明的去加油添醋了。

製造氣氛

有些男士在一些毫無情調可言的地方偷偷的說聲「我愛妳」，例如，當你們正在購物時，你突然把它說出來，以爲當著這麼多其他人的面，她不會跟你吵，這些都不是恰當的求愛時機。

你必須在適當的時機說出這句話。「當你感覺你跟她最親近的時候才是說這句話的最佳時機。」維裘博士說道：「用晚餐時，握著她的手，看著她的眼，把它說出來。當你們正在擁舞時，輕聲在她耳朵邊說出這三個字。當你跟她在一起依偎在沙發上看著電視節目時，或者在床上，在睡前，把它說出來，要清楚地說出來，別說得不清不楚。」

保持清醒

受到外在刺激影響而說出來的「我愛妳」不能算是愛的宣言，我們要先清楚醉酒時大喊「我愛你」是不能算數的，同樣在到達性高潮時所說的一樣是謊話，因爲就算你說了，是受了外在影響而說的，她不能肯定你是否眞心，當你跟她說「我愛你」時，你們之間應該是清清楚楚，毫無疑問的，若不是的話，說來又有什麼用呢？所以一定要在你百分之百清醒的情形下對她說這句話，注意，如果你在醉酒跟高潮時有這樣說過的話，別自打嘴巴，只要說：雖然當時我衝昏了頭，可是我知道我說了什麼，而且我是眞心的要告訴你：「我愛你」。

說，不停的說

當你開始說了你愛她後，你必須保持下去。「她們想聽到這句話的慾望是永不止息的。」克萊德門博士說道：「每天都說，而且要一天好幾次。」

別把它當作是你拿磚頭砸自己的腳，這不應該是問題，這應該是機會，因爲愛是值得慶幸的，畢竟，有太多的男人一生都沒有得到過愛，沒人關心他們，而他們也沒有對什麼人有感情，你應該是個非常幸運的人，你可以每天向全世界宣告你的幸運，這件事對你來說實在太簡單了，你會奇怪當初爲什麼會這麼猶豫，現在只要你在做錯事後，自己承認並且……

♥ 求婚

在從前，求婚意味著一些事情的結束，當一對男女無法再享受親密的時刻，也無法討論他們怎樣能更進一步時，男方就必須想個辦法讓他們的關係明朗化，所以他就向她求婚。

如今求婚變成一個隱性的問題，根據《性在美國》一書報導，85％的生於1922至1942年的男士跟他們的另一半是結婚後才同居的，但從他們的孩子這一代起，越來越多人是先同居然後再結婚，只有34％生於1963至1974的人是結婚後再同居。

「這種趨勢會越來越明顯，在決定結婚以前，男女伴侶有很多時間相處──而且對對方的父母也瞭解得更多。」重點是他們有沒有意願結婚。維裘博士說道：「如果你對一個女人很認眞的話，你會想跟她結婚，可是在你要向她提出這個問題前，她就已經知道你的意思了，所以很多男人直接跳過該形式，當他們感到有這個需要的時候，一起開車去選戒指就對了，或者他們決定連戒指也可以省了，認爲這種形式上的東西根本毫無意義，或者有這種錢的話，乾脆買部車或音響好了，結果求婚的形式變成兩人一起上街去購物。」

合宜適度的求婚

對我們來說，求婚是男人一生中的大事，而你不應該任意的放棄它，在我們的心裡，這一刻我們是在家人的注視下作出一生中最大的決定，是非常動人的，它會使我們的一生改變，進入另一個充滿刺激的冒險故事裡，自你求婚那一刻起，你就在向全世界宣告我要改變我的人生目標，你一生中有幾次可以這樣做？

如何求婚及何時求婚？我們讓你自己決定，不過我們要提供幾個求婚的（規則）要點，如果你不願意也無所謂，不過它們可以幫助你完成這一生的重要行動。

給她一個驚喜

你們兩人現在的情形大家都知道非結婚不可了，求婚眞的只是一個無謂的形式，除了一個問題，你要在哪裡進行？這可能也是她在想著的問題，最有趣的就是你可以在她完全不設防的時候對她說，當然你不可能隨便就提了出來，但是讓她不斷的猜測也是增加情趣的好方法，固然生日跟大節日向來都是求婚的好時機，但別讓她輕易猜到，就在情人節的前一天好了，或者在她生日的深夜，當她已經以爲你不會問了，只要注意到時機，你就可以偷偷走到她身後，然後把問題提出來，這不是有趣多了嗎？

尋找一個適當的場所

如果你認爲你的求婚需要費一番唇舌的話，你會找個棒球場，在喧嘩聲中向她提出，還是爲她做一頓燭光晚餐，把結婚戒指藏在她的香檳杯裡？答案都在你對你的另一半的瞭解度裡，沒有人能比你更清楚，所以你該照你所認識的她來找出她最喜歡的做法，如果她是個外向的女孩，在你還沒有想抓她的手前，她就已自動向你抱怨了，此時，你該想個在大家面前向她求婚的方式，她會覺得大有面子，而你當然又在她的心裡加分了，因爲我正在告訴她，雖然我在大家面前向她求婚是冒著被她拒絕以及被全天下取笑的風險，但我對她的愛勝過這一切。我不怕讓人知道！

如果她是害羞而文靜的女孩，那麼在一個只有兩人的環境將比較適合，在大庭廣眾或大餐廳裡向她求婚只會令她惱羞成怒，場面將會變得不可收拾。

送她東西

或許你不相信戒指，或者你負擔不起戒指，沒關係，但當你告訴她你已經把你的心交給她的時候，送她一個紀念品是個很好的做法。

「給予的意義在女士來說是非常重大的，不管只是一杯酒或是一只訂婚戒指，這種行動讓她有種親近、被照顧跟被愛的感覺。」維裘博士說道。在一個求婚的儀式裡，你在給她一些東西——你的愛跟忠心，因爲這些都是抽象的，所以你還需要在實資上給她一些東西作爲你這次請求的象徵，這個禮物是什麼，那就完全看你了，如果不是一只戒指，給她一樣對你很重要的東西，你祖母留給你的重要傳家物品或者給她一點配合你們現在關係的東西也無妨，如果你跟她在一個咖啡店一見鍾情的話，送她一只咖啡杯，不是也很好嗎？事實上，你送她什麼都在其次，重點是讓她知道這只是你對她不變的愛的象徵，以及想要永遠跟她在一起的心願。

永遠都不會嫌太遲

如果你就是我們所說的那種跟你的另一半獲得共識而沒有求過婚的人，讀完這一篇後，覺得有些失落感的話，不用緊張，你沒有失落任何東西，就算你已結婚了，並不等於你不可以再求婚，在你們的結婚紀念日或者在她生日的時候，向她重新求一次婚，她會認爲你是世界上最羅曼蒂克的人，而且妳更不用擔心她的回答了，不是嗎？

8

三十～三十九歲

♥ 你的變化

一般來說，在你三十到三十九歲的這段時間看起來還不錯，應該感覺上也不錯，可是慢慢地，殘酷的變化就在你身體裡發生，「從三十歲開始，人就逐漸老化。」赫許醫師說道。

但這並不代表你快要被當成廢棄物了，還早得很呢！只要控制飲食、勤加運動，你還可以擁有好幾十年的好日子跟性愛。我們所經歷的許多變化在生理上是可以避免的，赫許博士說道：「根據動物生理學，一個八十歲的人可以比一個三十五歲的人年輕。」

以下是三十歲左右的男人會出現的一些生理變化以及可能亮起紅燈的地方。

性方面的變化

性慾的減低。此時，你可能已結婚好一陣子，有自己的家庭，你也許對自己的伴侶有一點厭煩而且對小孩也感到有點不快，工作上也有點壓力，你正在全力解決你工作上的障礙，面對這麼多的煩惱，你不再像十幾二十歲的小毛頭一樣雄赳赳氣昂昂，亞爾古柏博士說：「當你十六歲的時候，想讓你垂下去都很難，但現在情況有點不同了。」

其他改變

感覺更多的壓力。三十幾歲是男人感到壓力最大的時期，除了可能因爲已經娶妻生子外，這也是他要開始購買房屋和負擔其他較大宗的財務支出的時候，太多的壓力不止影響你的性生活，同時也影響你的健康。

頭髮開始減少。只有12％的二十五歲以下的男性會禿頭，但是37％的三十五歲男性都有頭頂上的煩惱，到了六十五歲，將近三分之二的男性頭髮都禿光了。

大部分掉頭髮的原因是因爲一種稱爲「雄性禿」的遺傳因子所致，也就是在髮根長一片禿髮因子，或髮根退縮，或兩種原因同時發生。

醫生們認爲它是使你對男性賀爾蒙較敏感的基因所造成的，對禿頭的人而言，他們猜測是男性荷爾蒙損壞了頭皮的毛囊，阻止了它們生長毛髮的能力。

你可能從父親或母親那兒繼承這種毛病，所以如果你的父親頭髮濃密得很，你也不要高興得太早，禿頭的遺傳還可能從你外祖父，甚至外曾祖父而來。反過來說，就算你父親有禿頭，並不代表你一定也會，那完全要看你有沒有遺傳到禿頭基因。

有一小部分的男士有禿頭，但並不是雄性禿，他們可能是因爲金錢癬、生化類固醇、減壓藥品（鎭靜劑）或者黴菌感染而得病。

高血壓。男人的血壓一般來說是和年齡成正比的，而且多半會在三十歲左右開始影響健康。男人從三十五到四十四歲之間有20％患有高血壓。

要決定高血壓症的發生主因並不容易，但在這個年齡層，黑人、拉丁民族是比白人或亞洲民族要容易得到高血壓，肥胖的人和常吃高膽固醇食物的人也是高危險群。

背痛。你最可能在三十到四十歲首次感到背痛，很多種原因都讓你在彎腰或提重物時發生背痛。

你背脊的那些小接頭開始在此時退化，引起脊骨之間的空隙減少以致骨與骨之間的神經受到擠壓，你的下背部就會開始感到痛楚，你可能產生脊椎環病變或因爲姿勢不正確而導致關節炎。

更有可能的是，你拉傷了你的肌肉，因爲太少運動而導致身材走樣，這可能是你花太多的時間坐在椅子上工作的緣故，所以當你要舉起你二歲的姪女時會感覺像要舉起歐尼爾（湖人隊中鋒）。

皮膚老化。倘若你的工作在戶外或你喜歡戶外運動，這種現象會更明顯。太陽的照射、風吹、溫差變化都會響到皮膚。史波多素博士說道：「滑水、打網球，或在田裡工作——暴露在這種環境下——的人都更容易變老，因爲最先顯示出來的就是皺紋。」

在過度的的陽光曝曬之下，可能還會發生皮膚癌，皮膚癌一共有三種：黑色素癌、基礎細胞癌、鱗狀細胞癌，後兩者比較常見，但極少致命，黑色素癌則擴散的非常快，而且死亡率非常高。

男性死於黑色素癌的機率要比女性高，最主要的可能是他們在陽光下的機率是女性的二倍，而用防曬油等隔離陽光的男性又少於女性四倍。

骨頭。骨質量一直要成長至一般人三十五歲左右才會停止，所以骨質疏鬆症在你六十歲以前不太可能發生，但現在就開始保養你的骨質是個非常聰明的想法，有一些方法可以使你三十年後不致罹患骨質疏鬆症，從今天起，每天補充一千毫克的鈣質、四百個國際單位的維它命D（這兩者同時對你有很大的幫助）、做些重量運動（沒錯，運動增強你的肌肉也同時增強你的骨質）、絕不抽煙、減少飲酒等對你是相當有益的。

♥ 她的變化

她們的頭髮還不致於在這段時期開始減少，而她們的血壓也不致於在這時候增高，但是不要以爲沒事，女性的身體在這時候已經開始有很大的變化。

性方面的改變

性慾高峰期。一些性學專家指出這十年是女人的性慾高峰期。「她對自己更有信心、更果斷，而且普遍來說，有更多床上的需求。」克蘭修醫師提到。如果這是眞的，她們比男性要足足遲了將近二十年。

開始下垂的雙峰。當女性到達三十歲左右時，她乳房的海綿體開始退化，同時它的彈性也會減低，結果會形成乳房的下垂，甚至留下皺痕。

當然，大部分的女性不會在三十歲就明顯的有下垂的乳房。決定因素有好幾個，地心引力是罪魁禍首，乳房碩大或不喜歡戴胸罩的女性，乳房下垂的機會就比較大，其他如變胖、變瘦、懷孕或餵母奶也會造成影響。

乳房腫塊。女性或多或少會在這時候發現乳房有腫塊，它們是完全無害的，它們跟隨女性的賀爾蒙增減而變大變小，所以它們在女性月經來臨前比較顯著，而在月經之後會比較不明顯。

從大約三十五歲開始，脂肪就開始慢慢替換了乳房中的海綿體，所以女性的乳房就慢慢的失去了它的彈性。

其他變化

狼瘡。在女性的懷孕期最容易得的病症就是狼瘡，患過狼瘡的婦女百分之九十以上會再度感染，它的症狀包括倦怠感、關節痛、發燒、柔弱感，有些女性會在臉上產生紅色腫塊，在兩頰跟鼻子之間形成一片難看的紅斑，一般得到狼瘡的婦女是因爲她們的免疫系統出了問題，它們不知道該不該去對抗感染，因而產生了太多的抗體，而太多的抗體對身體當然有毀滅性。研究人員還不太清楚狼瘡是怎麼形成的，但遺傳因子跟女性賀爾蒙應該是最大的疑因。

卵巢癌。在婦女到達三十歲左右時，她需要開始注意卵巢癌，它從這個時期就會發生在女性身上，然後隨著年齡的增長，發生率也就越高，它是女性死亡的主因之一。

卵巢癌是種非常難以捉摸的病症，婦女患者不到末期不會感到疼痛的症狀，早期症狀只能感覺一些普通的不舒適，例如，腫脹、便秘、跟腰部有些酸痛。

卵巢癌的起因迄今未明，但家族中有這種病史的危險性就大增，還有女性中未生育的一群也是高危險群，但最容易得卵巢癌的是那些不停吃避孕藥的婦女，不停的排卵會使得卵巢細胞不停地分裂，每多一次這種分裂，就會多一次發生病變的機會。

月經痛。一般婦女到達三十歲左右時，常會得到月經前症候群，它大概會使卵巢稍爲腫脹，心理稍感憂鬱，但月經痛就比較嚴重了，它可以嚴重到使女性喪失行動的能力，這兩種現象都起因於賀爾蒙在月經前的變化，月經前症候群是個很普通的現象，月經痛就不正常了。

骨頭。跟男人一樣，女性到了三十五歲就停止生長骨質了，女性面對骨質退化的機會比男性大得多，所以她們需要更努力的去補充她們的需要，要怎麼做呢？做重量運動，如多走路和跑步，對保持她們骨質的強化是非常重要的，然後每天補充一千毫克的鈣和四百個國際單位的維它命D（如果懷孕或者在餵母奶，兩種都要增加份量），抽煙跟喝酒都會減弱骨頭的力量。

雷諾症。如果你的伴侶連拿杯冰汽水或者一些冰塊都不行的話，她就可能得了雷諾症，當患有這種症狀的女性碰到冰凍的東西時，她的皮膚會變成白色，還可能變藍然後轉紅，男人也可能到這種病症，但都要到晚年，而且機會少得多。

事實上，這種病症共分兩類，雷諾症跟雷諾症候群，後者並不常見，且會跟其他病症交叉進行，如狼瘡、風濕性關節炎等。產生這種病症的原因至今未明，以及為什麼它主要襲擊女性，一般猜想可能跟女性賀爾蒙有關。

背痛。女性一般來說都不須搬動粗重物品，所以不會像男性一樣得到壓力性背疾，但等她們到了坐三望四的年齡，她們一樣得受背痛之苦。原因是——懷孕，女性到了這年紀如果有了孩子還不知道保護自己的話，比起年輕的女性，她們得背痛的機會多上好幾倍。

就算一個健康的女人，帶球走（懷孕）也不是件好玩的事，小寶貝的重量跟面積使這女性的重心往前，所以她下半身的脊椎會後彎，然而原本用來支撐後背部的前腔肌肉都已被正在成長的子宮拉到鬆弛了。

同時，在懷孕時期，女性體內產生更多的鬆弛激素，這種賀爾蒙可以使骨盤擴大以配合成長中的胎兒，可是它也使支撐背部的韌帶鬆開，每當有壓到這些鬆弛的脊骨時，就會發生疼痛，所以我們對懷孕的婦女應該特別關懷，尤其是使她受孕的男士。

♥ 婚姻守則

你正在跟一位三十歲左右的女性交往，而且你很喜歡她，事實上，如果不是因爲她的生理時鐘的「滴答、滴答」地走著，一切都是完美的。

「沒錯，當女性的生理時鐘在走的時候，大部分的男人都被視爲成爲她孩子的父親的對象，就像女人被視爲性愛對象一樣。」法瑞爾醫師說道。

因爲她們所剩的能開花結果的時日已經不多了，所以一般這年紀的女性找的是一個伴侶而不是「一夜情」。「有些女性甚至對這件事有點心急。」心理學家及性治療師狄薇拉博士說道：「如果你也懷著同樣的心情──找伴侶，你有很好的機會，可是如果男方並不需要一個固定伴侶的話，他就應該鼓起勇氣來告訴她。」

有些這個年紀的婦女甚至於在找一個被捐獻的精子，如果她認爲她碰到的男人不適合做她丈夫的話。在一項問卷裡，有大約45％的女人回答強烈支持或支持這句話：「我想成爲母親，就算我永遠單身。」這並不代表所有三十幾歲的女性都希望你做她孩子的父親，有的早已經有了孩子了，有的根本不想要，這是個需要深究的問題──小心而溫柔──而且越早越好，以免有任何的誤解。

何處尋芳蹤

以下有幾個地方你可以找到同年紀的女性。

錄影帶店。「別只站在暴力動作片部門。」法瑞爾博士提出忠告說：「去那些外國片部門，去看那些比較文藝的片子，如果你對那種片子沒興趣，想辦法培養興趣，如果你能多知道一些女性心理，你對女性就能比較瞭解──而你就可以和她們有共通的語言、相似的想法，而且更能夠知道她們的興趣。」

工作場所。不可否認的，這是個受爭議的選擇，而這個題目應可參考「辦公室戀情」(p.424）一文。狄薇拉博士希望男士要小心進行，但又說：「如果你的對象跟你十分速配的話，跟她保持距離就太傻了，但如果你只想胡混一番，那就勸你別輕舉妄動。」

法瑞爾博士不是很樂觀：「如果你向你的女同事採取行動，你等於走在獨木橋上，一旦你做不成她的丈夫，你可能會成為性騷擾的被告，你的一切都可能毀於一旦。」

超級市場。「如果你看到了目標，勇往直前去攫住你心儀的對象。」法瑞爾博士說道。抓起一顆甜瓜問她：「這瓜熟了沒有？」這樣一來，她可以向你表現這一方面的才能，你又可以不著痕跡的達到你的目的。

「如果你想邂逅職業婦女，你應該在黃昏之後去，如果你想遇到會管家的女人，在大白天去。」法瑞爾博士補充說：「超級市場是少數幾個女性多於男性的地方。」

「男性大多喜歡去那些他們覺得舒服的地方，如酒吧，那些地方不會吸引太多女人。」法瑞爾博士說道：「女性大多會去逛超級市場或博物館等令她們覺得舒服的地方，但在那裡她們又遇不到太多男士，所以雙方感覺現在越來越少異性在公眾場所出入，其實是他、她們都沒去對地方。」

女人想要什麼

年紀到了三十歲，她們的想法跟做法比起二十幾歲的時候是完全不同了，以下我們提供關於這年紀的女性的分析。

準備負責任

喂！別跑！這不一定等於她們要丈夫，只是不希望你得隴望蜀而已。「她們不希望你同時也跟別人交往。」費加洛博士說：「這個條件在二十歲左右時是她們根本不會想到的。」

保持穩定

「重要的是穩定性。」費加洛博士說道：「她們對她們的人生看得更認真，她們已把玩樂的心理慢慢的消除，對選擇男人來說，她們看的是他能不能顧家，能不能對社會大眾有所貢獻。」

保持真誠

一個自吹自擂、滔滔不絕，甚至裝腔做勢的男人對三十幾歲的婦女來說是完全沒有吸引力的，她們對那些男人自誇有多少銀行存款、有多漂亮的車子、多棒的體格等等早已厭煩，她們在找眞心的男人，費加洛說道。

保持成熟

如果你不停地說你上一位女朋友怎樣拋棄你，或者怎樣利用你，你們的分手全是她的錯的話，朋友，你就要小心了！

做一個有計畫的男人

二十多歲的男生在女生面前常會問：「妳想出去玩一下嗎？」沃芙說道：「在這個年齡的女性較希望在你約她之前你已經有你的計畫了。」

做好各方面的準備

當三十幾歲的女人跟你交往時，性對她們來說是必然的，而且大部分女性到了這個年紀，她們的性慾跟性能力都到達顚峰，專家說：這不是賀爾蒙或者生理方面結構，而是不斷成長的自我認識。可是對男性來說，這方面的能力卻逐漸走下坡，這也是最常見的抱怨，費加洛博士說道：「對三十到四十歲的情侶來說，女性需要性的程度比男性多得多，所以朋友，準備好──多愛她。」

安全的性

「安全不可能是你想到的第一件事，但千萬不能忘記性方面的安全，到目前爲止，你們可能都有過數位性伴侶，所以……」陸斯蔓博士說道。

♥ 婚姻介紹所

酒吧不合你的興趣，朋友不會幫你介紹女友，你的職業道德也不允許你在工作的場所隨便，所以你渴望女性的慰藉，但你實在太累了，你已受不了像十幾二十歲那時候一樣到處去追逐女性，你需要的是個不費事，不需要去尋尋覓覓的方法，有人已把你的需要過濾——節省了時間、挫折與付出無謂的花費。

你需要的是專業的協助，而不是一個心理學家，你要的是一個約會的介紹所，其實現在的介紹所跟一般人所認爲那是絕望的人最後的途徑是完全不一樣的，相反地，它們是專門爲一些太過忙碌的人們迅速、有效地找到與他或她們互有相同喜好跟興趣的異性，國際介紹服務社的總經理派翠西亞．摩兒說道。

雖然我們無法告訴你這些介紹所能爲你做些什麼，但從這些專業機構的服務，你找到一個各方面都跟你比較速配的異性的機會（比起你自己去酒吧間尋找），當然高得多，首先這個機構會跟你坐下來詳談，所以在你跟某位女性見面之前，你最少可以知道她是有意願的，介紹機構在你們雙方見面之前，讓你們互相先看過對方的長相。

如果你好奇，但願意知道多一些關於這方面的訊息，我們準備了一系列的各類介紹服務機構供你挑選，我們將告訴你從哪一種介紹機構可以得到哪一種服務，來幫你弄清楚你所需要的是什麼。

介紹服務

這是一個最簡潔的服務，它不是為那些所謂隨便找個異性朋友的人而設的，走進一所介紹服務公司，你所要找的通常都是終身的伴侶，首先，他們會跟你做一個性向面談——有的還會幫你做性向測驗，那會是一個非常深入的面談過程，不只是要你填幾張表，然後貼上照片讓別人翻看，摩兒總經理說道。

當這個機構對你有了一個深刻的認識以及知道你想要什麼後，它就會變成一個相等於私家偵探的服務。到處找尋在生活跟感情上跟你有同樣喜好、有同樣的價值觀，更重要的是有同樣期望的異性，很多介紹機構不做任何的錄影或照像，他們認為照像機時常會騙人，他們認為認識一個人最好的方法就是面對面，你應該相信一個介紹服務機構會忠於你所要求的伴侶外貌方面的問題。

而你可以要求相當的保證，他們會照你的意思來做事，摩兒總經理說：「任何有名氣的介紹機構都會跟你研商一個合約，把你的所有需求詳細列出，並把他們的服務項目一一列出，他們還會給你一些供展示用的女性顧客照片來給你一點概念（關於他們的成功率）。」

可是注重人性化的服務所費不貲，在大多數的城市裡，摩兒總經理說：「光是入會費就要花費一千到五千元美金，而且可能還要付更多，如果這個機構能夠找到恰當的人選與你結婚的話，誰說錢不可以買到愛情呢？」

電腦約會服務

參加了電腦約會服務，你可以瀏覽數位化的照片跟她們的背景資料，很多這種電腦服務是全自助式的，只要你坐下來把你的資料打進去，然後尋找你要找的預期約會者。

電腦約會最省時間，方便又便宜（大約美金二百元至三百元之間）。但還是要提醒你一些它的缺點，其一是雖然說它是全電腦化的，但並不代表它有很大的資料庫，應該先詢問它有多少你這個年紀可以列表的人選，同時，向他們詢問資料更新的日期——你不希望你找的女人早就已經爲人婦了吧！

個人廣告

當今一個最普遍也最受歡迎的約會方法——也是最便宜最方便的方法——個人小廣告。

這種廣告是一種雙向式的溝通。首先，詳細參閱那些資料背景——本地報紙或者是週刊，大部分這種廣告包括了他、她們的一些個人描述或者是留言電話，挑一些你認爲可能成爲對象的做出回應，希望她說她長得漂亮是眞的，然後打那個廣告上的電話，之後把你的口訊附上，你就可以得到她的回音，如果你感覺不錯，你可以留給她你的訊息，如果她也覺得你不錯，她就會再打給你，不然的話，再試別人。

不過，還是奉勸天下男士們，別去登什麼廣告，根據那些過來人的經驗，大部分都表示打來的訊息相當令人失望。自古以來，你都應該是個獵人，你應該出去尋找你的獵物，而她應該等你走向她。

網路廣告

我們不是在說切入談話室，然後跟某人用鍵盤交換性經驗（請參考p.394「網路性事」一文），網際網路私人廣告聰明地結合了電腦約會社跟各種的報章雜誌，私人廣告跟那些印出來的廣告一樣，你在這裡可以做你自己的廣告（有時候也可以附上照片）或者瀏覽上網的參與者，收費大不相同，有的服務像「媒人」(http://www.match.com)，如果你有用上該網站的資料庫，他們要求收取一個月的月租費，其他如「愛神網路」(http://www.cupidnet.com) 提供連線到各種網站，你可以免費隨意閱讀，你可以用電子郵件去連絡你想連絡的異性。

像一首老歌新唱一樣，從網上找尋約會對象有它的樂趣，同時它也可能是個小小的挫折，有一部分國際網站根本還不夠成熟──廣告可能是既稀少又過期──或者你根本在那裡找不到可以跟你交往的人，沒有比當你找到一個夢中情人的時候，卻發現她住在紐西蘭更令人沮喪的。

最後，一個最重要的規則，若你在這種管道找到第一次的約會對象，記住，我們強調要求在一個公開的場所與她見面，陸斯蔓博士說道：「首先，非常可能她不是她所形容的人，然後一個更嚴重的問題是如果你們在你家或她家見面，你可能要冒被告騷擾或更糟──強姦的罪名。」

♥ 適應家庭生活

安定下來，建立一個家庭，成爲居家男人。

當一個單身漢聽到這些詞，他心裡馬上會有一種受到監禁、一種失落、一種替別人懊悔失去寶貴自由去交換家庭溫暖的感覺。

這裡給單身漢一些忠告，居家男人的生活才是最好的生活。朋友，最少它是最適合男性的生活，在你放棄其他而與你唯一生活在一起的伴侶共同負擔租金或房貸時，你已經簽下一生中最刺激跟最肯定的合約。

這不是好事者的婚姻主張，我們有足夠的科學根據來支持我們的論點，根據佛羅里達大學所做的完美生活研究報告顯示，結了婚且有子女的男性——極度的居家型男士——都比其他各種生活型態的男性要快活得多。而且《性在美國》一書也指出那些已婚或已跟人同居的男性——所謂的被套牢的可憐蟲——性交的次數比到處留情的單身漢多，在這個研究報告裡，40％的已婚或跟異性同居的男性每週最少有二至三次性行爲，而單身漢只有19％有這種運氣。

爲什麼居家生活難開始

跟所有的生活習慣的改變是一樣的，居家生活一開始可能需要男女互相去適應，對一般的男士而言，跟另外一個人住在同一個屋簷下是種衝擊和不安的經驗，自從離家獨立後，他已很久不須向別人妥協，如怎麼舖床、掛什麼窗簾之類的問題，現在突然之間她出現了，於是，他要開始重新學習如何共同組織一個家。

開始的時候，大家都不免會有受傷的感覺，男人對他的習慣是非常根深蒂固的，而當一個女人踏了進來而且對他的行爲不以爲然，並要求照她的習慣做時，男性大多數都會覺得他們受到威脅，葛瑞斯博士說道。

其實這種緊張的情況不會維持很久，只要雙方能夠瞭解這種事情一定會發生。所以當兩個人決定要同居時，彼此一定要共同合作使生活和諧、平靜，以下是一些做法。

施與受

在一個婚姻制度裡，所有的事情都需要互相遷就不是件壞事。婚姻專家史丹利博士說道：因爲你必須違反你一生中所有的信條，就像小時候打棒球一樣，你的第一信條就是求勝；對婚姻來說，最好的結果就是打平手，如果你認爲你每一樣事情都要照她的意思做或者相反，你們兩人一定會有一方不快樂且對這段感情不免有挫折感，而這種感覺很快的就會影響到雙方的和諧，但如果你們越是能夠互相遷就，你們的關係就越會顯得水乳交融。

學習爭吵的藝術

「這是什麼？」沒有錯，我們的專家說，有時候你一定要面對各種破壞幸福家庭的因素，一個幸福家庭的最大障礙就是克服不同意見的恐懼。」史丹利博士說道：「她們以爲如果他們開始爭吵，那就表示他們不準備住在一起。」其實他們應該明白把心裡的事 —— 公正的、誠實的、理性的——說出來是非常適當的一種行動，它可以阻止挫折感跟互相憎恨的情緒衍生，而且它是一對夫妻解決他們不同意見最佳的方法之一。「如果你對某事覺得不妥，別將它埋在心裡，更別一下子把脾氣爆發出來，最好馬上跟你的伙伴提出來研究。秘訣：針對事情明確的表達意見，當碰到容易傷害到感情的事時，告訴她爲人麼你會有這樣的感覺，千萬別說：『你是世界上最閉塞的女人！』你可以說：『你叫我要把所有的衣櫃裡的衣服按照顏色排列，我覺得非常不習慣。』。」史丹利博士說道。

「解釋這種行動對你產生的影響比批評你伴侶的行爲要顯得更有建設性，而且更能得到完美的結果。」史丹利說道。

別太過要求效率

這是一個很普遍的陷阱，男性結婚之後發現太太並不能把家事一一做好，所以當週末來臨，他就把沒做完的事情分配了一下，他跑去超級市場把需要的東西買齊，把狗送去狗醫院洗澡打扮，把洗衣店的衣物取回，而她則留在家裡清洗浴室，清理院子，把垃圾拿到室外，只是在你宣佈這些工作時你沒看到她那哀怨又寂寞的眼神——她想跟你一起。

是的，這是個浪費人力跟時間的做法，但又如何呢？如果你想的是：如果快把瑣事做完，你們就有時間在一起了。但對她來說，一起來做這些瑣事更爲重要，她需要這種一起做事的感覺，一個女性心裡所謂的浪漫是能夠每一分每一秒都在一起，就算是做非常無趣的事也好。

做你份內該做的事

如果你們協議分工合作，你一定要做好自己份內的瑣事。「如果你們其中一個認爲自己一個人在做全部的家事，那效果就跟你感覺你在家裡全部要聽他、她的一樣糟糕。」史丹利博士說道：先把家裡的瑣事都列出來，把那些比較容易做的事（除草、溜狗）先做完，然後把那些沒人愛做的事輪流分配（清理垃圾筒、刷廁所等），可能的話一起去做。

生活起居要同步

她每天都很早起床，而你卻喜歡睡懶覺，當然是因爲你習慣晚睡，而晚餐後她就已經呵欠連連了，一般來說，各人是有各人習慣的生理時鐘的，但對兩個夫妻或同居人來說，不同的作息時間自然會產生一些問題，但這是可以解決的。

你不可能硬要她陪你看完午夜場電影，而她也沒道理要你一定在天還未亮的時候起床，那你們該怎麼辦呢？凱根博士問道。那就互相遷就吧！

你提早半小時起床，她慢半小時起床，這應該可以改善你們的現況，另外就是試著一起上床睡覺，夜貓子的你可以在床上繼續看你的電視或書，而另一位可以開始睡覺，最少你們是在一起的。「我們的意思就是互相遷就，使得你們的生活習慣能夠慢慢的同步。」凱根博士說道。

維持你的嗜好

雖然你已成爲了家庭一份子，那並不代表你要犧牲個人的一切，跟你的另一半有一個親密的結合固然重要，但維持你本人的風格也非常重要。威士頓博士說：「你跟你的另一半能夠在一起不是因爲你缺少個性，而更不是因爲你們能夠互相取笑對方的習慣，最有可能的是因爲她喜歡你——一個夠酷的男生，並且有很多各種的興趣可以跟她分享。你們彼此一定要給對方足夠的私人空間——最少每星期幾小時——去追求你自己的嗜好。除非你的嗜好是追女人。

指定你的專用空間

當兩個人在共用一個地方的時候，另一種衝突的來源就是你們都在犧牲你們本身的空間，你們一起吃、一起睡，可能還一起洗澡，就像你想要擁有你個人的時間一樣，你需要一個個人的空間——甚至是一張專用的躺椅或沙發也好，威士頓博士說道：「你父親對這個就很清楚，這就是爲什麼他的那張搖椅或小房是禁區的原因，你不須把你的地盤圍起來，可是你可以將某個房間視爲你的私有空間——或者甚至只是一張書桌或一張躺椅。」

要有改變你自己的胸襟

當你開始跟別人一起住的同時，在你學著如何去互相遷就時，你也同時學到更好的做事方法，就像你的另一半要你把衣服照顏色或樣式去排列，使你要選衣服的時候更爲方便，我們不知道你該怎麼做才對——但你不試就永遠不知道成不成？

「主要的就是你能夠有改變的能力，做事的方法等。」史丹利博士說道：「當我們在學習我們的父母跟朋友的行爲時，我們一樣可以向我們的另一半學習——一些可以使我們變成更好的人的習慣和做法，這是婚姻關係中的一個非常有益的情況，你不應該把你這一扇門給關上。」

男人的工作

雖然我們身在平等的年代，但有些家事永遠是男人的工作。你被期望、要求做這些事。有時這些事令人討厭，但你不應該欺騙愛侶，因爲她們會發現這些事一點都不難，因而看輕你。所以，還是處之泰然吧！

- **開啓東西**。不管是罐子或卡住的櫥櫃門栓，開啓的工作都非男人莫屬。如果是開罐子，技巧就是讓人覺得你不費力氣。別發牢騷。用你的手掌拍打罐底，然後扭開。
- **消滅害蟲**。只要讓害蟲離開她的視線就好，不須在趕盡殺絕時還大喊：「活該！打死你這隻臭蟲！」輕輕把它捏死就好。
- **不能吃的食物**。如果是翻倒的牛奶或其他殘羹剩餚，你們其中一人都能清理。但如果是大型的東西，如天花板上的死老鼠、馬桶阻塞物等，那麼你就乖乖地戴上橡皮手套清理吧。做完之後把自己清洗乾淨，否則她會不敢靠近你。
- **查看不尋常的聲響**。無論是半夜有碰撞聲、地下室有嘶嘶聲等，男人都有責任留意它們並設法儘快消除之。
- **修理能手**。如果機器要插電或有轉動的零件，你要知道它如何運作、壞掉時如何修理，或至少在故障時關掉它。範圍不只是汽車，還包括水龍頭、錄影機、保險絲等。如果它超出你的修理能力，那麼你的責任便是找一位工人來把它修好。

♥ 年幼的子女

傑克從波士頓寫一封信給我們，信上寫道：每個人都知道當有了小孩的之後，你的性生活是需要預先安排的，它變成一種例行公事，事實上性生活變得棘手許多。

傑克是一個三十歲左右的音樂家、作家，現在是一位父親——她的女兒克萊兒剛出世，可是除了身爲她父親的光彩外，她也成了她父親改變的主要原因。「我太太在餵母奶，所以她不能服避孕藥……加上她的各種賀爾蒙的改變，她的陰道變乾等等從來沒發生過問題，就算在她的懷孕期我們的性生活還是美妙得很，她的身材變化增添了我們性生活的情趣，但在小寶貝誕生後……事情就變得不再輕鬆、自由自在了。」

就像千千萬萬的美國男人，傑克的生活可能會變成一般人所謂的「性生活創造出更多的小孩，而更多的小孩卻不會創造出更多的性生活。」如果你有小孩或者你的朋友有小孩，你可能已聽過這句話，小孩的誕生可能會使你和太太的性生活觸礁。但這是不正確的！

這句話我們聽過很多專家說了，現在讓我們來聽聽傑克的說法，他在信上寫道：「年幼的子女可以增長你們的感情，只要你能度過一開始的顛簸，並且能夠融入家庭中的事事物物，你會發現有了孩子在左右好像使這個家顯得更感性，而且不瞞你說，更性感！」

機會教育

讓你的孩子們知道你愛他們的母親是件非常好的事，但如果他們眞的進到你們的房間也看見你眞的在愛他們的母親時，你該怎麼辦？

首先，保持鎮定，別尖叫或大聲嚷嚷，如果他們沒有跑出去，用你平靜的聲音叫他們出去，告訴他們你很快就會出去跟他們談一談。

如果他們還小──還沒到上學的年紀──別試著向他們解釋剛才的事，把事情隨便含糊過去──只要跟性完全無關，比方說因你太愛他們的母親，所以有時候會奇怪的抱她！完全不需要詳細的說明，但如果你的孩子很早熟，又如果你的孩子已大到應該懂得他們看到了什麼的話，鼓勵他們問問題，注意！千萬不要告訴他們一連串做愛的手法，你無須告訴他們怎樣去做一隻錶，他們只是問你現在幾點而已。

「一般來說，最好的辦法就是保持鎮定且以平常心面對整個事件，」貝利金士堡博士說道：「這事件不會使他們精神受創，除非他們感覺你覺得羞恥或是你讓他們感覺羞恥。」這才會讓他們感覺性或者有關性的事都是不好的、可恥的，你可不想對你的孩子做這種事，是吧！

關於孩子衝進你們的房間，還有一個好處。「這是個教導他們要尊重別人的隱私權最好的時機。」金士堡博士說道：「非常可能他們以後都不會隨便衝進你的房間來了！」

你的孩子也是你的老師

「傑克可說是一語道破。」威士頓博士說道：「這是一個正確的觀念，每個男人都應該能這樣想，因爲有了孩子並不等於你要跟你的伴侶分開，事實上，當你要去教你的孩子怎麼樣去愛的時候，你的孩子們可以教你去做個更好的情人、更好的伙伴。」聽起好像怪怪的，但請耐心讀下去，如果你在找尋方法要恢復原來的性生活，這本書囊括了許多確實有效的方法。現在，讓我們把注意力放在把養育兒女當成一種工作的觀念轉換成把養育兒女當作是一生的課題，先將養育兒女的長篇大論放一邊，包括：拍氣、搖動嬰兒、忍受不停排出的臭氣、永無止境的清換尿布，但想一想你們愛的結晶可以帶給你什麼。以他們單純而無邪的本能不只可以教你如何增強你們之間的關係，而且可以讓你跟你的伴侶更親密。

他們喜歡被撫摸。我們的傑克很早就注意到他的女娃兒對觸覺的敏感性。「她不停的抓、拍、用舌頭做出各種不同奇怪的動作，她當然還不會說話，所以你可以從她的動作清楚的知道她是迎向你的。」他說道。

我們成年人應該更懂得撫觸的重要，「我們都需要被撫摸或去撫摸別人——不一定非要跟性扯上關係，但我們需要肌膚方面的接觸。」費雪博士說道：「而只要你時常撫觸你的妻子——在臉上、手臂上、背脊間——就已經會讓她覺得你很愛她，而且讓你們保持親密的感覺，雖然你可能沒空去做更進一步的事情。」

他們喜歡什麼都不穿。當你替你的小寶貝洗澡或換尿布時，十之八九他會趁你不注意，便一絲不掛的衝到院子裡去，這些小裸體主義者的行動告訴你應該減少抑制自己，多找時間享受大自然。

他們可以提醒你想到性。什麼？一個全身滑溜溜的，包著尿布，嘴角還流著奶水的小嬰孩居然可以讓你想到性？沒有錯！「你的小孩是你愛和熱情的活見證，而不是苦工跟責任的備忘錄。」威士頓博士說道：「就不斷的換尿布跟午夜的泡奶來說，很多人很容易把小孩當作一種負面的焦點，但如果你跟你的伙伴能夠對你們的孩子有更正面的看法，你們就會發現更多的精力以及你們以為已經失去的性慾望。」

他們可使你們成長。一個小孩通常有種神奇的力量使你成長。「在很多方面，做父母的都想在孩子面前表現得更好，例如，你會儘量不說髒話、不大聲吼叫、不用力關門等。」金士堡博士說：「既然你在孩子們面前表現得很好，那你在你的另一半面前表現自然也不會太差。當然，大大小小的衝突還是會發生（記住，在一個家庭裡，夫妻起衝突是最正常不過的事），但如果你們在孩子面前起了爭執，你們一定也要在孩子面前和好，研究報告說如果孩子看到電影裡爭吵打鬥的人們最後妥協和好，他們受到影響的可能性就大大減少，讓你的孩子看到你們接吻和好——對你們全家都是件好事。

他們會跟你們學習。根據上面的推論，我們要提醒你們，孩子們有非常強的吸收力且會模仿他們父母所做的一切——從你走路的樣子到別人搶你的車道你用髒話罵人的樣子。「可是小孩子不是光會模仿小事情，他們也模仿你們的行為，他們眞的會把一切學起來，你怎樣做事情，你對危機跟逆境的處理情況等——這些都是他們要跟你們學習的。」金士堡博士又說：「而其中最重要的就是他們能夠從你們身上學到怎麼去愛，讓他們看到你們倆深厚的感情，並讓他知道他們的父母需要獨處的時間。」金士堡博士說道：「這種身教與言教對孩子來說不止更健康而且更讓他們感覺愛的能量，而當他們長大後，你們開明、願意去愛別人的態度將有助於他們成為更堅強、能夠愛人的人。」

♥ 規劃性生活

另外一個老生常談的話題就是：一旦你結了婚，組織了一個家庭，你就沒有時間去享受性了。

就像大部分的陳腔濫調一樣，這句話也有它眞實的一面，生活本身就是一件件煩瑣的事，而你活得越長，你要做的事就越多，因爲一天只有二十四小時，這意味著你要顧好你的事業，維持你的家庭，要生養小孩，要試著去追求個人的樂趣，有些事情總不免會被擠出你的生活圈之外，通常，你們倆人之間的親密時間便是其中之一。

你們或者會想：「我們知道這事情一定會發生，而事情不會有什麼大不了的。」那可就錯了！因爲事情只是冰山的一角。「知道你們要找時間來親熱本身就是一個大問題，起碼一開始是。」威士頓博士解釋說：「光想到要尋找機會來進行性生活，一般夫妻就會覺得相當不自然，對大部分的人而言，性是自動自發的行爲，一旦把性行爲的日子跟時間定了下來，對夫妻來說，就好像把它變成了例行公事，變成了一種工作，因而也變得乏味。「但如果你們眞的已到了找不到時間來親熱的地步，這就是不健康的警訊了。」威士頓博士說道。

時機最重要

威士頓博士跟其他專家都說，尋找時間親熱，剛開始是會令你們倆感覺怪怪的，但很快就會變成一件自然的事。

「最重要的是，先試幾次。」奎德曼博士說道：「如果要讓你輕鬆一點，思考一下：你們難道從來沒有預先計劃過這種事情嗎？其實你會發覺大部分的夫妻都已經在走這條路，星期二晚上或星期六、日早上，換句話說，你每隔一小段時間就一定會有性行為，顯然它不是你腦海裡的時間表。當一切進行的還算順利，直到有一天生活上的突發事件打亂了你的時間表，你們的性生活可能從每星期數次變成每月數次。」

當這種事情發生後，你不能讓你們愛的園地荒蕪，你們應該馬上重新訂立可行的新時間表。以下是我們建議的做法。

挪出時間來做愛

在現代瘋狂緊張的時間表裡，你跟你的另一半會發現你們連喘一口氣的時間都沒，而你們所有的下班時間都用來睡眠了，週末永遠有做不完的瑣事，你們已有四年沒有度過假了，當你發現你連想好好感謝你太太的辛苦的時間都沒有的時候，明天，就是找出時間的時候了。無論如何，你都要將它塞進時間表中。

「這可能意味著你要放棄很多事情，你也許不能把所有的家事做完，你可能需要偶爾加個班，一般人所謂的沒時間陪他們的一半其實都是弄錯了先後次序，」凱根博士說道：「你的婚姻應該是你的第一優先，它需要時間來維繫，如果你發現你把所有的時間都用在各種其他的活動跟追逐上，你一定要把其中一些事物放在一邊來照顧你的感情跟婚姻生活。

省時小技巧

如果你想省下一些時間來陪你的「她」，你必須利用各種手邊的工具，這裡有些日常用具可以幫你找到你所需要的時間。

- **你的鬧鐘**。把它訂在午夜，爬起來親熱一番，如果你們認為這個主意太過份了，你們可以設定提早半小時起床。
- **你的錄放影機**。和每一個美國公民一樣，你大約每個星期都會看幾個電視節目，從現在起，把你非看不可的節目錄下來，錄影帶可以讓你把節目留到下次觀看，況且觀看錄影帶時，你可以快速略過廣告，這樣一來，除了在錄影的時候，你們可以做你們愛做的事，而且在看錄影帶的時候也可以更省時，如果你們有小孩，租一些卡通來播放，把他們都安排在電視機前面，而你們倆就可安心上床了。
- **你的電話答錄機**。就算電話響了，你非得去接聽不可嗎？過濾你的來電，這樣的話，你們可以有時間互相溝通——在床上。
- **你的微波爐**。偶爾，可以不必大張旗鼓的做飯菜，預備一些「愛的餐盒」在冰箱裡，把餐盒送進微波爐，一面看電視，一面吃它，然後將彼此當飯後甜點。不過，我們一定要建議你只購買低脂肪的冷凍餐，這樣不管在愛情或生活方面，你都會更健康。

訂出時間表

我們不是要你在月曆上寫下：跟太太做愛，九點到九點十五分，而是你應該計劃未來的性生活，「在月初就跟太太坐下來商量親熱的日子，有時候是蠻有趣的，」凱根博士說道：「然後你會眼巴巴看著你們訂定的一天慢慢的到來，期待可以使得你們感覺更有性趣。」

提早上床

這個普通的辦法也可以有助於你的性生活，因為你們一起上床——提早十五分鐘或半小時，你們會得到一些好處，凱根博士說道：「首先你要跟你太太一起上床，因為你們提早上床也就表示可以提早起來，這就給你們一個機會，可在早上翻滾一番。還有，你真的非看完最後那十五分鐘的新聞嗎？如果不是必要，一定要有共識一起上床睡覺，太多忙碌的夫妻都有各自上床的習慣，這無異是宣布親密關係的死刑。」

花一些時間一起做事

有時候，並不一定是因為你們倆沒有時間親熱，而是你們彼此之間沒有親密的時間，也就是說你們不再把時間花在相互交談或互動上，這有時候比缺少時間親熱還來得嚴重。史丹利博士說道：「我認為這是個非常值得探討的問題——甚至非談不可——去騰出時間來，每天好好的交談或互動一下就跟找時間親熱是同樣重要的。」你要朝各方面努力維繫你們的親密關係，當你在安排各種的時間表時，不要忘記這個重要時刻。

每天

- 無論多忙，最少互相擁抱一下、親吻一下，告訴她你愛她，全部花費時間——十到二十秒。

每星期

- 騰出一個較長的時間——最少一小時——讓你們倆獨處、散個步、在自己房間互擁著輕鬆聊天，或去租一個火辣辣的電影來個倆人世界。

每個月

- 騰出最少一個晚上（最好兩個）來約會一下（記得以前嗎？），如果你們有孩子，請個保姆來看顧。

每三個月

- 騰出一個週末，或最少一天——到外地過一晚，到一個漂亮的飯店去縱容一下你和她。

每年

- 一起去度個一週的長假，沒錯！一整個星期。「就一整年而言，這並不是一個很長的時間。」奎德曼博士說道：「可是你們需要它，別忘記如果你們不能單獨相處，你們根本不能做你們想做的事。」你以爲不用時間來安排兩人世界，你們的感情還會永遠如一嗎？

♥ 壓力與倦怠感

性、愛或者意識形態對立的頭號敵人，不可否認的一定是壓力與倦怠感，很少有人逃得過這兩個致命的毒素。

我們不是在說正常的壓力——爲一些新事物奮鬥，或者是充滿滿足感的倦怠感——健身房流的汗，這種壓力跟倦怠感可以使你們倆的生活好像每天都在拳擊場上拼命一樣的無奈。

首先，壓力——工作上的壓力、家庭的壓力、生活上的壓力——你每天都緊繃著，使你不能放輕鬆，去享受悠閒，眞正的休息，然後更糟的是倦怠感來了，把你釘在一個令你身心都麻痹的夢魘裡，你會感到失去方向，你會感到你跟不上生活的腳步，當你拼命加緊你的腳步時，一看——倦怠感又跳進繩圈裡來了。

如果你覺得你就是這兩樣東西的受害者，事情就不好玩了，你的一切會變成一團糟，因爲壓力跟倦怠感可以殺死人——一點都不誇張——它可以使你們的親密關係一下子變成只是住在同一個屋簷下的人，所以不管它們將對你們的生活作出多麼大的傷害，你都可以打敗這兩個惡棍，但首先你要知道這兩樣東西是怎樣形成的。

分析壓力的來源

跟性一樣，壓力是身心的一種現象，只是它比起性來，簡直是無趣到了極點，在這種緊張的情緒裡，你會體驗到以下其中一種麻煩：實質方面的壓力——前面開始塞車，一隻鹿跑到你的車前面來了，一個女人向你扔鞋子。或者是心理方面的壓力——事情要完成的期限到了，老闆對你的申斥，對你前途的不安定感等，不管你得到哪一種壓力，你都會有同一種反應：你腦子裡會發出各方面的訊息讓你覺得緊張萬分，你的某部分身體機能——肌肉——開始越來越緊縮，隨時準備打帶跑。

同時，你的身體機能，器官跟腺體都神秘且不由自主的走走停停，你的消化系統會停止，你的腦下垂體、腎上腺素會大爲增長，所產生的賀爾蒙會使你心跳加快、血壓增高，更使你呼吸急促，你的感覺器官更被磨得鋒銳無比，你的腦子已經下了讓你整個身體備戰的命令，如果這種情形每天發生或更糟的每天發生數次之多，例如，小孩的房間傳來一聲尖叫，早上的通車使我們的腦子打結，老闆當著其他同事的面斥責我們或我們的妻子當著孩子的面責罵我們時，這一切的一切不斷地向我們壓下來的時候，糟了！我們發現我們已經不能在床上有所表現了。

正如大家所想的，這種壓力眞的可以癱瘓你的身心，難怪我們有這麼多人患有高血壓、腸胃病、工作上的困境以及心理的打擊，但你不須再成爲這些人的一份子了。

倦怠感的方程式

倦怠感其實是力量跟資源的分配，你的身體裡有一次的能量，而當你因爲某種情勢或事件把這力量用盡的時候，你就開始有倦怠感，如果這種情勢維持一個相當長的時間，你就會感到長期的倦怠感，唯一能夠消滅這種倦怠感的方法就是去找出事情的原因，很簡單，是嗎？只是要追根究底發現你倦怠的原因可不是那麼簡單。

「倦怠感是身體中最最普通的一種感覺，如果你因為感到困倦而去請教醫生，理由可以有千百種，」心理學家布蘭察博士說道：「它們的起因可能是簡單如睡眠不足到複雜的各種病症——如疾病感染，體內新陳代謝異常，甚至受到癌細胞的侵蝕。」

這不是在嚇唬你，我們只是指出倦怠感在這裡不是說你身體裡有毛病——有些特別的原因在抽取你的精力，我們只是指出它是發出第一個警告訊號，告訴你，你的身體有問題，貝爾醫師說道：「如果你毫無原因地感到倦怠虛弱，你應該馬上去看醫生。」

一般來說，你所感到的倦怠感來自你的生活壓力，你現在已經很明白壓力可以造成你體內的變化，所以你不會感到奇怪，為了要對抗壓力，你會消耗很多的能量，所以當它過去後，你就垮了下來，另外心理的壓力更會使你失眠，也就造成你不能補充能量。

消除倦怠，對抗壓力

要跟壓力和倦怠感對抗可不是件容易的事，你也知道你該多休息、減少工作量、多出去旅遊，但為什麼你都沒做到呢？

最主要的原因是你自己的見解。「我想很多男人認為壓力是人生的一部分，或者它是無解的一個大問題，就某方面而言，他們是對的。」布蘭察博士說道：「如果你將壓力看成要令你翻船的巨浪，還不如將你的注意力集中於對抗使你產生壓力或疲倦感的事物。把它分散，然後個個擊破。」

所以，這裡有一些你馬上可以做的事，來將你的壓力跟倦怠感減到你可以控制的範圍，你會發現這些提議可以同時應付這兩種麻煩——同時對抗壓力和倦怠感，無論在何時何地。

工作中

西北國際人壽保險公司曾作過一個調查，他們發現每十個工作者中，就有四個認爲他、她們的工作是非常，甚至極度帶有壓力的，而且《預防》（*Prevention*）雜誌的問卷調查報告說百分之十五的受訪者說這種壓力對他們的工作造成傷害，爲了減輕你工作上的挫折感，以下是你應該做的事。

做好那些你可以控制的事情

事實上這是個很好的建議——不管壓力從哪裡來，通常男人擔心那些他們不能控制的事物——像交通、經濟或上級的態度等。「如果你不能控制的事情在給你壓力，你最好不要浪費時間跟精神去想它。」布蘭察博士說道：「這是個大問題，尤其對男性來說——他們骨子裡都有控制慾，相反的，你應該試著去承受不能控制的情況，而集中全力去做那些你可以應付的事。」

做一個早起的人

只要你有充足的時間，你會感到更有朝氣，相對的壓力就會減少。例如，若你早一點到公司，會比你下班後繼續奮鬥的壓力要來得輕。你會覺得時間在溜走，當你回到家時，你會覺得更累。」凱根博士說道：「如果

嚴重的壓力

你認為明天公事上的最後期限是你所遇過最大的壓力嗎？沒錯，現在看來是如此。但若以廣義的觀點來看，研究人員找出了男人一生中的十大壓力來源。

1.配偶過世。
2.離婚。
3.婚姻破裂。
4.家人過世。
5.坐牢。
6.受重傷或罹患重病。
7.結婚。
8.被裁員。
9.與妻子重修舊好。
10.退休。

你把鬧鐘訂早一點，然後提早到辦公室，你就可以從容地開始你一天的工作，又享有完全的安靜，你不會被任何人打擾，況且因為你提早來上班，沒人會跟你爭著用辦公室的公物，例如，印表機、影印機，另外你也不用跟別人擠公車。」

別坐著不動

如果你從早到晚坐在你的辦公室內，你會自己增加自已的壓力。每三十到五十分鐘起來伸展一下筋骨，每一個鐘頭左右起來走動一下。

別在辦公室吃午餐

在用餐時間，千萬要抗拒在你桌上用餐的誘惑——到外面去呼吸一些新鮮空氣，沒有什麼可以比新鮮空氣更能夠解放壓力並讓你清醒的了。「不管你做了一些什麼運動，都會對你每天的壓力紓解有好處，而且它可以給你足夠的力量來做今天的事情，」安德生說道：「如果你可以到一個健康俱樂部去做一個三十分鐘的運動，你會感覺更好（很多公司行號跟它們附近的健康俱樂部有合約，你不妨去問一問人事部），如果沒有，你也可以在停車場跑上兩圈。

適時的休息

如果你昨晚通宵工作，或者你的小孩吵了你整夜，第二天的一個小睡就非常必要，研究報告說：如果你能小睡二十至三十分鐘然後再工作，你的效率將不會輸給昨晚睡了八小時的人，這是眞的，除了你要找個沒有人知道的安靜場所外，最要緊的是你不能睡超過三十分鐘，如果超過，你的整個人就會進入一個深層的睡眠狀態，而你會發現你比沒睡過要疲憊，也不要常用打呵欠來替代睡眠，你打的呵欠越多，小睡片刻對你就越變得無效。

知道什麼時候該說「不」

壓力問答：你上級要你在你已經忙得不可開交的情況下接一個新的案子，你怎樣回答？如果你認爲你自己有這個野心，很想往上爬的話——就像所有其他99％的員工一樣——你大概會馬上說「是」，然後才爲這件新案子煩憂。

其實你大可向你的上級說「不」。「有些人會認爲這種回答會是你事業的終結者，可是你該考慮一下，如果你承擔太多工作，你不可能把它們每一樣都做好，」凱根博士說道：「那只會更糟，告訴他不行，並告訴他你會把其他的事情做好，或者你願意什麼都接下來，然後得到一個做事隨便的臭名。」

在家中

一個男人的家可能是他的堡壘，但這可擋不住壓力，一個男人除了要戰勝工作跟孩子壓力外，甚至於還要爲了一點小事，例如，誰該清掃、吸地板而跟妻子產生不快，這樣一來，就算他是個最英勇的武士，他也會感覺四面楚歌。

下面是教你如何降低你的家庭壓力。

騰出完全屬於自己的時間

雖然一部分的壓力來源可能是你沒有足夠的時間陪伴你的家人，但你還是要爲自己爭取一些完全屬於你的時間，例如，在把小孩送上床後，用幾分鐘看一些你喜歡的書籍，或者在晚餐前，在客廳躺椅上坐幾分鐘（但別在那裡坐上整晚），「消除壓力的最好方法之一是能夠完全把自己放鬆，如果你不給自己這段時間，你將很難去控制你緊張的情緒。」布蘭察博士說道。

保持親密接觸

除了你需要獨處的時間外，不要忘記一定要跟你家人有一段互動的時間，經過整天的忙碌時刻，你發現你還跟你的妻子和孩子說不到兩句話，家庭中所謂的互動時間已經變成一句老掉牙的廢話了，但這並不代表它不重要。

一切為大局著想

經過一整天的勞累，很小的家事問題都會被放大。「當小事變成大事，這就絕對要變成壓力了，」凱根博士說：「你該如何小事化無呢？正確的處事態度！當有事發生時——孩子把牛奶打翻，或者你太太做了讓你不高興的事——在你要反應之前先停下來想一下。」凱根博士說：「與那麼多的大事相較之下，倒翻一點牛奶算什麼？沒有錯，保持鎮定！」

一笑置之

爲了要保持正確的看法，一定要維持笑容，就算荒謬的事把你打擊得體無完膚。「對抗壓力的打擊以及倦怠感的魔手，沒有什麼比笑聲更簡單、更有效的。」古德曼博士提示說道：「千萬不要嘲笑任何一個家庭成員，但也不要喪失任何能夠幽默一番的時機，你生活在一個充滿喜感的社會裡，所以當生活變得太無趣時，試著把無奈和痛苦變成大笑、狂笑。」

要吃得正確

記得我們所說的倦怠感與能量的層面嗎？如果你沒有在早、午、晚餐時替我們的身體加油，我們就不會有力量去做任何事。

正確的高能量食物應該是大量的碳水化合物，最適合我們的身體，如果你還未開始減少油脂類的食物，現在馬上離它遠遠的，油脂會使你動作緩慢而且越來越胖，它更會使你的血管變窄——通常是壓力跟倦怠感的來源，你應該只從油脂性食物取得低於30％的卡路里，要跟油脂類食物對抗的話，把你的體重除以二，你所得的值就是你所應該吃的油脂類食品的卡路里值（故一個一百五十磅的男人每天應該只攝取七十五公克的油脂）。並且少碰甜食跟咖啡因含量高的飲料，雖然它們會在短時間內補充你的能量，但一點都不持久，很快你就會崩塌了，同時，這些食品會使你變得更神經質而更易受到壓力的影響。

勤練身體

這是一個提升體能並減輕壓力的最好方法，「無論是在回家的途中彎到俱樂部一下，或是在家裡地下室晚餐前練上幾十分鐘都行。」安德生說：「最少每週三次，讓你的身體眞正的流汗。」最少做三十分鐘的有氧運動如：走路、跑步、踩腳踏車等，再加上十五分鐘的重量訓練，「你會覺得你像一個全新的人。」安德生說道。

在床上

性行為是最為人津津樂道的減壓方式，但它也可能是這世上最大的壓力來源之一，以下是我們消除房事壓力的方法。

取悅對方

在被窩裡，為了要好好表現，對現代男人來說，是長期的壓力，我們認為這本書也可以解決這方面的問題，無須認為她的高潮是性愛的聖杯。

「最重要的是把焦點集中在怎樣去取悅她！她認為怎樣才會感覺很好？怎樣才會讓她覺得她很性感、迷人？」威廉哈德曼博士說道：「如果你集中精神去做一些她感到高興的事，所有的一切，包括高潮——都會自然而然的來臨。」

同時，集中精神在你自己的歡樂中，否則你將不會覺得有性衝動（勃起），陸斯蔓博士說道：「畢竟，有兩樣事情會刺激你的伴侶：你對她所做的事和她為你所做的事。」在一個正常而健康的性關係裡，兩個人同時都要為對方著想——做對方想要的跟需要的事。

尤其是有時候你會發現讓她高興並不等於要有性，有些晚上她只希望跟你互相擁抱著入睡，這會累人嗎？

運用你的感官

一個非常重要的性愛戲碼，同時是個很大的反壓力性愛技巧——一種叫做觸感集中力的技巧——你需要集中你全部的注意力在你們的觸摸上，你所要做的就是全心全意放在你最大的器官上——不是「那個」——我們說的是你的皮膚，把所有它所感覺到的都集中起來，當你愛撫她的胸部時，感受那裡的膨脹，她的乳頭的組織，當你們接吻時閉上你的眼睛，同時專心感覺你的唇所帶給你的感覺，不但不要一心想著深入的那一刻，反而要全心全意感受你們身體的接觸——當她的雙峰磨蹭你的身體時，她的小腹跟你的緊貼著，「這種集中精神法可以使你更能夠享受性愛，」哈特曼博士說道：「它也可以把壓力轉移出我們的日常生活中。」

互換角色

不應該讓你們兩人其中的一位永遠主導你們的性關係，「從很多的問卷調查中，你可以發現每一個人都希望他們的另一半可以偶爾主導他們的性行為，」心理學家羅貝克博士說道：「那是個非常好的建議，夫妻應該彼此儘早建立這種協議去主動引誘另一方，今天是我，下一次就輪到你。」

別輕易認輸

為了大部分的男性，當你沒有辦法把壓力驅離你的臥房時，只會發生一件事——勃起問題。「如果你還可以做到，壓力就消退了，可是如果你不能……」貝克博士說道。即使這不是你最大的壓力的話，也是最不協調的一種，為了要幫你克服這個特別難過的壓力，我們提供兩個有效但是有點陳腔濫調的事實：

1.這種事會發生在每一個人身上。

2.你越是擔憂，情況就會越糟。

就算它發生了，也別一聲不響就離開你伙伴的身上，告訴她實情：對男人來講，這種情形很平常，然後繼續做愛——親吻、撫摸、碰觸、舔舐，把你所有其他的技術都好好的運用出來，同時相信我們所說的——你一定會恢復過來。

♥ 眼光的游移

人類有觀察事物的本能，我們會注意週遭的事情，當我們的眼睛看到一位美若天仙的女人穿著貼身的迷你裙的時候，我們敢說，所有男性的本能都會出現，自然的，我們的眼睛注意到這個光芒四射的艷裝女郎，正大方的讓我們欣賞她的一切，一時間，我們每一個人的腦海裡想的都是同一件事：有沒有機會跟她交往，它的發生快到我們自己都不一定能發現。

然後，突然我們的道德感浮現，我們才想起來，自己已經結婚了，然後我們又發現另一件事：我們身旁的女人正在用眼睛瞪著我們，責備我們不聽話的目光。

讓眼睛吃冰淇淋

可能我們會問：就算我們眼睛到處看又有什麼錯？我們在博物館裡不

准碰任何東西並不等於不准看，而女人，又是一個天造的藝術品，不去欣賞她們的風情萬種簡直是暴殄天物，可是如果你的另一半正在跟你說話，而你的注意力卻飄到另一個女人的裙袂之間，那眞是沒禮貌，甚至可說是具有侮辱性，但這種一般來說是很正常的，尤其對男性來說。

我們再三重申，多數男人都容易被看到的東西引誘，而女性則相反，通常她會對言語的刺激、男人的性格、情感的特質跟聲音的好壞去反應。

「對男人來說，他多半會去注意她的頭髮，她的臉蛋跟她的身材，」普雷桑洛博士說道：「找出了這些特點，就可以找出最適合我們的女性，——最使我們目炫神迷的。問題是最炫的女人未必是最適合我們的伴侶，實際上也應該不可能，因爲游移的目光不止是我們以爲最能快速找到伴侶的方法，而且它也是個內在的錄影系統，讓我們去營造一個幻想的世界，對男性來說也是非常重要的。

「性幻想非常重要，尤其對已婚夫妻而言，那是一種讓你們維持性趣的方法之一，」萊曼說道：「那也是一種減輕壓力的安全閥。」你不須眞的跟別的女人私奔，而使的你的妻子跟你的家庭無依無靠，你只要在你的腦海裡照你的劇本演出就好了，「它不止可以引起你的性慾，而且又健康又安全。」萊曼說道，但這並不代表你跟你的另一半在一起的時候，眼睛可以四處游移！你一定要壓抑盯著別的女人看的本能，如果你做到了，你一定會贏得她的尊敬，因而減少很多麻煩，以下有三個很簡單的原則你必須遵守。

要小心

如果你要找麻煩的話，只要回頭看著一個美女就可以了，所以當你的另一半在跟你說話的時候，控制你自己，當然不經意的看一兩眼是無可厚非的（千萬不要太明顯，那會使你看起來像個白痴），對她一定要有相當的尊重，等到她不需要你馬上回答她或她不注意時，看上一兩眼，絕不直視，絕不發呆，還有拜託，不要吹口哨。

要誠實

不可避免的，再小心也會有被抓到的一天，她發現你在用眼睛在脫那位漂亮服務生的衣服，當她發現了，你應該爽快承認，比被抓到向別的女人使眼色更可惡的就是不承認曾向別的女人送秋波，而你的女人一定會問你這種問題：你認爲她吸引人嗎？我們會老實的回答：當然，但我還是認爲你比較吸引我。

非禮勿動

受到引誘是正常的，但受不住引誘那就是另外一回事了，下面有幾個結論供你參考：憤怒、背叛、不貞、離婚、法庭、探視權，你一定要自己控制這個老掉牙的衝動。如果張開眼睛看看四週會令你想到試一試你的手氣的話，我勸你還是閉上眼睛算一算划不划得來，把你的觀點放在解決問題上，你是不是要爲了一時的衝動而放棄一切？

♥ 性騷擾

所謂性騷擾的守則等於是完全沒有法則，你甚至可以公開譴責它的不公平、極度的限制，可說是根深蒂固的反男性。我們不是在這裡爭論這個事實，我們只是在這裡指出一件事，法律就是法律。

法律說，每個人——男人或女人——都有權在一個不含有惡意的氣氛下工作，尤其是不可以讓他、她們感覺不舒服或低人一等。這是公平的——現在工作已經是非常困難了，不需要再有人說或做一些令它更糟糕的事，可是，男人跟女人所謂「不舒服」的定位卻是個南轅北轍，沒有交點的平行線。「你現在陷入了一個完全憑感覺的問題，」凱根博士說道：「況且多數男人無法知道什麼會令女性不舒服。」最壞的情況，有些男人覺得落入了陷阱，他們相信他們的每一句話都被誤解成有侵犯性（被那個他們並不很懂的異性所誤解），一步走錯，一句話說錯，他們的名譽就算跳進黃河也洗不清了，事業被結束，而又有不少的婦女在推動這種恐懼感，她們無時無刻都在注意著有沒有任何粗魯的態度，有無性意味的任何手勢，所有辦公室裡的擺設，所有被男性主導的工作場所的批評等等。

克服這種恐懼的氛圍

「大家對性騷擾的恐懼跟關心使得這個問題變得更難解——不管站在法律或是私人的立場，」史高律師說道：「這種情勢讓一般人感到性騷擾是個相當無解的難題，事實上，你只要明白一件事情，你就可以應付它了。有一些行爲在工作場所是會被看成有惡意而令女人不舒服的。跟你的女同事用清楚簡潔的語調溝通應該可以避免誤解。端正你的行爲，你就可以消除這一個威脅，簡單嗎？」

其實很難。但能夠知道什麼舉動可能被視爲性騷擾，以及知道怎樣去避免它的發生也並不是不可能的事。這裡我們提供一些注意事項來協助你在這個灘混水裡掌握方向——分辨感性與現實——性騷擾的殺戮戰場。

對任何的性或物品交換說「不」

這不是唯一所謂的性騷擾，卻是最過分的一種，這種交換是當某人向他的女下屬提供升遷或各種的補償，以得到性方面的回報——或者威脅如果她不服從時會如何如何等，或者暗示如果她不如何如何，她就不會獲得升遷等，都是典型的性騷擾手段——這是完全不可以被文明男女接受的下流手段。

絕不碰觸

除了職業或禮貌性的握手之外，你跟你的女同事的接觸最好保持距離，「碰觸在我們這個社會可以解讀成太多的意思，」凱根博士說道：「而這個意思隨時可以被誤解，」你知道當要鼓勵某人時在她背後輕拍一下以示友好，是人類有史以來共通的肢體語言，但現代社會裡，輕拍一下你的女同事——不論在手臂上或背後都可能變成要董事會討論的議題，當你拍她的背部時，你可能在想：我在提供鼓勵跟支援。但她卻在想：「他在摸我的胸罩！」所以爲了不讓你無意的肢體語言或手勢被誤解，你最好是：絕不擁抱、不拍她、不擠她——最要緊的是不同她開玩笑。

非禮勿視

我們知道男人是喜歡看美好事物的動物，而我們也常常要跟穿得比較單薄的女士面對面交談，前面說到，我們的眼睛是喜歡四處張望的，但在辦公場所你就需要學會控制自己了，如果一個美麗的女同事在你面前走過，千萬別盯著她看，如果你跟她面對面，你更需要目光平視，最好在跟她說話時看她的眼睛，然後你要找別人的時候，眼光從她的肩膀看出去，別從胸部。

其實，這條規則也包含你辦公室裡的女性肖像或畫報在內，「如果你有一張宮澤理惠的裸照在你桌上，你可能就危險了（就算你太太或你女朋友的比基尼照片，同事也可視其爲你有惡意的依據——而且完全有法律根據）。」史高說道。

完全公事公辦

是有些可惜，但現在這個社會已經不是以前可以隨便向誰示好的時候了，曾幾何時，讚美你的女同事她美麗的外表是一件高尚的事，但今天，那可是件不值得冒險的事，如果你有必要跟你的女同事商談的話，最好的辦法就是完全談公事，如果非要寒喧一番，說些不會誤導的主題。

需提防禍從口出

經過這麼多的規則與限制，你大概想跟幾個大男生在休息室喝杯咖啡來緩和一下你的情緒吧？可是除非你已離開辦公室，或者離開女同事相當遠，否則你還是要小心隔牆有耳。

「假設我們坐在午餐桌上閒談，話題轉到一般男士時常討論到的性幻想部分，其中一名男性說的話稍微有損女性的尊嚴，如果被你們的女同事聽到了——就算這段話跟她完全無關——對她而言，你們已構成惡意破壞她的工作環境，」史高說道：「順便告訴你，就算你們談話的時候有男有女，這種事情還是一樣會發生。」

由妻子的立場思考

大部分的性騷擾事件起因於男士跟女士的感性跟理性的差異，換言之，男士會做出或說出他們認爲不會被視爲性侵害的事，因爲他們認爲如果女性對他們做出或說出同樣的事，他們不會覺得有問題。「這是個大錯特錯的看法。」史高說：「整件事來說，是關於有或沒有影響到她們的工作環境，她們的感受舒服與否也完全看她們的見解與經歷而訂，而女性跟男性的經歷應該說是大不相同的，所以，在你要說或做一些事情之前，不要問：如果一個女人向我說或做這件事，我會怎麼想，而要問如果另一個男人向我的太太說或做這事，她會怎麼想？如果一個男人能夠開始這麼做——用他妻子的想法來過濾他自己的行爲，他一定會表現得更理性。」史高說道。

表現出男人的氣度

若是你被一個美女所吸引，你在辦公室邀她下班一起約會，你對她非常尊敬，非常禮貌，你有錯嗎？當然沒有！可是如果你不能承受負面的影響的話，你最好還是三緘其口。如果她說不，你能夠理性的與她在辦公室和睦相處嗎？或者你會認爲你的自尊已被踐踏而開始避開她，甚至就如一般女性說的，開始冷落她或與她針鋒相對——也就形成了她的工作環境的惡化。

還有，如果她說不，你有這個雅量接受嗎？「你最好還是乖乖的接受。」史高說：「你開口問她的意願是沒有什麼不對，但如果你不認爲她的拒絕是真心的，而開始不斷的煩擾她的話，你就構成性騷擾的範例了！」他提出警告。

澄清問題

要避免被誤會騷擾女同事的最佳方法是把問題弄清楚，你要清楚的知道她們的想法且別讓她們誤解你，讓我們在引用上面的例子，你向她提出約會的邀請，她沒有說不，但說她另外有約。「這就是我們會踩進危險區域的時候，」史高說：「因為她已經跟你說不了，但她只是不想傷你的感情，所以你又問了她，而她又給了你一個相似的答案，你還不明白她的意思，所以你又問了第三次，第四次，突然間你發現她跑到她的經理那裡告狀：「這傢伙在騷擾我，他一直纏著要跟我約會，而我已經一再的對他說不！」你說這究竟是誰的錯？

對這種況你所要做的是，把事情先弄清楚，當她說她很忙時，她是不是在說不？讓她知道你再邀請她是想知道她對這個約會是不是真的沒興趣？她很可能還是含糊以對（所以你就要判斷要不要繼續下去），至少你已盡力了。

預先考慮後果

一個女同事在春天來臨時，換上一件短裙，露出她兩條長腿，你告訴她你很喜歡這件裙子，因為她的雙腿非常漂亮，而你是真的在讚美她——完全沒有其他的意思，但她不是這樣想，她覺得憤怒而尷尬，如果她向人事單位投訴被性騷擾，你的辯護——你沒有這種意思——是一點效果都沒有的。

「爲什麼？因爲你的出發點不在考慮範圍之內——他們在意的是衝擊的後果，」史高說：「你可能認爲你只是單純的讚美她，但她把你的讚美解讀成性騷擾，那就是騷擾了！」最保險的做法是不要對她作任何外表上的讚美，所以在這種場合，你需要好好想一想値不値得冒這種險——雖然你知道你是百分之百一番好意的在恭維她。

愼重處理

這是個非常重要的原則，不管你是不是一個部門的主管，如果你的下屬向你投訴受到性騷擾，你都要愼重處理，且男女皆同。千萬不要自以爲是地想大事化小，小事化無，還有千萬不要告訴別人他、她是太敏感了，這種論調到了法庭上會使別人感覺你是完全沒有意識到性騷擾的發生，以及它的嚴重性。身爲主管，不只要替員工的工作環境跟情緒著想，更重要的是，你有責任維護你公司的利益和形象，如果你愼重的去調解投訴的兩造，並達成和解的話，你可能幫助很多人減少了許多的痛苦。

♥ 金錢與愛情

本節是要談如何寵壞自己。

下面的一段文字不外是你允許自己花上一大筆錢去寵壞自己跟你的伴侶，叫它炫耀狂或者暴發戶都好，但最好稱它爲你跟伴侶所作的一種投資，不管怎麼說，它是你辛苦得來的。

當然，你不是王永慶（最少現在還不是），但你可能已到達了一個經濟穩定——甚至多多少少有點閒錢的地步，你已脫離了那群所謂剛起步的菜鳥日子，開始有了較高的職務、更高的地位、更厚的薪水袋、房貸跟車貸都已付完、你的收支已逐漸出現一連串的藍字，你又開始把存下來的錢轉投資，你對錢的概念是越來越清楚了，可是別太聰明了！

「這個時候可能是你們倆婚姻關係的危機，因爲這是大家認爲應該爲你們的責任打拼的時刻，你們要開始跟你們的父母一樣——存錢、投資——爲了孩子跟他們的將來做打算，所以在這個過程中，你們都忘記了要花點資源來投資在你們的愛跟情趣上。」克萊德門博士說。

現在我們明白各種經濟因素都會影響我們的計畫，「雖然這時候我們已經可以過一個相當好的生活，但這也是我們開始爲將來作準備的時候，」金士堡博士說道：「雖然有這麼多的額外開銷，我們卻不能忘了留一點做爲取悅對方的財源——就算只夠我們偶爾放縱的資本也好。當你眞的有了這種錢的時候，有些人又捨不得花，又把它存起來，美其名說留著以防萬一，所謂的未雨綢繆，可是你有沒有想到，水已經要潑進你的大門來了！」

下面我準備了一整套豪華的享受等著你跟你和伴侶去一一體驗。是奢侈了一點沒有錯，但這是爲了你跟你的伴侶，爲了讓她知道你對她的愛，爲了讓她知道你花這些錢是爲了減低你們的生活壓力，爲了讓她快樂，爲了可以更容易的去享受彼此的陪伴。

要出門就千萬別小氣

不論你只是到外地去一晚或是要到郊外度個週末，這裡有一些奢侈的建議——雖然有些誇張，但卻必要——讓你們可以好好享受一下。

請一個保姆。事實上，對孩子們而言，這是必要的，不要把它當成奢侈，把它當成一個快樂夜晚的必要消費之一吧！

情調晚餐。在一個高貴的餐廳訂兩個位子（最少一月一次，並且三星級以上），沒有什麼比有人替你倒酒，聽你使喚，又在你面前爲你做大餐更享受了。

聽一場優質的音樂會。電影你們看多了，所以在這個預備花錢的日子裡，爲什麼不去聽一場美好的音樂會呢？李察克萊德門的鋼琴演奏會夠奢侈了吧？想一想你們都要盛裝打扮，然後到一個華麗無比的地方，人們會把漂亮的節目表給你送來，他們把你們帶到你們的位置——非常舒適的座位，然後看著你太太陶醉的眼神，你不覺得這點小錢花得很值得嗎？

代客停車。當你出去盛裝赴宴時，千萬別小氣的跟別的車子搶一個兩條街外的停車位，這只會使你緊張而把整個氣氛弄僵，你應該直接把車開到餐廳或者音樂廳門前，讓那些穿著禮服的專人替你把車停好，這大概要花你五到十美金，等你離開時，塞一元在替你服務的老兄手裡，那種感覺不是好得很嗎？

高貴的場合。「如果你在週末跟你的另一半出遊，別隨便找一個汽車旅館過夜充數，找一間飯店，訂一個套房，尤其是一定要有下列的設備——迎賓的花跟水果，一瓶飯店附贈的小香檳，一個可以看到美麗景色的陽台，浴室要有電話，床上枕頭要有薄荷巧克力。」克萊德門博士說道。

在房間內用早餐。如果你要匆匆忙忙的穿衣服到樓下餐廳去用那免費早餐的話，你昨天就來錯地方了。相反地，當你醒來，拿起電話，然後叫他們把早餐送上來，維裘博士說道：「當一個侍者推著一車的食物——咖啡、小蛋糕，再加上幾條蛋捲、新鮮水果、新鮮果汁等進來房間裡的時候，那種情調是不可言喻的，所以你不是在付那些食物的費用，你是在付錢給這種非凡的經驗。」

有情調的家庭生活

最少一星期一晚，克萊德門博士說道：你們應該有一個完全屬於自己的晚上，忘掉一切煩悶的日常生活，讓你們擁有一些私人時間不能算浪費，這是生存的必要技巧。

但偶爾，你們要把這一夜變得更特別，下面就是一些可以使你們的夜晚更美麗的小技巧：

香檳。沒有東西可以比香檳更令女士們覺得備受寵愛的，別選那些便宜貨，直接到進口商品店去買一瓶眞正的香檳。「當然，如果你們不喝酒，以果汁代替當然也行。」維裘博士說。

外送晚餐。讓別人把晚餐送來是你們倆最能享受私人時間的方法之一，只花一個外送餐的價錢，你們倆可以省下做餐的時間跟飯後清掃整理的麻煩，太划得來了！另外你又不用穿著整齊和冒外面的寒風去吃飯，除了叫披薩或炒飯炒麵外，你還可查電話簿找一些其他的食物。

高級巧克力。記著！這裡說的是，你可以每天買七七巧克力，但在這種情況，你需要一些眞正高級的巧克力，到一個巧克力專賣店去選。沒錯！選那些義大利或瑞士進口的，我也知道好的巧克力有多高的卡路里，但沒人叫你每星期都買，對吧？

泡泡澡。不是很多人習慣這個，但這是你爲了取悅她而做的，把你自己當作她的奴隸，幫她擦背，替她沖水，然後才收取你應得的報酬。

玫瑰花束。對她來講是浪費，對你來講是浪漫的氣氛，在你回家的路上帶一束玫瑰花給她或者更有情調地請人按時送來。

個人的喜好。如果上面的幾項對你或伴侶都沒有吸引力，你們就該利

用一些特別的方式來享受一下，如果你們倆都討厭酒，可以買一打特別好的香檳果汁，弄幾盤好菜，兩個人一起坐下來好好享受兩人世界。「主要是要用你的錢來寵自己一下，你們倆都會覺得快樂跟鬆弛。」克萊德門博士說道，而這一定可以使你們的關係更深厚、更和睦。

♥ 放鬆一下

當你的生活像鉗子一樣越壓越緊，很多有關愛情的小東西就被慢慢的擠出你的生活圈之外。工作的要求，孩子的大小事情，煩人的家庭財務等等壓得你喘不過氣來，你已忘了要向你太太表示你的謝意與恭維，倦怠感代替了你應該要做的（要更加的關心彼此），性變成了回憶，你覺得你被所有的俗事圍剿了。

這是個危險的時刻，而你也變成一個非常絕望的人，當生活跟各種事物把你壓得喘不過氣來，你就要學一學電影裡的情節（當然不是要你去炸房子、越獄、逃亡），非得離開一下不可。

「當工作、家庭瑣事跟孩子等介入時，夫妻就會漸漸失去相互的焦點，這可能變成一發不可收拾的悲劇。」克萊德門博士說。

這就是爲什麼她一直呼籲夫妻應時常出去走走，享受短期的假期，因爲這樣夫妻才有機會好好的互相真誠的在一起。

怎樣計劃一個完美的假期

可能你已經在想，你不可能安排一大串的假期，不光是時間方面，還有金錢方面。「但出走一下不等於要花很多錢，它也不等於一定要離開這個城市，」克萊門博士說道。「當然，可以計劃離開家跟家人一兩天是個非常好的事，它會給你一種刺激、新奇以及身心放鬆的感覺。」卡絲爾博士說道。「最重要的是，你們兩個可以把家裡的一切忘掉，一起走出去放鬆身心。此時，我們提供一個最好的劇情── 你跟她在週末可以花上一點錢來寵寵自己。但去哪裡才好呢？做些什麼才好呢？我們不便告訴你應該去哪一間飯店或休閒中心，或者到哪裡去玩，我們相信你一定可以想出幾個地方來，但我們會提供一些很普通的方法使你們有個好假期。」

常常出去走一走

別等到你要用年假的時候才走出去，卡絲爾博士跟克萊德門博士兩個都說，夫妻應該時常走出去：如果你們有孩子，你們一般的假期是最可能跟他們一起過的，這也就不可能給你們倆留下太多個人的空間，可以計劃一個週末，只有你們兩個的假期，就算二、三個月一次也好。

把內疚留在家裡

很多夫妻，尤其是有幼兒的夫妻，時常讓內疚陪著他們一起度假，克萊德門博士說：「你一定要戰勝這個念頭，」她說：「唯一會產生的悲劇是如果你們不單獨出來走走的話，你們倆都要失去親密感，讓孩子們到他們的朋友家度一個周末，或者讓他們的祖父母看管都是好辦法。」

計劃一個毫無計畫的假期

假期本身就是無事一身輕的狀況，如果硬要計劃一個按部就班的假期，反而弄得大家不開心，所以只要在乎兩個人的浪漫就行了。「計劃太多，費太多精力在計畫中，都只會讓你到頭來感到失望。」卡絲爾博士說道。你計劃的越多、越詳盡，出狀況的機會就越多，而就導致你們倆陷入不好的情緒裡，應該把它簡化，只要訂好一間飯店房間，弄清楚要走的路就可以了，把所有其他的 —— 你們想做什麼，想去哪裡吃晚餐 —— 全部留到那時候才決定。「你會發現你的假期會變的更刺激、更愉快 —— 比什麼都先預訂好要自在多了」她說。

互相尊重

你喜歡到野外燒烤，她喜歡叫東西到房間裡吃，如果你所謂的完美出走變了樣，你該知道怎樣來消除這個可能要發生的衝突：互相讓步。

「找出一個你們倆都能投入的興趣，如果的確可行，」卡絲爾博士說道：「你們應該一起做倆個人都喜歡做的事，如果沒有，你們就應該輪流作主，但不要每一次出遊都要互相遷就，如果這一次旅遊完全聽我的，下次就完全聽妳的。並且千萬不可亂發怨言。」卡絲爾博士強調：「應該想到下一次出遊，你就可以讓她全聽你的。」

平常日子也可以忙裡偷閒 —— 誰說到了週末你們不能一起出去走走？很多工作繁忙的夫妻發現他們在平常日子出去的機會還比週末大。選一個個人的日子，如結婚紀念日、生日、第一次約會日等（有些夫妻會請個病假來個一天的假期），至少，你可以約她在附近飯店見面，一起好好的吃一頓飯，或者只要你們願意，直接跳到餘興節目。

在家裡度假

我知道有時候你會手頭緊一點，或者環境不允許你離開家裡，那是不是表示你的出走又泡湯了呢？誰說的？

「在這種情況下，你就要有這種能耐把家變成你要出走的目的地。那當然需要一些想像力跟努力，因爲雖然沒有離開家裡，你們還是可以做你們離開家後想做的事，」克萊德門博士指出，要把你的家改成週末度假村需要一些預先準備好的計劃，並有一些基本的規範，以下是一些提議。

把孩子送走

第一步就是先把孩子送走，如果你有孩子的話，當然你們不必告訴他們是你們想把他們踢走，你只要告訴他們你讓他們去祖母或朋友家探險，只要這個朋友的父母也要出走的時候回報他們，就一切OK了！

把電話線拔掉

你在家不代表你有空，如果你在一個孤島的度假村，電話當然是不必要的，把電話的鈴聲關掉，把答錄機開啓，不再與外界連絡——不讓任何人打擾你們愛的小窩。

忘記所有的瑣事

這是個週末出走 ── 衣服沒洗、草沒剪、臥室沒打掃等等都不在考慮之列，互相制止做任何的家庭瑣事，如果你們之一有潔癖，那麼安排把週末要做的事在週三或週四做完。「或者先不理它，這些事可以等到下週末再做。」卡絲爾博士說。

離開廚房

除非你們想共同創造一個羅曼蒂克的晚餐，否則就遠離廚房。如果要用餐，到本地一家好的餐廳去享受一下，就像你們已經出門在外一樣，最低限度打個電話讓別人把食物送過來，如果你們還要忙碌地做晚餐，吃完後要洗碗整理，那就完全失去意義了。

住附近的汽車旅館

如果你不方便離開本地，但又可以花上一些錢，有個好點子就是住到一個附近的汽車旅館去。「有些旅館會提供一些房間給那些回到本地但又還不想回家的夫婦住一晚。」克萊德門博士說：「它們的座右銘是如果你可以在你們家的後園休憩，何必還要開車？這真是個好建議！」克萊德門博士說道：「很多飯店在淡季都有規劃讓本地居民在週末度假，價錢相當公道，你可以打電話到處探聽一下價格。」

♥ 諮商專家及治療師

當我們的身體發生毛病，不管我們喜不喜歡，都必須去看醫生，但如果你們夫妻發生了問題，你有勇氣去請教專家嗎？

我們希望你能。如果你回答「是」，你不過是千千萬萬個關心自己婚姻生活而去求助婚姻諮詢專家的其中一位。根據統計，42％的求助者是男性，很多人都以爲男性情願離婚也不願意去求助諮商人員。

可惜，就是有些情緒黯淡的男性會這樣想，萊曼博士說道：「因爲這樣，他們自然註定了他們將來的失敗，因爲他們不自覺地一再用磚頭去打擊自己的婚姻。」反過來說，萊曼博士說道：「如果他們肯聽一聽專家的分析，他們或者會發現他們跟他們的另一半應該不是到了非離婚不可的地步，他們應該還是可以跟他們的妻子快樂的生活在一起。」

當然，她會告訴你這些，不過，畢竟她只是一個治療師。但不可否認的，諮商及心理治療眞的管用，在一項全國的問卷調查報告顯示，大約有90％的案主在感情方面得到長足的改善，接近55％在工作上可以更爲專心，至於婚姻方面，大概77％的夫妻宣稱婚姻生活得到改善，這些數字都明白顯示當你的婚姻生活出了問題，最好馬上尋求協助。

請求專家協助

心理治療師跟諮商人員對你的性生活及婚姻能提供廣泛的協助，如果你的問題是跟性有關，你就應該求助於性治療師，他們可以解決的範圍從性無能到缺少性慾或者是性冷感都包含在內。如果你們兩人的問題多過你個人的問題，你就應該去找一個擅長夫妻及家族治療領域的諮商人員或治療師。

對大部分的人來說，最難的事不在決定要找哪一種專家，而是什麼時候應該向他們求助。

「根據經驗來說，在覺得你不能解決或已到瓶頸時 —— 當你們倆已不能夠溝通時 —— 就是你要尋找外來助力的時候。」史丹利博士說道。可惜，大部分的人把婚姻諮商當成上法庭的前一站，你不應等到這時才去求助，如果你有任何的問題，向一位專家求助是絕對正確的，「如果你的婚姻把你傷得滿頭包 —— 還是有解決的方法 —— 不管機會有多少，你是不是都應該試一試呢？就把它當成預防措施好了，在問題還小的時候，你就應該求助而解決它，千萬別等到它要影響你的婚姻時才後悔莫及。」他說。

有時候事情不會來得很明顯，可能你還在迷惑中，你不能肯定你的婚姻有問題，但又好像不是沒問題，這時候我向你保證，你已經知道你的婚姻關係已經陷入危機中，以下是幾個你必須尋求外來協助的情況。

你們不再交換意見了

身爲男人，我們發明了所謂自在的沈默。我們不認爲需要每分每秒都滔滔不絕，但保持靜默卻會演變成以沈默對立。例如，你提出了一個敏感的問題，而你的另一半根本不回應 —— 好像你根本沒說過話一樣，或者更糟，你不再提出任何敏感的話題，因爲你早知道她的反應，很快地，你不會再提出任何問題。

適度的交談可以穩定你的婚姻關係，它是絕佳的黏著劑，曼利博士說道：「如果你們已到達不再商議事情的地步——或者不再講話——那就是你去求助他人最好的時機了，這是無庸置疑的重要時機，很多夫妻到了這一個階段，都會有溝通上的困難。老實說，如果男性女性都能自行研究出一套溝通方法，我們就要失業了！」

你們開始為小事而爭吵

可能你們互相有在交談，但好像都以最高分貝來進行，為了一些最小、最簡單或最愚蠢的事情，例如，她衣服沒摺好，你吃東西的聲音太難聽等等。如果這些小得不能再小的事情都變成你們情緒爆發的原因，這就是你要尋求外援的時候了。「通常，你們吵的小事根本無關緊要，你們只是在逃避碰到眞正要大吵的問題（這個問題你們倆都不敢碰）。」史丹利博士說道：「如果你們可以自行承認你們之間的大問題，情況當然可以大大改善，可是絕大多數的人都不能。」這就是一個諮商人員插手的好時機，他們可以把你們眞正的問題找出來，然後幫助你們提出勇氣去解決這個問題。

其中的一位先去尋求協助

當一對夫妻不能解決他們的各種問題的時候，通常其中一位會先去請教治療師。

「通常在雙方都已經互相商議過，但沒有結果的情況下，」李曼說道：「然後他們就會自行去找婚姻諮商人員，以決定他們下一步應該怎麼做？如果你的另一半告訴你，她已去問過某位婚姻諮商專家關於你們的婚姻問題，把它當作讓你們清醒的機會，不要因她沒有告訴你便自行尋求協助而生氣，站起來，跟她一起去吧！」

不過，如果是她不願意跟你談，你也可以去找個婚姻諮商專家談談，別以爲男人都不這樣做，「我有很多男性案主，這是很平常的。」李曼說道，只要你肯做，諮商人員可以提供你各種建議跟忠告，讓你知道如何討論棘手的問題，包括請你太太一起來談談。

你在想一些不應該想的事

碰到不如意的婚姻，對有些人來說就像在地獄一樣，它可能讓你整天難過，讓你失眠，讓你腸胃失調，它更可能引起嚴重的反婚姻的症狀。「如果你被困擾得開始幻想一些以前認爲是不可以的事 —— 離開你的妻子，尋找外遇，希望妻子遭遇不幸等等，這就是你要尋求幫助的證明了！」史丹利博士指出。你若覺得你憎恨、害怕、對伴侶感到絕望，承認吧！在你感覺伴侶現在跟以前判若兩人的時候，去找尋協助吧！

你要找誰才對呢？

現在你已經知道你沒有辦法解決你們兩人之間的問題了，你已決定要拋棄所謂的大男人主義去尋求一位專家協助，如果你已決定這樣做 —— 或者正在考慮這樣做 —— 我們恭喜你，不是因爲你的婚姻問題，而是因爲你能理智的知道現在是尋求協助的時候，就因爲這一個行動，你可能就挽救了你的婚姻，至少，你也可能把你的愛人從挫折跟悲哀中拉出來。

當你已決定這樣做之後，你可能會想下一步該怎麼做？這裡有一些建議可以讓你的自尊跟隱私都不會受到傷害，而且可以幫你找到一個專家來解決你們夫妻關係的問題。

跟你的醫生談一談

如果你的婚姻問使你生理上發生一些問題，例如，你突然之間不能勃起或持久，跟你熟識的醫生談一談這個問題將是個不錯的辦法，至少他也會介紹你去看一位本地的心理醫生，更何況他可能就會給你一點意見（如你的生理問題會增加婚姻的不和諧），或介紹一個熟識的心理諮商專家或治療師給你。

打探一下他們的名聲

當你有了一連串的名單之後，你最應該做的事就是打聽一下他們的聲譽，千萬不要選了第一個名單上的名字就跟他訂日期，最少要先跟幾位業界的人士談一談，大部分有能力的諮商人員都會先跟你談一談，以瞭解彼此適不適合，你一定要正確的把你的問題提出來，千萬別隱瞞，他們如果不清楚你的問題，就不可能眞正幫你解決它，如果你的問題不在他們的業務範圍之內，好的諮商專家會把你介紹給其他可以協助你的專家。

但是雖然這位心理諮商專家已經要跟你預約時間，你都不要忘了要他回答你的問題，別找個掛了心理醫師的招牌說一定可以解決你問題的人就以爲萬事OK了！先弄清楚他是不是專攻你現在情況的心理醫生，他對你們現在情況的瞭解及經驗多不多，別不好意思問他受過哪些專業訓練，然後，最重要的是，收費多少？

把事實告訴她

假使你跟你的另一半還有在交談，你應該把你去看心理諮商專家的事實告訴她，然後提議兩個人一起去接受諮商，最好是你還沒有自己去之前就邀她一起去。「雖然每一對夫妻的情況不盡相同，但如果你們倆都同意向別人求助，」曼利博士說：「這表示你們倆都有誠意要解開這個結，況且這不是一個最好的開始嗎？另外，邀請她一起去接受治療不也是在告訴她，你對這個婚姻是多麼的重視嗎？然後你們倆就可以開始一起合作，把一切變得更好。」

♥ 不斷進步的價值觀

你一直在成長，從你一開始有第一個心跳到它停止的一天，你都不停地在學習，在成長，但成長也是改變，而改變有時候是相當令人害怕的，至少，它會令你困惑（記得青春期嗎？），然後經過一段時間你會發現，突然之間，你已經老多了，你也發現你自己也起了相當多的變化。

例如，以前你從來沒想過將來要怎樣，現在，有了家跟孩子，你開始注意股票市場，也買了人壽保險，警察對你以前來說是追逐跟逃跑的機智遊戲，現在，你自己也參加了守望相助團，而且向警方抱怨最近有不少青少年在該區飆車，你的忍耐力明顯降低——對噪音、緩慢的服務，以及別人的惡劣態度都不能忍受，你也發現你的行爲談吐方面都比以前更有智慧，顯然你已經比以前老了，更直接的說，你也開始變了，連你的價值觀也變了，而沒有比你和你太太的改變更能證明你的現況。

「經過時間的洗禮，再健康的夫妻關係都會改變，你對妻子的反應跟態度—— 甚至你的感覺—— 都可能會起變化，那不一定是件壞事；事實上，那是自然的，可是就是太多的夫妻不知道如何去應付這種改變，所以他們就自然而然的害怕起來了，他們也就開始越來越不能溝通了。」史考特史丹利博士說道。所以說，如果對前方的路多多少少有一些概念的話，你不僅不會掉進陷阱裡，還可避免因爲改變而影響到你的婚姻生活——感情生活以及性生活的變化。

相互依賴

身爲一個年輕的單身漢，你對一段新的感情多少會覺得情緒比較激昂，你會感到頭暈目眩，一股要爆發的熱情跟刺激，那莫名的火已燒得白熱化，然後當你跟她分手時，你大約會說，那是因爲熱情已退卻，其實，你是厭倦了！

但是你找到一位女性不只使你熱情高漲，並好像跟你有更深的聯繫，或者因爲她有你喜歡的特質，又或者她是唯一能夠阻止你做傻事的人，你發現你對她不得不尊敬，無論如何，反正你認定她了，你就這樣結婚了。

這就是你的愛情價值觀改變了，費雪博士說道，因爲當你開始走上生活的漫漫長路，你的熱情也會漸漸變質，你的心臟在你看到她的時候不會像以前跳得那麼快，那火花好像不見了。「這就是很多男人心裡所擔心的事，他們在想：到底哪裡出問題了？」費雪博士說道。其實他們忘了一些非常重要的感情要素，火花並沒有熄滅，它已轉變成另一種更重要的東西—— 忠誠的愛。你跟你的另一半在一起時會覺得很自主，你開始對她的意見、態度跟支持非常重視，有些悲觀的人可能將這種情形看作是失去自主權的開始，事實上，你們倆正慢慢的合而為一。

心理學家也給了這種情況一個名詞——稱為「依附階段」，而且它是個最值得慶幸的一個階段，尤其對男人。

「既然你跟你的另一半已經到達這種自在自然的層面，你們就有很好的機會建立一種親密無間的關係。」威士頓博士說道。你或者會想：如果我跟她可以越來越隨便，會不會變成越來越無味呢？可是就因為這種自由自在的感覺，你會把你自己完完全全的釋放。「這是讓一切都表白出來的方法，經過這種表白，你們的感覺、思想、幻想都會越來越近，而且就算你們已到了這一個階段，完全的開放還是有一些冒險性的，其實除了冒險性，還有刺激性，這種刺激可能比你以前的任何經驗都更強、更迷人。」威士頓博士說。

以一個更實際的層面來說，在你們的婚姻來到依附階段時，生活就變得更容易、更輕鬆，長時間來說，要維持一個熱血沸騰的熱情是一件非常不容易的事，男人在家裡最需要的就是能夠紓解壓力，而不是增加壓力，我們人類從一生下來就要面對大大小小的壓力，如果我們回到家裡一看到太太就能把外面的壓力忘了，那是多麼可貴的一件事。

有了這種層面的愛，以及你覺得只要跟她在一起，你就等於回到了一個安全的避風港的話，對男人而言，沒有比這個對他更重要的了。

「我們是群居動物，我們不可能獨自生存。」史丹利博士說道。

改變你的節奏

當你們覺得更加相互依賴，情感更親密時，你同樣也發現另一種不同的改變，簡單的說，你們的性生活已不像以前那麼的天搖地動——次數更減少許多，這都是因爲你們倆都不像以前那樣把性當作唯一的樂趣。

你可以把它稱做是七年之癢的一部分吧！這種現象一部分是由於你在這一段時間只跟一個女性性交，其實在你的生活當中，有相當多的因素會改變你的性愛習慣——工作上的壓力，家庭的瑣事，而小孩更是影響你性生活頻率的最大原因，而事實上你也覺得並不太在意性愛了——或者你只是覺得是應該做的時候了。你心想：「把它應付過去就好了。」然後你就開始奇怪，你是不是有問題了？所以很多男性因爲這個問題而到外面去尋求新的刺激，以證實他們的性機能沒有退化。

「但這不可能解決你的問題，因爲如果你跟另外一位女性維持一段時間的交往，同樣的事情一樣會發生，然後你又會怎樣做呢？」威士頓博士問道。問題不是出在你的性伴侶，但也不是你的生理機能有所退化，而是因爲你的性價值觀的改變，這一點你一定要弄清楚。

「事實上，你想用短跑的速度來跑馬拉松，」威士頓博士說道：「換句話說，你是把以前追女孩子的性衝動跟你現在的成熟和按部就班的性生活比較，你認爲一定有問題了，因爲你沒辦法維持以前的熱情跟熱忱——在你新婚時的狂熱。可是實際上，沒有人可以做到。」威士頓博士說：「那是你腳步的問題，因爲那時候的瘋狂熱情，你已把能源燒光了，你需要把整件事情稍微冷卻下來，你應該明白你們倆有足夠的時間會在一起。」威士頓博士說：「你們能越早明白這個道理，就會越早知道怎樣維持長期的性生活節奏，而不是一時的以爲你跟她的感情出了問題。」

最後一個提示：「你們的性交次數減少並不等於品質的降低，這是你們明白以品質來對抗次數的時候，如果你們隔週就有個熱烈瘋狂的性愛，那要比每隔幾天就來個敷衍了事的例行公事要好得多。」威士頓博士說道：「可是聰明如你，不需要我們來幫你做選擇吧？」

9

四十～四十九歲

你現在已經是個中年人了，你會感到身體越來越多病痛，你的身體的各部位沒有以前那麼靈活有效率，各種老化的徵狀越來越明顯，像吹汽球一樣。

所有老化的情形在男性四十到五十歲的時候開始加速，丹諾夫醫師說道：但是就算是同樣的年紀，一個吃得健康、常做運動、時時補充維他命，而且對生命持樂觀態度的人看起來要比其他男人健康的多。

性方面的變化

攝護腺肥大。你的攝護腺到了這個年紀就會漸漸長大，醫生們都找不出原因，但這是眞的，它會造成一些問題，你慢慢就會知道，你會在晚上起來好幾次，覺得一定要上一號，但當你小便的時候又覺得只有幾滴，而當你尿完了之後，你又有想要小便的感覺。

性慾的下降。男人的性能力自然地在四十五歲以後消減，一般的理由有下列幾個：太多的漢堡跟炸薯條把你的小血管都堵塞了（包括你性器官的小血管在內），把應該造成勃起的血液給堵住了，而且攝護腺的肥大也會擠壓到那些小血管，所以一個四十幾歲的男人在射精後，可能需要一整個小時之後才能再勃起，比起三十幾歲時只要二十分鐘是要差了一點。

其他變化

體重增加。在這個時期以及之後的二十年，男性會漸漸的增加體重，醫生們還是不知道確實的原因，但體重增加卻是眞的，體重增加可能演變成嚴重的問題，你很快就會知道，史波多素博士指出，對男人而言，大部分的脂肪會屯積在他的上腹部，讓我們看起來像顆蘋果一樣，所謂中年也就是出現中廣身材的時刻，而且這個時候有些人會有雙下巴，因爲皮膚已經失去了彈性。

糖尿病。大部分的男人會在四十五到六十六歲之間得到糖尿病，這是個嚴重的問題，患有糖尿病的男性得到心臟病跟中風的機會比未患有糖尿病的一般人高得多，有一些糖尿病患者會引起腎臟病，更有的連眼睛都瞎了，甚至有人因爲糖尿病而導致性無能。

體重超重是罹患糖尿病的最大原因，因爲肥胖，你體內不能生產足夠的胰島素——一種賀爾蒙——用來將食物分解成養分的胰臟分泌物。

膽固醇。經過多年的大吃大喝，到現在的這個年紀，你會發現你的膽固醇過高，這種像蠟一樣的東西固然對生命很重要，但這種東西加上你吃的其他脂肪會堵塞你的動脈，而且使你血液的流動減緩，嚴重時它可能使你的胸腔劇痛，甚至導致心臟病發作。

心臟疾病。就像我們所講的，膽固醇過多跟心臟疾病的關係就如同香煙之於肺病，而心臟病是個可怕的殺手——在全球男女死亡的主因佔首位，高脂肪、高膽固醇食物、抽煙、缺少運動、太過肥胖等都是演變成心臟病的主因，更不用說，高膽固醇跟心臟病會大大的影響你的性生活。

肌腱炎。患者會感到非常痛楚，關節裡面的小液體囊以及關節之間的

筋腱發炎會在四十歲左右開始打擊患者，手肘、臀部、膝蓋、腳踝，以及肩膀都是它們攻擊的弱點，原因是缺少運動或做單一運動太久，尤其是做運動前忘記熱身。

免疫系統良好。年紀漸漸大了也有它的好處，你的免疫系統是處於它的最佳狀態，它會一直保持最佳狀況直到五十歲以上。

♥ 她的變化

一個世紀以前，劇作家亞瑟·溫平尼洛公爵說道：「她已經是四十六歲了，我想沒有比這個對女人更殘酷的了。」一百年之後的變化可真大，成為四十幾歲的婦女不再是孤孤單單的可憐蟲，現在中年女性都生活在她們生命的高峰期，她們的智慧、美貌跟才幹都處在最光輝的一刻，可是雖然如此，她們也在身材上有所變化，有些甚至會影響到她們的性生活。

性方面的改變

接近更年期。這是一個接近更年期的一段時間，這就好像我們在彩排一齣劇一樣 —— 像是一個微小的更年期，也就是女性接近停經的時候，也是她的動情激素開始不穩定的時候，換言之，她的月經會變得不規則，她甚至於會發現陰道乾枯而且頻尿。

子宮頸癌。研究報告顯示，一個女性有越多性伴侶，她得子宮頸癌的機會就越高，而且如果她的性伴侶有越多的女人，她得子宮頸癌的機會就

更多，抽煙和暴飲暴食也會使女人得到這個病症，子宮頸癌會致人於死，尤其是在發現前若已經蔓延到子宮頸的支撐部分，那就危險了。

子宮切除術。千千萬萬個婦女因爲子宮有問題而被切除了子宮，它只略遜於子宮頸切除手術，排行全世界婦女所執行的手術次位，這種手術大多是在女性四十多歲的時候進行。

醫生會在下列的情形下進行子宮切除術：子宮癌、生產過程中有生命威脅時、骨盤痛、纖維肌腫瘤以及嚴重出血，評論家說有些不至於需要動手術的患者被別有用心的醫生把她們的子宮——生育的機能切除了，在一些大手術中，一個女性的子宮、子宮頸、卵巢、輸卵管全部被清除，結果不止導致不能生育，還促使更年期的提早來臨。還有一些只切除子宮以及子宮頸的，雖然這些女性不能再生育了，但這些女性很快的就能再開始享受性愛，其他的就各不相同了。

其他變化

體重增加。女性比男性含有更多的脂肪，這些脂肪可以屯積在她身體的很多部位，就如我們所知道的，男性把脂肪大部分屯積於腰圍中間，讓男人看起來像顆蘋果，女人卻大多把脂肪堆積在臀部和腿部，讓她們看起來像顆西洋梨的形狀，跟男人一樣，她們會在四十到六十歲一直增加體重，一部分原因是因爲她們比起年輕時，動得較少，女人的皮下脂肪因爲比男人厚，所以比較不怕冷，但也就會比較怕熱——散熱慢。

靜脈瘤。女性一般而言，在二十到三十歲之間，在腿上都會開始出現這種結狀的凸出物，不過大約要到四十歲之上才會嚴重的需要尋求治療，男人也會有這種現象發生——只是比較起來少得多。

靜脈瘤不只難看，還會令患者很疼痛，發生的原因是腿部的血管瓣膜損壞，當血管瓣膜失去效用而開始滲漏時，血液就會積聚在腿中，導致表面微血管擴張，一般認爲應該是女性賀爾蒙惹的禍。

患有靜脈瘤者，很容易就會得到靜脈炎——血管裡的小血塊，不用說，女人得這個病的機會比男性多得多，可是當初喚起大眾注意的卻是得了這種病的美國前總統尼克森，靜脈炎患者如果不幸讓那小血塊經血液傳送抵達肺部，會形成猝死。

糖尿病。女性大約在四十歲左右才會開始得到糖尿病，跟男性一樣，這是個嚴重的病症，它可能損壞她們的腎臟、眼睛或其他的器官，就跟糖尿病可能使男性變成性無能，它也可能使女性陰道停止產生潤滑劑，對年齡稍長的人們來說，糖尿病也可能使半數患者失去性功能。

肌腱炎。跟男性一樣，女性同樣會因得到肌腱炎而感到痛苦不已。同樣地，在她們到了四十歲的年紀，若運動跟活動量大大的減少，或者突然之間又運動過量就會導致肌腱炎。

膽結石。這是另一個女性佔大多數的病症，膽結石的形成是因爲太多的膽固醇溶在幫助消化的膽汁裡，或者膽汁裡的解毒劑不能完全分離這些膽固醇的話，一部分膽固醇就會變成固體留在膽囊，這些「石頭」會長年累月藏在你的膽囊裡，像一個從不被注意的鄰居。

然後有一天，這個鄰居決定要搬家，也就開始要從排泄管擠出來，但結果塞在排泄管裡，當然排泄管要驅逐這些入侵者，就會引起疼痛、噁心跟嘔吐。它的救治之道，以前要動手術，現在可以用超音波碎石機震碎後排出體外。此病之肇事者爲：女性賀爾蒙、肥胖症或急速的喪失體重。

♥ 婚姻守則

在這裡我們必須坦誠以告，要讓四十歲左右的女性接受你是相當困難的，這是個很悲哀且難以接受的事實，因爲很多四十歲左右，尙保持單身的女性都受過傷——被命運、過去的愛人或她們的現況愚弄，不過這並不是全部。我們要提醒你，有很多的四十多歲的女人是自己決定要維持單身，但一般來說，她們都有一本苦經，狄薇拉博士說道。

單身的四十歲婦女大部分都是曾經離過婚的，比從未結過婚或丈夫去世的多出許多，狄薇拉博士指出，有些最近才離婚而且對現況相當不滿，所以她們不相信男人甚至於討厭男人。這是法瑞爾博士所說的：「女士在四十歲以後，時常覺得好像曾被男人掃地出門似的，當她們離婚時，她們的惡夢成眞——這次眞的被趕了出來。」

這還不是她唯一該生氣的事，大部分剛離婚的男士都在尋找兩個二十歲的女孩而不是一個四十歲左右的離婚婦女，當然這些剛離婚的婦女是可以同樣的去找比較年輕的男士，可是她們又大都沒有足夠的金錢跟地位去達成這個目標，《性在美國》的調查做出一項結論：就算她眞的找到一個較年輕的男士，她也不能眞正和他成立一個家庭——因爲她已不能再生育了，難怪有些四十歲左右的女性感到洩氣，可是還有更多的麻煩在後面，一個離了婚的四十幾歲婦女大都已有了子女，這對她要找新的伙伴來說是難上加難，男人多數不想跟已有子女的女性有瓜葛，法瑞爾博士說道。

首先，他認爲他不是這個女人的至愛——因爲已有兒女——而且，她可能把她的工作排在他之前，法瑞爾博士強調：男人不喜歡被女人排到第

三、第四，甚至於第五位。

再者，他可能不想負擔這個家庭的生計，尤其是因爲他已經在付他前妻的贍養費——孩子的扶養、生活費等，女性遇到這種情況時，常常以爲該男士害怕更親密的交往，其實，這只是他受不了經濟方面的壓力而退怯罷了，法瑞爾博士說道。

何處尋芳蹤

除了上面各種不利的狀況，四十歲左右的女人可能擁有足夠的成熟度跟經驗是你在一般年輕女孩身上所找不到的，可是你不免會想，要到哪裡去找她們呢？下面是一些她們可能會去的地方。

- 大專進修部。有些學校提供一些課程，如兩性關係。「你大概可以猜到參加這種課程的人都是在尋找獵物，」狄薇拉博士說道：「或者，男士們可以參加烹飪課——保證女士多於男士。」
- 義工團。有一部分這種團體，如單親兒女導護團等，都可能有很多的婦女參加。
- 運動場合。「一般四十歲左右的人們仍然有精力去追求有趣的事物。」狄薇拉博士說道。幫助女性重拾青春的活力對你的交往來說是非常重要的，狄薇拉說她有一位七十二歲的案主在高爾夫球場跟一個年輕許多的女士搭上關係，「而我本身在網球場就碰到數不清的艷遇。」她笑道。
- 教堂跟各種宗教集會。「有些宗教集會是滿有趣味的。」狄薇拉博士說：就算你不是那麼的虔誠，去看看應該是無傷大雅的。

女人要些什麼

當我們一開始要跟四十歲左右的女性交往時，我們不禁會想到在本章開始所提的（她們都對男性有怨恨或憎惡）排斥現象，下面是你要排解她們的心理因素該做的事。

找出她的弱點來

一個男性最需要的就是敏感度要高，千萬不要用她以前男人的手法跟她調情，狄薇拉博士警告說：要很快的知道她以前男人的做法，然後尋求新的突破才能使她對你有好感。

讚美她

這永遠是個好主意，尤其是現在；我可以武斷的說：對四十歲左右的女人而言，如果有人不斷的讚美她的體態的話，那這個人就有福了。狄薇拉博士也說：現在的女性已經開始會明白話語裡的智慧，因爲她們以前的男人都只知道去批評她們的身材跟外表，所以這是最後的時間去表示她是仍然性感迷人，但你一定要眞心的讚美她，如果她們發現你說謊，後果就要你自己來承擔了。

尊重她的女性身分

送她女性喜歡的小禮物，讓她感覺她是個感性的女性。「別送她一對鉗子做生日禮物。」狄薇拉博士忠告說。

共同學習

如果她最近才剛離婚，她可能會想要去學一些新的事物，如學攝影或畫畫，如果你也有興趣的話，和她一起去。

做一個紳士

讓她知道你是個慇懃的、值得尊敬的人，而且你是個好聽眾，並有十足的幽默感，換句話說，這都是女人最喜歡在男人身上找到的，畢竟年紀的大小跟女性的喜好是沒有多大變化的。

在性方面，一定要能夠跟得上

如果她是那種已經不相信男人的中年婦女，你一定要小心進行，而且進行性愛實驗可能是她認為應得的自由，不管怎麼說，這些四十歲左右的女人可以跟年紀相仿的男人相處得很融洽。

「這是因為男性的性能力正在降低中，而這些女性的動情激素也在慢慢的減少，也就是說，她會比較遲緩。」克蘭修博士說道。如此一來，他們性方面的異常會大大的減少，克蘭修博士認為：「這剛好可以創造出兩個天作之合的伴侶」。

♥ 創造新的浪漫

浪漫是上天的恩賜，讓我們來互相追尋異性，能使我們盲目，能把我們綁在一起——至少在一起一段時間，它是所有愛情的開始——新的愛情、眞的愛情、甚至於單戀——那種會令你感動落淚的愛情，多少甜蜜的夢都由你而起。

就算你倆曾如何如何的熱愛對方，但盲目的、浪漫的迷惑仍會慢慢地輸給每天的例行生活瑣事。可是浪漫不需要就這樣被放棄了，因爲主要是由我們對愛情的看法來取決，最好我們能眞的刻劃一個終生的性生活、終生的熱情、終生的愛，以及終生去追求美好新事物的心。

你認爲太遲嗎？浪漫已離你遠去。「對四十歲左右的夫妻來說，這並不奇怪。」專家說道。不過你可以把它找回來，你可以建立一個成熟、活生生的浪漫來重新點燃愛的火花。把互動注入你們的日常生活裡，回報是無限大的，重新向你的另一半求愛，讓她看到，讓她感受到，她會奇怪你是怎麼了，可是很快的，她會發現她喜歡這種感覺，不管那是什麼，而我們也都知道那是什麼，不是嗎？

浪漫再現

要重新創造浪漫是一個多層次的任務並需要發展新技巧，這些細節在本書的其他章節裡都有提到，像怎樣發展和維持優良的溝通、怎樣學習互相尊重、怎樣避免嫉妒、怎樣學習前戲與品嘗事後的餘味，全在於學習以及建立超活力的性跟親密關係，建立互相尊重的親密感——因爲這些太重要了，所以在本書的第一章就有提到，所以你若發現你們漸漸要失去親密感時，可以隨時重新再翻閱第一章，最好把整本書好好的看一看，它是創造、維持與重歸浪漫的最基本道理，你應學著去愛並做一個能愛人的人。

你認爲最重要的是什麼？溝通，你們一定要能夠互相交談，直接而且含有愛意的交談，你們還要能夠在不損害彼此尊嚴的大前提來解決紛爭，我們已在前面談過如何互相溝通，我們談的都是性以及男女雙方的交往，這就是這本書所要告訴你的。

想要上個簡短的課程嗎？這裡有一些容易，甚至神奇的方法讓你創造跟重溫成年人的浪漫。

做一些有用的小事情

這些事情都是你以前追女生時曾用過的，你送花、送示愛字條、撥電話給她只爲了說你愛她，你送她好玩的、感性的，以及美麗的卡片，然後有一天你發覺做這些事好像太土了，也太無聊——因爲它們已經不再是特別、不再有創意——所以你不再做了，同時，你也開始忘記替她把垃圾送出去，或把送洗的衣服帶回來，或者把用過的東西歸還原位，她都一一注意到了，你不必猜疑，她絕對知道的，葛雷博士說道。

一般女性都需要你的細心照顧，葛雷博士說，當她發現你對她的注意跟關心下滑時，她認爲你對她的愛也已經下滑，你甚至相信你已經不再愛她，這可不是我們所希望的。男士們！這就是爲什麼我們要注意一些小事物，我們實在不必擔心我們所做的事是不是太低聲下氣或是太肉麻，我們

女人覺得浪漫的事

作家露西珊娜和凱西米勒針對數百位女性做了一份「何謂浪漫」的問卷調查。究竟什麼是女人認為男人所能做到最浪漫的事？以下是前六名的答案。如果你希望你的伴侶覺得你很浪漫，就學著點吧！

1. 溫柔地撫觸。
2. 做愛之後的擁抱。
3. 把她當做生命中最特別的人。
4. 當你需要協助時，他都在身旁。
5. 深情相對。
6. 和她分享你的想法及夢想。

還有一些特質的得分也相當高：

- 你知道什麼會讓她快樂。
- 你在做愛時很溫柔。
- 你很用心聽她說話。
- 當你倆獨處時，你很會討她歡心。
- 沒有特殊理由，你也送她花、寫詩及情書給她。
- 你恭維她。

只要讓她知道我們一直在想著她，讓她突然地、時常地感到我們對她的尊重和關懷。

我們究竟要如何做呢？除了「我愛妳」的電話、花束、卡片、小字條、丟垃圾跟跑洗衣店之外，最重要的是要注意她幾時想要跟你說話——你該鼓勵她說話，甚至把電視關掉，聽聽她有什麼話要說，要用心聽，你想，如果她覺得很厭煩、很苦惱、很傷心的時候而你可以用雙手環繞著她，安慰她的話，她會感到如何？還有你何不設計一點新鮮花樣讓你們倆一起去嘗試，你何不在回家時馬上找到她，然後給她一個擁抱？——尤其是還有其他的朋友在場，讓她知道她的重要。

做愛，多多益善

你不可能一天到晚做這種事，但有一個原則——儘量多做，最好天天都做，我們這裡所說的做愛是包括言語的愛意，對她隨時有性的慾望，永遠體貼，對她保持一定的興趣，對她心懷感念，同時也讓她知道，而不是一味地想著上床——我們是指需要保持浪漫，你以為女人不會注意這些小事？你應讓她感到被愛、被需要、被崇拜，並且被尊重，這些才是眞正能夠打動女性，並讓她覺得被需要跟被愛的事，柯普蘭博士說道。

練習甜言蜜語

感性的對談。不是日常生活的瞎扯淡。表現出你的浪漫口才。藉由一些感性的事物來談她，尤其是有關她如何誘人、她如何令你神魂顛倒，以及你對她多麼戀戀不忘等。還有其他的主題嗎？當然有，音樂、文學——以低沈、有磁性的語調朗讀浪漫或帶點情色的著作給她聽。

你的女伴喜歡被溫柔、動聽和充滿愛意的聲音所誘惑。她想聽聽你有多愛她以及有多欣賞她的身體。說說她身上的香氣——是女人香，而不是她的香水味，對你的誘惑有多大。告訴她你有多想要她。不是未來，也不是過去，就是現在。

事有輕重緩急

毫無疑問地，愛你的伴侶和看球賽轉播及整理愛車一樣重要。當務之急是── 排出時間表，只有你兩共處的時光，聊聊天、擁抱對方、表達你們的愛意。然後，在你們的「特殊時間」或「優質時間」裡從容不迫地做些事。細細品味當下，體會這美妙的經歷和感受。

預先排定好談情說愛的時間是否會剝奪了浪漫的自發性呢？「一點都不會。」柯普蘭博士說道。生活中充滿著乏味的瑣事，若能撥出兩人獨處的時間也不失生活的一劑調味品。

紙上談情

寫一封短短的情書。其實這並不難。一開始只要寫幾行即可。寫下日期。開頭以她的暱稱來稱呼，句子不見得要完整才行，例如，「今天開會開到一半，腦海中不斷浮現著你的一顰一笑。」接著空下一兩行，再加上一些渴望的感受，如「你會擁我入懷嗎？永遠 ── 永遠。」然後再空一兩行之後告訴她你愛她並署名。之後，將信放入信封袋中，把她的名字寫上。趁她不注意時，放在她的枕頭上、廚房的餐廳上、汽車座椅上、夾在雨刷下、或壓在早餐的餐盤下，也可附帶一份小禮物或一束花。運用你的想像力，女人對於情書是讀它千遍也不厭倦的。

撫摸她

記得你剛開始認識她時，輕輕撫摸她手臂內側時美妙的感覺嗎？把它記在心中，且不斷地重複此動作。你也可以加以變化。

記得當你在她耳邊輕柔地說出「我愛妳」時，她喜悅的表情讓你感覺有多棒嗎？如果已經有好一陣子沒這麼做了，你可能要稍做練習，才能達到效果。你也可以不時地應用它。記住，浪漫永遠不嫌多。

上演浪漫新戲

先把氣氛預備好，點起蠟燭，放一些輕音樂、洗澡、穿整齊、洗好車子，就當今天你是第一次約你喜歡的人出遊，忘記你跟她已經結婚這麼多年了，把今夜當作你們第一次約會，把它當一齣戲來演，問她一些她的問題，很快地，你們倆就會忘記你們是在玩遊戲，柯普蘭博士說道。

別讓性生活變成瑣事

千萬別閃避性愛的機會，尤其不要等到夜深人靜而你倆也睏得可以的時候才開始做你們的事情，讓性愛變成娛樂，讓性愛變得特別，想辦法安排特別的時間做愛，菲德博士說道。製造一個只有你們倆的空間，以及漂亮的擺設，再加上一點音樂、幾根蠟燭、眞絲的床單，讓你們的性愛變得絕不是所謂的隨便交差，這就是神奇的羅曼史。

如果你發現自己害怕做愛，或者一直在躲避著它，那就表示你們的婚姻已經亮起紅燈，而這個問題是絕不能置之不理的，如有必要，去聽聽心理諮商人員的意見，把你的問題解決，讓你可以享受一生的愛與性。

停止各種惡意的行為

愛與慾的頭號殺手是羨慕、怨恨和嫉妒，然後所有的傷害與不入流的小把戲也就因而產生，如果你還想享受愛情的話，馬上停止這些小動作。

做一張表

用心思考或把你的夢想也加進去，列出你最想跟你的另一半一起享受的十個情況，把時間、地點、位置跟氣氛都列出來，請你太太也同時列出一張同樣的表來，你們倆應該可以一同分享、一同使你們的夢想成眞。

送小禮物

一般而言，禮物是不分貴賤的，一朵小小的花加張「我愛妳」的小卡片，只要能表示你對她的思念和愛就不成問題了，或者你可以送珠寶、首飾，它們是女性的最愛；而什麼又是絕對不能送的呢？我們給你一個線索，如果你要送禮物，而你買給她的是家庭用品，我想你最好是先請好律師，家庭用品絕對不能算是浪漫的禮品（非常實際，沒錯；浪漫，不可能）。不管這樣東西有多貴，有多特殊，可以讓她節省多少時間，就算它很漂亮，甚至鑲了二十K金，都只會讓她生氣，所以如果你要送她一個攪拌器，把它裝滿玫瑰花，再加上一張充滿愛意的卡，或者可以使她不注意那是個攪拌器（如果你幸運的話）。

在現實環境裡尋找愛情

如果上面的做法對你來說花費太多的金錢，太浪費時間，別絕望，陸斯蔓博士說道，在現實情況下，你不能做太多上面所提的事，甚至於你做不到上面所說的事，她提議你們可以做一些你可以做到的，例如，一起做晚餐、一起去散步、或者一起去看場電影，跟你的另一半分享你的感覺和經驗，對她所做的事表示你的關懷，甚至跟她一起做，這是引燃愛情火花的不二法門。

♥ 保持年輕

保持年輕並不等於追求最新流行的青少年服飾，一個四十幾歲的人穿上青少年的服裝肯定會招來旁人的譏笑，最好是能夠找到方法讓自己看起來精力充沛、健康並且成熟，這正是我們所要說的，在你四十出頭的時候你如何讓自己看起來有朝氣呢？而且你如何能夠顯出對你自己的外貌有信心呢？這不止牽涉到我們的衣著，還與我們的思想、我們的行爲，以及我們如何管理自己有關。

事實上四十歲左右的男性在外表上看來自然會有些風霜跟老化的跡象，但在這個越年輕越佔優勢的社會來說，我們只有打起精神來，使我們看起來更有朝氣一點。

「你開始看起來有一點憔悴，一點消沈，更有一些白頭髮，使你覺得自己失去男性的魅力。」菲德博士說道，就因爲我們認爲自己已經不再吸引人，我們就變得太有自知之明了，我們認為全世界——尤其是我們的愛人——都清楚的知道我們可憐的長相，我們的肩膀開始下沈，我們的尊嚴受損，很快地，我們就會變成真的「老」了，然後我們就對性越來越疏遠了，菲德博士說道。

其實我們沒理由這麼悲觀，因為我們有很多辦法可以使時間的巨輪慢下來，使我們看起來更有活力、比我們的歲數更年輕——而且不必犧牲我們的男子氣概跟尊嚴，但要怎麼做呢？我們可以用我們自己的一舉一動再加上各種的運動來恢復青春，我們可以把我們那些多餘的脂肪燃燒掉，我們可以穿著合宜（就算穿著牛仔褲也一樣）、我們要站得直、走路抬頭挺胸，我們可以增進我們的健康跟光芒，這些都可以替我們把年齡降低，然後，當我們發覺我們看起來不錯的時候，我們就會感覺自己不錯，而這會使我們看起來更好。

我們可以不需要被人看成可悲或可笑，以下我們建議的一些做法，我們把它分成四個部分，個人風格、態度、活動力和生命力，以及外表。

最佳風格表現

從頭頂上的頭髮到腳下的鞋子，這一切都代表你這個人，如果你希望別人把你看作是一個年輕而有活力的人，從你的頭髮到你的衣服、鞋子都需要注意。

先理個髮

對大部分的人而言，修得稍短的頭髮是最為人接受的，維達沙宣沙龍的資深髮型師格維拉說，它令我們看起來不會像在六〇年代或七〇年代一樣古板，用以前的裝扮絕對不會使我們看來更年輕。

找一個能夠配合你的優秀髮型師依照你的臉形剪一個你好整理的髮型，格維拉提議說，如果你的頭髮已經開始變得稀疏，一個清爽的短髮是最不引人側目的，柯林．伊斯威特跟布魯斯．威利的兩種短髮就有這種效果，把頭髮理得很短，更貼近你的頭皮，格維拉忠告說：這會使你看來更年輕，比你拚命用其他地方的頭髮去掩蓋沒頭髮的地方效果要好得多，把頭髮留長，然後從一邊梳到另一邊，想把中間的空地蓋住也同樣騙不了人，而且這會把別人的眼光都引到你想拚命遮掩的地方，這就叫做——欲蓋彌彰。

理個大光頭，它給人一種雄糾糾的男子氣概，理這種頭的人都有相當的自信，所以當今那些最受人尊敬跟崇拜的超級明星跟模特兒都喜歡理這種頭——無論年輕、年老都一樣，如果你也夠大膽的話；而且如果你認爲你也是雄糾糾氣昂昂的大男人，不妨試一試，格維拉說道。

穿著合宜

成熟的男人想要穿得年輕，關鍵在於質感，服裝設計師馬克．艾登．路卡士說道：「要有風格，但要保持中庸，千萬不要太前衛，然後要買你所能夠負擔的最好的貨色。」

「四十歲左右的男人，我們希望在這個年紀，他可以買他喜歡的高品質衣物，品質可以說明一切。」路卡士說。

態度的配合

「一個人心理認爲自己是什麼，他就是什麼。」希望自己年輕，你先要自己有年輕的態度，下面有兩種快速的方法，可以替你的態度注入活力。

挺胸直腰

彎腰駝背的你看來像打了敗仗又老朽不堪，注意你的姿勢，永遠記住，頭抬高，肩膀後收，然後保持微笑，一個愉快的表情要比呆若木雞的表情要受歡迎得多，而吸引力不正是我們談的重點嗎？

「你應該見過一個七十歲的老者，他腰板挺直、走路穩健、反應靈敏，就像只有四十歲左右。」道格拉斯博士說道。而一個四十歲卻彎腰駝背、行動緩慢的人，看起來就像行將就木了。

永遠看事情的光明面

「時常跟那些有活力的人在一起」秋維佩第說道（他在七十三歲的時候帶隊贏得一九九六年環美腳踏車大賽）。

在這裡我們得到了什麼訊息？永遠保持年輕的心，保持活動量，保持對一切事物的興趣。

增進體能

你的身體狀況跟它的反應決定你現在是處於顚峰期或者是退步期。

最大量的人類生長激素

執行抗老化治療的醫師將近乎天價的人類生長激素（HGH）以固定劑量注射在病患體內，它本來是由腦下腺垂體所釋放出，從兒童期間開始分泌，一直到老年期。

接受施打人類生長激素的人發現它對於健康、體能及幸福感都有顯著的改善。而且似乎不斷有新研究發現HGH的好處。HGH有助於建立強韌組織及修復受傷組識。其他激素可能直接、間接都與老化有關，但當我們年輕時HGH的產值最高，隨著年紀漸長日益減少。然而，注射HGH的副作用也很嚴重，甚至會威脅性命，多數病患都覺得在治療過程中有返老還童之感。他們丟掉了肥肉、重拾強健及活力。

不過，我們也可以只取好處，避免風險並省下每年$8,000到30,000美金的費用，怎麼做呢？從體內自然增加HGH。有一個方法就是透過運動。密集的運動會將較多的HGH擠入血管中。研究人員建議每週做無重量訓練幾天並著重身體下半部的運動，因爲它可刺激最大量的HGH釋出。短跑、手球、回力球以及任何特別劇烈和費力的運動似乎較有效。長距離跑步效果反而不顯著。在從事任何新的劇烈運動前，都先去請教你的醫生。

四十歲的男人要怎麼穿著

我們的穿著等於告訴世人我們怎麼看自己，以及世人應該怎麼樣看我們，我們有很多的選擇，所發出的訊息都不盡相同，你想要表現自信跟一顆年輕的心嗎？這裡告訴你怎樣做。

- **顏色**。考慮添購一些花色較大膽、較時髦的領帶，「它們可以使一件灰暗的海軍服變得更有活力，嘗試換條新潮的橙色領帶吧！」路卡士說，再加一點小變化，穿一件有花的藍襯衫來搭配、詮釋你的風格，但一定要成熟穩重。
- **花式跟質料**。「你需要高雅的品味。」路卡士說道。我們要走量身訂作的路子，就算運動服也不例外，最適合的就是直條型的花樣，講究品質——如純羊毛質料的品牌。
- **便裝**。「我想夾克是最重要的。」路卡士說道。男人需有一兩件運動外套來配牛仔褲、卡其或者羊毛褲，顏色應該活潑一點的，不需要太厚，表面要平整，看起來不要太笨重，這樣你在大部份的場合都可以穿。路卡士提醒說：選一件穿起來可以行動自如的外套是很重要的！現在市場上的貨源都是比較休閒式的——四十歲左右的男性只要找那些舒服但又有品味的衣服，只要穿著整齊，注意自己的外表，就不會覺得坐立不安……。
- **牛仔褲**。「時下的流行趨勢不是把自己緊緊的包著身體就是鬆垮垮的表現一種頹廢的形象，我想這兩種對四十歲左右的男性都不適合。」路卡士說道：「我認為一個男士的牛仔褲應該合身、不太窄、不太鬆，尤其不能太誇張。」

充足的睡眠

另一個製造較多HGH的方法就是睡眠。沒錯。在睡覺時，你的身體釋放最大濃度的HGH。所以，睡眠要充足。若你長期睡眠不足，看起來就會疲憊、憔悴。當你獲得適當的休息，你就比較可能表現出最好的一面，並保持其他的健康習慣，如運動及正常飲食。

降低體重

中年的肥胖是與生俱來的，但你可以擺脫它，秘密就在於你是否能消除你所攝取的卡路里，所以注意你的飲食，最好你能每週減下一兩公斤，直到你達到標準體重爲止。加強重量運動可增強肌肉，而肌肉是燃燒脂肪而來，然後做些有氧活動——跑步、踩腳踏車、踩滑輪以及滑冰、滑雪等，找一個可以全身都可以活動到的運動來做，不要太激烈，但要持之以恆，你會看到自己身體的大幅變化，在六週以內，你會看到一個充滿活力以及朝氣的自己，這就叫吸引力，這才是青春。

鍛鍊肌肉

不需要練成渾身一塊塊肌肉，只要能夠在你挺身曲臂時看出有力的線條就行了，精力就代表青春。

保持能接受不同變化的心情

僵硬與守舊只代表一件事——老化，能夠隨時改變以及擁有柔軟的體態也代表年輕，你可以自己選擇，你可以利用你的日常工作跟各種運動來增加柔軟度和適度變化的空間。

表面形象

當別人看見你的時候，他們首先看到你的皮膚，如果你的皮膚給人一種暗沈、毫無生氣，像牛皮一樣粗糙、龜裂、疙疙瘩瘩、乾梅子的感覺，你看起來怎麼會年輕呢？就算你的皮膚已經樣樣都符合標準，我們也可以使你看起來更棒——只需要短短的數星期，這裡有幾個絕對可以幫助你改善皮膚的方法。

看皮膚科醫師

是的，我們知道你討厭醫生。但把它當做是一勞永逸的諮詢，你就會坦然一點。不過，這也是必要的行動。醫師檢查你的皮膚是否有癌症或癌前病變。請他（她）檢查皮膚外露的部分，例如，臉部、手、頸等等。並請醫師建議如何治療斑點、老人斑、皺紋或其他影響外貌的皮膚問題。許多這類皮膚老化的記號可以快速、有效地去除，而且花費不高，只要看一、二次醫生即可。

學吸血殭屍

避免在早上十點至下午二點時直接曝曬在陽光下，如果要在太陽下逗留，最少戴個寬邊帽，擦一些防曬系數十五以上的防曬油以隔離陽光，因爲一般人並不知道，曬成古銅色的肌膚是已經受傷的肌膚，這是千眞萬確的，可是這種傷害可能要幾年後才會顯現出來，但結果一定會出現，而且很難修復，所以，千萬不要到健康中心去接受所謂的「古銅色」健美膚色課程——這只會損壞你的肌膚。

清除體內毒素

停止抽煙，避免多餘的酒精，尤其是各種興奮劑，這些都會影響你的外表——而且是最壞的影響。

隨時保持皮膚的濕潤

你應該先明白自己肌膚的性質，如果是油性的，你可能不需要費神去滋潤它，事實上，你還需要用收斂水濕巾來去油，如果你的肌膚屬於乾性的，你就一定要保持它的濕潤，乾燥的肌膚就是老化的一種現象，保溼液就是專門用來保護肌膚，防止水份大量蒸發。用哪一種保溼液？端視你的肌膚特性而定，水性或無油性的保養品對油質皮膚比較適合，減敏保溼液對一般比較敏感而且稍乾的皮膚有效，如果你的肌膚非常的乾燥，油性的保溼液才可能對你有幫助，昂貴、標榜含有各種草精和維他命的皮膚保養品跟兩塊錢一瓶普通的保溼液效果上是沒有什麼分別的，擦保溼液最佳的時刻就是洗澡後或洗臉後。

對各種保養品先做試驗

很多保溼液、隔離霜等都會使你的皮膚起紅疹、粉刺或一些類似的皮膚症狀，因爲不同的人對不同的保養品有不同的反應，不管該產品標榜它是「消除面皰、粉刺、絕不敏感、絕不傷肌膚」等等，你還是要先試試看它是不是適合你。

吃有營養的食物

如果你每天的食物營養均衡，它會保護你的肌膚，供應它需要的維他命、營養素跟礦物質。

運動

定期的運動會促進血液循環並增加血液供應至皮膚表層，給肌膚一種粉紅色的光芒以及更健康的外表。

降低壓力

不時的平靜下來，時常深呼吸，心情放輕鬆，多觀看可以使你心情平靜的事物——任何能幫助你保持心情愉悅跟降低壓力的事物都可以使你看來更年輕，壓力還可能引起粉刺、紅斑塊、濕疹、牛皮癬以及其他你討厭的皮膚毛病。

藥物治療

請醫生針對症狀開處方來治療你的皺紋以及漂白紅斑等，這種藥物大部分會加上維他命A，可以深入皮膚底層來徹底治療你的皮膚老化現象。

洗乾淨你的臉

要輕柔的洗臉，不能亂擠也不可以用毛巾猛擦，用你的手指尖、溫水——不是熱水——然後一點溫和的洗面乳，如果你的皮膚是屬於乾燥或敏感型的，你該試用那種無皀的洗面乳，如果你是油性皮膚，要用強一點的肥皀，但如果你的皮膚特別油的話，你就要不時的用濕紙巾來擦臉上的油了，用你的指尖摩擦跟沖水，然後用毛巾輕拍。

讓你的牙齒更潔白

當我們逐漸年老，我們的牙齒也跟著失去它們的光彩，而且開始齒牙動搖，失去琺瑯質，也就失去潔白的光輝，牙醫可以給我們幾個可以改進的選擇，柯達博士說道。

♥ 活動力的下降

中年期的體重增加絕對不是一些普通人可以理解的一個問題，你可以跟任何人打賭，只要人們一脫離活動力超強的青春期就一定會增加體重，克蘭修博士說道。

壞消息：一般坐辦公桌前的中年人，很容易體重增加到已經影響到他們性生活的地步，克蘭修博士說道，理由有很多，我們先談幾個大一點的原因，以及我們能做些什麼。

爲什麼我們會隨著年齡的增長而增加體重的眞正原因沒人知道，克蘭修博士說道，可能跟賀爾蒙的變化有關，在很多的情況下，它又跟個人的生活形態有關，另外一個可能是我們的新陳代謝隨著年紀的增長而緩慢下來，所以，中年人的體重增加應該是上述原因總合的結果。

「所有我碰到的男性都告訴我，他們從來沒有體重過重的問題，直到他們到達某個歲數，然後情況就越來越糟了，」他說：「有些男性在三十多歲時就開始發現體重增加，有些在四十歲左右，有些在五十歲左右，但很少有人逃得過五十歲而沒有體重問題的，它簡直是跟我們的年齡成正比。」

我們這裡一直強調雖然我們會受體能、生活形態、年紀的種種打擊，但並不等於我們要屈服於這種各方面的衰退而犧牲我們的自尊跟性享受，我們可以打敗這些不利因素以及克服中年的肥胖，我們更可以保持性生活的美滿，這就是我們所要告訴你的。

首先，讓我們看看你花了多少時間坐在電視機前，吃了多少所謂的垃圾食物，你最近打了場球了嗎？挺著個大肚子當然會影響你的性生活。

不太性感的事實

坐得太久，也就是說太少活動，表示我們沒有恆心大量地參與體能方面的活動。「對我而言，坐得太久不單止等於肥胖，還等於身材完全走樣。」克蘭修博士說道。

當我們背負著太多工作與家庭的責任時，一般而言到了這個年紀，都會比較懶得動，我們很可能取消每天清晨的跑步，甚至下午的手球，或者壘球以及排球等活動，只要一出去，我們一定要開車——已經不可能用走的了，但最糟的是，克蘭修博士警告說，就是整天坐在電視機前面了。

這是非常不好的，「性生活的優劣跟中年男性體能的好壞是絕對息息相關的。」他說道。

超重以及身材走樣就表示膽固醇過高，血管堵塞（包括要輸送血液至你的陰莖）、使你的活力減少、萎靡不振，也就大大的影響你的自尊心，這一切都會使我們的性功能降低，克蘭修博士說道，血管的堵塞尤其會使性器官嚴重的「永垂不朽」，他說道。

四十歲左右的單身漢一般而言都比已婚的情況好，但是他們也都必須努力的去鍛鍊他們的體能跟性功能，而這又分成體能方面跟心理方面，他強調。

「我看到很多沮喪的男人對他們不再吸引人的長相感到不能接受。」克蘭修博士說：「這甚至於包括那些結婚已二、三十年的男性。」

「因爲增加活動力可以使身體更健康又能夠減少體重，那些中年的單身漢都明白他們一定要保持我所說的約會與性交的狀態。」克蘭修博士說道：「如果狀態保持得好，它會大大地增加該男性的自信與自尊，而且他們釣上陌生女性的機會也會大大的增加。」有了自信，他們就可以決定他們要約誰，以及他們要進行到什麼地步，所以這個事實在男性的性生活裡是最重要的。

定時的體能運動可以提高情緒跟體能的層次，他說，這兩樣都對我們的性能力有極大的影響。

該怎麼做

我們可以克服退化跟衰弱，只要我們保持活力，克蘭修博士說道，以下是主要的方法。

定時運動

缺少運動的生活形態，唯一的解藥就是 —— 保持活力，除此之外，別無他法。你不用為了這個建議花半毛錢，但其實並沒有那麼簡單，男人通常不知道有效的運動是一種藝術，也是一門學問，他們以為只要打打壘球、去慢跑一下或者在地下室舉舉重，就可以拾回健康跟體力，他們還以為做做仰臥起坐就能把肚子縮小，其實不然！

並不是說做這些運動有多麼的複雜或者困難，事實上，你的健身房教練還會叫你選你喜歡的去做，要保持活力是終生的目標，如果你選的運動項目都不是你喜歡的話，你會很快的就會嚐到失敗的滋味，不然也會越做越感到痛苦。

所以我們有幾個能夠讓你快快樂樂做運動的方法，讓你參考。

1.在你達到有效運動前，先做功課。舉重對你的身體、新陳代謝、脂肪等有良好的作用嗎？它跟跑步有什麼分別？要做多久才算夠呢？我怎樣才知道我做的是有效還是沒效？什麼才是對我的身體、我的健康以及我的身材眞正有幫助的？要得到答案，你可以看一些專業的運動健美雜誌，你可以請教一個專業的訓練師，你可以上網得到資訊，你也可以詢問鄰近健身房的教練，甚至你的醫生也可以給你一些提示。

2.剛開始的時候不要操之過急。你的目標不是要讓你自己氣喘如牛、揮汗如雨，或甚至噁心嘔吐、腰酸背痛，你的目標是漸漸的、小心的、愉快的、毫無痛苦的增長你的體能跟活動力，走路就是最好又最容易的運動，你可以在晚餐後走上三十分鐘，一開始只要每週三、四次就可以了，一個月以後，你就可以走更長的路。

3.在各種運動中尋求一個平衡點。一個完美的健身計畫應該包含三個步驟——身體的舒展、體能的訓練，以及有氧運動（心肺功能的加強）。如果單純要減輕體重，有氧運動就很重要了——跑步、踩腳踏車、爬樓梯、游泳或者任何能夠提升你心肺功能的動作或舞蹈都行，可是你還需要加強你關節的反應力以及柔軟度，使你的身體可以承受得了而不受到運動傷害，然而重量訓練也有它的作用，它不止可以增加你的肌肉，而且還可以燃燒你的脂肪跟卡路里（結實的肌肉比鬆軟的肌肉能吸收多倍的卡路里，尤其在你睡著以後）到一個充滿活力的感覺。聰明的人會把三種運動做一個有系統的整理然後——照計畫進行。

4.要有恆心。保持活力不等於每週做個三小時運動而其他時間維持舊習慣，其實有活力的生活形式是二十四小時保持勤動的意思，它也是表現出「我喜歡動，我喜歡保持活躍，我喜歡我的身體有精力又強壯的感覺。」換言之，可以走樓梯的時候我不乘電梯，我不跟別人搶較近的停車位而把車停在兩百公尺遠的地方然後走過去，我隨時會帶著家人踩腳踏車去郊遊，或者走一段路，如果天氣很好，我還會帶我的家人去度一個充滿活力的假期（不是那些躺下來休息的假日）。

5.你也需有投資一些錢。不是很多，但還是有必要，一部腳踏車、幾雙好的運動鞋、一個簡單的槓鈴或啞鈴的組合，或者一張青年會的會員證，有時候花一點錢去投資在本身的健康與活力上，應該也是值得的。

如何察覺你已坐太久

克蘭修醫師說：一開始，先計算你每週看電視的時數。許多人一個晚上看三個小時以上的電視節目。一個精力充沛、積極的男士每週可能只看二個小時的電視。你愈接近活力男士的形象，就愈不可能坐在椅子上太久。

同時，他又補充道：問問自己：我有做戶外活動嗎？我是否每週至少做三次二十分鐘以上的體能訓練？如果都沒達到，你可能就是沙發馬鈴薯的最佳典範了。

改吃低脂肪、高纖維的食物

這是個非常簡單的概念，你只要每天燃燒超過你吃進去的熱量，你就可以降低體重，有兩個方法你可以採用，用運動來燃燒卡路里，或者是選擇低熱量的食品，尤其是低脂肪、高纖維的食品，更有幫助你打通血管、清除雜質的重要功能，我們在這裡要給你一個很重要的忠告，在用餐時把你吃的東西分成四等份，你的肉類部分不得超過四分之一，然後碳水化合物（也就是麵、飯類）四分之一，其他部分應該是蔬菜與水果，你如果照著做，你已經在減低脂肪、提高纖維，並已開始有了個很好的營養與飲食習慣。

你要注意熱量的攝取，但千萬不要做得太過火而使你的三餐變成強迫與懲罰，克蘭修博士警告說，如果你這樣做，你一定不會快樂，而你也一定不會成功把目標放在一兩公斤一個月，你就應該可以永遠持之以恆——而且你也不必看著人家吃聖誕大餐跟復活節大餐。

訂定可行的短期目標

要設定目標是個相當棘手的問題，把目標訂得太遠或太大，你會不自覺地感到有挫折感，在這方面我們給你的建議是：把你的目標訂得小一點，但要在短期間達到標準——在一個月內設定自己可以一口氣跑一公里；而不是訂一個長期的目標——在明年要達到可以參加十公里公路賽的體能。然後用工作控制目標——我一星期要騎三次腳踏車；而不是用結果來控制行動——我要在一個月內減五公斤。把注意力跟目標完全放在自己身上——我下次要跑得比這次快；而不是跟別人比——下次我要跑進前二十名。訂定幾個目標——我要每週踩三次腳踏車，然後每次做俯地挺身的時候每次要比上一次多一個。

利用你的新體力來做一些愛做的事

這些運動對你終於有了回報，你有體力做更多你喜歡的事，例如，性愛，或者跟朋友出去走走，又或者你終於想參加壘球隊或者當志工，跟孩子玩摔角等等。

♥ 中年危機

在男性三十幾歲到五十幾歲時，我們會經歷到一段激烈的自我探討，重新評定以前的作爲，消除一切的幻想，而最重要的是重新出發，這種改變的深度與認眞程度皆因人而異，有的一下子就靠岸了，有的將自己壓碎而燃燒，就想浴火重生的鳳凰一樣。

我們爲什麼叫它中年危機呢？因爲這是男性改變與修飾自己，以及檢視現在走的路是不是正確和有效率的時期。它是一個靈性方面的自我查驗，什麼是值得我們花費時間和力量、愛和專注去做的事，我們應該覺得很安慰有這一段時間讓我們反省跟清醒，赫森博士說道。可惜我們大部分人都對這一段時間覺得有挫折感並感到尷尬，高士坦博士說道。

暮鼓晨鐘

在中年時我們會面對三個現實，一是道德感、二是職業、三是家庭，這三樣你都要面對，譬如有一位朋友因健康問題過世了，也讓我們突然發現我們不可能永遠生存，高士坦博士說道，而且我們發現我們的生命已過了一半——就算我們可以活得比較長的話，我們也發覺自己已在走下坡，而時間就快用完了，我們也更惶恐了。

「我們會說：不用多久，埋在那裡的就是我了。」婚姻諮商專家畢佛說道。

一轉眼我們的職業又在我們的面前，我們一方面以爲已做到我們想做的，但不過還是沒有什麼充實感，再就是我們發現所達到的跟當初所想的還差一大截，高士坦博士說道，兩種情況都使你不舒服。

再回想我們的家庭，它充滿了小缺點和小爭執，錯事一大堆，還有一些相互的怨恨跟嚴重的裂痕，我們的婚姻可能已經搖搖欲墜，一點都不美滿，我們沒有離婚只是因爲我們怕麻煩，或者它已經快要結束了，因爲我們已經不再互相注意和愛慕了，或者我們的婚姻還很好，只是有些不踏實的感覺，每一種情況都需要我們採取行動——如果我們想成長的話。

在我們面對現實中每一個問題之後，我們當然會希望事情往好的方面發展，我們會想把行不通的事物丟掉，我們會想把事情扭轉過來，我們也可能去換一些別的東西回來，這就跟我們前面所說的一樣——明白生命是脆弱的，而我們的生命隨時會結束——然而，中年男人爲了這些危機會做出一些讓人引爲笑柄的傻事，他們可能盲目追求年輕——也就是說把年華

輝煌的四十歲

事實上，你也可以將中年的憂慮轉化成正面、有活力的時光。

以下是赫森博士所提的四點建議：

1. 依據你的基本價值觀、本質及優點，學習重新安排忙碌的生活。
2. 成爲自己最好的朋友。
3. 發展及培養與自然及宇宙相連的感覺，以提升心靈的層次。
4. 以剩餘的時間來審視你的生命。亡者已矣，來者猶可追。

老去的妻室拋棄，把剩餘的一點點頭髮染色，穿著、言語和走路的姿勢都像個十八、九歲的小伙子，尋找一個釣凱子的小女生，去一些青少年去的地方，希望人家忘了他是四十多歲的——老人家。

做到這種情況的男人還算是少數，但差不多所有這個年齡的男性都有這種傾向，最可能的情況就我們會做一些令我們的家人跟朋友都迷惑不已的改變，但如果那可以使我們過得更愉快、更充實，又有何不可呢？

我們會開始做運動以及吃得更健康，我們可能換工作或轉到另一個部門重新開始，因爲新工作或新部門對我們而言更有意義，我們會對我們的家人更好、更有愛心，赫森博士說道，我們會更注重更深層、更重要的價值感，我們會變得更溫和慈祥，這一切都表示我們已經建立了一個更光明的人生觀，要怎樣才可以達到以上的境界？我們現在就來談一談。

激流導航

這裡有些小技巧讓你有更好的機會讓你安然度過你的中年危機期。

保持友善

這是說你要對自己友善，要度過中年人的危機期最重要的就是：要對自己的一切能夠完全接受，也就是要能原諒自己並且鼓勵自己，這樣的話，你才不會變得意志消沈而自我放逐，高士坦博士說。

抓住現實

認清你可以做好的事情——那些你多多少少可以控制的部分，高士坦博士建議說。下面是高士坦博士所舉的一些例子。

- 健康問題：展開健身計畫，要吃得理智，要相信自己可以活得很長很久，所以要照顧自己的身體，而不是「我又抽煙又亂吃，一切都已成事實，我乾脆放棄算了」。
- 工作問題：你一定可以拿到文憑以及你一定可以開創人生大道的古老觀念到今天已經不能發生作用了，你現在要做的是一個不斷學習跟充實的人生，你要接受今日的世界潮流，抱著工作一天就同時要學習一天的觀念，馬上參加現在流行的終生學習課程。
- 加強人際關係：保持多樣性——你需要不同的交誼、不同的人際關係，它的好處就是讓你接觸到世界各個不同的角落，這是保持青春的重要關鍵。它也可使你的思想不會太僵化或者太主觀。
- 保持好奇心：讓好奇心永遠活在你心裡。「你要有測試、挑戰跟接受的觀念，不要害怕嘗試和犯錯，試著換一個角度去思考，以及改變你的思考習慣」。
- 改變你的觀點：在我們步入人生的中後期，我們已經必須朝大方向看事情了，但是我們也不可以忘了注意跟慶祝我們週遭的小勝利，因爲它們對我們的總體人生以及自我肯定有相當重要的連帶關係。
- 溝通的問題：男性一般都對什麼該講跟什麼不該講早有成見，而這使得我們相當的自我壓抑，我們發現我們無法談自己的感情，事實上，我們通常避而不談，至少不像女性一樣，可以開誠佈公地面對面談論自己的感受。

♥ 重回單身生活

超過一半以上的人在中年後會再一次恢復單身，對大部分人來說，這個機會出現在我們四十歲左右，我們可能不知道這對我們來說是個機會。

沒錯，多采多姿的新機會真的展現在我們的面前，而我們因為困惑以及傷痛，所以開始的時候還不能發現這個事實，艾特拉博士說道。

不是要讓你不開心，可是我們發現大部分中年人恢復單身的理由都是相當令人不快或悲傷的，最普遍的一個理由就是——離婚，離婚是常事，有些時候婚姻會支離破碎，有時候愛情就這樣淡淡的枯萎了，可是離婚還是會使人傷痛，不管我們有沒有表現出來，一段失敗的婚姻能將人撕裂，打擊我們的中心信仰和自我，而且會改變我們對親密關係的認知。「雖然聽起來好像很殘忍，但其實它是個教導我們更向前進取的時機。」艾特拉博士說道：「雖然有些人不以為然。」

你或者會想，我馬上又可以找個人來補上空缺，這是婚姻失敗最佳的解藥，它看起來可以使你又重拾信心而且修補你破碎的心靈，可是可能性很小，艾特拉博士警告說，馬上又投入另一個刺激的交往只能延遲或埋葬痛苦，而且一定要有療傷期，艾特拉博士說道：這是你自己的生命，你可選擇從其中學到失敗的教訓或是要躲起來？

如果你選擇馬上投入另一段感情，你應該盡情享受它，但最好能明白自己做什麼，還要知道你需要時間療傷，他說。

我們的忠告：在沒有跟別的女性在一起之前，先把自己調整好，朋友，先把自己醫治好。

雖然不像離婚那麼多，喪偶也是你變成單身的另一個理由。

何謂單身界？

我們已經交待清楚沒有眞正所謂的「單身界」，至少在地球上沒有，當然我們有單身酒吧，可惜很少單身的人會去光顧那裡，眞正而最健康的單身形象是在你的心裡，在這裡你會碰上一個眞正的女人，你會想跟這個女人分享你的一生，在前面幾章中我們教你如何在眞實的生活中找到願意的而且可以共同生活的女性，這些都是很有用的資訊。

因爲眞實的生活需要眞實的單身形象，所以你一定要表現出一個最佳情況的你——不是只有在每個星期五晚上，你把頭髮梳得光光亮亮，然後穿得整整齊齊去參加各種社交活動，最重要的是，你要一直表現你的自信心以及樂觀進取的特性，你更須明瞭你應該給自己一點恢復元氣的時間，讓你可以從上一段婚姻的挫折中走出來，再坦坦蕩蕩地接受另一段感情。

恢復原狀

在我們經過一段長時間的婚姻期，我們雙方都爲對方而喪失了一些自我——我們把它奉獻給我們的另一半，這可能對我們往後的人生有利，但也或許會變成我們的大災難，等到我們的婚姻因爲喪偶或離婚的時候，我們很多人就發現我們失去了或者忘記了我們以前有過的內在力量，我們會感到支離破碎、失敗，而不清楚我們是否還能有效的控制我們自己，伯吉絲博士說道。

在這方面我們要怎樣才能做到最好呢？

重溫以前的狀況，把它們分類，重新再訂定你該怎麼做，艾特拉博士要求說，找出你自己的自我，重新建造你的價值觀，什麼是你最在乎的？什麼使你最快樂？什麼能令你覺得你是在快樂地履行你的社會責任？想一想你現在需有一個什麼樣的伴侶？想一想上一次你做錯了什麼？為什麼會弄到那一個地步，你是否助長了這種情勢的發展呢？

很多男人甚至過了一兩年都沒有再和別的女人約會，艾特拉博士說，而那些有去約會的，大多數也會碰上勃起方面的問題，然後受到很大的打擊，他說，用一些時間來消除你對以前伴侶的壓力未必不是件好事，然後慢慢地把自己帶回到現實的生活裡面，很多男性都需要一段時間來撫平他的傷痛。

以下還有兩個最好的提議。

打造自己

你的健康、你的自我、你的方向、你的技巧、你的身材和你的外表都要打點，這是伯吉絲博士在與五十位中年男性面談後所得出的綜合性建議，重新再出發是件不錯的事，你將有機會比以往做得更好，這是個讓你把事情做對的機會，你不會再讓自己陷入酒精、電視和垃圾食物裡，而是進入一個全新的生命，學習腳踏實地使自己更進步，如果你的反應跟調情技巧都生疏了的話，你就應該重新將這種感覺找回來。

尋求支援

找一個專門幫助離婚或伴侶死亡的諮詢團體做你的後援部隊，你絕對需要專家跟你談一談，伯吉絲博士跟艾特拉博士同聲說道：「你非常需要看到、聽到並接受其他男性所經歷過的憤怒、痛苦以及困擾的原因。」這些情況可以令你更容易恢復信心，這種座談不會令你有壓迫感，它可以把友誼注入你的生命裡，它可以讓你融入單身成人的世界裡，私人的心理諮詢當然也會有效，只要你負擔得起那種費用。

然後，當你已經準備好，當你已經開始喜歡自己，你就可以邁向傳統的單身世界而重新出發。

創造一個你需要的狀況

當你準備好可以跟一個或一個以上的女性交往的時候，你會不會問自己你在尋找什麼？一個親密而長久的關係？一個美女跟你玩在一起？還是所謂的一夜情？大部分我們這種年紀的人多數覺得分離式的、沒有責任的性配對已經不能滿足我們的需求，我們建議你找一個可以互相照顧、相愛的伴侶，我們認爲這才是你所需要的。我們就假設你已經很清楚該到那裡去找你想要交往的女性，在此只爲中年單身漢提供一些快捷的小秘訣。

要懂得給予

做一個愛情、關心、讚美、照顧的提供者，威士瑪博士說道：「人類需要別人的仰慕，他們需要被尊敬，他們需要被注意（被照顧），他們需要被愛，而且他們需要被別人認同的感覺……，你要記住所有的人都把這些事深深地埋在他的意識裡，所以你要把自己變成一個供應商，這樣一來，你很快就會在她們之間變得重要起來了。」提醒自己在沒有踏進一個

數據說性

你第一次和她上床是什麼時候？性教育學家朗克博士針對五百位年輕人（十九至二十九歲）做了相關的調查。單身文化的主流是年輕人，所以這些回答足以做爲四十歲男士的標準。以下是朗克的發現。

第一次共枕眠的情侶比例：

第一次約會時……13%
第四次～第七次約會時……24%
二週～一個月之內……19%
一個月～三個月之內……17%
三個月～六個月之內……16%
六個月～一年之內……10%
結婚時……1%

資料來源：*Mindblowing Sex in the Real World*

社交場合前，心裡想著：「我有東西可以給別人。」然後去做，如果你不停地這樣做，你心目中的伴侶就會自動在你眼前出現，威士瑪博士說。

注重外表

「定期去美容院修指甲跟理頭髮，」《三十五歲以上的男人怎樣去追求年輕女孩》(*How to Date Young Women for Men over 35*)一書的作者史提爾說道:「然後穿著品味都要跟得上三十五歲男人的形象。」如果想更進一步知道如何穿著,請參閱 p.526「保持年輕」一文。

交換名片

「如果你希望進行順利,碰到你心儀的女性,你可以慎重的給她一張名片。」《找尋愛侶的五十種方法》(*Guerrilla Dating Tactics and 50 Ways to Find a Lover*)一書的作者莎玲·沃芙說道:「然後也向她要一張,在你跟她初見面開始講話時就應該這樣做了,千萬不要等到你想提起勇氣問她要電話號碼時才給她名片。」沃芙說道,如果你沒有名片,去印一張,如果你不想將你的工作頭銜讓別人知道,你可以印上你的專長與嗜好。

把握現在

把你全部的注意力放在你應該珍惜的人——你現在交往的女性身上,老是談你過去的伴侶是大錯特錯的。「同時,你若告訴她,你最近才離婚,對你一樣是沒有好處。」史提爾說道。

大部分的女人都知道或至少聽過跟一個剛剛才婚姻破碎的男人走得太近是自找麻煩。跟你在一起的女人當然希望她是你唯一想著的女人,就算你一直在說你前妻的壞話,這只表示你忘不了她而已。

千萬別勉强

「讓愛情自動靠近,」柯佩蘭博士說道:「對你的新關係來說,你一定要溫柔、漸進式的跟她交往」，她說「互相多瞭解對方，不要硬往性方面去著眼，建立一個親密的溝通管道。」她忠告說，友誼是一個長久而有意義的交往中最基本的條件。

對死去配偶或離了婚的男人而言，失去勃起能力是很平常的一件事，陸斯蔓博士說道。

馬斯特醫師稱它為「鰥夫症候群」，起因是因為罪惡感、沮喪以及急於在新伴侶面前表現的求好心切。

柯佩蘭博士對這種情形有一個解決方法，她把這方法名為「表面性交」，你跟你的伴侶可以互相隨意的愛撫對方，換句話說，就是用撫摸、擁抱、語言以及聲音來做愛，你們可以全身穿得整整齊齊，而她又叫這種情形叫不需「進入」的「歡樂」，緩慢的前戲可以維持數小時，這樣一來你們就會完全地感到舒適，它可以建立期盼的心情，讓你有更好的反應，而且這正證實你是個可以關心別人的君子，而不是個被性慾衝昏頭而性饑渴的狒狒，同時它也可以使你更有希望去達到跟她靈慾一致的境界，它可以讓你的精神起變化，從而讓你能夠真槍實彈的性交，她說道。

做個血液檢查

在你跟你的伴侶要開始有親密行為之前應先行做個血液檢查，每個醫療院所都有在做愛滋病血液篩檢，你只要去把你的血液抽上一些，兩個星期後就可以拿到報告了，然後在你有了第二個性伴侶的時候，還是要再做同樣的檢查，柯佩蘭說道。

♥ 較年輕的女性

你四十五歲，她十九歲，這又有什麼不對呢？

你可以聽聽柯拉羅素教授對這種情況所下的評語：「總是不時有男人爲了這個問題來向我求助，他們對我說『在性方面我一點都沒有問題。』他們是在向全世界大喊『我不老。』、『我不是像他們所說的── 不行了。』、『我還是很年輕。』、『我還是可以吸引年輕的女孩子。』這些都是謊言，他們只是想回到失去的年輕時代，他們拚命努力去得到體能、心理跟性愛方面的自我認同，他們在拚命想推掉老化以及死亡的陰影。」

或者他們也不想時常被同年齡層的伴侶挑戰他們的權威性，不是的，柯拉羅素博士說道：他們所要的是有彈性的肉體，年輕美麗的外貌，還要對他們有完全的興趣，這可以令他們覺得年輕，這才是他們想要的。

是否有人因爲他們的經驗和智慧而跟他們在一起呢？

「你不會發現有這種情況的交往例子。」柯拉羅素博士說道：「他們在找一些對他們的男性雄風有所仰慕的年輕女性。」

那些對年齡相近的女性已經失去性趣的男人，非常普遍的可以在年輕女性的身上重振雄風，普雷桑洛博士說道：「他們可以馬上勃起。他們發現只要是跟年輕女孩在一起，他們一點問題也沒有。他們認爲問題不在他們，可是他們所不瞭解的是，當他們的身體各方面都老化了，他們的慾望卻沒有死。」

一個四十五歲的半老先生娶了一個二十五歲的年輕新娘，以前他是沒有足夠的性生活，現在當然是沒有問題了 ── 他們可以一直留在床上不下來，艾特拉博士說道：「可是他有沒有想到將來十五年之後，他將會是六十歲的老頭，而他的性機能當然會大大的降低，可是她呢？她才四十，也正是性的高峰期（所謂的狼虎年華）現在變成她沒有得到應有的性生活了，你認爲這樣的婚姻能成功嗎？」

「有時候能成功，但大部分都不會成功。」柯拉羅素博士說道：「這種情況或許會導致另外一個家庭的產生（他的另一半另起爐灶）在這個男人不能滿足他另一半的同時，她就會開始轉這個念頭，因爲這種婚姻把孩子跟另一種白頭偕老的觀念都排拒在外，所以分開的機會就大大的增加，很多時候是其中一方忽然想通了，他們也就分手了，他想通的是年齡和社會階層的差距以及其他許多的困擾會使他的婚姻發生變數，而女方想通的是他的確有很多錢和很高的地位，但要維持一個婚姻，這是不夠的。

如何與年輕女性約會

有很多文化對男女的老少配非常的容忍，甚至可以說推波助瀾，尤其是古老的中國文化——他們對道教所流傳的情色教義多少有些認同，當然那是古時候，而我們是在談現在，而受與授的觀念經過這麼多個世紀也已經劇烈地改變了。

姑且不論心理或者道德的因素，若只看性慾方面的話，老夫少妻還是有好的一面，從女性的觀點來看，妳得到一個有經驗而不自私的情人，他不會像年輕的一般男孩一樣三十秒就完事了，從男方的觀點來看，你得到一個年輕有活力的身體，對你不只是高度的刺激，而且她濕潤的私處對你那不一定每次都堅硬的陽具來說，眞是恰到好處。

所以你決定去追尋這個夢想（雖然經過我們這些專家的一再解釋也不

能阻止你的決心）。好吧！我們可以理解，所以我們要介紹你們認識一個人——史提爾。

史提爾一生都在與二十多歲的女性約會，而他的職業就是告訴一般男士怎樣去追求二十幾歲的女性，他會按步就班的先教你們如何減肥保持身材、如何打扮自己、如何應對，而且什麼樣的女孩才會喜歡年紀較大的男性，你該避開哪一些女孩，應該去哪裡找她們等等，我們這裡先提供你一些重要訊息，史提爾把它們稱作「大提示」。

要夠帥

這表示說，你要苗條、要會修飾打扮，使自己乾淨清爽，更要會穿衣服（稍微休閒一點無妨）這不是表示你要打扮成二十歲左右，但你可以做年輕人喜歡做的事，並可以全心的享受年輕人的生活，你一定要保持最佳的身體狀況，把頭髮理得短短的，不留鬍子、不留馬尾、不在頭上綁絲巾。

做個男人

不是個男孩，她期待你是個成熟、優雅、有信心和有經驗的人。

不要急

你應該緩慢漸進，一切都要自然，你一定要讓她感覺舒服（沒有壓力）別做太明顯，別表現出色瞇瞇的樣子，別盯著她胸脯看——除非她表示要給你。千萬別提到關於性愛的事。

學習她的語言

這表示你熟知十九到二十四歲的年輕人（假設這是你設定的目標年齡），你最好能把那些新生代的語言弄清楚，看她們喜歡的電視節目，看她們喜愛的雜誌書本、聽她們常聽的電台節目等，你應該看一些時裝雜誌並把它們隨意放在你的客廳裡。

♥ 成爲繼父母

她上一次婚姻留給她幾個子女，而你也一樣或者你沒有子女，又或者你有她沒有，不管情形是怎樣，你覺得你愛她，而你也認爲大家全部住一起，形成一個大而快樂的家庭也無妨，聽我們的，好好的想一想，然後三思而後行。

「將近46％的婚姻都牽涉到前一段婚姻以及前一段婚姻所留下的子女——不管是男方的還是女方的。」麥曼紐斯說道。

「這些婚姻可以說是定時炸彈，而爆炸的時間就在他們結婚的第一週，這些所謂的『子女』不可避免地會憎恨他們的繼父或繼母，他們會從中作怪，想盡辦法讓這對夫婦分離。」麥曼紐斯說道。

沒錯，艾特拉醫生說，你的孩子可能喜歡你的新妻子，而她的孩子可能也喜歡你，但連他們自己都不明白，他們有一股潛在的慾望想破壞你們的關係，他們都希望能回到從前，得到親生父母的關心和愛，艾特拉醫生說道。

這些小孩可能會鼓勵你們結婚，然後再用盡方法來分化你們倆，艾特拉醫生說，整個家庭裡充滿了潛在的各種壓力，你們這些做人繼父母的會被一次又一次的玩弄，你一定要先明白並接受這種關係的存在，你們倆都應該知道這種情形。

你們可能需要用到兩到七年的時間去克服這個難關，然後才可以創造一個成功而和諧的家庭，艾特拉醫生說。

麥曼紐斯建議說，它甚至需要更長的時間——五到十年也不奇怪，他說，時間的長短通常視兩個家庭差異的大小、孩子們年齡的差距、他們彼此的相處情況以及上一次父母分離所受的創傷大小而定，我們將進一步探討這個問題以及發生的原因——然後告訴你最好的解決方法。

孩子們所看到的

各自擁有孩子的夫妻大部分都抱著美好的希望——能夠擁有一個和諧的家庭，雖然他們心裡不是沒有一些緊張與害怕的情緒，其實這是很難成功的，專家們說道。

最好的情況就是大家都能體會要建立一個嶄新的、健康的家庭體系，光靠愛、希望跟意願是不夠的，每一個家庭份子都要長時期的認清問題、分析問題，然後大家一起來解決問題，他們都一定要遵守新的規則跟新的生活習慣，各種不同的生活習慣與性格都必須互相調適，使大家能融洽的生活並適應新的環境，最重要的是每個人都要有現在已經跟以前不同，並且絕無退路的共識。

這對孩子們來說是相當困難的，他們已經受到很多很多不能解決的困擾和變遷，而對他們來說，這又是個完全陌生的環境，在你離婚後，他們才剛剛學會怎樣調適做個單親孩子的生活習慣與家庭關係，到今天又要重新開始接受新的考驗——全因為你，艾特拉醫生解釋說，孩子們希望他們雙親能夠在各方面都穩定，一有改變，他們就會感到不適，現在她們所要面對的改變以及不能解決的問題——例如，你現在對你太太的注意力要比對他們多得多，這是他們認為不應該發生的事。

對這些問題你要如何解決？

訂出優先順位

先把你們倆自己的關係掌控好，艾特拉醫生說，讓孩子們明白你們的關係是眞心的、良好的以及重要的，而且讓他們明白，你們的感情永遠都擺在第一位，久而久之，他們就會習慣，在孩子們的面前一定要互相尊重，這句話的重要性並不止是艾特拉醫生一個人的意見，我們跟所談過的專家們都一致認為這是你們一定要做的事。

聽聽畢佛博士的說法：「我認為這一對夫妻最好在各方面，尤其在子女方面都要有共同的想法跟做法，如果他們可以做到，他們就會成為一個強大的合體，也就能比較容易處理這個融合性家庭第二次婚姻的問題，他們可以從容地處理孩子們的問題，可是如果他們自己並不能夠表裡一致，事情不止會變得棘手，還會變得非常醜陋，問題就在他們都太在乎自己的子女，他們都在為他們自己的離婚贖罪，這一來，孩子們就得到他們不應有的力量與特權，如果這種情形一發生，那一切就完了，它可能摧毀所有的婚姻，不管是第一、第二、第三或第四次。

繼子女的難處

艾德勒醫師發現來自不同家庭的孩子們要成為手足，會出現一些共同的問題：

- **領域**。誰會想將房間、椅子、空間、父親或母親被迫與一些陌生人分享？
- **排行重組**。也許現在原來排行老大的孩子變成了老二。也許最小的孩子現在又有了一個備受寵愛的小妹妹。這樣的轉變會造成孩子自我認同上的改變。
- **背離父母的價值觀與期望**。艾德勒醫師舉了一個少年的例子：有名男性自小就被設定要上大學、研究所，而且一直都是模範生，晚上啃書到半夜，並時常參加週末的進修課程及文化活動。現在「新爸爸」一點都不重視「資優生」，他抱怨送孩子去參加課外活動太花錢，拒絕在孩子唸書時將電視機關小聲，並勸他要現實一點，早點出社會賺錢。
- **親戚較疼愛有血緣關係的孩子**。有時他們會毫不避諱地敵視繼父或繼母的孩子。
- **被繼父或繼母干擾**。無監護權的一方在和孩子相處的時間裡，厭惡及暗中破壞新生活、日常作息及價值觀。

一步一步來

你要明白你不可能馬上就變成她子女的父親，而且剛結婚的兩個人也沒有辦法能像孩子們原來的雙親一樣把所有的問題完美解決，它有時候甚至需要多年的努力跟溝通，你也不要期待你的繼子女把你當成他們的親生父親看待，孩子很少眞的跟他們親生父母分離，就算他們的父母很早就離異也罷，艾特拉醫生說道，他們可能很喜歡他們的繼父，但他永遠是他們的「繼父」，而且他們還是會爲了思念親生父親而痛苦，艾特拉醫生說，對他們的繼母來說，情況是完全一樣的，所以你們應該知道繼父母是永遠不能取代親生父母的，你連試都不必試，其實你該做的就是和你的繼子女間建立一個良好的繼父——子女的關係。

不要強迫大家在一起

事實上你應該讓大家有分開的時間，艾特拉醫生說，你應該知道要分配一些時間讓你們倆獨處，同時要給孩子們時間可以和他們的親生父母在一起，然後才分配時間給家庭以及繼父母。

千萬不要太嚴厲

別一開始就要繼子女們聽你的訓，除非他們的母親不在，如果有什麼規則你需要他們遵守，最好讓他們的親生母親來下命令，你很快會發現效果的差異，最好把你自己當成是個叔叔或者是保姆，艾特拉醫生說，你只要把最基本的規則跟你的另一半商量就行了。

你們會受到什麼樣的衝擊

繼兒女會如何破壞你們的婚姻？麥曼紐斯回想：「一位女士告訴我，『當我在早上六點半洗澡的時候，我的繼女馬上在樓下也洗澡，弄得我沒有熱水，所以我改在六點十五分洗，她也改在六點十五分洗。』你明白我的意思嗎？眞是非常的惡毒，那位女士說，『她把我當隱形人，她永遠只跟她的父親說話。』」

這位男士沒辦法瞭解爲什麼他的妻子不能夠跟他的女兒相處，因爲他覺得毫無困難（況且她又可愛又聽話），而他不知道他的女兒在他背後處處刁難他的妻子，這就是足以讓一個家庭破碎的程式。

「一般踏入第二次婚姻的男女都以爲這一次還是跟上一次一樣。『我只要常常帶我太太出去約會一下，然後時常跟她一起、陪伴著她，一切就會平安大吉了，因爲我第一次婚姻太疏忽我的太太，這一次我會全心全意照顧她。』但他們不知道第二次婚姻需要一個全新的模式，他們會爲了很多第一次婚姻根本不可能發生的事故爭吵，而讓這對夫妻感到不能理解，這就是爲什麼第一次的婚姻一般都能維持得較長久，而第二次婚姻都維持得比較短的原因。」

♥ 工作的轉換

當我們來到這個年紀，我們不需要靠水晶球就可以知道你快要換工作了——而且非常快。

當然，你不需要別人來告訴你現在的工作環境每天都在變，而且一種技能並不能讓你過一生，而所謂長期的互信，不管在你或者你公司來說都早已不存在，所以越來越多人在做一些臨時的工作、在家裡做，或者自己當老闆，然後，突然間，不管你是個水管工人、律師或者業務員，你的工作都不能擺脫跟電腦產生關聯。

職業的變動與不確定性會破壞我們的自我以及性能力。問題在於我們男人把本身的定位、價值以及男子漢的形象跟我們的工作連在一起，如果我們的工作突然變遷——公司要調我們去海外或第三世界國家，我們很可能會感覺虛弱、疲憊不堪甚至好像被「去勢」一樣。

就算有些人能勇敢的自我重新出發，去創造新的商機或者再重新訓練而轉往一個全新的工作，這些人都或多或少會出現性慾方面的問題，菲德博士說道，問題就出在你所付出的一切所帶來的壓力——利用所有的時間去建造一個新事業，用盡你所有的力量去嘗試著成功地進入新的商業世界，可能會使你在床上變得毫無精力，她說，慢慢地，一步一步來，計劃一個愉快、有品質而悠閒的性愛時間。

如何面對各種變化

別不相信，所有上面所說的工作上的變化都是眞的，而非常非常少的人可以略過它，爲了我們的經濟問題、家庭問題、情感上的問題以及安定的性生活起見，我們一定要學會如何控制中年事業的變遷，專家們說道。

只要是活在將要失去工作的陰影下，或者剛起步的生意面臨失敗的威脅，就已足夠將你丟進沮喪的深淵裡，畢佛說道，而沮喪是性愛的大敵。

壓力會造成一種強大的衝擊 —— 在情感上、在性生活上，以及在親密度上，畢佛說，因為你的自我意識已經受傷。

解決的辦法是要去瞭解這個問題，因為你把所有的賭注都投在你唯一的工作（事業）上，而現在它就要化為灰燼，他說：然後你就漸漸淡出社會，有很多人就會沈迷在酒精跟女人堆裡。

這個當然是不正確的做法。

我們的建議是：試著在你的工作之外再做一些別的事（與你本來的工作以及你的公司完全無關的事）。「如果我是個建築工程師，我可以學著去賣房子。」畢佛說道。

你要跟得上最新的變化，改變你的工作崗位，把你自己的技能與學識現代化，行政顧問威廉·姚曼說道，同時，結交一些真正的「朋友」，因為有真正的好朋友，你才會有一個健康的自我價值觀 —— 跟你的工作並無一定的關係。

家庭因素

一個有擔當的男人不能就這樣向全家人宣佈：好消息，我們要搬到英國去了，開始打包行李。可能我們的另一半在家庭財務上也分擔了相當大的一部分，她的工作、她的房子、她的朋友，對她而言都是那麼的重要，尤其是當她已經有了一個相當好的事業時，然後我們的孩子又捨不得他們的學校、他們的朋友、他們的球隊、他們的鋼琴老師，所以當我們事業的轉捩點來臨，我們一定先要考慮我們的家人，我們必須跟家中的每一份子好好的談一談，然後考慮各人的需要以及情感上的得失。

如果我們面臨減薪或者被資遣，我們必須馬上跟我們的家人解釋，對家庭的衝擊預備如何處理，每個成員應如何協助。

當財務危機降臨，這裡有幾個可以採取的步驟：

計劃新的收支平衡表

跟你的另一半計劃出一個減縮開支的半年收支表，把全部細節跟全家人宣佈，孩子們可以自行去因應削減了的零用金，應該全家總動員來度過難關。

計劃你的工作

你應該跟你的另一半商量如何去找到一個合適的工作，就像我們先前所說的，你們應該考慮你們倆工作的平衡點，你太太的工作是不是可以配合你一起到外地去呢？你可不可以接受外地的工作呢？或者你只可以在本地找工作，如果你在找外地的工作，你要先讓孩子們有個心理準備，或者你可以告訴他們，你們在他們中學畢業前不會搬家，聽聽他們的意見，為了家庭和諧起見，最好在本地找一個比較低薪的工作，等孩子們都畢業後再去外地找個合適的工作。

保持工作的一貫態度

在沒有找到合適的工作之前，你能否在家裡設置一個「辦公室」，然後按照上班時間，有計劃地尋找工作或接一些你可以在家裡做的工作，或者你也可以在朋友的辦公室租一張桌子做你自己的辦公室，對大部分的人而言，繼續工作對於精神以及自我認同都非常重要，其實對所有的人而

必要技巧

你該如何將自己的工作能力提升到最高點？以下是職業諮商專家所教授的六個簡單但重要的步驟：

1.與趨勢同步。
2.規劃終生學習。
3.不斷學習新技術。
4.隨著職場瞬息萬變的技術及需要，調整自己。
5.準備好接受新的挑戰。要放開胸襟、多點創意。
6.有效地溝通。

言，不斷地接觸你的工作環境跟同業人士，則你找到相關工作的機會將大增，因為經過日常的接觸，他們比較會瞭解你對這方面的知識和能力。

保持連絡

你要與別人保持友誼以及社交方面的應酬——只要不太浪費就成了，你需要你的朋友和人際關係！千萬別躲在家裡。

注意你的外表

保持身材，注意穿著要清爽，站姿要挺直，頭髮要修剪整齊，這些都可以提高你的格調，使你更加受人歡迎，就如畢佛博士所說的：「保持你個人的風格可以使你保有強壯健康的性能力，也可以使你度過事業的危機。」

♥旅行與性

流行音樂對旅途故事以及神秘的陌生人的各種歌頌，從來都沒有停止過，它們描寫孤單的路人的絕望，以及因爲工作而一個城市又一個城市的跑，一個旅館換一個旅館的住，如果你也是個旅行的人，你一定能深深體會這些歌詞與歌曲的意境。

大部分單身的旅行者都很難交到可以論及婚嫁的異性，因爲在一個地方他們只能停留一或兩天，也就表示他們只有一兩天的時間跟異性接觸，菲德博士說道，有時候對雙方來說是夠了，她說：但這種一兩夜的交往是不可能讓你找到終身伴侶的，因爲你不可能在她身邊繼續發展你們剛開始的情緣，菲德博士說道。

然後對那些已經結婚的男性，或那些已經有了固定女友的男性來說，你的旅行生活將會使你們之間產生緊張和怨懟的情緒。

有一些比較幸運的旅行者，是那些每個星期去固定地點的男性，因爲他的行程跟目標固定，他就有能力在那裡建立人際網絡，並有足夠的機會去發展一個長期的關係，可是這可能又形成另外一種緊張的情勢，尤其是如果他已結婚而在每一個定點又有了一或多個情婦的話。

「情婦對那些時常到同一個定點的旅行者來說是非常普遍的。」她說：「而且非常容易維持，邏輯上很容易理解，但情感上又是另外一回事了，因為一般來說，如果這是長期的關係，情感上的附屬感就會增加，就像你已有了兩個家或兩個妻子一樣。」

「你很容易就可以維持這個秘密，這也就是它吸引人的地方，眞是非常的刺激。」菲德博士又說：「可是如果你太太發現了這個秘密而把你踢了出來，你另一個家也會跟著消失，因為已經沒有刺激性了，所以大部分的男性都沒有辦法處理以後的情感關係，因為有太多的壓力存在，雖然他們渴望變化。」

這完全是家務事

一個常不在家的男人如果要維持良好的家庭關係（像那些住在一起的夫婦關係一樣），必須面對各種的挑戰，我們先來從有配偶的男人應該盡的義務說起。

我們用不常在家這句話來遍指一些人，你可能是個海軍、商船上的工作者，可能是個飛機駕駛員，你更可能是個牧羊人，每天陪著你的羊群，或者你並不是每天都在旅行，但是卻經常離家背井，如果眞是這樣，如果你已結婚，下面就是為你而寫的，朋友。

你以為你很寂寞，那在家裡的那位又該怎麼說？

「女人也會有性需求。」菲德博士說道，所以這對夫妻都盼望著、幻想著、並期待著一個熱情、狂野、美好而且充滿愛意的回家時光，她說道：「可是這種情形大部分不會發生，因為他們已經變陌生了，他們不要重新再互相瞭解一次。」

一個男人很難在離家數月、數週甚至數天後突然回家而重拾一家之主的角色，他的女人在他離家後已經挑起家裡的一切責任，而這對他們的情感來說是大大不利的，菲德博士說道。如果要避免爭執，這位男士必須瞭解他太太所負擔的責任，而尊重她在他不在家的時候所做的決定，千萬要仔細聽她的各種措施，並且要尊重她的決定，菲德博士指出：「別開始尋求第二個做法或者評估她的措施，或更糟地去否決她所做的決定。如果你希望她熱情地歡迎你回家，並在床上毫不保留的向你奉獻的話。」

還有很多其他的不利情況都會影響你回家的幻想，菲德博士說道。可能這個男人回來的時候已經太累了，或者被一個剛剛碰釘子的生意所影響，完全像個打了敗仗的人或者剛好他的妻子被家裡緊急的瑣事所困擾，或者她的事業也受到打擊，記得你出門時的熱情擁抱嗎？當時是當時，現在是現在，你很難才能把你上次的情緒在這裡連接起來，她說，況且正好像有些軍事影片所演的丈夫出外從軍，而太太……。

菲德博士曾幫助過很多軍中的太太們，她說，男人終究是男人。「這些男人到了海外或者其他地方，不管是一年半載，他們總會回家住上四到六個月。」她說道。問題是大部分他們都會在外地召妓，然後回家把「性病」帶給他們的太太，而一切也就爆發出來了；或者相反地，你被你太太傳染了性病。你覺得這樣的回家事件使你震驚嗎？

下面是對一些已婚的離家男士的一些忠告：

自行解決

「已經結婚的男士學著自行解決是個很好的方法，否則這些男人會替自己與他們的伴侶帶來天大的麻煩。」菲德博士建議。

上網

這是個非常好的情況——對一個旅行者來說——可以用電子傳訊跟太太進行網路性交，很多夫妻現在都樂此不疲，菲德博士說道。

情話綿綿

準備相當多長途電話預算，然後不時地對她表示你的愛意，保持連絡，讓你的另一半知道你的行程與落腳地，讓她能夠在緊急狀況或想跟你聊天的時候可以連絡到你，菲德博士說道：就算你們相隔兩地也要保持一種連繫的感覺，讓她可以隨時找到你。

另外，菲德博士給的那些建議不止對單身男士有用，有些也適合已婚男士參考。

單身男士

你以爲一個時常需要旅行的男人很難去維持他的婚姻生活的話，你該試試單身旅行者的滋味，菲德博士說道，旅行或許會讓你碰到一些艷遇，但大部分經常旅行的人都不認爲這是事實，她說，所謂「流浪的人」每次離去都會留下一大串心碎的女人，你只會在流行歌裡面聽到這種神話，而且對眞正的旅行者來說，這些都只是故事的情節。

「基本上來說，如果你或妳身心都健康的話，你們一定會有生理跟心理上的需求，要去壓抑它就會產生問題，這是個問題，因爲沒有什麼良好的解決方法。」菲德博士說道。

很多男人跟女人放棄旅行的生活，是因爲他們受不了寂寞的煎熬，沒辦法建立或維持一段有意義的人際關係，而且每一次被迫的分離都使他們感到沒有根的痛苦，「這也就是爲什麼大部分人經過一段這種生活之後會說：我不能再過這種生活了。」菲德博士說道。

可是你想使它成功，你還不想放棄，至少不是現在，所以我們這裡有些方法可以幫助你。

保持連絡

跟你的朋友保持連絡，不管他們住在哪裡，用電話、電子郵件、寄字條、寄明信片或者去探訪他們，如果可能的話，菲德博士說。

保持活躍

「當你離家時保持適當的工作量，以免想些不該想的事。」菲德博士說道，例如，到健身房、運動場或者籃球場去發洩精力，她說，找尋一些運動伙伴——從你常見面的人當中挑選出一些你可以跟他們預定下次共同運動的時間，她說道。

「任何經常性的運動對你都很有幫助。」菲德博士說，做一些能消耗體力或者是挫折的運動會令你感覺好得多，並助長你的自尊心，這些都是很好、很有效，能分散你的心情的辦法，她說道。

一有機會就回家

那些比較有錢的男士應該時常飛回家去看看他的太太或女友，或者反過來，請她們飛過來一起團聚，菲德博士說，這就是有錢的好處。

選一個合適的終生伴侶

如果你預備結婚，或者再結婚，你可以選一個事業心很重的女士做爲你的另一半，如果她也曾經有一段到處出差的經驗，那她對你的情形，就會比較能夠瞭解和接受，而且她也會非常珍惜跟你在一起的時間，赫森博士說道。

在這種情形下，菲德博士說，你們倆可以試著把事情跟時間訂在同一個地點，然後不時地可以在同一個地點工作或者一起上路。

♥ 青春期的子女

青春期的孩子已經知道性是什麼，他們也知道你跟他們的媽在隔壁做什麼，有些孩子覺得沒什麼，但有些卻不以爲然，你該怎麼辦？

在他們還天眞無邪的時候，你或許可以告訴他們你跟你的另一半需要休息一下，然後你把門鎖上。

永遠把門鎖上，只要你們需要獨處的時候就要記得鎖門，以免有人跑了進來，畢佛博士說道：這個阻隔是比較心理上的，他們父母在房間裡做什麼是完全跟他們無關的，而他們要猜測或取笑都無所謂，重點就是我們要獨自相處，這就是他們所要知道的。

或者說你們在他們還沒有邁入青春期前就早已建立了這個規矩，如果這樣的話，孩子們早已習慣了你們倆在一起而且他們也習慣了他們的父母會在週末一起出去用餐或看電影什麼的，所以當你們一起走進臥房，對他們來說，已經是司空見慣的事了。

大部分做父母的所犯的錯誤就是家庭、家庭、還是家庭，而忽略了夫妻雙方的私人時間，所以當他們偶爾想在一起的時候，就會引起不必要的騷動，畢佛說道。

然而，他承認：「我知道有一屋子十幾歲的孩子，跟另一半很難眞正享受親密的性生活，這就是爲什麼我會強調夫妻必須不時的離開家裡去找一家旅館來享受倆人世界，距離的遠近倒不是問題，但最重要的是要有兩人的私人時間，就算要花錢找人看孩子也在所不惜。」

其實在孩子們已經十幾歲的情形下，已經無需找人看管他們了，菲德博士說道，十幾歲的孩子應該懂得把門關上比較安全，其實基本上來說，十幾歲的孩子喜歡把他們的房門關著而不是很喜歡走出房門，這樣一來，做父母的就有更多的機會把時間留給自己，之後，他們開始學會開車，他們就更不會留在家裡，而這又給了做父母的更多的私人自由，她說道。

菲德博士同意畢佛博士的說法，做父母的不需要等到孩子們全睡了才可以做愛做的事。「可是，」她說道：「做父母的需要孩子的尊重，如果我不允許我孩子在我隔壁大聲的做愛，我自己也必須收斂幾分。」

難以回答的問題

如果這些孩子要問你問題，你該怎麼辦？如果他們想知道關於你的過去或者你的性生活的問題？

「這些都要視情況而定，沒有一定對或錯的做法。」畢佛說道。

「這種事因人而異，要看你跟你孩子平常是怎麼相處的。」菲德博士說道：「我個人傾向跟他們坦白，但是坦白並不等於描述全部的細節，而且我會說：『我是那樣做了，可是那是個錯誤。』或者『我是這樣做的，可是以現在看來，我如果改變做法，情況可能會更好。』或者『我是那樣做的，但那時候因爲時代不同……。』」

大部分爲人父母的在一九六〇年代或者一九七〇年代的時候，自己也是年輕人，而當時的性觀念跟今天可以說是截然不同的，菲德博士提到：「所以大多數做人父母的都不能拉下臉來跟孩子們訴說他們從前的往事，因爲那時候男女之間的風險比現在要小的多，但並不等於你可以告訴你的孩子可以隨便。」雖然有一部分的父母認爲他們自己以前做的是一套而現在又教孩子另外的一套，好像是僞君子的作爲，但是主要是要看你孩子的成熟度。菲德博士說道：「如果你的孩子是那種衝動型的，他也許會把你教的馬上用在一個女孩身上，你就必須考慮你要告訴他一些什麼，如果你有一個深思熟慮而且很成熟的孩子，他將可以把你的經驗吸收消化，所以我認爲你應該跟不同的孩子說不同的話，例如，一個十三歲孩子的成熟度跟一個十七歲孩子的成熟度是有很大的差別的，幾年的差別可能有如天壤之別（在這方面）。

可是如果他們問你一些私密的問題，像你的性生活呢？

「我會奇怪他們從哪裡學來要問這種問題？」畢佛說道，他不會隨便回答這種問題，除非他認爲時機已經成熟了。

沒錯，菲德博士說：「但如果突然之間你孩子問你，媽媽第一次幫你口交是什麼時候？可能你不會跟你的孩子說這些問題，可能你永遠不會跟你的孩子談到你私人的問題，而每一個人所謂的私人問題都不相同，對一些父母來說，他們的性生活就是他們的私事，基本上，人都有他自己的隱私權標準，最糟糕的情況就是要跟子女談到這方面的問題，因爲子女都會奇怪爲什麼性會這麼吸引他們的父母。」

如果他們問你有沒有外遇過？

不可以，陸斯蔓博士說道，你不能給他們這方面的細節，唯一你要跟他們談到你的外遇的時機就是當他們已經知道這個事實（無論是他們自己發現的或者是你太太告訴他們的），在這種情況下，父母雙方跟孩子要一起談論這個問題，但不是要談外遇的細節，而是談你孩子的反應，例如，他們害怕你們倆會離婚等等。她又說，通常孩子們最擔憂的是圍繞著這個事件的各種欺騙手段，這比外遇的本身還可怕。

♥ 子女的性教育

你想談你的重要責任嗎？這就是了，我們應該怎樣灌輸性跟性觀念給我們的孩子，讓他們有豐富的性知識、正確的性觀念 —— 這將會影響他們一生。

我們不是要你結結巴巴地告訴你女兒她月經來臨的問題，我們所要提的是一個全職工作。正確的性知識和他們所一知半解的性跟性慾問題有所區別，因為我們是性的動物，我們這麼多年來都在用語言或動作在交換著性知識，如果我們可以無時無刻的（開放的、誠實的、準確而大方的）提供子女們這些訊息，我們等於給了我們的孩子一生的最大的禮物，心理學家泰勒博士說道。

當然，我們知道這件事說起來容易，做起來難，所以我們也提供了幾個意見，美國青少年性健康委員會證明父母親的行為影響青少年的性觀念最大，以下父母親之行為對青少年最有益，如果父母親可以：

- 表現出他們疼愛、尊重、接受以及相信他們的孩子。
- 展現健康的性觀念。
- 避免有性虐待的情形發生。
- 懂得很多有關性的知識。
- 跟孩子們交換性方面的意見。
- 耐心地去瞭解孩子們的意見。
- 時常詢問或者關心他們的朋友或情人。
- 跟孩子保持親密的關係，主動的介入孩子們的圈子裡。
- 幫助孩子們瞭解以及建立價值感。
- 建立以及維持對校外活動——包括與異性約會的限制。
- 建立一個可以保護孩子們安全的環境。
- 幫助孩子們計劃他們的將來。
- 幫助孩子們選擇適當的健康（人壽）保險。

你想不到他們要學的有這麼多吧！可是，記住，你有差不多二十年的時間來做這些事，而且這些知識都需要你們倆耐心地一點一滴灌輸給他們，一天一天地用各種例子或者身教及語言來讓他們成長，下面是一些讓你跟孩子們對性這方面可以開誠佈公商討的建議。

要懂得你要談的事情

第一步你要先瞭解事情的眞相，你要時常閱讀這方面的書籍，使你對青少年的性問題不會與時代脫節，你要知道你的孩子們會經歷何種生理變化，要知道如何回答他們突發的性問題，要儘量平靜而鼓勵性地回答他們的問題，讓他們感覺你很高興他們向你問這種問題，當你回答問題時要保持權威感，讓他們知道他們所得到的是正確而有用的資訊，如果你不知道答案，你該承認你不知道，但你會替他們去尋找答案，然後馬上去找。

從嬰兒期開始教育

當你的小孩看到小嬰兒來到這個世上，他們馬上會發現男孩跟女孩的分別，你就是最重要的啓蒙老師，你應該隨時開明地依照他們的年紀以及理解力去灌輸正確的生理知識。

讀一些好書給他們聽

找一些性知識方面的好書，麥卡錫博士說，讓他們提出問題，尤其是到了他們的青春期（男孩大約十四歲、女孩十二歲左右），你可以跟他們一起討論他們的問題，不過，並不是所有的孩子都能開口談這些問題的，別硬逼他們。

自在地談性方面的問題

催眠分析家傑洛・肯恩說道，做父母的最好能跟孩子自然地談談他們的性問題，這對於做父母的也有相當的好處，肯恩鼓勵做父母的應該讓孩子知道什麼是親密關係，應該緊守的防線，怎樣抵抗誘惑：媒體的誘惑、偷窺的誘惑以及異性朋友的壓力，性交時的保護措施——懷孕和性病的預防等等。

輕鬆談性

問問你青春期的孩子們是否認識有過性行爲的同齡孩子。問問他們有何感想。但不要問得太深入或直接觸及個人經驗。每個人，包括你的孩子在內，都保有隱私權。

接受性是自然的

灌輸給孩子性不僅自然且有趣的觀念。向他們解釋它也帶有許多的情感及責任、談談意外懷孕及避孕方法、談談性傳染病及保護措施，或者帶孩子去找一位可回答更多問題的醫師，解釋節育法及保險套的功用。心理學家沙佛史東博士建議父母應向孩子解釋爲什麼你覺得孩子不應該太早有性行爲。

和不同年齡層的孩子談性

無論哪一個年齡層，孩子們都會由父母親身上學習性方面的資訊及態度。以下是由性教育學家嘉登博士所提出的建議，告訴你不同年齡層的孩子期望獲得何種答案以及如何回答才適當。

- **初生到2歲**：孩子們會觀察你們，並學習如何信任他人及與人交往。學步階段也是發現的時期。教導你的孩子身體各部位正確的名稱，如膝蓋、陰莖、眉毛等等。他們也會觀察女孩、男孩以及男人、女人的不同。
- **3到4歲**：此時我們教孩子們洗手、洗澡、刷牙、吃成人的食物。他們也可能令你相當驚訝，為什麼會提出性方面的問題：例如，為什麼小莉沒有「鳥鳥」？為什麼爸爸沒有大大的「ㄋㄟㄋㄟ」？最好的方式就是在家裡營造一個自由的氣氛，讓他們任意提出有關身體、健康及性方面的問題，而且也能獲得認眞、精確的答案。這是告訴他們在你們家中，性是開放的話題，他們有問題時也可以請教你。
- **5到8歲**：此時期的孩子對出生、死亡、家人、疾病、健康、人際關係等都很好奇。從電視及朋友那兒，他們可能會聽到一些性傳染病，如愛滋病。他們可能對「性」恐懼。他們可能想聽聽你對這些事情的觀感。他們也已準備好要知道女人如何懷孕、胎兒如何在母體中發育以及為什麼男人不能懷孕。
- **9到12歲**：通常這段時間是發情期。孩子們相當關心什麼才算「正常」，別人怎麼看他們，他們的身體起了什麼變化？這時期的孩子在性方面有了大幅改變，嘉登博士說道：「這很重要。你應瞭解這些事對他們生命的影響並隨時注意他們的需求。」強大的社會壓力及性的壓力於此時期展開，你可以打開溝通之門。鼓勵你的孩子問問題，解開他們的擔憂及疑慮。告訴他們性交的後果以及對年輕人並不適合。教導他們如何避孕及預防感染疾病。告訴他們性病如何感染以及HIV如何傳播。告訴他們如何使用保險套及其他保護措施。解釋你的觀點並鼓勵他們說出聽完之後的感想。讓他們知道有問題隨時可以來找你談。

- **13到19歲**：此時，不妨告訴你的孩子們，你覺得他們應該等到成年後再有性生活。讓他們知道禁慾是避免懷孕和性病的唯一方法。說明你的觀點，但同時你也要瞭解不管父母親期望如何，許多青少年還未成年就已初嚐禁果。根據《性在美國》的調查，在美國，大約50％的少年和略低於50％的少女在17歲時已有過性行爲。所以教導孩子如何保護自己就變得格外重要了。

別設法讓孩子對性感到恐懼

別因爲孩子們想到、談到或碰到性而加以責罰，別恐嚇他們如果跟別人性交的話他們就會得梅毒，然後他們的陰莖就會腐爛、乾枯，然後掉落──你在軍中看到你的朋友所發生的可怕情形，應該跟他們談一些適當的交往守則，然後儘量鼓勵孩子們談一談他們的感受以及他們的看法。

瞭解孩子們也會反駁

他們或者會反彈，他們也許會說你跟現實脫節，你還活在你以前的時代裡，這是可以理解的，專家們說，那代表他們有仔細聽而且想過你所說的話，那更代表了你們已經在互相溝通，也代表了你的孩子們也在思索應該怎麼做——以他自己的辦法爲他自己打算。

談談同儕壓力以及抗拒的辦法

跟他們討論爲自己思考的重要性，以及基本的價值觀。

別吹牛

做父親的一定要深思他們對孩子們隨便說話的影響，麥卡錫博士說，太多太多的男士把他們的孩子當作酒吧裡的酒友看待，然後向他們大吹特吹自己結婚前與結婚後的勇猛。其實很多做父親的在妒忌他們孩子所擁有的青春而想在性方面能夠壓住他們的孩子，千萬不要有這種想法跟做法，把你自己的立場定位在幫助與支持他們的父母上，讓他們信賴你的權威與教導。

教導他們什麼是錯誤的性觀念

電視跟媒體經常在發出不實的性觀念給時下一般的青少年，而一般青少年每週最少花上二十多個小時坐在電視機前，葛雷達諾士說道，做父母的該幫助他們的孩子分辨什麼是媒體，而什麼是現實情況，有一個電視台的研究報告說，沒有結婚的性伴侶做愛的次數是已婚的二十四倍之多，葛雷達諾士博士說，這在眞實生活裡就完全不是那回事，你應該告訴他們在全國性的研究報告裡，有86％的正式夫妻最少每月有幾次性行爲，而沒結婚的只有48％每月有幾次性行爲。

你的孩子有健康的性觀念嗎？

根據美國青少年性健康委員會的研究報導指出，青少年的性健康是個非常複雜的問題，那不止是他們自己對性的感覺或者他們認爲別人對性的感覺，它還牽涉到很多其他方面。

這個委員會是爲了幫助性教育學者與專家去探討青少年有關性方面的問題，然後建議他、她們應該如何去處理，並開導有相關問題的青少年。

自我覺醒與自我責任

根據該委員會的研究報導，一個青少年應該：

- 對自己的身體感覺舒服、自在。
- 明白什麼是青春期，也接受身體的變化。
- 知道該爲自己的行爲負責。
- 能夠分辨什麼是需要，什麼是衝動。
- 明白有些行爲的破壞性而可以馬上向父母求助。
- 能夠享受性方面的感覺，但不會隨便付諸行動。

- 明白自己的性趨向跟性別的關係——而且知道兩性間之分別。
- 明白性方面的問題，而且在有疑問的時候會立刻提出來。

家庭關係

該委員會說，一個在性方面有健康觀念的青少年還要能夠：

- 跟父母有效的溝通問題，尤其關於性這方面。
- 幫助分擔家庭的責任而又能顧及自己獨自的立場。
- 尊敬父母及兄弟姊妹的立場。
- 將父母或者家庭的價值感看成自己本身的價值感。

與同儕的關係

該委員會發表說，一個在性方面健康的青少年應該：

- 有男性跟女性朋友，而且知道怎樣正確的去尊重自己的朋友。
- 尊重別人的秘密以及隱私權。
- 可以辨認以及避免陷入相互利用的交往。
- 可以憑藉自己的信心與價值觀來處理同儕間的爭執。

跟異性朋友的交往行為

一個有健康性觀念的青年人應該：

- 可以分辨什麼是愛而什麼是性慾的本能。

- 認同異性朋友有相同的權利和責任——無論是關於愛情或性。
- 可以分辨愛或慾，並有足夠的氣度去接受拒絕，能夠討論性行爲的限度。
- 跟你的異性朋友以開誠佈公和尊重的方式商談性行爲的問題。
- 懂得使用有效的保護措施，以免得到性病。

該委員會說，這些行爲其實大部分對那些注重性問題的成人也適用，沒有人會完全把這些條例全部用上，但這還是一個非常理想的目標。

♥ 男性雄風的問題

在整本書裡你都一再的看到睪丸素酮這個字，想寫一本有關性的書而不提男性賀爾蒙是不大可能的，男人的火箭如果沒有燃料，怎麼可能發射呢？回顧一下「認識性驅力」一文（p.154），我們曾討論過睪丸素酮的產生以及它如何影響性能力，在此，我們準備更詳細地探討這個所謂男性之精華的賀爾蒙，以及其數量太少或過猶不及的問題。

睪丸素酮是一種幾乎神奇的不確定力量，它是充滿爆發力的一種化學物質，據猜測是導致男士們墜入情網或者介入戰爭原動力。

男士對這一種賀爾蒙一般來說是比較看重一點的，因爲它主要是跟性功能方面有關，所以很多人都會問自己，我有足夠的睪丸素酮嗎？而現在我已超過四十歲，我是不是已經失去大部分的「它」？

多少才算足夠？

所謂的足夠或者是正常——是在二百五十到八百五十的十億分之一公克比十分之一公升的血液，達伯士醫師說道，對四十歲左右的男人來說，應該是五百。

不過，如果你在早上量一個男性的睪丸素酮的數量跟在晚上量的數值會有很大的差別，跟所有的賀爾蒙一樣，睪丸素酮在血液裡的含量經過一個白天就會慢慢退潮，它在早上就普遍的含量最高，而且這個賀爾蒙會隨著年齡而變化，一般人在青少年時期，血液裡充滿了這種賀爾蒙，然後到了某個年紀，它就會慢慢減少，如果你問我是發生在什麼時候，我就只能說它會在我們四十歲左右開始減少，達伯士醫生說：我想很多男人自己都感覺得出來，只是都不願意說出來罷了。

想要隨時發動性機能的男士或許會想，他只要補充這個賀爾蒙就萬事OK了，他可能想歪了，事實上可能有其他生理上或心理上的理由使他的本能下降，這就是爲什麼你應該在你的性機能下墜時去看醫生，千萬不要以爲是睪丸素酮的問題，事實上如果你本身的睪丸素酮量正常，而你又自行增加這種賀爾蒙，對你來說不止沒用，甚至會傷害你，對那些眞的缺少這種賀爾蒙的男性來說——通常每五個超過五十歲的男性會有一個——經過添加睪丸素酮，一般來說會令他們的性慾加強，並增加他們的性能力。那些想要補充睪丸素酮的男性事先必須接受睪丸癌的檢查，因爲這種賀爾蒙會使病情更趨嚴重，那些經過檢查而被認爲可以補充睪丸素酮的男性有兩種方法可以獲得補充——打針或者用貼的，聽說現在正在發展一種睪丸素酮膏。

「我不認為它會跟動情激素一樣普遍，因為不是所有的男性都會缺乏睪丸素酮，」達伯士醫師說道：「但我相信這會變成非常普遍的事。」

當你的燃料快用完時

你要如何知道自己的睪丸素酮是否異常地低？達伯醫師列出八個徵兆讓你自行檢查：

1. 性驅力微弱。
2. 早晨勃起次數少，性交時勃起困難。
3. 骨質疏鬆症。
4. 沮喪。
5. 習慣性疲勞。
6. 毛髮脫落——例如，你不須常常刮鬍子了。
7. 聲調提高。
8. 臀部脂肪增加。

當然，你罹患骨質流失的毛病，可能是你嚴格禁止自己再吃豬皮。你會沮喪可能是因為你的另一半愛貓多過愛你。唯一確認你的睪丸素酮是否太低的方法就是找醫生測試。這項測試通常不會太費事，花費也不多，達伯醫師說道：「一般測驗就可做為衡量指標，除了一些睪丸素酮值不確定的人以及蛋白質含量異常的人（如愛滋病患者）之外。」

男性更年期

你一定聽過這個名詞，可是眞的有這種事嗎？「沒有，那只是個傳說。」達伯士醫師說，當一個女性生育的機能停止時，她體內有大量的賀爾蒙製造機能跟著停頓，他解釋說，這可以說是個巨大的體內轉變，而可以直接且明顯地影響到這個女性的心情與身體機能，男人不會碰到這種大轉變，睪丸素酮是一種非常緩慢的下降，而對某些男性來說，根本可以說感覺不到。

好了，這表示男人不會有一個眞正的更年期——跟女性一樣，但很多中年以上的男士卻自以爲得了這個不是病的毛病，這一切全是這些四十到五十歲左右的男士自以爲來到痛苦的人生瓶頸，然後把太太拋棄，開始與年輕女孩約會，然後又老套地娶了她們，你認爲對嗎？

「我們找不到眞憑實據。」布夫博士說道：「我們找過各種例子跟資料，而我們根本找不到四十歲、四十五歲或五十歲的離婚率比三十五歲高的證據，所以對我們來說，所謂的中年危機或者更年期對男性來說，根本是子虛烏有的事。」

當然有些人不同意我們的說法，認爲男性在中年時自然而然會碰到嚴重的社會價值重建，我們在其他篇幅已經提過怎樣去克服那些如消除幻想和工作壓力等問題，但我們的醫生說得好，就生理方面來說，睪丸素酮的流失，並不會使男性產生更年期現象，可是睪丸素酮的優缺點在哪裡呢？

優點

我們大約都知道睪丸素酮可以點燃男性的性機能，對女性來說也一樣，雖然女性在這方面要少得多，研究結果顯示睪丸素酮有助於維持骨質的密度，而且它也可以用來治療骨質疏鬆症，和幫助我們增加肌肉群。

「有一件事是很清楚的，睪丸素酮可以使男性變得更有自信。」達伯醫生說：補充過睪丸素酮的男性都覺得比以前更舒服。

睪丸素酮也同時可以增加男士的勇氣，研究報告證實一些競賽選手——從摔跤到下棋，只要睪丸素酮一增加，他們的表現就有長足的進步。布夫博士說道：他們一般來講會做得更好，他們會更有精力，有更好的眼力，以及許多其他的優點。

「然後事情就要看你贏了或輸了。如果這個人贏了，他的睪丸素酮數值會升得更高或者停在一個最高點。」布夫博士說道：「如果他輸了，它馬上就會降下來，我們認爲這可能對當事人有好處，每當你贏了，你很可能還會接受新的挑戰，所以在睪丸素酮還在高點的時候，你可以從容應付，但如果你已經輸了，你當然不需要它了，事實上你最好不要再去跟別人競爭，因爲你可能已經受傷或者已經沒有資格再參加競爭了。」

其他研究結果也認爲睪丸素酮飽和的男性表現較誇大。「我們發現開庭中的律師，體內的睪丸素酮比他平常要高得多。」達伯博士說道：「我們同時也發現演員的睪丸素酮比一般人要高，尤其是在演戲的時候。」

缺點

另外一個研究發現，如果男士有高於一般人的睪丸素酮的話，這些人失業或在較低層工作的機會比較多，達伯博士說道：「分別並不是太大，但是這些資料有它的正確性。」他發現睪丸素酮值較高的男性相對地不太會管理自己，所以他們在課業尙比較難適應，也因此比較少受教育。

布夫博士另外主導了一項研究，發現過多睪丸素酮的男性，結婚的比例較低，而就算結了婚，他們也會比較暴力，對妻子有施暴的傾向。布夫博士不認爲有特別的其他原因致使睪丸素酮值偏高的人比較傾向獨身或者暴力。「這是個非常直接的關係，」他說道：「一個睪丸素酮值偏低的男士的確比較溫和而且結婚的比例要高很多。」

可是這並不代表女性要開始檢查男性的睪丸素酮值才考慮婚嫁，也有男性睪丸素酮值偏高而婚姻美滿的例子，而且那些男士也從沒犯過任何的法，並且在社會上相當的成功，布夫博士說：有一部分的男性就是會跟其他人不同，我們還沒找到適當的解釋。

達伯博士不認爲這些事有任何的關連，在其他的研究中被注射了高睪丸素酮的男性並沒有變成目露凶光的酒吧保鑣，或者像正在上庭的律師。

「男人如果睪丸素酮值升高，他們大多數都可以自己感覺出來。」達伯博士說道：「他們會感覺慾望增高且較易怒，可是要眞的計算出來就很不容易，我們還沒有一種可以看到野心或憤怒因子的儀器。」

睪丸素酮加上環境因素可能就形成我們每一個人的行爲，布夫博士說道，這個賀爾蒙給我們一種要表現出特別行的傾向，但我們的環境可以扭轉它的局面。

這個賀爾蒙也會影響婦女，有個研究報告所得出來的結論是女性的睪丸素酮值如果較高的話，她們會比較喜歡男性化一點的工作，而且她們對生孩子也會有相當程度的排斥。

「至於它會不會導致女性失去母性，這問題我們還不知道。」布夫博士承認說：「我們已經開始關於這方面的研究，相信到時候我們會知道更多關於這方面的眞相。」

醜惡的現象

睪丸素酮值過高的罪犯通常要比睪丸素酮值低的罪犯要來的窮兇惡極

睪丸素酮過高的壞處

好像從古到今還沒聽過有男人抱怨自己的睪丸素酮過高，你也沒有聽過有醫生替患者降低這種賀爾蒙，可是如果你有疑問的話，下面是一些睪丸素酮值過高所引起的徵兆：

1. 粉刺。
2. 禿頭。
3. 削瘦。
4. 坐立不安。
5. 很難維持人際關係。
6. 對性特別感興趣（大部分男士都一樣）。

得多，達伯博士在另外一項研究報告中做出如上的結論。睪丸素酮超過的男士不一定都會比較暴力，他小心的說。「我想如果你是一個罪犯，擁有較多的睪丸素酮可能使你變成一個非常暴力的罪犯。」他說道。

達伯博士對這一點倒有點存疑，她說研究關於睪丸素酮跟犯罪行爲的連帶關係還沒有加上社會經濟以及教育因素，所以還不能做準。

有些婦女深信睪丸素酮是這個社會混亂的主因。「她們如果同時看到兩個男人，而不知道誰好誰壞，她們就認爲誰的睪丸素酮高，誰就比較壞。」她說：「這簡直是無稽之談。」

女人會喜歡沒有睪丸素酮的男人嗎？他們可能全部都會變成憂鬱無比、一事無成。女性都喜歡足智多謀的男人，那不過表示她們要選的是能打敗其他男人的男人罷了。

♥ 背痛與性愛

除非你親身經歷過，否則你不會知道背痛帶給人那種無助的痛苦，可悲的是，你非常可能會親身經歷到這個情形，十個人中有八個會在某個時期受到它的打擊，《性與背痛》一書的作者羅倫·赫伯說道。書中教導患有背痛的人們怎樣去維持性生活。

如果每一個動作，每一次擺動臀部都痛苦到極點，你想想性交會變成什麼樣子——如果你沒有專業的協助與指導。大部分患有長期背痛的人都乾脆放棄了，這對任何的一對夫妻都是壞事，赫伯說道。

下面是赫伯所提供的最佳提議，就算你有這種背痛問題，你還是要找出一個可行的方法——你的另一半也是一樣，如果是她患有背痛之苦的話，而赫伯也建議你去跟你的醫生談一談，什麼是對你最有利的姿勢。

回歸最基本的姿勢

受傷的伴侶應該仰躺在一個堅實的平面，再把雙腳擱在枕頭上（這可以減輕下方脊骨的壓力），然後在背彎處放一條摺好的毛巾，以這種姿勢可以小心、溫柔而羅曼蒂克的進行不會衝擊到脊骨的性行爲——如撫摸、口交以及按摩等等，受傷的那位也可以儘量回應與分享，赫伯說道，最重要的就是耐性，如果受傷者可以忍受一些動作的話，那他們倆就可以享受眞正的性生活。

勿操之過急

光是痛苦的陰影就會影響高潮跟歡樂，有個受傷的背，你們就必須耐心而且溫柔、緩慢的動作，無論在性交之前或性交中，找出什麼姿勢是舒服的而什麼姿勢是不舒服的。

談一談

你自己的恐懼或者是你的另一半害怕會傷害到你，都會大大影響你們愛的行動，你們一定要把問題提出來，大多數夫妻都刻意避免房事問題，如果你們不開誠佈公的談一談，你們可能就完了，因爲少了性生活，其他的問題就會層出不窮。

做她的僕人

如果她有背痛，你一定要小心的進行傳統的性交——用毛巾墊在她的背彎，可能很有幫助，赫伯說道。但是如果背痛的是男人，他就可能沒辦法忍受傳統性交的姿勢，但如果在女方的下面墊上一兩隻枕頭的話，男方就可以舒服的跪在她的前面進行性交。

♥ 潤滑劑

如果你以前從來沒有碰過這樣的情形，你就要注意了，在性交時，你一直都習慣毫無問題的插入以及順利的上上下下，可是現在你跟你的伴侶突然之間發生了進出困難的場面，不單指以前的濕潤溫暖的享受不見了，你的性器官好像被砂紙包著一樣，行動困難。

通常乾枯的陰道跟年齡是成正比的（但不是絕對的），當女性到達或接近更年期，有一部分的人會因爲動情激素的下滑而導致陰道乾枯，據估計，大約有60％的四十歲以上的婦女或多或少都有這個問題。

可是年輕的婦女也會有這種潤滑問題，報告指出所有年齡層的婦女算起來大約有20％會受到這個問題的困擾，有的婦女就算被引起性趣也不會有多潤濕，原因有以下數點：

- 月經來臨時的賀爾蒙分泌的不穩定。
- 剛生產完畢並餵母奶。

• 藥物性的副作用。
• 心理上的問題，如壓力、恐懼以及憂慮不安等。
• 做愛的時間太長而導致磨損。

女性可以藉著幾種方法來保持潤滑，威爾醫生說道，她們應該每天喝二到三公升的水，並且遠離酒精和含咖啡因的飲料，她還可以遵照醫生的指示使用動情激素膏，並服用五百毫克琉璃苣或者擦一些待宵草油來滋潤陰部的組織。

另外，你跟你的伴侶或許還會用一些潤滑劑來確保你們性交過程的順暢，問題是用哪一種。

購買潤滑油

除非你要自行解決 —— 買瓶油或者漿糊狀物，否則你應該選一種水性的潤滑劑，油性的物質會損壞膠質的保險套，讓你的精子使你的伴侶受孕或者感染上愛滋病毒或其他性病。

另外一個要你避免使用油性潤滑劑的原因是因爲它沒有那麼容易在陰道裡分解，這會導致你伴侶陰道發炎的危機。

別把水性跟水溶性弄錯了，因爲水溶性的潤滑劑時常都含有油質。水性潤滑劑的缺點是它比較容易乾涸，但這是可以補救的，只要一杯水或一個噴水器在旁邊就可以了，你只要加一點點水，就萬事OK了。

當然，如果你想找一種只爲了你們兩人性交用的潤滑劑，你就不必擔心那是什麼性質的產品，就算油性度高得不得了的「凡士林」也適用。

潤滑劑的問題

好，你們已經決定去買一種潤滑劑來增進你們性交的樂趣，但應該怎麼用呢？應該用在誰身上呢？我想很多人把它塗在陰莖或保險套上，因為他們認為這是應該先弄滑潤的，但也有人把它塗入陰道，其實這都是個人的習慣問題。

而當更年期的婦女要使用各種的潤滑劑，現在的年輕人也都普遍的在使用這種東西，很多人用它來維持性功能，因為經過濕潤，一般性交的時間都會適度的延長，不管你放進去的是什麼——陰莖或者是情趣玩具，有了潤滑劑總是會感覺舒服得多。

10

五十～五十九歲

♥ 你的變化

當一個男性眞的到了五十歲，他會發現那並不見得是很淒慘的時光，在這十年中，他已建立起應該可以讓他稍微輕鬆的事業體，孩子們又都另起爐灶了，這可以讓他跟他的伴侶有更多獨處的時間，當然，五十歲也可以是光輝燦爛的年紀，我們的身體還是不停的在變。

性方面的變化

攝護腺癌。男人在五十歲以後得攝護腺癌的機會大增，它已成爲這時期男人最普遍的癌症，每八個男人就會有一個人得這個病，在它初期可以治療的時候是毫無癥狀的，所以定期檢查就變成非常重要了。

攝護腺癌是無法預測的，它可以突然之間擴散，也可能完全潛伏多年不動，一般父、兄或兒子有人得到這種癌症的話，或者他本身習慣吃高脂肪類食品，他得攝護腺癌的機會就會大增。

開刀、賀爾蒙治療或放射線治療都對這種癌症有效，可是這三種治療方法都會使患者變成性無能，有些在手術後還能進行性交的，也會面臨向後射精的情況（他們的精子往自己的膀胱射去而不是從陰莖向前射出），這是沒有害處的，除非他們還想再生孩子。

性慾降低。當你的年齡增加，你的性慾也在下降，不過那是漸進式的，不會急遽的下降，到了五十歲以後，男人都會發現他們的性反應比較

慢，甚至比較少了，他們需要較長的時間才能勃起，而且在他們射精時，也有一種比較無力的感覺，高潮也好像減少了，性交之後的恢復期也會拖長到二十四小時，在他們年輕時，只要想到一個美女就會勃起，可是現在沒有女性直接刺激他們的性器官，就不行了。

五十歲以上的男性有時候只能局部的勃起，而且角度也大大不如年輕時期，因為血液不能完全流到他們的性器官中而導致海綿體無法充分充血，蘭修醫師說道。

性學專家強調這是年老過程中一個很普遍的現象，性對他們而言並沒有變成比較失敗或者少了享受，只是不一樣而已。

其他變化

結腸癌。這是男性癌症中第三順位的殺手，在肺癌跟攝護腺癌之後，它在你五十歲之後就會開始出現，這也是你應該每年做一次排洩物和血液檢查的原因，結腸癌的起因是結腸部分的息肉發展成惡性瘤。

中風。從五十五歲開始男人中風的現象每一年就會增加一倍，腦部缺血是所有中風患者的最大宗（約佔80％），因為一部分大腦沒有受到應有的血液滋潤以致缺氧，使得該部分的腦細胞壞死，最普遍的就是因為動脈的硬化阻塞了應該流向大腦的血液而導致。

腦溢血中風在所有中風的例子裡大約佔兩成，這種中風是因為在大腦的表面或是大腦裡的動脈破裂而形成的，這一類中風是非常危險的（比缺氧性中風死亡率要高），死亡率是50％。

白頭髮。你可能在三十多或四十歲就已經有白頭髮了，甚至還有人是所謂的少年白；可是到了五十歲，50％的人會有一半的白頭髮（我們的想

法是其他50％是禿頭），白頭髮不是任何醫學上的疾病，它只是遺傳上的一個小問題。

多餘的毛髮。這是上帝對我們開的玩笑，當我們越老也越禿的時候，我們卻發現我們不需要長毛的地方，毛髮卻越來越長了，因爲從鏡子裡我們看到越來越長的鼻毛、耳毛，以及眉毛等，爲什麼呢？還不是基因惹的禍！

打鼾。就算你一生從沒有打過鼾，你也可能在五十歲左右開始有這個毛病，打鼾的聲音大小跟次數也是跟年齡成正比，等到一般人快六十歲時，大約60％的男性在睡眠時會打鼾。

這種夜間的轟隆聲是因爲上呼吸道在你睡著時自行放鬆而形成的，當空氣經過這個變窄的通道，它會使那些地方發生振動因而產生聲音，打鼾會隨著年齡增加是因爲喉管的肌肉變鬆而且增加了脂肪的緣故，你越肥胖越可能將你的另一半逼到另一間房間去。

膽固醇。它終於開始慢慢地穩定下來了，你甚至可以享受一個糖霜甜甜圈來慶祝，但只能以一個爲限，因爲對太多的男士們來說，他們的膽固醇還是在健康的邊緣。

♥ 她的變化

過了青春期，男性的性徵以及生理方面的變化是漸進的，有時候你根本感覺不到，但對女性來說就完全不同了，這種情形尤其到了女性五十歲的時候更爲明顯，她們身體的變化是這麼的劇烈，以致男士們根本沒有辦法想像。

性方面的改變

更年期。這是引起女性生理跟心理大變動的原因，研究報告顯示，一般婦女在大約五十一歲前後就會碰到更年期，她們停止了卵子的生產，也就表示月經不會再來，最明顯的是她們的動情激素的產量立刻劇跌。

這些變化會直接衝擊到她和另一半的性生活，因爲動情激素的減少，她們的陰道會變窄、變薄，產生乾涸的感覺，性交時會發熱，受刺激會疼痛，有些婦女會產生失去性慾的感覺，失眠、易怒、憂鬱以及其他一些不快的徵兆，賀爾蒙的補充治療有助於減緩這種情形，但並不是百分之百。

對有些婦女來說，更年期不能算是個百害而無一益的時期，她們的性生活變得比以前更自在，因爲她們再也不用擔心會不小心懷孕，而且孩子們應該已經離開家而獨立了，這就表示她們跟她們的伴侶可以有更多的私人空間；對很多婦女來說，她們有了新的性自由，陸斯蔓博士說道。

「賀爾蒙對一個人的性生活當然有很大的影響，但妳不可以忽略情緒、情感的調適。」費翔博士說道：「99.9％的性感覺都在妳的大腦裡。」

乳癌。大部分的乳癌都發生在五十歲以上的婦女身上而且會隨著年齡增加它的可能性，據說動情激表（所謂眞正的女性賀爾蒙）跟這個最女性化的器官所發生的腫瘤有很大的關係，而且這是女性死亡率第二高的癌症。超過三十歲才生育或從未生育過的婦女，最容易罹患乳癌，還有第一次月經來得過早，而更年期又來得太晚的婦女也比較容易得乳癌，曾經補充或增加動情激素的婦女得到這種癌症的可能性也會增加。

一般婦女可以自行摸按乳房，檢查有沒有新的塊狀物出現，或者做乳房X光照射，治療方法包括乳房切除術——把患有乳癌的乳房切除，或局部切除術——把有腫瘤的部分切除然後再以放射線治療。

其他變化

心臟病。男人比女人會更早受到心臟病的糾纏，但一過更年期，女性就會迎頭趕上，而且到了七十五歲，差不多所有的女性都會患有心臟病；當她們失去動情激素後，她們跟男人一樣容易受到影響，史波多素博士說道。

除了失去動情激素之外，還有不少的因素會引起婦女的心臟病，因此而過世的婦女又比所有的單一癌症還要多，例如，抽煙、高血壓、暴飲暴食、體重過重，以及靡爛的生活形態等。

高血壓。五十五歲以後，女性得到高血壓的機會其實比男性要高，無獨有偶的，賀爾蒙的變化又是禍首，因爲高血壓是沒有什麼症狀的，所以如果不是定期的檢查，她們可能還不知道自己已有了這個毛病，如果就這樣因循下去，女性就會中風、心臟病發或者栓塞性心臟機能敗壞，預防方法包括食物裡減少鹽份與脂肪，找醫生檢查血壓。

骨質惡化。動情激素似乎不止可以保護女性的心臟，也可以保護她們的骨質，更年期以後，女性會開始飛快的流失骨質，史波多素博士說道：如果她平常很少做一些重量運動，如跑步、走路、有氧舞蹈等，而且沒有及時補充維他命D以及鈣的話，她的骨質就會變得更疏鬆，因爲女性天生骨質就比男性鬆散，所以她非得注意維他命D及鈣質的攝取。

胃潰瘍。如果你的伴侶腹部有種刺熱的感覺，以及不明顯的不適或噁心感，她可能是得了胃潰瘍，它們大多襲擊女性，而且通常在五十歲以後。

胃潰瘍的起因大部分是因爲隨手可得的藥物，如阿斯匹靈及抗生素等，這些藥物抑制黏液以及酸性中和液的產生，阿斯匹靈更能使胃壁變薄並導致出血，另外一種，十二指腸潰瘍，通常患者是男性，一般感染期是二十歲到四十歲之間，起因大部分是爲了抽煙。

多餘的毛髮。這是另一個更年期後的現象 —— 新的毛出現在上唇或其他部位，它不會嚴重到像卓別林的上唇一樣，但可以被發現（尤其如果她是黑髮的女人）。這種多毛的現象，多數是因爲動情激素的下降，導致潛伏的雄性激素抬頭，雄性激素當然會使得女性顯現出較多的男性反應。

♥ 婚姻守則

對某些人而言，五十歲之後，他們進法庭的次數比上床還多，當然啦，在你到了五十歲以後，你必須爲你的年紀做一些讓步，本章的目的是讓你將精神投注在你的臥室裡而不是法庭上，我們倡導的是合而不是離。

何處尋芳蹤

要弄清楚到哪裡可以找到女人，對五十歲的你可是件需要勇氣和運氣的事，尤其是當你才剛剛成爲單身漢。

年紀較大的單身漢對一般婦女來說是相當具有吸引力的，加森費博士說道，他們相當有機會反過來被婦女追求。

「當然她們不會說：『我要跟你約會。』她們會說：『自從你太太離你而去之後，你的日子一定相當難過，何不星期四晚上到我家吃頓家常便飯呢？』這就是她們想認識你的方法，事實上，年紀較大的婦女是相當主動的。」

當然，你不能被動地等女人來敲你的門，以下我們提供一些建議，讓你可以接觸一些同年齡的婦女。

- 朋友跟親戚的介紹。一般來說，五十歲左右的單身婦女要比單身男性多得多，所以你的朋友跟親戚會很樂意介紹一些年齡相差不多的單身女性給你認識，他們也許會請你去參加一些這些婦女所舉辦的晚會。
- 婚禮或週年紀念 —— 甚至喪禮。這些場合都可以找到跟你年齡相仿的女士。
- 高中或大學的同學會。一個眞正能讓你遇到一些你多年前就認得的女性的地方，可能有不少已經是單身的了。
- 你感興趣的活動場合。無論是政治團體、環保團體或者網球俱樂部，你都應該選一兩個去參加，可以多認識一些異性。
- 參加會議或者職業團體。這是個會晤同儕的好場所，加森費博士說道，更何況她們跟你有著共同的興趣和目標。

女人想要什麼？

女性到了五十歲的時候，她們對男人的期待和二十歲的小女孩可完全不同，下面是你可以跟成熟婦女互動的一些方法。

先從團體活動開始

請她一起參加團體活動，尤其是有很多單身男女參加的活動，如果你看上的女人是個寡婦或才離婚不久，她可能會害怕與人約會，但如果只是參加一個野餐或派對，她就會比較放鬆心情，她不會感覺好像她的每一個動作都被你的眼光審查著。

要有世界觀

用你的社會經驗去感動她，她會大鬆一口氣，知道你有一個豐富的人生，而你不會幼稚到去追求一些小辣妹或者去跑船，不過有一點，千萬不要喋喋不休的只談你的過去。

讓她知道你重視她的成熟度

很多這個年紀的女人害怕輸給一些更年輕的女性。

要善待她的孩子

她的孩子們很可能都是成年人了，但你不妨在遇到他、她們的時候留下一個好印象，很可能她跟她的孩子們很親近，而她更在乎她孩子們對她的新男人的看法也說不一定。

別穿得像個老頭子

她才五十歲，不是八十歲，她離那張搖椅還遠著，所以她也不希望她的男人看起來好像七老八十的樣子，也別穿得像個小孩，要穿得有格調。

如何引導性關係

在你到達五十歲時，性生活問題與你年輕時是完全不一樣的，不管在什麼情況下，你都要耐著性子慢慢來，性生活對五十五到五十九歲的女性而言還是很重要的，可是這並不代表她們全部都把性放在第一位，事實上在這個年紀，每十個的婦女中最少有四個在一年內沒有進行過性交，《性在美國》一書的作者們說道。

年紀較大的婦女希望有人牽著她們的手或者用手圍著她們的肩膀，她們並不要求激烈的行動，只要你可以溫柔而關心地對待她們就可以了，加森費博士說道：女性喜歡被疼愛，男人不應該馬上就想著性，基於情感上跟體能上的理由，我們都應該提醒你。

情感上的問題。一個最近才死去丈夫或才剛離婚的女性當然會期盼能重新找到性伴侶，可是她可能懷疑她自己是不是能應付得了，因爲在過去的二、三十年中，她只有一位性伴侶，而且她的身體也沒有以前年輕時那麼緊繃結實，會不會被人嫌棄呢？其實男性也會有這種恐懼感。

「就性方面來說，年輕力壯的時候跟中年時期或更老一點的時期是完全不同的，當你年輕的時候，你體內的化學作用能使你自發性地完成性交——你對你的身體完全有自信而且感到舒服，」加森費博士說道：「等到你年紀較大的時候，你會覺得你多出來的二、三十公斤讓你像背著個背包似的，而性變成了一件尷尬的事。我的表現可以嗎？她會怎麼想？」

體能的問題。就算你心理想得不得了，你身體方面可以做到嗎？在更年期之後很多女性有潤滑方面的問題，而男性又不一定每次都能成功地勃起，就算能勃起也不是那麼的堅硬可靠。

♥適度的期待

在你五十幾歲的時候，你認爲你的性生活會怎麼樣呢？大概應該跟你在四十、三十或二十歲時差不多，如果你在比較年輕的時候性生活就很美滿，那你現在的表現也就不會太差，如果你在三十或四十歲的時候還是夜夜笙歌的話，你當然要比其他同時代的男性要強。

但次數當然是不及以前了，而且情況也不盡相同，當然，歡樂的情況是相同的，滿足感也絕對不會比以前差，重要性更完全相同，感覺甚至比前更好，但次數就必定沒有以前多了，而且也沒有以前那麼激烈，這就是二十五歲跟五十五歲性生活的差別，這些中年的戰士多數能適應轉型爲成熟快樂、滿足而且技術優良的性伴侶，而且都會自我慶幸能夠生存在這個美好的世界裡，而年輕人只能小聲地說，他們做的次數比我們少得多。

當然，如果你已經五十多歲，重要的是你怎麼想，而不是後輩怎麼想，而且研究報告都證實健康的壯年和老年人——從他們的四十到六十歲——都在性生活方面能夠得到滿足，最權威的麻州男性老化研究的報告顯示：四十到七十歲的男性除了在勃起跟次數方面隨著年齡退步之外，其他各方面，尤其是滿足感方面，根本一點問題都沒有。

眞正的問題所在

事實上在你五十多歲的時候，你需要在生活上以及性愛上做一連串的調整，怎麼說呢！你在心理上需要一個內斂的生活形態，所以你會採取一種更穩重、更貼切的態度去進行性愛，而且這些五十歲以上的男性很快就發現這種轉變開創了一個對他跟他的性伴侶來說，一個全新的、快樂的性愛途徑。

「此時是你開始講究品質的年代。」西佛博士說道：你不再是一個只計較放鬆皮帶次數的男人。

你該瞭解你會有勃起的問題，麻州的研究報告注意到大約有50％的四十到七十歲男人會有勃起困難的經驗，這種情況會隨著年齡的增長而增加，但這並不代表你已喪失了男性的雄風，其實眞象是當你過了五十歲，你的血液動力慢了下來，這也導致你的性反應相對地慢了下來，再加上其他的因素，例如，生病、壓力以及藥物過敏反應等，都會令你的勃起功能受到影響。

但如果你懂得如何處理這些問題的話，你可以把性愛詮釋得更爲美好：當你們倆都知道該放慢腳步的時候，你們會花更長的時間來進行前戲，奧哈特醫生說道：「如果你有勃起的問題，她甚至可以幫你達成目的，所以同樣的，如果她達到高潮有困難的話，你也一定要耐心地幫助她，這就變成你們倆最好的共同性愛經驗。」

而同時我要提出來的是，緩慢的血液流程不單只使你的勃起緩慢，也使你（跟年輕時完全不一樣）能夠有更強的持久力，所以你可以比年輕人更慢射精，換言之，你更能讓你的性伴侶獲得滿足，陸斯蔓博士說道。

在你五十多歲的時候，就性生活而言，還有另外一個你意想不到的好處，那就是你們可以隨時選你們喜歡的日子做，以前，女性總是在主導著性生活的時間與次序（不行，我那個來了），而男人只好隨時聽取呼喚並且時時刻刻的備戰（只要她們一說，來吧！你們就要立刻行動）。可是這一切都會在你們五十多歲的時候成爲歷史，所以有能耐的男士都把這個時期看成機會的來臨，你不單沒有失去性趣，你還大有理由主動提出想在什麼時候做或在哪裡做。

「在你二十歲的時候，一點風吹草動你都會馬上挺起來，你連選擇的機會都沒有。」費爾德博士說道：「但等你到了五十歲以後，你就可以開始利用天時、地利、人和，如果其中有一項不對，你根本等於沒有預備好，其實性愛本來就應該是這個樣子的，你只是在實行你的選擇權。」

自助法

讓我們來計算一下成績，一方面你可能面臨勃起的困難，動情的時間比較慢，而且沒有像以前有那麼多性愛，可是在另一方面，你有足夠的性滿足，雖然起動比較慢但性交時間卻比較長，而且在合作方面較佳，也比較會互相找尋品質更佳的性交姿勢或敏感點，而且在你需要的時候才進行性交，不像以前完全憑本能而做。

這就是你比較佔便宜的地方，而且你不必花太多力氣就可以積聚這些力量，你可以參考下列指示。

絕不酗酒

如果你一輩子都在酗酒，你在五十歲時就會冒出嚴重的機能性性無能的打擊，菲立普博士警告說道：在你五十歲的時候才停止喝酒已經太遲了。她警告說：「如果你還不到五十歲，馬上停止喝酒。」偶爾應酬不能算是酗酒，可是你也不須喝得整個人不省人事，然後弄壞你的肝臟而使得你的賀爾蒙分泌失常，「每晚都喝幾杯濃烈的酒就可能引發這些問題。」菲立普博士說道。

最多兩杯

菲立普博士也提議說在性交之前你最多可以喝兩杯酒，一超過你就會受到懲罰，你的陰莖很可能根本不能起立，你應該不要忘記你已經不是二十歲的人了，菲立普博士說道：「酒精對你這種年紀的人影響更大。」

菲立普博士所提的建議是希望大家注意，酒精可能減弱性功能，但也不是要所有的人戒酒，事實上，一點酒精就可以使整件事更羅曼蒂克。「半杯酒可以使雙方更放得開，尤其在一個羅曼蒂克的氣氛中，加上燭光、花朵、音樂。」她說道：「但是絕對不能超過兩杯的限制，五十歲以上的人絕不應該在喝了好幾杯香檳之後做愛。」

評估你的壓力

在你責怪你的年紀、你的伴侶或者其他的人之前，你先看一看你每天的生活有沒有帶給你很大的壓力因而導致你的性能力下降「事實上，在這個年紀，性能力的下降跟你每天所受到的壓力有很大的關係。」陸斯蔓博士說道：「這是個你要每天拚命工作以保住飯碗或向上晉升的時刻。」

尋找歡樂

找些事情來寄託你的身心，這是個非常好的建議，而且對你的性生活而言也有很多的好處，根據費爾德博士的研究：在你這個沒有進展的工作環境裡，你好像被堵在一個沒有尊嚴的死巷子裡，使你完全不能提起性愛的興趣。不過如果你能幫助一個窮困的學生求學，或者幫助一個年輕人白手起家的話，你就會感覺你的一切能力都在起飛，你的生活環境會激發你的生化反應。

運動有助於提升性功能

儘量多運動，而你的性生活一定可重新出發，這是對五十歲的你或任何歲數的人都一樣有利的事，研究報告說：運動狀況越好的人，性能力與性生活也變得越好，所以你還在等什麼呢？

培養你們的關係

「大部分中年人的性生活都是以婚姻生活為主，」柯翰醫師說道：「所以你們婚姻關係的好壞跟你的性生活的好壞完全是同一回事的。」對你自己的婚姻多花點心思並且讓它運作順利是項非常聰明的性投資。

「聽起來好像理所當然，但通常事情的演變就不是那麼一回事了。很多的男人，我是說差不多所有的中年男人都情願把時間花在跟他們的死黨去打牌或者喝酒，」西佛博士說道：「然後他們又在暗暗奇怪為什麼他們的性生活越來越走下坡。」

♥ 提高敏感度

人們說你最大的性器官是在你的兩耳之間，誰能說不是呢？雖然你的大腦是五星上將（總指揮），但你所有的前哨工作都要靠你的神經末稍——如果你懂得利用你的腳趾頭就更好了，而這些衝鋒陷陣的性勇士們在你五十歲的時候終於顯出有點累了，如果你還想它們替你英勇的出戰，你就必須改變你的戰略。

技術上來說，自你十八歲生日開始，你的性機能跟反應每日都在下降中，但是你不會發現有什麼大問題，可是當你到達五十歲以後，事情忽然變得嚴重起來了，你發現你的反應各方面都開始有些不妥。

你發現你最大的問題——血管方面的問題，呆滯的血流（包括前面提到的重要末端）肯定會影響你五、六十歲以後的性生活，這也表示你要把血液送到你的「陰莖」是多麼的不容易，它需要更多直接而且長時間的刺激才能使你達到隨時都有反應的勃起，西佛教授說道。

有些男人會認為就算我的敏感度降低了，那又怎麼樣？和你射精時的強度減弱又有什麼關係？反正你也不會在乎你射的精子會飛得多遠？

其實這種情形也並非完全沒有好處，其中之一就是你不會馬上就進入高潮。「有的男人在五十歲以後，才可以開始控制射精的時間。」西佛教授說：「這是你唯一不用擔心的事。」

這也可以詮釋成「你可以完全享受美好的感覺以及性交的歡樂，縱然你沒有射精。」西佛博士說道：「所以你可以享受到全程的歡樂而不是只有部分的感覺。」

它的缺點是當你射精時，你的高潮沒有像以前的那麼激烈，可是那又怎麼樣呢？那種滿足感都在，你或許不會感到太強的高潮前的緊張狀態，因爲已不像你年輕的時候，現在在高潮來臨前你不會感到擂鼓的激動。

敏感度的下降

到了這個年紀，你將要慢慢適應偶爾會喪失勃起的功能，這種事情忽然會出現，然後忽然又不見了，來來去去完全沒有預警或理由，而且也不是因爲你擔心你的能力而造成的。

「這完全是因爲血液流動的問題，」菲立普博士說道：「它可能要到你超過六十歲才會時常發生，但還是會在五十歲的時候開始。」菲立普博士稱這種情況爲「假性反應」，因爲它使你每一次性交所需要的休息時期拉長（就算你沒有射精也是一樣），你眞正的反應休息期事實上是在延長中，五十歲比四十歲長，六十歲比五十歲長。

你其他的器官都在慢慢的失調中，首當其衝的是視力，你不一定要配老花眼鏡，只是你看到的東西不一定可以馬上使你興奮起來，看到同一個性伴侶的裸體就不會使你太興奮。陸斯蔓博士說道：「除非你的陰莖受到直接的刺激。」這也是上了年紀的性伴侶們水乳交融的方式之一。

我們整本書都是在講怎樣才能在精神上提升到可以一生都享受性愛，你要怎麼做，才能讓你的體能追上你的思想，讓我們來告訴你。

尋找新的途徑

你在大約四十年前就拿你自己的身體來做各種的試驗，現在是再來一次的時間了，你的身體已經發出很清楚的訊息 ——「它需要一些不同的刺激。」西佛博士說道：「方法就是調整。你必須瞭解自己需要什麼，找出別的途徑來達到相同的目標。」

找出原因

「做一些追蹤的工作，如果這次性交的感覺好得不得了，你應把整個過程重溫一下，找出爲什麼它比上次好的原因，可能因爲你完全沒有喝酒或者你比上次少很多的壓力；然後也讓你的另一半做她的追蹤工作，如她認爲什麼比較好、什麼比較不好，性伴侶可以互相引發這種自我的評估。」西佛博士說：「可是如果你不問她，她根本不會去想這個問題。」

兩人一起尋求答案

你沒忘記她也同時要經歷敏感度的改變吧？「她需要你去多方試探，因爲她自己也不知道她的敏感點在哪裡。」西佛博士說道。尋找你們的新敏感點。彼此找到越多地方就越好，就像她需要更長的時候才能達到高潮，而你也需要更多的時間才能射精就是天作之合的例子。

開誠佈公

我們知道女性是非常依賴直覺的，可是當她發現她裸體在你面前，而你都無動於衷的話，她不會以爲你需要直接的性器官的刺激，而會以爲她自己有不妥，你一定要讓她明白：「除非你把你的問題向她坦白，否則你們倆一定會有大災難。」她補充說道。

想一個好的開場白

對她坦白就表示你要把你的問題，性敏感度的變化說出來，最要緊的就是把溝通的門打開，做法就是：「你知道嗎？現在好像有點不對勁，妳認爲我哪裡不對？」或者「我現在做的好像沒有以前好了，你認爲呢？」

當場溝通

在當場立刻溝通是另一種有效的解決辦法，根據西佛博士的說法，你可以說：「讓我這樣摸妳，告訴我你的感覺。」、「如果妳這樣做我會覺得更舒服。」或者「我需要更多的這個。」等等。

不要一再的保證

你可以成爲一個調適得很好的五十歲男性，你也時常會有不錯的勃起。「最好的解藥就是你伴侶的支持，」西佛博士說道：「當你眞的勃起了，她可以說：哇！眞是不錯，我們要珍惜它。」但要求提高自我反而會弄糟事情。

「如果你覺得很不錯的話，」西佛博士說道：「那就大喊萬歲吧！」

什麼？還有更多的變化？

調整自己來適應你的性敏感度還算是比較容易的，而使大部分男士都不能接受的是知道自己的身體因爲年紀而改變了。

你盡全力去適應這個中年人的難題，你訂出了先後次序，你改變你的事業目標，你也開拓了思想的視野，現在你要重新把你的性生活連接起來。

就算這些變化已經進行了將近十年或者它們不會在最近變化太大。「它對五十歲左右的人來說卻是個最大的震撼。」陸斯蔓博士說道：「男人到了六十歲的時候已經變得對這件事見怪不怪了。」

幾乎每個男人都記得他第一次沒辦法高潮的地方跟時間，或者他第一次感到他的陰莖不聽他的話，在他需要它的時候垂頭喪氣，你覺得你的身體在跟你作對，其實這些變化是自然而普通的，你如果能適應，你後半生的性生活是絕對可以期待的，如果你不能適應……我看你也別無選擇了，你說是嗎？

而這也是爲什麼我們性能力的點點滴滴會使五十歲的男人心痛的原因，根據西佛博士的理論，這就是憤怒與苦澀入侵我們的時候了，你感覺到你一點選擇的餘地都沒有，而且你認爲你完全沒有心理準備。

可是一般人到最後還是可以度過難關，雖然你不會在某天清晨醒來，就和你的伴侶決定今天找尋新敏感點的好日子，但你可以這麼做。以下的兩個建議可讓你對日漸下降的體能變化維持正確的心理態度。

避免互相埋怨

別把你的性敏感度的變化歸咎於你的性伴侶，「在你四十幾歲時，如果你們倆的性生活不協調，你們倆都會想到乾脆分手好了，但到了五十歲，你們最好能找出解決方法，然後互相攜手前進。」西佛博士說道。

好好想一想從前

西佛博士提議我們回想十三、四歲，我們身體開始產生大幅變化的時候，我們一樣經過各種不可預期的事。「你要重新習慣你自己的身體。」她說：「你在青少年期曾經成功的轉型過，而且你也走了過來，千萬不要把這個改變演變成一個大災難。」

♥ 空巢期

現在，所有的孩子們都已離家自立門戶了，使你在這個五十五歲的年紀又可以回到像十七歲時父母不在家的情況，但這種自由還不能說完全沒有危險，孩子們會隨時衝了回來。「事實上，你的孩子不可能完全不回家來。」皮特曼醫師說道。他們還是會需要你的幫助。

這已經是司空見慣的事了，你的三十一歲兒子衝了進來，而且直接跑去清光你的冰箱，然後才回到客廳跟你們見面，年輕的成年人在今天這個充滿競爭的社會立足，是相當困難的，所以如果他們要回家來尋求庇護的話，別把他們當成失敗者看，如果這種情形眞的發生了，請你閱讀「與父母同住」一文（p.399），你會在那裡發現你孩子的心情跟心態，然後也學得你與他們的相處之道（很諷刺，對不對）。

在你五十多歲的時候，你最後的麻煩帶著他們的空比薩盒、吵死人的音樂，以及像山一樣堆積的待洗衣物，走了，然後你家就只有綠燈了，你們倆有更多的做愛時間，也不需要壓抑你們的聲音，更不需要顧忌是在客廳、廚房或地板上，所有這些對性有利的情況都變成眞的，你可以在某個星期六的早晨兩個人進行瘋狂的親熱，或者你們倆什麼都不做，因為你們知道，你們有的是機會跟時間來進行任何你們喜歡的事情。

整間屋子都是你倆愛的台階，你們又回到新婚時代，你們又回到了天堂，又可以讓你們的親密關係升級。

兩人獨處的眞義

「如果你們倆的相處一向不錯，它可以變得更好，」西佛博士說道：「但如果你們倆根本無法相處，情況就會變得更糟。」

因為到今天，你的生活面臨了太多的改變，你的身體改變了，你的性能力也換擋了，你的人生目標也變動了，而你的孩子們也離開了，你現在唯一要和命運的輪軸搏鬥的就是你與你上半輩子的伴侶之間的關係。

「如果你感覺你跟她有性方面的問題，很可能是你們的關係有問題而已，」心理學家奧夏森博士說道。這也就是性關係的不協調演變成彼此間的兩性關係問題，「因為你在變，所以你跟她的關係也在變。」

換句話說，你的性愛天堂的入場券完全要看你跟她一直以來相處的情形而定，如果你們倆突然發現你們現在是唯一住在這個房子的兩個人的話，如果你們本來就很好，那恭喜你，如果你們倆的相處一直都有問題的話，「馬上彌補兩人感情的缺口」。

養育小孩與維持一個中老年人的婚姻比起來要輕而易舉得多，西佛博士說道：「但你現在有的是時間來建立一個新的良好關係。」

有一樣你一定會欣賞的是她的新觀點，女人生育跟養育孩子的過程都已達成了，而她就會有種重生的感覺，她可能對現狀很滿意，所以在你要進攻時，你要先考慮她的意願。「親愛的，現在我們倆終於可以單獨在一起了，我們來一起享受人生吧！」但她或許會回答：「先別來碰我，我還有很多事情沒完成。」

準備重新結合

到了這時候，應該沒有什麼能夠阻礙你向你的人生目標以及新的婚姻關係前進，可是你還是要和你的另一半一起努力，才能邁向目標。「你在五十出頭的時候可能需要多和你的另一半溝通。」西佛博士說道：「你們或許會同意分開，但你們或許也會認爲彼此的另一半將成爲這一生最重要的人，不管你們的決定是什麼，最要緊的是，你們要平心靜氣地一起商量事情。」

重新再開始

「由於你們不會再被子女的各種要求困擾，你們應該可以對待對方更好一點。」皮特曼博士說道，一般孩子都認爲分化父母是他們神聖的任務，因此做父母的時常爲了孩子的事情互相猜疑── 就算不至於互相指責，只是為了孩子們所做的事。「這是完全沒有道理的。」皮特曼博士說道：「你們應該重新成為朋友。」

別只為孩子們而活

你認得一些曾經度過那個經濟大衰退時代的老前輩嗎？他們每一個都省吃儉用，就為了他們的兒孫不用過他們以前所過的日子，問題就是一旦他們退休，他們除了孩子就沒有其他的生活重心了，但這對孩子們而言，不但不公平而且對他們的晚年來說也顯得太空虛了，別弄成這樣，當你的孩子們長大離家後，放開手，別讓他們把你的家當庇護所，別把你們的生活浪費在等待他們的電話或者探訪上，尋求你們自己的嗜好，做志工或者多交一些朋友，找尋你們自己的生活。

重申你們的盟約

年輕情侶認為，負責任就是在外面鎖緊褲頭拉鍊，到了你們這個年紀，你們知道這沒有那麼膚淺，而且可以更美麗得多，你最後一個孩子離開家後就是重申你們的盟約的最好時機，根據西佛博士的調查，有很多夫妻在他們二十五年或者三十年的週年慶會重新再結一次婚來重申他們的盟約。

「你可以用各種的方法來重申你的誓盟，包括在床上。」西佛博士說道：一對夫妻如果能夠真的向對方付出一切，那你絕對可以忍受她的喋喋不休，而你偶爾的不舉或者無法射精的情形都不會成為問題。

結束冷戰

一、別在意小事情。二、就算大事也要學著去大事化小。一對夫妻能夠一路走到這裡，應該很明白這種相處之道，根據西佛博士的報告，有些所謂的大事可能是眞的大到能把你們的婚姻變成無盡的怨恨，而且完全毀滅你們後半生的生活，但如果你們倆都明白「寬恕」的重要，你們絕對可以又親密的在一起，她說：「換個方式說，如果你認爲對錯比親密還重要的話，你的災難就不遠了。」

找一些共同的嗜好

學風景攝影、上一些歷史課程、學一個彼此都有興趣的技能，這樣的話，你們就有多一些的共同話題，可是還有一些你不知道的好處，它會幫助你們因爲這個共同的興趣而相處得更好。哈特醫師說道：「它也有助於你的性生活，因爲兩夫妻如果感覺越是親密，他們的性生活就必定更甜蜜。」

♥ 與疾病搏鬥

到了五十歲以上，害怕得病的心情會多過擔心性能力下降的心情，畢竟緩慢或者不怎樣堅挺的勃起並不能阻止你的各種外遇，而死亡卻能毀了你全部的性生活。

「雖然你死亡的機會要比偶爾的勃起失常要少得多，可是，」艾溫高士汀醫生說道：「在五十到六十歲的時候，你會遇到一些劇烈的變化——疾病開始來入侵了。」

有些入侵的東西足以致命，心臟病和癌症 —— 尤其是肺癌跟攝護腺癌，佔了所有死亡率的一半，其他肺部疾病、中風跟糖尿病等也會演變成超過50％的死亡率，其他的疾病多數會使你受到痛苦，在你五十歲之後，你就應該注意風濕性背痛、關節炎以及容易受傷的可能性增加。

吃得正確、多運動，還加上一點運氣，你就可以避免在你五十歲的時候受到這些疾病的侵襲，可是雖然病的不是你，它可一直圍繞著你，某個朋友去了、雙親過世了，你的醫生以奇怪的語調跟你說你需要多做運動，或者你會在某處讀到一個著名的泌尿科醫生發表可能在你五十歲開始侵襲你的各種不同的疾病。

這些一切的一切都會粉碎你從小就建立起來的自以為不會被病魔打倒的想法。而且它會粉碎得很徹底，心理學家高絲汀博士說道：「以前認為不可能發生在我身上的觀念開始崩潰。」

對疾病的恐懼

就如每一個女性都知道的，我們男人在情感上來說是蠻奇怪的，就算我們知道一些疾病的嚴重性，我們也不相信它們會侵襲我們。「那不能算是矛盾，」高絲汀博士說道：「你知道這是可能發生的，但你內心又抗拒它真的會發生。」

因為五十歲左右的男人對健康來說都把它分成三部曲，首先你不認為任何的壞事會發生在你的身上，然後你會很沮喪地明白它真的會發生，最後你還是要接受這個事實，其實一般男人會在不承認跟沮喪之間痛苦的掙扎，可是如果你可以接受疾病的可能性，然後像你以前面對一大堆挑戰的勇氣來接受它的挑戰，那麼你就已經準備好可以好好的度過你五十歲以後的歲月了。

控制好你可以控制的部分

在你能控制的事物以及你不能控制的老化部分劃上一條分割線，高絲汀博士提議說：換句話說，你要儘量控制你可以控制的事情，但不能的就不要去多費心了，如疾病就是其中之一。「這表示你要管制你的健康。」他說道：「要有效率，而不是疑神疑鬼。」

注意你的攝護腺

其中一種控制辦法就是把攝護腺癌加進你的年度檢查裡，這至少代表兩件事，丹諾夫醫師說，一個是做個血液檢查，找出攝護腺的特定基因抗體，另外一個是直腸檢查，也是男人最怕的事，可是我們應該從另外一個角度來看它，你認爲對於檢測癌症而言，幾分鐘的不舒服不值得嗎？這可能是你最應該要做的事了。丹諾夫醫生說道：「只有幾個癌症我們可以及早發現，而攝護腺癌就是我們可以及早發現並可完全治療的癌症。」

從你的性器官去發現徵兆

性無能在你五十歲的年紀裡絕不可能只是心理因素所造成的，其實是因爲你的身體機能發生問題，導致血液不能衝到你的陰莖，也就是說，如果你不能把它挺起來，表示你可能有冠狀動脈方面的問題，血液供應問題是絕對不能忽視的，凱薩醫生說道：「陰莖的問題可能就是冠狀大動脈的問題。」

把袖子捲起來

你可能是千千萬萬的高血壓患者中的一個，你可能自己都不知道。直到你做了個簡單的血壓檢查，或者等到中風或心臟病發才知道你有病，原因就是高血壓。一般來說，高血壓是沒有癥狀的，你覺得一切都很好，可是你的血壓卻說「不」。問題是可以解決的，但是你要知道怎樣去控制它，所以你要不時的檢查你的血壓而且注意有沒有問題。

聽取媽媽的教訓

「吃得明智」是丹諾夫醫生給五十歲人的聰明建議，你的母親很可能早已告訴你同樣的話許多次了，而且因爲你已五十歲，你的飲食習慣跟攝護腺癌的關係是很明顯的，不管減少脂肪的攝取能否減低這個病的誘因，它跟這個病的連帶關係跟證據卻越來越多，高士坦博士指出，日本本土很少發生攝護腺癌的病例，而在美國的日本人卻有很多人得了這個病，這就是飲食環境的不同。他說：「而最明顯不同的是，美國人吃很多高膽固醇、高脂肪的食物，我不認爲這方面有任何人會有異議。」

最近的五十年來，男性都被告誡飲食要明智，「可是他們抽煙、喝酒、吃牛排跟炸薯條。」高士坦醫生說道：「別說他們不知道做這些事的後遺症。」可是爲什麼他們還是要照做不誤？很簡單，他們認爲他們不會有事，別再這樣做了，因爲到你五十歲或六十歲的時候，症狀就會明顯出現，高士坦醫生說：「香煙及膽固醇將在這個時期開始影響你的健康。」

接著，你可能得了循環系統大亂的毛病，如果我們現在還像十五歲時一般不把我們的身體當一回事，我們就絕對會猝死，丹諾夫醫生說道。

抓住最好的機會

你已知道做運動，尤其是循環系統的運動可以減低你生病的危機、提升你的性生活而且滿足你的自我，如果你知道這些好處全來自你以前所做的努力，那它就給了你重新站起來的力量，當然，在更深入的情況下你可以得到更多的好處，而且，提早的30％的努力就已經使你得到了70％的好處，「寧願用30％的力量去緩慢進行並得到最大的好處，也強過把最後的30％的力量也用出來，然後弄得一身的麻煩來得好。」高士坦博士說道。

用性來抵抗疾病

大家都知道定期的性活動可以阻止攝護腺的發炎（或者所謂的攝護腺炎，另一種專門在男性五十歲以後令人困擾不已的疾病），可是它的好處還不止這些，性可以紓解壓力，而壓力與緊張的情緒不止會使你受到很大的打擊，甚至會影響你的免疫系統，所以性生活可以是你兵工廠裡抵抗疾病的一種武器。

清楚你的家族的病史

做一些病史的問答題，瞭解一下家族中有無心臟病史，有沒有父母或者祖父母因心臟病死亡的先例。

如果答案是「有」的話，你就必須更注意你的心臟的毛病，梅特醫生說道。

少碰高糖食品

不見得只有糖尿病患者才要注意糖分攝取量，根據梅特醫生的說法，事實上很多研究報告都說，如果對葡萄糖的攝取過量的話，還會引起循環系統的疾病，所以即使你不是糖尿病患者，三根巧克力棒的午餐對你而言也絕對不是明智的選擇。「年紀愈大的人就愈不能將多餘的糖份消化，」梅特醫生說道：「而這種情況從中年的時期就開始了。」

而減去的熱量（你所減少的甜食）對你的身體不止沒有害處反而幫助極大。「隱性糖尿病可能會在你五十歲以後發作，尤其是你的體重又增加很多的話。」丹諾夫醫師說道。

當病魔來臨

我們大概知道，很多疾病都是在我們五十多歲的時候來襲，被感染的男人會大吃一驚——天啊，這種事怎麼可能來到我身上呢？五十多歲的男人從來不認為他們會得一些嚴重的疾病，懷司博士說道：「所以當他們眞的得了這方面的疾病，問題就來了。這些男士會認為檢查出他們患有攝護腺癌，對他們是種侮辱——對他們的感受而言，誰能怪他們呢？」通常被襲擊到的男性都自以為保養的不錯，也都有照顧自己的健康，而且不甘心他只有五十五歲而已就得了絕症，就是因為你還不老，你就更不能面對或者去處理這方面的問題，如果你的性生活也正漸入佳境的話。

一般人都認爲勃起困難和年紀有關，可是記住，年齡本身確不會造成性無能，它通常是各種疾病所引起的，如果你沒有病，你沒有理由不能有效勃起一輩子。

這個問題最大的敵人就是循環系統的毛病，具體來說，從冠狀動脈到堵塞的血管然後是高血壓；照字面來說，所有有關循環系統的疾病都跟血液的流動有關，而因爲要使得陰莖勃起是需要平常血流量的五倍，你應該可以想到拖延的原因，就性方面來說。

第二個就是攝護腺的問題了，這個疾病已成了中老年人疾病的代名詞「它根本就是五十歲以上的人才會發生的問題。」丹諾夫醫生說道：以前醫治攝護腺癌就像與性無能劃成了等號（如果沒有死亡），因爲這種手術一定會把那附近的所有的神經跟組織都切除，現在已經不需要了，但是就算你能活到很老，你也只有五分之一的機會得到這個病症（根據美國癌症協會的報告）。事實上所有的男人都會發現攝護腺有漸漸長大的趨勢，而這會箝制（很實在的）性功能的發揮，這個問題已經可以輕易的在醫學上解決，就算需要動手術也很少會造成任何人變成性無能。

然後還有糖尿病，最窮兇惡極的早期性無能的引發者，四十歲的男性，還有五十歲以上男性的勃起問題大多跟這個使人們加速蒼老的病症有關，糖尿病會分成兩部分去打擊你的性生活，它可能毀壞神經而因此阻隔任何要傳到性器官的訊息，它也會毀壞那些可以把血液通到性器官的血脈，導致50％到60％的五十歲以上的糖尿病患者受到勃起困難的痛苦，風濕性背痛以及關節炎又從另一條途徑來破壞我們的性生活，它們雖然不會實際上影響你的性功能，但疼痛是絕對可以把你所有的性趣給「痛」掉的。「如果你痛得不得了，你的性能力一定飛到九霄雲外去了。」凱薩博士說道。

不過你該記住，你是應該與疾病進行搏鬥的，而且很大部分的原因是要維持你的性生活，你沒有理由不跟病魔拚鬥。

及早檢查

你一定要克服一直以來的禁忌──做攝護腺定期檢查。這等於你要克服長久以來男性的誤解以及恐懼。「男人擔心如果他們找到問題，他們就永遠不能再進行性交了。」丹諾夫博士說道：「可是如果我們可以及早發現攝護腺癌，我們還可以保留性能力。可是如果不及早檢查出來的話，一切都免談了。」

不要害怕跟醫生談性問題

以當今的手術來看，就算切除了攝護腺也不會把你的性生活切除，但在你還沒有動手術前，你該跟你的醫生開誠佈公的談談你的性問題，千萬不要隨便找個醫務所就進行這種手術。「主治醫師的開刀技術對你未來的陰莖、攝護腺，以及膀胱都有極大的影響。」懷司醫生曾幫很多很多的病人解決過這類問題。「就這方面來說，一個馬馬虎虎的手術可能把你弄的一蹶不振。」

注意你吃的藥

有不少的高血壓跟抗憂鬱藥物（還有不少其他的毛病）都可能傷害你的性生活，所以在你的醫生替你開處方籤的時候，跟他談談這些藥對你的性生活有何影響。

洗個雙人澡

兩個人一起洗個泡泡澡絕對會增加兩人之間浪漫的感覺，尤其是浴缸擠著兩個人顯得太小的時候。其實就算你是一個人洗，熱水澡也可以使你的關節炎的情況大大降低，對你洗完澡後的主要行動有相當的好處，吉爾醫師說道，在一個溫水游泳池游泳或者在關節上做一下熱敷都可以減輕疼痛的感覺。

放置枕頭的策略

有些特別的位置可以減輕你經過開心手術或其他手術之後性交所帶來的疼痛，美國心臟協會建議曾經中風的病人可以用枕頭來支撐受傷的地方，而且還有各種輔助器材可協助你克服你的衰弱感以及麻痹感。

把它收縮起來

如果你可以加強你的腰腹之間的肌肉，你就可以大大減輕你背痛的毛病，根據梅特醫生的說法，多做腹部運動會對你很有幫助。

戒煙

如果心臟病的危險也不能使你戒煙的話，或許麻省男性老化研究報告──抽煙人士的不舉或者引起循環系統疾病的機率是不抽煙人士的700％──可以使你開始下決心戒煙。麥金萊博士說道：「若你繼續抽煙，你不舉的情況會顯著增加，而且它將是你唯一往上衝的東西。」

不要放棄

為性交而性交，雖然聽起來有點怪，可是這眞的是一個好「忠告」。首先，性功能的下降會導致更嚴重的性功能下降，因爲相關的血管需要大量的動作才能維持它們對更多行動的準備，另一方面來說，性可以說是一種止痛藥，一是它會分泌一種「歡樂因子」，二是它可以分散你的注意力。同時，你要記住，你不必要的恐懼感剝奪了你身心都應該獲得性生活的權利，而且所謂的性交會讓你再度受到中風的威脅的說法是完全沒有根據的。

♥ 與死亡搏鬥

我們高談闊論死亡，而根本沒有人抱怨這全是假的，我們還慣用那些黑色幽默，我們大笑，然後假裝沒有人注意到笑聲是那麼的勉強，在表面上，我們什麼都做，除了講出眞心話。

「什麼是眞相？」

「眞相是，」高士坦博士說道：「這件事嚇的他們噤若寒蟬。」

而且每一個人都會被嚇到。「每個人都能告訴你他第一次體驗到死亡的想法時有多震驚。」西佛博士說道：「你在你的生命之途走著，你認爲每樣事情都是那麼的美好，可是突然間，你意識到有一天你將不在這個世界上，而且，這個世界不會因爲你的消失而停止運轉。」

痛苦的事實

經過了四十幾年，你終於意會到你不可能永遠活下去，自從你發現了你不可能永遠活下去以後，這個念頭不時地會出現，提醒著你：你的時間不多了，或者它會像個大包袱，緊黏在你的背後，讓你每樣事情都做不成，不管怎麼樣你都會在五十幾歲的時候體驗到它。

「你可能在四十多歲的時候就已經意識到這問題了，但到了五十幾歲時，你才會強烈地感到死亡的接近。」菲立普博士說道。或者就像西佛博士所說的：「如果你從來沒有感到有這種威脅或者正視過它，你在五十歲中期就一定會這麼做，整個宇宙都會提醒你去正視它」。

這些都有個合理的解釋，雖然中年時期對這種事情的感覺不會太深，但是到了五十多歲，你的感受就不一樣了，你不時會發覺你的朋友一個一個在你面前消失了，你接到的訃聞一天比一天多，心情當然也一天比一天低落。

你可能失去一個跟你年紀差不多的朋友，你的同儕中有人罹患重病也會使你震撼不已，你的父母也已走到人生的盡頭。「這些事情使你感覺到死亡，而且從以前把它當做一個抽象的名詞到今天眞正的感到它眞實的站在你面前。」高士坦博士說道。

還有另外一件大事，你自己的健康問題，我並不是說你一定會在這個時候染上滿身的病，而是因為健康已經成了一個正式的問題，在你五十多歲的今天，健康檢查再也不是個例行公事，它還會成為你的憂慮，「你感覺你好像在轉動你的幸運輪，」高士坦博士說道：「你永遠都不知道有什麼事情會發生。」

而且你不必非得要生病才能收到那些小訊息（提醒你最後的日子近了），那些小小的小傷，這些在你比較年輕的時候都不會受的傷，醫生警告你的膽固醇值太高，血壓又上升了，以前是覺得蠻麻煩的，現在已經變成不祥之兆了。

「很多的小事卻結合成讓你焦慮的死亡陰影。」菲立普博士說道。

死亡所帶給人們的憂慮不見得是因爲死亡的逼近。「一般人都會很早就猜想他們能活多久。」皮特曼醫師說道：「大部分的男人根據他們的祖父、父親或叔叔死的時候的年紀來推算自己的死期，但他們期望自己會活得更長。」

所以問題不在沙漏的沙是否還在漏，問題在他們根本不知道沙漏的存在，所以就如同中年的議題一樣，你可利用它來提升你的生活。

試著控制它

你說你該怎樣去控制這個瘋狂的終結者，或者你會學別人一樣跟一大堆的辣妹鬼混，「死亡的恐懼足以使得有些男人以各式各樣的桃色事件去否定它。」哈特醫生說。

這種做法能不能帶給他歡樂是見仁見智，但這是相當不可取的，應付死亡最好的方法還是不承認它，不承認你會在這個時候過世，你要讓自己相信這點。

所以現在你已經明白你不可能長生不老——你要對自己有個建設性的計畫，「我要活得又長又有意義，我要控制我自己。」以下是幾個好方法。

做就對了

讓你知道時間的寶貴，而把一些早就該做的事做好，當然在死亡的陰影下有很多人會變得什麼都不願意做，但你應該做一個更好的人，小心你的飲食、照顧你的身體、充實你的心靈。

「這才是健康的反應，」高士坦博士說：「這才是你所應該具備的增加控制意識的策略。」

何況還可以有更好的感覺、更好的外表以及更好的思想。

從容不迫

死亡的意識可以是個很好的教練，它可以使你及早把事情達成，如果你現在不開始運動強身的話，或者把你所收集的郵冊整理好，或者是你的歐洲之旅該成行了，或者你的房子該加蓋了等等事情——如果現在不做，哪裡還有時間呢？

可是不要全部一起來，恐慌是個最差勁的舵手。「你對時間的緊迫性越有概念，你的原動力就可以變得越大。」高士坦博士說道。但太緊張反而會使你一事無成，你要抵抗那種你的日子已經不多的想法。

重新振作起來

照字面來說，死亡的意識就是你不時會想起你生命的結束，這算不算是最大的壓抑感？你不需要有這種感覺。菲立普博士認爲，這可以說是一個很重要的哲學性以及人性上的問題，你應該好好的想一想。

處理身後之事

說到死亡，現在就是個好機會，讓你好好的整理身後的問題以及遺囑、遺產稅的安排等等。「在你還健康並清醒的時候就該把事情做好。」菲立普博士說道。

菲立普博士也建議你訂定一個口頭上的遺囑，讓別人知道你的意願，什麼時候該做什麼，什麼該做而什麼是不該做的等等。「決定自己如何死亡是一件非常正面的事。」她說：「它讓你感覺是你在控制一切問題。」

當你還有精力時，享受它

有時候古人說得對：「如果你已很清楚你不可能永遠不死，那何不好好享受你可能剩下的一萬天呢？」既然你已經知道時間對你的重要性，你就要重視它，菲立普博士甚至認為，你該把每一天都當作是最後的一天，「別忙著哀悼你的死亡。」她說：「享受你現在所有的一切。」

♥ 無性之愛

在你讀完這本書後，我們希望你唯一記得的是，不管年紀多大，只要你的健康情形還良好的話，沒有任何的理由讓你不可以享受一個豐富、滿足以及安全的性生活。

可是事實上是有一個理由在駁斥我們的理論——當事人不願意。

性是不可以勉強的，它也不是必須的，事實上是有人抗拒它，有的人說大概有超過10％的婚姻是沒有或很少有性生活的，瑪士達醫生提出，他不清楚到底有多少婚姻是沒有性生活的，但他認爲數量絕對不少。

「當然，有很多從中年開始就很少或完全沒有性行爲而又相處得不錯的例子。」西佛博士說道：「他們說性是小事，沒什麼大不了的。」

其實最了不起的就是「相處的不錯」這部分，多數的性分析家都不這樣認爲（當然囉，他們是靠幫助夫妻們進行性行爲維生的），他們懷疑沒有性或缺少性愛的婚姻大部分是不快樂的。

「我想雙方面都覺得滿意的或然率是相當低的。」陸斯蔓博士說道：「就算其中一方感謝上天她不用再爲了這種事煩心，另外一個也會認爲他是不是失去了一些什麼。」

陸斯蔓博士建議：「性幻想的多寡是決定性生活是否滿意的簡便方法。」如果這對夫妻一直都在幻想他們做愛的情形，那麼，他們絕不會在沒有性生活的情況下感到滿足。

事實上，結了婚的中老年夫妻，都好像在找尋各種方法來排除性交，有些還已經習慣了沒有性交的快樂，另外一些明白的表示不想，下面就是造成不再性交的原因。

我們不性交，但我們很快樂。有不少的夫妻從來沒有性交過而且從來也沒有想過這樣做，陸斯蔓博士叫它「純純的愛」——兩個好人住在一起就像兄妹一樣，可是它不是表面看來那麼的舒服，很多這類較年輕的夫妻來找她，因爲之後他們想要孩子。「可是當你一開始這樣想的時候，問題就出現了。」陸斯蔓博士說道。

隨你愛怎樣。有一些夫妻因爲某一方不願意而導致無性生活。「有很多夫妻雖然兩方面都堅持自己的獨特的喜好，還是妥協的住在一個屋簷下。」西佛醫生說道：「素食者跟一個肉食者可以住在一起，在性方面，

對他們而言，也是可以井水不犯河水。」

當男、女在家裡不能滿足他、她們的慾望時，會導致怎樣的後果？或者你可以去問一個性愛諮商專家。「他會到外面去發展。」西佛博士說：「或者他會自行解決或上網或打那些所謂的0204色情電話，或者他會租些A片來看，反正他一定會另找一些出路，這樣一來的話，婚姻危機反而可以得到舒緩。」

轉移興趣

我們曾告訴你勃起失常的問題是年紀愈大愈嚴重，那爲什麼泌尿科門診卻是五十來歲的男人居多？有時候這就是另一半的錯了，高士坦醫師說道：「當做妻子的對丈夫的性功能的好壞越來越感到沒興趣的時候，他們自然的就越來越少出現在床上了。他們可能轉而去打高爾夫球了。」

換句話說，有些夫妻在中年以後喪失的性愛是因爲她沒有給他應有的鼓勵，或者命令他要把情況改過來，可是她現在根本連自己的性機能都不自行調整好的話，那一切當然不用多言了。「毫無疑問的，多數的性愛都是要由女方發動。」高士坦博士指出，如果連她也停止主導，你就不能怪他覺得打高爾夫球比較重要了。

保持冷靜

根據西佛博士的說法，有時候，你的另一個「頭」比你在脖子上的「頭」更能替你決定你的方向。而這種情況在你們倆的關係變得已經壞得無法回頭的時候更爲明顯，你的第二個「頭」拒絕站起來去迎合你的另一半的時候，也就表示「它」認爲你的另一半不值得「它」去配合，你何必千辛萬苦的要它站起來，然後放進去那個想把你切掉的「卡匣」裡面呢？西佛博士說，或許「它」不願意你再一次被傷害呢！

「我不跟她上床又不會死。」如果你不是那種隨便在外面亂來的人，你會說：「我才不需要性。」這自然是因人而異。西佛博士說道：「沒有性的愛情？很不可能，但是最少那要比互相憎恨要好。」

雙方同意的結果

當一對夫妻在他們五十多歲的時候商議他們倆的新關係，有時候會決議互不侵犯條約——分房而睡，各人有各人的私人區域，這將導致她出外去找另一個後期的保障，而他就到處忙著社交活動——只是不包括她在內。「他們要想發生性愛，是已經非常困難了。」西佛博士說道：「如果他們互相都完全不關心另一方，他們怎麼可能在床上好好的配合呢？」

一般來說，不太可能，他們唯一可能做的事就是爭吵，你千萬不要跟這種夫妻打橋牌，他們連爲了一塊甜點也可以爭吵不休，想一想在床上他們會怎樣。西佛博士說道：「那會像你用你的陰莖去鑽一面磚牆，這樣的夫妻絕對會抽回他們彼此間的性愛跟親密感。」

成熟而互相認可的決定

到了五十五歲，你已不能再自己騙自己，如果性對你而言已經不是那麼回事，你應該可以開誠佈公地向她表明你的問題跟意願——停止上床，如果她也認爲這是對的，你們就已經有了基本的共通點，「如果你們倆都認爲沒有性也會快樂的話，你們就會快樂。」西佛博士說。

求醫的重要性

丹諾夫醫生說道：「有一個動完攝護腺癌手術的五十多歲病人，因爲睪丸素酮的問題，一直在接受治療與打針，而這個問題困擾他們夫妻的生活甚至於多過當初的癌症，他來我這裡要求停止這個賀爾蒙的分泌——也就是我們古老的說法——去勢。不久之後，他結婚三十年的太太來我這邊，感謝我幫他們解決了問題，現在他們都比以前快樂。」

這可以說是一個極端的例子，但這也表示不再需要性是他們婚姻之中理性的選擇，雖然聽起來蠻痛苦的，但也使得他們的婚姻生活更自在。所以，勇敢的面對醫學上面的事實，並培養更深的情感關係，那麼愛情就算沒有性也可以過得很好。

當然，絕大部分的人都認爲最好靈與慾都能合而爲一，這是你的身體對你的情感的一種嘉許，也是男人生命中最基本的條件，而且，丹諾夫醫生也說：「這是我所知道最好的免費娛樂。」

♥ 幻夢初醒

如果幻滅意謂脫離幻想，你的五十多歲的年代便是無夢想的歲月。沒錯，有些值得珍惜的夢是不會褪色的，但絕大部分的幻想你都該當機立斷的去除掉，而這也包括你少年時被錯誤灌輸的思想——到你五十多歲的時候，你會變成個不能進行性交、沒有火力、失敗而退縮的男人。

事實上，中年的男性都過得相當快樂（研究報告證實）。「我們做了一個全國性的問卷調查，問他們是否有中年危機？」凱司樂博士說道：「一般來說並不多，對中年人而言，他們都過得很好。」

凱司樂博士指出，愉快的一個原因，也許只是可以放輕鬆，因爲在你年輕的時候，你害怕不能出人頭地，尤其是在三十歲左右，如果你的工作跟家庭都無法上軌道，你已經三十五歲了，卻還處在開始奮鬥的階段（莫札特跟亞歷山大大帝在這個年紀已經去世了），而隱約可見的只是前途一片茫然的話，就會憂心。所以事實上擔憂到達五十歲比眞的到達五十歲的恐懼要來得大，因爲到了這個年紀你自然會成熟而且擁有正面的滿足。

可是還有另一個原因：你的五十年代可眞的是一個黃金的時期。這是你把以前所做的一切開始收穫的時期，皮特曼醫生說道：「你在二十歲的當頭全力學習，三十歲的時候用你學到的東西來做事，四十歲的時候努力往上爬，你的五十年代就是享受你以前所做過的一切努力。」

你的年紀足夠讓你做出明智的抉擇，你也還有足夠的活力來保持健康，如果你還在努力，你是站在最有利的頂峰，如果你夠聰明，你的健康也夠好，或者如果運氣夠好，你擁有很多朋友和美滿的家庭，如果你很顧家，你就會維持一個強壯而美滿的性生活，五十歲的你有什麼不好？

而且它可以越來越好，就像凱司樂所說的：「單單就心理健康狀況來說，中老年期可能是最輝煌的年代。」

求生的技能

讓我們把一切說清楚。「雖然大部分男人到了這個年紀都已相當有成就，」凱司樂博士說道：「這並不等於你到了五十歲就什麼都有了，我們現在談的是如何去面對生命的限制，面對自己的死亡、面對失去父母、子女離開家庭，然後最眞實的你還必須面對你體能下降所帶來的羞辱感，這一連串改變是你自從青少年以來都從未經歷過的，況且做的不錯對你來說是不夠的，你想擁有一切的一切。」

現在來到事情的重要關頭，當你到達你的下半個世紀的時候，你還可能以為你的生命一直都是一條向上的曲線，而你的將來會有更多的金錢、更高的成就，可是在你慶祝五十歲生日的同時，你發現你的曲線已經在開始向下掉，不會馬上掉到谷底，但開始往下掉卻是不爭的事實。

突然之間，你發現你要跟太多太多的事物妥協，如果你要維持愉快的下半生，費爾德博士說道：「這是個對男人來說很殘酷的新觀念，因為他們都不喜歡提起它，他們喜歡談無止境的成長。」

答案是很明顯的 —— 找些其他的事情來重新建立自我。

首先你要妥協的就是你大部分的目標都須放棄，在即將邁入六十歲的你，這個現實可以說是個非常大的打擊，為什麼？因為你一直以你的成就跟別人的喝采來培養自我，現在已經分明受到威脅了，就算你的目標大部分都達成了，你也可能會自我懷疑是否值得，是否這就是人生。

唯一可解決的方法就是，另外找些能夠提升自我的事情來做。「最健康的人就是那種雖然年紀較大，但是可以有一大堆的事情做而且可以覺得自己很愉快的人。」高士坦博士說道。

這表示你注重你的內在、個人的價值以及人際關係，尤其是你做事的方法，而不是你的成就，你要重視你個人的價值而不是你做的事情。

如果你不跟著轉變，你將要付出很高的代價。「很多中老年人走上一條毀滅的路 —— 酒精和其他更糟的藥物、離婚、追求成為戰利品的女人，以及高風險投資。」賽門博士說道：「有些人投降失去希望，而認為所有的成功，甚至性歡樂都從他們的手指尖溜掉了。」

根據高士坦博士的說法，另外一個重要的後半生生存的技巧則是，假如你畫一條線區隔那些感覺人生美妙以及感覺人生無趣的中老年人，前面那些人都是好奇、往前衝，跟別人成群結黨嘗試所有的新事物，學習新事物的人，後者則蹺縮在他們自己的世界裡，而把這個世界當成一種威脅，當然他們自己的機會也就流失了。

可是你知道嗎？第二種人做的都是中老年人自然會做的事，那種排斥嘗試，以及不想踏入學習大門的過程，自然而然襲上心頭，但這些都是無益於你去享有一個快樂的後半生。「所以你一定要做些違反你直覺的事。」高士坦博士說道：「在這方面來說，大部分男性都做不到，可是你一定要盡你的努力，否則你會跟這個社會隔離。」

脫離幻象

在你開拓你的視野，重新營造自己的時候，你應該先要有接受自己一切的準備，因爲這是你應付人生三大挫折的最好策略。

- 你不可能永遠活著。
- 你也不會再爬上高峰（就算能的話也不是那麼的值得）。
- 你的家庭也不會像「神仙家庭」影集一樣，每件事都能完滿解決。

到了你現在的年紀，你必須跟現實妥協，高士坦博士說道：「自我接受——明白自己有所欠缺而並不是命運的拖磨——是幫助你度過這些生命阻礙的潤滑劑。」

下面的方法可幫助你克服幻夢初醒的痛苦和自責。

張大你的眼睛

從小你就在各方面或多或少都會發現生命受到限制的無奈，你應該留意那些被困在危機裡的中老年人，不自覺的陷入幻想的世界裡。」凱司樂博士說道：「他們不能接受事實，直到一切都已經太遲了。所以你們要把眼睛睜大，而且不時地調整對生命的各種期望。要想把你主要的事情完成，就要每天面對事實。」

捨棄不切實際的夢想

不要想著有一天你會變成億萬富翁，現在是你把那些不可能的夢想扔開的時候了，根據西門子博士的觀點，在中老年的時候，你要懂得去進行可能成功的期望，自以爲行將就木當然不是個好想法，而不斷的增進你的高爾夫球技卻是個正面的做法。

凱司樂博士最近進行了一個研究，他詢問一些中老年人是否有放棄他們的一些夢想，而很多人都回答是的，而且都很高興他們這樣做了。「他們爲了那些夢想所做的事回想起來，完全得不償失。」凱司樂博士說道：「他們發覺現在好像肩膀上少了一個沈重的壓力。」

正確的運用你的力量

我們知道你在想什麼，我們所講的放棄夢想跟接受現在的你都好像在叫你放棄成功的想法和勸你不要往前衝，別緊張，沒有人在澆息你生命的火花，「成功可以使你跟這個世界的潮流結合起來。」皮特曼博士說道：

「你一定不能缺少它，但是太多的男人不知道它眞正的意義何在，你只要做你所能夠做到的，就可以快樂地享受你的成果跟你的體驗。」

「就像你要調一杯好的雞尾酒一樣，你要調對各種成份，這就好像你的夢想跟現實的分配一樣，每個人都有他自己的做事的考量，重要的是你怎麼去分配它，完全接受自己而沒有夢想跟只有夢想而不知道自己力量的限度都是過猶不及的。

找出事情的眞相

在五十五歲的年紀應該還不算是個老人，但在體能方面就已經有老人的徵兆了。所有的事物都沒有從前那麼美好，世界正在改變，所以隨它去吧！我們要告訴你的是，你最好不要有這種想法，「你不應該對新的或者是不同的事物以你自我而一貫的看法去評斷。」高士坦博士說道：「要怎麼做呢？你該培養好奇心並關心你身邊所有的事物。」

「在這個年紀，你必須改變固有的心態」，就算你發現事情跟你所想的完全不一樣，你也不能一味的憎恨與排斥它，你應該去找尋事情的眞相。

認識你自己

對西門子博士而言，因爲你要保持男性的競爭力，你多多少少在自我跟自尊上受到了一點情緒上的打擊，這是個重新認識你自己的時刻。

高士坦博士這樣說：「把你剛培養出來的好奇心用在你自己的身上，想清楚你哪裡改變了。」

你怎樣才能眞正地明白自己的內在？光是自我反省是不夠的；想要瞭解自己，你必須先跟外界接觸，然後把學到的教訓反躬自省，高士坦博士說道：「換句話說，你必須先得到各種刺激性的經驗交換以及溝通，把你抽離你自己的小世界。」

別羨慕別人

那個在大學裡你最討厭的人有個比你更漂亮的太太、更大的房子、更乖巧的孩子，這些對五十歲的你一點好處也沒有，「你對別人的羨慕只會使你喪失進取心，甚至性生活。」費爾德博士說道。

如果有人在某方面表現得比你優秀，那只是因爲你們在這方面際遇不同而已，希望你自己變成跟他一樣，只會讓你變得荒謬而且浪費你的時間。「你該自己注意怎樣處理你生命裡的挑戰並負起自身的責任。」費爾德博士說道：「這才是你詮釋你的控制力以及能力的方法——而且可以轉變成健康與性的原動力。」

❤ 喪親

當某人的父親或母親過世時，一般來說會感到悲哀並爲自己感到不平，但一個健康而有自制力的男人雖然也會悲傷，但他會從中吸取力量，往前看，而且變成一個更成功的人。

我們不是要忽視這件事情所帶來的創傷，這個損失對你的打擊又突然、又沉重是沒錯，但這些事情發生在你這個年紀，就統計上來看也不算不合理。

當然，喪親對你而言有一層更深的意義。「你的自我形象改變了，你對死亡的意識加深了，甚至你跟子女的關係也會受到影響。」高士坦博士建議：「你最好把它當作人生中不可避免的事件。」

人們常說禍不單行，對於曾經歷過一次喪親之痛的人來說，第二次的喪親之痛，打擊不會比第一次小，事實上，失去第二位雙親比第一次更傷人，因為它牽涉到你內心裡的疑惑——在這世上我是個孤兒，你會感到完全的孤立與無助。

「你甚至於會認為你已經是個孤兒。」菲立普博士說道。所有的人，無論在幾歲都不想失去父母，這是所有人類的一致期望。

首先你要知道的，根據菲立普博士的意見，你的行為跟反應當然是立即而正確的，但一定要有一個時限，不能無止境的受到喪親的影響，喪失任何東西或多或少都會產生沮喪感，而這又會引起一些你的改變，對的，其中之一就是你的勃起問題。菲立普博士說：「你在感到悲傷的時候，你也應該先想一想這些問題。」絕對不可以讓你的悲傷延續下去，如果這個情況超過兩個月的話，你就要去尋求協助，菲立普博士強調。

重新出發

你的悲傷當然是不可避免的，可是不管有多痛苦，你的一切還是要繼續下去，你的父母的死亡是你人生的另一個開始而不是結束。高士坦博士說道：「悲傷過去以後你就得重新工作了。」

因為每一次重大的變故都需要你認真的去解決，第一就是你自己有什麼感覺，第二是你對這件事的看法，第三是你準備如何去做。第一跟第二項是很自然也很有幫助的，但是第三項才可以使你站起來重新振作。

「你可能感覺悲傷，你也可能明白一些問題。」高士坦博士對喪親者的建議做法是：你如何解決這問題？這是最重要的，而不是一味的去哀悼他們。

況且喪親也有不同的意味，如果其中的一位特別禁止或不贊同性事——或者最少給你這樣的想法，你或者會有一種解脫的感覺——新的自由感，很多時候這種死亡是很被期待的，尤其是當他在病床上留連太久的話，你還可能有一種安慰的感覺，而且你也不會受到任何太大的打擊。

你的父母的死亡會造成不同程度的哀傷，你母親的死——那位養育你，給你無限的愛的人——會帶給你一個純感性的經驗；而你父親的死——雖然在情感上也會有影響——卻造成你意識上已成爲眞正的男人，就算你已超過五十，它也可能變成一個實際上的負擔。有時候你突然之間要挑起全家的經濟重擔，或者要開始照顧你的母親，這可能把你擊潰。

可是遲早你都要把這個不能避免的悲劇好好的應付過去，你沒辦法讓你父親重生，但你可以使你自己過得更好。

立即反應

「根據整個狀況你要自問：在沒有了父母之後，你要做何改變？」高士坦博士勸告說：「考慮生命跟死亡的關係或者很有趣，但這不是我們所要的反應。如果你可以眞正的想一想自今而後要如何做，你會更受益良多。」下面是一些你該問自己的問題：

- 這對我的後半生有什麼影響？
- 從這裡我可以學到什麼教訓？
- 我究竟應該怎麼做？

然後更深入的——

• 我應該換工作嗎？
• 我應該做更多的工作？還是更少？
• 我還能夠抽出時間來做義工嗎？

「空間是完全開放的，重要的是你能夠做些什麼來因應你的反省。」高士坦博士說道。

腳步不要停

你曾經從地震或車禍中死裡逃生嗎？經過這些巨變之後你所發的誓都還在嗎？就像你所說的：「這次眞的很糟糕，下一次我一定不會這樣就算了」。

這些小地方才是在你父母去世後你所要在乎的，而且要做的，但你不能只有三分鐘熱度。「你應該一生都記得這些挑戰，而且不可以忘了這種想法。」高士坦博士說：「一天又一天的生活很容易就把你的決心消磨掉，別讓你再陷入以前的泥沼裡去。」

做一個男人

我們男人都明白當危機來臨時，我們必須勇敢的面對它，如果整個前艙的駕駛員全部失去知覺，我們就該自告奮勇的把這架七四七安全的降落，父母親的死亡對我們而言是更明顯、更可能的危機，而我們必須保持穩定的勇氣。「不管你失去父親或母親，你都感覺你已經是個孤單的人。」高士坦博士說道：「健康的做法是好好的掌控你生活的途徑，弱者就會開始找人來照顧自己。」

要負起新的生活上的責任，不可能自然而然地就成功，你要下定決心，然後朝著目標努力，「你現在是站在一條十字路口，但大部分五十歲以上的男人都可以勇敢的面對這個問題」。

別批判你的兄弟們

「各人有各人哀悼父母死亡的方式，」泰提班博士說：「沒有人在悲傷的表現上是完全相同的」。事實上，在一個喪禮上你可能看到沒有一個人有相同的表情，有人可能會不停地哭，有人則好像在獨自生氣，他們倆個人可能都會覺得第三人在那裡忙進忙出，他們三個又會奇怪為什麼他們的妹妹會躲在後面不出來，但所有人都會責怪有一個兄弟根本沒來參加；「可是你們大概不知道，他是因為不能忍受那種痛苦所以才不到的吧！」泰提班博士說：「別急著批判別人，做個有感情的人。」

團結一心

你在你父母的喪禮向兄弟們提議：「我們應該時常團聚一下。」其實你們眞的該團聚一下，在哀傷的情況下，你的兄弟姐妹們很可能會贊同你的提議，泰提班博士建議，如果你願意跟他們分享你的喜怒哀樂，我想你們可以親愛精誠一生。

事實上雙親的死亡可能把一個家庭完全分開，但也可以讓兄弟姐妹們緊密的結合在一起，有些兄弟姐妹從來都互不往來，但因為父母的死亡，好像就能提供一個互相卸下面具重新接近對方的機會。「你立刻就有了一個堅強的支持團隊。」泰提班說道：「如果你可以跟你的兄弟姐妹重新相處的話，你會得到很多好處。」

大家喝一杯

跟你那些已經陌生的兄弟姐妹們相聚可能是你最不想做的事，但這不是唯一可以親近的途徑，「如果你們不知道彼此該說些什麼，何不一起出去走走？」泰提班說道：「有時候只要坐在一起喝杯啤酒，也可以將彼此間的關係拉近。」

讓她鬆弛下來

在這個家裡，你不是唯一有父母的人，如果你的太太失去了她的母親或父親，你能給她最好的支持就是忍耐，泰提班說，不是幫忙，因為你可以說是個外人，你可能認為她對她父母的死實在傷心得太久了，但對她而言，就不是你所想的一樣，所以記住，千萬不要嘗試讓她忘掉悲傷。「不要去左右她。」泰提班勸告說：「只要在旁邊把紙巾遞給她就好了。」

照顧父母

如果一直都是你在照顧父母親的話，要接受他們的死亡會比較容易，所以如果你有機會照顧你日漸蒼老的父母的話，你應該馬上做，皮特曼醫師說道：「別把他們留給你的姐妹或者你太太或看護工。」

「這給你一種回報的心情，」皮特曼醫師說道：「而這可以使你的心靈平安、自由，而且它更給了你一個原諒他們的機會。」

♥ 社會標準的改變

說到地位的改變，一、二十年前，如果你是五十來歲，你已經過了中年人的年紀，以當時的科學人文來說，中年人是泛指三十五到四十九歲的人，而且在那時候，因爲你已老了，所以你沒有性生活，以整個社會來說是理所當然的，或者我們採另外一個觀點，一百年前，你想活到五十歲都很難——根據數據來說。

現在五十多歲的人已經不再被看成老人了。「所謂你幾歲就是中年或老年的觀念早已沒有了。」露絲高士坦博士說：「如果以性的能力來區分的話還比較有道理。」這些比喻都是很有見地的，在上一代，如果你到了五十歲，一般社會就認爲你已失去性能力，而且還會不斷的嘲笑你，現在它反而利用性來推銷東西，這表示現在是個很正面的時代，陸斯蔓博士說：「對五十或五十歲以上的人來說，性愛已經不算稀奇了，而且這種想法越強烈，他們越可以享受性交的樂趣。」

如果你現在已年過五十，而且正在尋找一個活躍而健康的性生活，你就無須像二、三十年前一樣跟社會輿論對抗，那麼我們應該感謝誰呢？因爲醫學上的進步，我們之所以能活得更長，而且正如陸斯蔓博士所指出的「現在五十歲的男人比起三十年前同年紀的男人，身體狀況要好得太多。」

可是我們都明白眞正的理由：那時候世界正在開始繁榮、人權高張，大約一九四六到一九六四年，正在走進二十世紀的中葉——把性與社會的關係都拖慢了下來。你只要把現代人的性觀點跟他們的父母比一比就知道了，高士坦博士說道：「比起他們父母，他們的性行爲是多得多，更多彩多姿，注入更多的不同的想像力，可以說是不可同日而語。」

而很可能情況不會有所改變。「那個時代的人對他們當時所流傳的每一點一滴都根深蒂固，他們還是活在他們那時候的形象裡。」高士坦博士說道。爲什麼當我們談到性的時候有這麼大的分別呢？因爲一談到性的問題，他們馬上就回到那個充滿冒險以及反叛意味的五十年代去了。

但請等一等，現在我們不是有一個叫愛滋病的東西嗎？我們不是也有性愛反動力嗎？是保守的潮流？還是反革命？

毫無疑問地，這些我們都有，但是愛滋病對性行爲的影響勝過對性態度的影響，可是沒有一種風氣可摧毀三十年來的變化，這種反動力可能對現代的人比較有效吧！

親密關係

你已有社會的默許——關於你所追求的性愛，這表示你已打破了一道藩籬，重要的是你自己的「重要地帶」能夠站起來，你這種年紀需要一個新的性解放，而這一次完全是私人性質的。

畢竟只有那些二十到三十年前，已經五十多歲的人才會被笑稱太老還在享愛性愛。並不是男人偏要在一個性觀念非常保守的社會裡嘗試要擁有活躍的性生活。中年人發現他們正面對著如何去重建他們自己的性功能——當他們已經漸漸的發現年紀所帶給他們的不便。

如果你是五十歲而又單身，你個人的挑戰將更會令你吃驚，你會認爲這個條件會使你更吃香，可是你還是先要懂得自行定位。「你必須要重新啓動你自己脆弱的部分。」奧夏森博士說道：你必須重學跟重做每一個性交的動作（因爲你是跟不同的人做不同的事），這就比任何的建設性態度還要明確。

可是知道這個社會不會像三、五十年前一樣，每個人都用手指對你指指點點，說你破壞社會風氣，也算有點幫助；不管怎麼說，這個社會對中老年人追求性滿足的現象比起以前的年代來說是要仁慈多了。

除了性以外

這個標準的改變朝兩個方向發展，這不止是這個社會要容忍你這個五十多歲的男人，而是你也要知道怎樣去跟它融合。

你明白嗎？眞相就是每一代的人就有它自己的習慣與性格，而你如果跟你一起成長的這一代顯得有些格格不入的話，你要記住沒有人會天生比別人好或壞，社會不斷地往前邁進，而你也必須跟著腳步走。

在這個時代裡沒有比一個滿腦子還停留在五十年前的老古董更令人覺得悲哀的，請記著這一句我認爲充滿智慧的話：「朋友，好日子是你還活著並很健康的時候，而你最好的日子應該是那些即將來臨的日子。」下面就是你應該如何去調適你的態度——關於性愛或其他的一切——如果你的過去對你的影響是眞的太大的話。

延伸角色

幾十年前，如果你替你的孩子換尿片，你的孩子都會跟你說：「你不是應該到外面去賺錢養家嗎？老爸！」時間已把我們完全自由化，所以我們就應該利用這種情勢在養家跟家務之間做個最好的調適，「很幸運地，女權運動早已經把男人逼得要做好以前男人做夢也想不到要做的事。」費爾德博士說道：「例如，照顧病人，擔任孩子的雙親、交友、做義工——這些事情都讓你感覺你能發揮你的能力。」

融入社會

照現今的潮流，你不需要像你的上一輩一樣躲在一邊等待時機的變遷，「你不能把你自己孤立起來。」奧夏森博士說道：「別試著完全靠自己去解決一件事，走出去，去獲取資訊。」

如果是有關性方面的問題，你可以跟你的醫生談一談，或者翻一翻這一類的書，或者跟你的愛人好好的溝通……。

這也等於你要看各式各樣的雜誌，你也要看各種不同的電視節目，表示你要精通電腦，知道什麼是流行音樂，並且你要注意任何發生在你週遭的事物，你更要注意你的孩子的興趣，我們不要求你變成一個二十歲的青年，我們要你至少能明白今天二十歲的少年是怎麼想的。

找一個盟友

「找一個死黨」——他可以跟你分享他的奮鬥史，費爾德博士說道：「對男人來說，當他們知道自己不是唯一經歷千辛萬苦的人，也算是突破了一項難題。」

而且除了工作、運動之外，你也可以把你的性跟中老年問題向他述說——這些事在老一輩的時候是不可能發生的，可是就算今天，你也要用些技巧。「你問他在床上的感覺，你必定得不到回應。」費爾德博士說：「但如果你問他最近怎麼樣了，你反而可能聽到一些他的心聲。」

11

六十歲以上

♥ 你的改變

當男人六十歲以上時，他的性生活被視爲休眠中的聖海倫火山——不復盛況。心理學家史達頓醫生說：「當男人變老，他甚至可以變成更好的情人，因爲高潮體驗已不如性行爲來得重要。」

懷疑嗎？或者相信你老了之後，你的陰莖會像洩了氣的皮球一樣提不起勁？老兄，也許你需要一個典範、一個激勵，好說服自己，事實並非如此。記得演員安東尼昆嗎？他七十好幾時，還讓三十幾歲的情人懷孕。或者是南卡羅來納州的參議員瑟蒙？在他六十八到七十三歲的幾年中，他當了四個孩子的爸爸。

不過這並不是說當我們七十歲時，我們還能一個星期在夜裡幽會三次。我們勃起次數會較少，同時也不比年輕時堅硬。在高潮過後，我們會需要更多的時間才能再度興奮。以下是一些其他的生理發展。

性方面的改變

較少的睪丸激素。超過六、七十歲的男人約有1/3會因爲較少的睪丸激素而無法勃起或保持勃起狀態。

藥物治療的副作用。年長男人所遭遇的勃起困難，其元凶通常不是消減的睪丸激素，而是藥物治療。降血壓藥、鎮靜劑、抗抑鬱劑等都能讓你降半旗。

攝護腺癌。罹患此疾的危險性隨著年紀增加而持續。超過六十五歲的男人有超過八成被診斷出罹患此種疾病。

較弱的高潮體驗。較年長的男人要花較長的時間才能高潮，而高潮時，射精次數也較少，感覺也沒那麼強烈。

其他的改變

關節炎。六十五歲以上的男人約有一半罹患關節炎。赫胥博士說：「骨關節炎幾乎是最普遍的。」當覆蓋住骨骼末端的軟骨組織——功用是減低摩擦和降低撞擊力——磨損時，關節處的骨骼會直接接觸到其他骨骼的表面，關節惡化的疾病因此產生。它通常發生在下脊椎骨和手指，臀部和膝蓋關節也會發作。

這麼多的老人罹患骨關節炎並非是個謎：經過幾十年的歲月和濫用後，關節磨損了，就是這麼簡單。這個疾病是老年生活的一部分，舊傷或對關節的濫用，好比說運動或勞動，都會加速罹患此疾。

骨質疏鬆症。比起女人，男人的骨質較緊密，所以也比女人流失較少的骨質，不過還是會流失部分，所以當我們年老時，我們會比年輕時矮一點，以及容易駝背。男人年老時也會罹患骨質疏鬆症，尤其是有較低睪丸激素的男人。

免疫力減低。你二十幾歲時不當一回事的疾病，在七十歲時很可能會威脅你的生命。因爲你現在免疫系統的中心指揮——胸腺，只有你出生時十分之一的大小。同時我們身體基本的疾病防禦物——白血球，也不如以往了。

體重減輕。在嘗試減肥好幾年後，現在你發現你甚至無須嘗試，體重就減輕了。在六十幾歲時，這夢想可能就會成真，而當你七十到八十歲

時，體重還會加速減輕。

理由有好幾個。你流失了肌肉，而肌肉比脂肪重，你可能患有癌症、抑鬱症、胃潰瘍，或其他造成消瘦的情況。不過也有1/4的人不明原因地快速消瘦。史波多素醫師說道：「當人們變老時，他們吃的也較少，而當他們吃的少時，他們的飲食中是否含有正確的營養物就變得更重要了。當你吃的多時，你無須擔心這個問題，因為你必然已攝取了每日必需的最低需求量。」

肌肉減少。男人六十以後就會急劇喪失力氣，但是史波多素醫生認為大多在七十歲以後因為我們不使用肌肉才會發生，而不是年老的緣故。在六十五歲時，上半身的力氣和肌肉強健度會比年輕時減低約兩成。

腦部。你腦部組織的大部分是由脂肪組成。當你三十幾歲時，你的大腦會開始失去神經單位，如果你活到八十歲，你大腦的重量會比你二十五歲時輕7％。

抽象性的思考能力——亦即需要抽象的、非文字的心智敏捷度，以及快速評價新的情況和重新評估舊有的情況的能力來解決問題——在初成年時就已達到顛峰，並開始走下坡。

但是具體的思考能力——文字和數理上的技能，以及累積知識的運用——在你一生中會愈來愈圓融。研究員發現保持心智上隨時接受挑戰的狀態，可以讓你的大腦運作常保顛峰。

♥ 她的改變

女人比男人平均約長壽七年，但是反過來說，當我們男人某天暴斃並因此走完在人間的旅途時，她們則較容易痼疾纏身。同時，上了年紀的女人也比較不像男人那樣能享受心智和生理上的健康，更有三倍的女人最後必須住進療養院。

不過相較於死亡和衰老，我們寧可想一些仍然保持活力和可愛的六十歲以上的女人。事實上，還蠻多的：羅蘭貝肯、蘇菲亞羅蘭、珍芳達，甚至蒂娜透納都已逼近六十大關了。而就像蒂娜透納自己所說的：「這跟年紀有什麼關係？」

史波多素教授說道：「年老的情況因人而異。人們以不同的的速度衰老，端賴他們基因的組成和生活方式的差異而定。」她給男人和女人的建議是：正確的飲食、運動、禁煙和適度的飲酒。

以下是六十歲以上的女人會遭遇的改變。

性方面的改變

高潮。女人年老時仍然有高潮，不過感受較不強烈，而多重高潮的次數也較少。由於男人要花較長的時間達到高潮，所以男人和女人的性反應時間會比以前的步調更一致。

性慾。女人跟男人一樣，會隨年紀增長而性慾減退。在一次研究中，受訪的六十五歲以上的女人有一半說她們對性喪失慾望或不感興趣。也許她們只是需要一個生龍活虎的男人來追求她們，因爲另一項針對八十到一百零二歲健康的人所做的研究顯示，有71%的女人說她們有性幻想。

藥物治療。就跟男人一樣，女人服用的各種不同的藥劑在她們年老時，會將熱情熄滅。

其他的改變

骨骼。在停經期過後，女人所經歷的快速骨質流失仍然持續，但是速度較慢。此外，當女人年紀增長，往年所累積流失的量是相當多的。史波多素教授說，女人在八十歲時，會由於骨質流失和脊椎萎縮的原因而矮小2到3吋。男人也會，但是沒這麼多。

年長的女人會比男人多出四倍骨折的比例，女人臀部挫傷的機會也比男人多2到3倍，史波多素教授說，這些女人大部分都無法完全恢復原有的靈活度。女人停經越早，她得到骨質疏鬆症的風險越大。

中風。女人六十五歲之後很容易中風，它們並不像男人那麼頻繁，但是女人比男人容易罹患出血性中風——動脈爆破，血液流進頭顱骨和腦部組織之間的區域。

女人中風的原因可能是高血壓、抽煙、狼瘡、偏頭痛，以及數種其他的狀況和活動所致。

關節炎。一如前述，女人在年輕一點時，就較容易感染幾種嚴重的風溼性關節炎。她們也遠遠比男人容易患有骨關節炎。

女人會較容易罹患關節發炎、腫脹以及疼痛的原因不明。專家認為荷爾蒙、肥胖、遺傳，和機制性的問題，加上運動傷害和意外傷害，可能是主因。

皮膚。臉部肌膚保養一年有超過20億美金的市場，而且還在成長中。然而卻無法停止大自然在女人臉上的「傑作」。她的第一條笑紋和魚尾紋大概在二十好幾到三十歲間出現。既然現在她年老許多，額外的皺紋亦足以證明。

大部分的皮膚皺紋來自陽光傷害，而第二號兇手則是抽煙。除了無法避免的紋路和皺紋之外，如果她的眼皮皺成好幾層，或者眼睛四周有起皺紋的眼袋，那麼她的皮膚也會洩漏她的年紀。頷骨周圍持續的骨質流失和兩頰下方的軟骨組織的流失是另一個年老的表徵。

是的，現在她老了，你也是。這並不意味著熱情的結束。性治療師克蘭修醫師在她的書裡寫著：「年老的首要之事是：阻絕使人健康惡化的疾病，只要還活著，沒有理由男人和女人不能享受愛情、浪漫、親密感，以及性愛。」

♥ 婚姻守則

對隱居有恐懼症的女人看到剛搬來的男性鄰居總是十分興奮。在出外到那個男人坐的游泳池畔前，她們全部會把自己打扮得漂漂亮亮，並且毛茸茸的。

「你來這之前住哪裡呀？」被他迷住的女人之一這麼問。

「在牢裡。」男人回答。

「為什麼坐牢？」第二個女人問。

「我殺了我太太。」他回答。

第三個女人激動的說，「喔，所以說你現在是個單身漢囉？」

好吧，這是個爛笑話。年長一點的女人對男人並沒有饑渴到會追求一個兇手。不過這幽默當中有潛藏的事實，那就是六十歲以上的女人能挑選對象的機會很渺茫。從年老一點的女人看來，單身的，離婚的，或喪偶的老男人比起湯姆瓊斯演唱會的票還要令人垂涎。

心理學家葛斯翰芬博士說道：「她們會這樣，大部分是由於以前的經驗，如果二十幾歲時，她們沒有成功，那麼六十歲時她們會的。」

在接下來的段落裡，我們將會詳細的建議你如何讓自己對女人的吸引力大增，以及如何保持自己的性生活活躍，不管是跟新的或舊的伴侶在一起。不過上路之前，我們先給你一些追求年長女士的概要建議。

何處尋芳蹤

她們會找到你。眞的。葛斯翰芬教授說道：「只要這世界一聽到某人是個鰥夫或離婚了，每一個他認識的女人——即使是他姪女的隔壁鄰居——都會想幫他安排跟另一位女士的約會。」

不過你可能想當獵人，而不是獵物。而且如果你還是個新手的話，你可能會想參加衆多針對你這個年紀所舉辦的聯誼會和單身舞會。給你一句忠告：很多女人對於參與那類場合的男人的評語可以概括成三個字——失敗者。

她們的想法是，在這個年紀，有這麼多的女人追求這麼少的單身男人，而他們還需要在單身聚會裡磨磨蹭蹭，那麼一定是他們本身有什麼問題存在。葛斯翰芬教授說道：「女人會對你說，參與那種場合的男人全部都是失敗者。」

不過，還是有些男人對相親感到侷促，他們寧可用自己的方式認識女人，所以他們還是會去。葛斯翰芬教授說：「我總是告訴女人要參加這類聚會，因爲你可能會遇到第一次去這種地方的男人，而他們可能是這群人當中很不一樣的類型。」

對剛剛喪妻或離婚的男人，這可能也會是個很好的經驗。葛斯翰芬教授說：「它能讓你得到自我滿足，如果你自覺對女人很不在行，或者你有閒聊上的困難的話，一定要出席單身聚會。女人會來跟你說話，這會讓第一步變得簡單。」

還有哪些地方可以找到和你同年紀的女人呢？試試以下地方吧！

- 鋼琴酒吧。這比起單身者酒吧較溫和且不吵雜。
- 拍賣會。葛斯翰芬教授解釋說，出席拍賣會的人比較容易閒聊和親切。
- 銀髮族學校宿舍。美國和海外的學院及大學都有為六十歲以上的銀髮族設計的課程和節目。
- 慢跑和遛狗。清晨時光尤其是和別人相遇很自然的好方法。

女人想要你什麼

到了這個年紀，女人對男人的要求並不很多。葛斯翰芬博士說道：「真的，他所要做到的就是讓人愉快，以及有禮貌。」當然還有以下的一些特質，她補充說。

- 適度的健康。女人並不想當你的看護。如果她是個寡婦，她可能已經照顧過一個健康不佳的男人了。
- 適度的富有。你不必成為是洛克菲勒（譯註：美國資本家，極富有）。不過，女人對於跟財產比她們少的男人約會較多疑，因為害怕遇到淘金客。
- 適度的自給自足。她不想當你的女傭，為你煮所有的飯，清掃你的房子，以及替你洗衣服。

- 適度的親切。比起其他方面，女人最希望男人是個好伴侶。有個人噓寒問暖並和她分享他的生活。葛斯翰芬教授說：「她們真正需要的只是愛。」

這麼多的女人，這麼少的時間

有這麼多的女人可以選擇，你可能會認為年長的男人簡直身處約會天堂。有些人的確是。但是對這個年齡層的人來說，他們愛的戰場上有些特殊的地雷，他們必須躡手躡腳、戰戰兢兢的走。如果你經歷了以下任何一種情況，你必須徹底想一想，也許跟你的伴侶談談。下列任何一種狀況都可能毀了初萌芽的關係，或將你陷於對你或對她不健全的關係中。

神化。有時候寡婦會以一廂情願的方式來悼念她逝世的前夫，實際上，就是將他神化。沒有人能符合對他的記憶，而且她也不應該期望你是個替代品。你是個獨一無二的個體，也應該被如此看待。

背叛。同樣的，有些寡婦或離婚的女人會覺得跟別的男人約會，就好像是背叛了去世的丈夫或前夫。罪惡感並不是開始一段關係的好情緒。

呆板。恐怕年長的女人會比較缺乏彈性——她可能不想嘗試她年輕時會想做的事。所以除非她說她喜歡，要不然不要邀她去滑直排輪。

你的呆板。其實超過六十歲的未婚男人在婚姻市場上可以多流連一陣子，因為有太多和他同年紀的女人可以選擇。但是很多人並沒有這麼做。葛斯翰芬教授說，當第一個女人注意到他們的時候，他們一來因為受寵若驚，二來因為恐懼約會，所以他們常常緊緊黏住第一個跟他們約會的女人。「如果他們發現某人感覺還算舒服，他們就會跟她在一起。大多是因為感覺自在，也大多是因為她會為他煮飯和一起看電視的這個事實。那就

像是他們之前生活的延續。」葛斯翰芬教授說。

親密的性

現在，「慢慢來」的原則會比在你年輕時還適用。隨著時光飛逝，男人和女人都會對於行房時他們的樣子和表現感到緊張。另一個不變的事實是男人被期望要先採取主動，不過通常都是在女人暗示她們的意願之後。

葛斯翰芬教授說道：「男人應該採取主動，不過眞正採取主動的其實是女人。女人會給你暗示。『你可以來我家坐坐，爲何不乾脆留下來過夜？』女人會這麼說，表示她已經準備好了，或她願意有進一步的關係。」

♥她的慾望減退

這的確會發生。你要而她不要。你長期熱情的伴侶現在好像對性不再關心。或者你最近的情慾對象抗拒以性愛達成你的願望。

你怎麼辦？聳聳肩不在意，因爲你覺得她「老了」？絕不是。若跟你相比的話，年紀的因素並不是她的性慾終結者。

多少六十歲以上的女人保持性生活活躍？凱瑟醫生說道：「關於年長女人的資料很少。」但是在發表於北美泌尿科研習會的一篇文章中，她引述一項研究，其中顯示已婚的六十歲以上的女人，有55.8％保持性生活活躍，儘管揮之不去的社會迷思並不鼓勵年長者的性事。

有趣的是，凱瑟在文章中提及，超過五十歲的女人比她們以前有較少的陰道性交，但是她們自慰的次數則跟以前一樣。很明顯的，慾火還是在燃燒。而超過六十歲的男人的確比女人有較頻繁的性交，幾乎每個年齡層都如此。要記住超過六十歲的女人因爲比男人長壽，所以她們有伴侶問題。在雙方都八十五歲時，每100個女人就只有39個男人。

所以說，如果你的伴侶沒有意願，別歸諸於年紀，通常都有理由可循。你的任務就是發掘出到底理由何在，並設法解決。

她管道的改變

你的身體改變，她的也是。但是最大的不同是，她降低的雌性激素——女性荷爾蒙——帶給她的災難遠比降低的睪丸激素帶給你的痛苦還大。而影響最大的是陰道。你就算不是婦科醫生也能理解乾而小的陰道會降低她對性的渴望。蘭修醫生說道：「如果她陰道乾燥，行房時會痛以及流血，那麼她就不會覺得有性慾了。」

同樣的，陰道機能衰退並不意味著她再也無法和你做愛了。布魯克斯醫生說道：「直到去世爲止，陰道通常都是可以容納男人的陰莖的。她還是可以從事性行爲，只是可能不太舒服。」

幸運的是，還是有方法可以讓她再次覺得舒服，並且有意願。

塗潤滑劑

這多簡單，她的陰道乾燥，那麼你就讓它濕潤嘛。布魯克斯醫生說道：「使用潤滑劑可以讓她對性愛感覺愉悅多了。市面上很容易買得到，而且對於年長的夫妻很有用。」一如在任何年紀，你都要確定你使用的是水溶性的潤滑劑。油性膠質物會導致感染。K-Y膠還不錯，但是市面上其他的水溶性潤滑劑，好比Astroglide，並沒有K-Y膠所具有的殺菌和醫院用品似的觸感，它們是比較具挑逗性的。

不用則廢

跟男人一樣，對於女人性慾最好的刺激物是性。凱瑟醫生說：「維持性生活活躍的女人，她的陰道的延展性比沒有性生活的女人要好。」所以如果到目前爲止，你已經維持了適度的性活動，就別停頓。

開始時慢慢來

好吧，時光飛逝，而對她來說，無痛的性也跟時光一樣溜走了。要重回遊戲，要一次一點點地嘗試。凱瑟醫生說道，「我建議要很慢很慢地來。」

如果她遲疑，把你年輕時的招數拿出來用：跟她說你只放一根手指進去。只不過，這一次你是說眞的。凱瑟醫生說道：「試著學習用你的和她的手指延展陰道，當你可以放三根手指進去，而她不覺得痛時，她可能已經準備好性交了。」

找回荷爾蒙

對她來說，要克服失掉荷爾蒙所帶來的負面影響，最好的方法就是重新找回荷爾蒙。荷爾蒙更替療法可以讓停經後的婦女恢復組織彈性。布魯克斯醫生說道：「一旦替換了荷爾蒙，就能讓女性恢復年輕。替換荷爾蒙後，讓年長者無論在性交或日常生活都感覺出奇得好，所以替換荷爾蒙已是很普遍的療法。」

要用藥丸、貼布還是藥膏？當然，那得由醫生決定。但婦科醫生尤坦指出：「藥膏的濃度較高。有趣的是，你給一位八十歲的女性施打陰道動情激素後，她的陰道看起來幾乎像四十歲時那樣健康。注意！荷爾蒙替換療法是女人健康上一顆不定時炸彈，其中的危險包括增加了發展成子宮癌或乳癌的機會。換句話說，在你向你的伴侶建議這項療法時，讓她做最後決定，並尊重她的選擇。」

年輕的和性冷感的

一位年長者談到他那性冷感的伴侶時，多半指的是停經後的婦女。不過有人的性伴侶還相當年輕，爲什麼也會冷感呢？ 婦科醫生尤坦說道，「對一個有年輕性伴侶的年長者而言，兩人每次開始性交時通常沒問題，但進行到某一程度時，年齡的問題便開始作祟。」

醫生的意思是說，停經前的婦女當然不像停經後的婦女有荷爾蒙的問題。問題在於你的改變，而她有必要學著適應這些改變。舉例來說， 假如她不了解你勃起較慢不僅自然、健康、還有潛在的好處，她可能會驟下斷語，以爲是她無法讓你興奮，要不然就是你本身勃起有問題。接下來不說你也知道，她會離你遠遠的。顯然那是你該避免的，而你也做得到。

給她訊息

尤坦醫生建議，明確地告訴她你對自己性生活變化的看法。這個學習過程本身會因爲積極的方法和適時的說明而令人感到刺激。當她由懷疑你的性生活轉而渴望尋找新的路線來達到性興奮時，她算以優異成績畢業了。

由少變多

減少性交次數用以保證每一次都能滿意，如此一來，她就不會拒絕和你做愛。次數過於頻繁，反使你出現陰莖好長一段時間不反應或是遲遲不射精的情形。尤坦醫師說道：「問題是兩人要能互相協調。每週做二到三次而不是每天二到三次是爲了換取更好的性愛品質所不得不做的小小犧牲。」

擴展你的視野

尤坦醫生說，「不要僅靠做愛的頻率來建立兩人的關係，還有其他方法建立親密關係，還可用其他的方式表示你對她有意思。如果你做了很多皆大歡喜的事，還怕她不跟你共度良宵嗎？」

換句話說，即使兩人暫時沒有技巧高超純熟的性愛可享受，再怎麼樣也要保持彼此的親密關係。千萬不要讓她認定你對她沒興趣。這樣就算她無法達到性高潮，也不會以爲你們的愛火已熄。《剖析愛情》(*Anatomy of Love*）一書作者費雪博士說道：「性不是只有一個調子。性是交響樂，你可以用很多不同的方式彈奏。」

讓她覺得自己性感

一項令人難過的事實是，女人要在講求青春永駐的社會裡保持性感的自我形象是相當困難的。她不願做愛的原因是她不喜歡自己的外表，最起碼是不認爲自己的樣子性感。尤坦醫生說道：「有很多女性拼了命要延緩老化。她們也許願意照鏡子，也許連照都不想照。」

她需要性自尊療法，而你是唯一能提供此療法的人。

安撫她

千萬不要低估甜言蜜語的力量。尤坦醫生說道：「你要讓她安心，就得這麼說：『妳知道的，是好是壞我都要娶你，我這輩子只要妳一個。我會全心全意支持妳，所以我們不要爲這事鬧得不愉快。我就愛妳這個樣子。』」

給予支持

讓她知道你喜歡她的一切，感謝她爲維持吸引力所做的一切努力。尤坦醫生說：「如果你對一個已盡了自己最大努力的女人沒有表示任何感激，那你就太鐵石心腸了。」

要誠實

別把你的性伴侶當木頭人。你要是告訴她，她看起來和三十年前沒什麼兩樣，那對她的自尊並無助益。尤坦醫生說：「你這樣說是不對的，因爲她知道你在說謊。」相反地，你應該說你現在還是和三十年前一樣受到她的吸引。事實也是如此，不是嗎？

別胡亂奉承，但也別太冷酷

即使你說：「看！妳就算皺紋出現了，體重超重，我都不在乎，妳還是讓我興奮。」尤坦醫生認爲這樣說於事無補，他說：「你必須具備一些魅力和技巧。」

當愛人，不要當性伴侶

你的性生活是發生在兩性關係所建構的環境中。好吧，那未必是對的。但做愛得要兩個人才能做，這準沒錯吧！這意味著她的感覺慾望和你的感覺慾望同樣重要。和你一樣，她的感覺慾望隨著年齡增長而有所變化。或者隨年齡增長，你已忘了一些可以燃起她慾火的小動作。你隱瞞自己生理變化的事實，她只有以冷淡的態度回應。此時，是重新評估你的性技巧的時候了。

察言觀色

找出她目前喜歡什麼，不喜歡什麼，因爲你以前使用的伎倆可能不再有效。如果她把和你上床也列爲她討厭做的事情之一，難怪她性趣缺缺。得讓她知道你有心取悅她。

史凱特琳博士說道：「女人停經後，會發現她某部分的皮膚粗糙，或是她過去一向喜歡的香料味道現在聞起來一點也不香。」

她的嗅覺和皮膚不同於停經前的，就連性技巧也一樣。她的性癖好已經改變，變成什麼樣子呢？試著問她呀！你戴不戴保險套？她喜歡什麼體位？速度有沒有改變？要不要舖緞面的床單？一起淋浴嗎？有沒有拿木匠兄妹的歌當背景音樂？（嘿！你做了哪一樣？）

史凱特琳博士說道：「有時候反而是這些小事情讓她覺得自己很性感。」

讓妳自己有魅力

如果你六十歲時，性生活尚未停頓，那維持你性生活所需的先決條件自是不能少。意思是保持你對她的吸引力。你在盛年時很容易養成一些讓人倒胃口的習慣，現在可得把它們戒掉。你就是這麼倒人胃口，她才對你冷感。

布魯克斯醫生提到，他的女病患常常抱怨她們的男人回家抽煙、喝酒卻不刷牙，或是抱怨他對伴侶漠不關心，只有要做愛時才想到她，要不就抱怨他沒有前戲、邋遢、懶惰。當然任何年紀的男人都會被他們的伴侶這樣抱怨，不過許多年長者還是認爲自己很冤枉。如果你還想享受魚水之歡，就改掉這些壞習慣。

其實，積極將自己改頭換面，不就表示你在乎她嗎？費雪博士建議道：「減掉那堆讓她嘟嘟囔囔四十年的十磅體重吧！或者有很多和性技巧相關的書，教你如何取悅女人，買一本來看吧！」

給她驚喜

我們可沒主張完全靠賄賂來收買伴侶的心，尤其遇到她性趣缺缺時。不過主動送禮不僅在政治圈的效果良好，更在兩性世界裡屢建奇功。費雪博士說道：「在世界上各種不同的文化裡，都有男人餽贈女人一點小禮物以做爲性愛代價的例子出現。略施小惠就能讓女人開心的不得了。那些已經結婚好一段時間的老男人卻把這種小把戲給忘了。」

當然，我們在這裡主要談的不是怎麼賄賂，而是如何表現你的誠心。我們的想法是宰了「倦怠」這頭已經活了數十年的怪物。一會兒花，一會兒恭維，再加上多撥給她的一點時間，這些全是利器。費雪博士說道：「給她一點小感動，你就能身處天堂。」

表達愛意

費雪博士說：「無論何種年紀的女人，都會因爲男人向她求歡而春心蕩漾。」她不會在第一次和你見面的時候就急著和你上床，不是嗎？接下來你得追她，現在就追她。唯一的差別在於，現在的你可能會更加得心應手。費雪博士說道：「年輕一點的忽略很多標準的求愛技巧，年紀大一點的就知道如何培養這些技巧。」

究竟是什麼樣的技巧？其實我們討論的求愛技巧不過是些老生常談，可是一旦你確實運用後，它們就成了春藥。看電影的時候握著她的手、到海邊來個黃昏散步、伴著海浪親吻她，共享燭光晚餐然後兩人緊貼著共舞。的確，這些都是老套，不過搞不懂它們怎麼會成了老套，它們可有用得很呢！。

費雪博士說道：「女人是會被浪漫沖昏頭的，年紀大一點的男人可以非常羅曼蒂克，只要他們放手去做。」

談溝通

與其任由性輔導專家自說自話，倒不如我們自己把臥室改成脫口秀的表演場，或是賣義式濃縮咖啡的吧臺。在性的世界裡，似乎沒有什麼不能靠討論改進的。房事隨著身體老化而有所改變，談談吧！時間改變了你的喜好，說出來吧！你的伴侶提不起勁嗎？和她討論吧！

問題是他們是對的，性對任何年齡的人來說都是相當難理解的。當你年逾六十，面臨性生活大不如前的窘境時，沈默是很危險的。尤坦醫生說道：「我有些病患的婚姻正瀕臨破裂。他們都不跟對方說話，所以不曉得彼此已隨年齡增長而有所改變。」

溝通不僅僅是幫助你了解發生什麼事，更要緊的是，溝通可以讓你不胡思亂想。尤坦醫生說，「溝通很重要。你要是不知道一個女人所經歷的改變，你大概會把她的冷感看成拒絕。」當然，兩種情況都可能發生。

知道自己該和伴侶討論性事是一回事，做不做又是另一回事。對大部份人來說，「性」是很難啓齒的事，而且年紀愈大愈不容易說出口。史凱特琳博士承認：「如果談性對你來說始終很難，那這種情況會持續下去，除非採取一些行動來表示你勇於面對它。」

好比怎麼做？聽從知名性學權威——中國思想家，老子——的建議，他說：「千里之行，始於足下。」史凱特琳博士是這樣解釋：像嬰兒學步，從最基本開始。就從最簡單的談起，慢慢地再談到你喜歡的和不喜歡的。

某些對談不適合拐彎抹角，但談性時用這種方式則好處多多。史凱特琳博士建議道：「如果要你談怎麼從後面插入有困難，就不要從這裏講起。你可以說說你多喜歡背後的抓痕，爲你自己創造雙贏的局面。」

要記住，她聽不進去就和你說不出口的道理是一樣的。史凱特琳博士提醒說：「一定有人不喜歡聽到你要求在湯裡多放點鹽。她們會想：『什麼？你不喜歡我的烹調方式？』對每件事都有意見，只會讓別人覺得你很難相處。」

因此史凱特琳博士提議運用暗諭。她說：「如果你很久沒有鍛鍊自己，就不要從任何太重的東西搬起。你要是這麼做，不是腰酸背痛就是傷了自己，結果下次再也不敢了。同理可證，表達對性的看法也該含蓄點。」

這意味著從輕量級開始，也就是不要做太咄咄逼人的評論和建議。循序漸進，慢慢進入核心。史凱特琳博士說道：「不要拿自己或女伴的行爲和其他人做比較。」拿你自己當標準就好。

說不行就不行

有時候不管再你怎麼努力，還是會因爲一些無法掌握的技術困難，導致她不願和你做愛。有一個極端的例子就是你身染重病，好比老年癌症，爲此，你的生活次序得重新安排。就像蘭修醫生說的：「病人在垂死期間，性慾也隨之凍結。」即便你沒有得這樣的病，她還是可能持續冷感。沒什麼好說的，不要就是不要。

可是即使沒有性交，不代表從此沒有性慾。凱瑟醫生指出：「性交要比僅做情感交流來得痛苦，還有很多其他的方式可以用來表達男女間的親密關係。」這些方式適合每一個年齡層，尤其適用於老年人。凱瑟醫生在她的文章裡引述了一篇研究報告，研究者發現83％年逾八十的男人和64％年逾八十的女人沒有性交，他們只是撫摸和愛撫。

愛撫多半集中在性感帶。蘭修醫生建議：「不能性交，就要求她以別的方式代替，例如，用手相互挑逗彼此的性感帶。你們可以盡情地接吻、擁抱，消磨時光。」雖不是性交，卻也是種性愛的表現，它也是愛。

♥ 如何持續吸引女人

電影電視的情節促使你相信年輕、陽剛、還帶點危險的男人有著女人無法抵擋的吸引力。不過好萊塢電影在性問題上處理有誤。說到誰具有令女人趨之若鶩的特質，老男人拔得頭籌。女人自己清楚，六十好幾的男人很快也會發現。

費雪博士說道：「有錢有勢有地位的男人才能吸引女人，而男人通常要到了六、七十歲才擁有這些。」

我們在這裡談的是普遍的事實。密西根大學的研究員研究了三十七個不同國家的人如何選擇伴侶。結論是：性吸引力和生理的因素要比社會條件的因素來得大。這裡講的社會條件就是之前提到的資源和地位。

誰最可能擁有資源和地位？當然是那些事業有成的老男人。

這裡所謂的資源，講白一點，就是錢。費雪博士的結論是：「有錢又身強體壯的男人每晚可能有不同的女人睡在身邊。」

當然，這未必是六十歲以上男人想要的。重點是：你能不能交新女朋友，或者是和相愛數十年的女人舊情復燃，這都跟你長得像不像典型封面男孩的事實沒有關聯。不過和你有沒有經驗、才智、耐心、遠見，甚至皮夾內有沒有很多錢的關係可大了。

老男人的其他好處

有更多的好消息：只要活著，你在找伴侶方面佔有明確的優勢。費雪博士說：「女人比男人長壽，身體也一直很健康。六、七十歲以上的男人有一大票對象可以讓他從中擇一當伴侶，而且什麼樣年紀的女人都有。」

什麼樣的年紀都有？是呀！你不停擴展和其他女人交往的機會，包括忘年之交的浪漫約會，這甚至還得到達爾文的首肯（換句話說，就是有錢的老男人和生育力強的年輕女人的交往）。但是費雪博士指出在現實世界裡，男人多半受到比他們稍稍年輕的女人的吸引。她說：「大部分六、七十歲的男人都不要一個年僅二十九歲的女孩。不過他們還是比較喜歡一個五十歲的女人，而不是八十歲的。」

原因很簡單，男人還是和年齡與他們相近的女人較融洽。舉例來說，如果你的人生已經走到停下來聞聞玫瑰花香的地步，可是你的伴侶還在為她的晉升而往前奮鬥，你能和這樣的她在一起嗎？費雪博士提醒道：「你可以找年輕女人，不過你必須跟得上她。你真的要這麼做嗎？」

如果超過六十歲的你正在找伴，我們首先讓你知道的是：想清楚你到底要從你伴侶那兒得到什麼？再來決定什麼年紀和什麼生活方式的女人最符合你的需要。你追一個年紀和你差不多的女人成功機會較大。

禿頭之美

美容沙龍及礦泉療養地的負責人麥諾一語道破現況：「很多傢伙到了六十歲就不會再有毛髮濃密的苦惱。」這是不爭的事實，不過你可以想想該怎麼處理這個問題。

尤其對年紀大一點的人來說，頂上無毛並不影響身分，但是有礙觀瞻。你要是一直耿耿於懷，就想想怎麼解決。以下是一些該考慮的地方。

- **頭髮不會再長出來。**麥諾告訴六十歲以上的男人：「該是丟開所有禿頭藥的時候。」
  根據醫學博士巴瑞的說法，與其說是年齡的關係，倒不如說是你那禿了好久的頭讓唯一經過證實的禿頭療法失效。
- **你還是可以梳理，但是藏不住。**麥諾說：「某種髮型和某些技巧可以幫你掩飾頭髮稀疏的問題。」但不包括用頭髮蓋住光禿部分這個方法。
- **要毛嗎？試著從臉上下功夫吧！**麥諾建議：「如果你想轉移對禿頭的注意力，留鬍子吧！不管你留什麼樣的鬍子，小鬍子、落腮鬍，還是山羊鬍，都需要仔細地梳理。他提醒說：「將鬍子保留好要比刮掉它還費事。」
- **留意便宜的假髮。**伯特先生老是得預付他頭上那頂假髮的錢。

是的，他六十歲了。造型經理克莉絲蒂娜說：「有人像伯特那樣戴上假髮，看起來沒問題。不過別忘了，這些用眞髮特別訂做的假髮，每頂要花上好幾千塊美金。人造假髮貴得嚇人。」

- **植髮很昂貴**。根據專做植髮手術的雷斯尼克醫生的說法，植髮就是將你頭上正在生長的健康頭髮移到禿了的頭皮上，這個手術近年來發展得很快。目前接受植髮的部分小到多到你幾乎看不見，而且可以用各種角度植入頭皮，不像過去只能以垂直的角度植入。雷斯尼克醫生說：「這樣看起來比較自然，不再像是種稻穀。」你現在談的是一項手術，可不是隨隨便便無關緊要的措施。
- **最好的做法就是別在意**。克莉絲蒂娜給的最佳忠告是：禿了就禿了吧！她說：「一個健康有吸引力的男人不用擔心這點。只要你讓人印象深刻，不管你有幾根頭髮，女人都欣賞你。」

如何成爲一個優質老人

要知道怎麼追女孩子。如果女人要的是有錢有勢有地位的男人，該怎麼做再明顯不過，就是炫耀你的財富和地位。但是做起來可不像聽起來那般容易。無論你多年輕，都要知道如何保持對女人的吸引力。

不要過於炫耀

你手中已握有王牌，使出來吧！但並不是叫你亮出一大疊鈔票，或是吹噓你手中的股票。要你放的是信號彈，不是飛彈。總之，你眞的得放出信號。費雪博士說道：「戴起你的勞力士錶，繼續開你的豪華轎車。」

不是非得成爲億萬富翁才能吸引女人。不過要是她發覺和你在一起的時候可以任點菜單上的東西，你算是贏了。費雪博士說道：「展示你的財富，還怕得不到各年齡層女人的青睞嗎？」

傾聽

費雪博士說道，「女人不單是要找張長期飯票，他們要的是一個伴，一個不會老想用知識唬她的伴侶。」當然，你有許多可以講一輩子的戰爭故事要與她分享，但她不見得想聽。她總有突然不想聽的時候。女人要是在對話中取得主導地位，她光是靠偶爾的點頭、適時的插話所流露的智慧，都要比男人唱獨腳戲時所現的還多得多。費雪博士說道：「女人喜歡說話，她們的口才也比男人好。」

再次強調，你的年紀讓你取得優勢。費雪博士說，當你體內的睪丸素酮降低時，動情激素也隨之顯現。既然動情激素是女性最重要的荷爾蒙，你會發現自己因此很能發揮女性的美德，好比帶小孩。老年人只要打一針動情激素，就可以成爲棒的不得了的主動傾聽者。

主動傾聽代表著少說點話。並非只是爲了讓她說，而是要確實聽她說什麼。不僅是禮貌性地等她說完，你再說你自己的，更要在適當的時候根據她的意思回答她的話。注意點吧！

是賄賂嗎？費雪博士說道：「男人要先對女人感興趣，女人才會接著被男人吸引。」

保持身材

史恩康納萊爲什麼會成爲成熟性感男人的典型？除了有錢、英俊、是個頂尖的演員、看到他就一定聯想到完美的男人007，還有什麼原因？看看，還有他那棒透了的身材。

年過六十的你，有一籮筐保持身材的理由。讓我們再加一項：可以吸引異性。社會學博士培柏說道：「女人不是不愛英勇的男人，而是她們不見得會爲了你的英勇而愛你。」

一個六十五歲或七十歲的老頭子即使身體健壯勻稱，也不能完全和一個二十四歲的小伙子相比。但是根據培柏博士所言，一個可以驕傲地脫掉自己上衣的老頭子有兩件事不假：一是他比小伙子更樂於關心女人關心的事；二是他沒有自暴自棄。爲了他的女人，爲了他自己，他要讓自己更好看。培柏博士說道：「這樣的男人才叫性感。」

看起來像你自己才重要

你到了六十歲還能吸引年輕小妞，其實是你散發眞性情所致。刻意修飾外表是個錯誤，因爲反而減弱你的魅力。七十歲的你處心積慮地要看起來像只有三十五歲，那是犯了矯飾的錯誤；讓你自己變成一個典型的怪人，那又是另一個錯誤；而變成馬虎隨便的人是最糟的情況。

嚴格來說，你整理門面的目的不是勾引女人，是爲了提供自己一個展現內在的管道，你的內在才是吸引女人的關鍵。培柏博士說道：表現你隨著年齡增長所養成的內在優點，你就夠吸引人了。」這裡有些點子教你如何展現個人特質。

搶救你的皮膚

就是這些混雜的斑點、污垢、皺紋和乾燥皮膚讓老年人愈來愈不好看。它們多半由日曬引起，不過和蛀牙一樣，通常是可以治療的。我們很快地來看一看你日趨老化的皮膚會出現的問題。

- **肝斑**。所謂肝斑和你的肝無關。雷斯尼克醫生說，皮膚科醫生給患者施打化學脫皮劑後，肝斑就會消失。脫皮劑用來去除其他斑點也很有效，可是有些斑點是癌症的前兆，要當心。
- **皺紋**。皺紋會遺傳，所以避免產生皺紋的最好方法就是父母親沒有皺紋。另外，雷斯尼克醫生說，含有AHAs（α氫氧酸，alpha hydroxy acids）的保溼用品有助於防皺。
- **皮膚粗糙**。老年人最容易出現粗糙乾燥的皮膚、深深的笑紋和魚尾紋。一旦你接受保溼用品非女人專利這個觀念，其中所含的AHAs可以幫助你撫平細紋，並使皮膚光滑。
- **臉色蒼白**。六十多歲的男人很嚮往把自己的皮膚曬得黝黑。不過太陽是皮膚的大敵，雷斯尼克醫生說，供人做日光浴的裝置同樣會放出危害皮膚的射線。但是新型的日光浴設備已獲得雷斯尼克醫生的安全保證，只要遵照使用說明，它的效果比原先的還要好。他說：「不會讓你曬成橘皮。」

- **牙齒參差不齊**。美國牙齒矯正協會發言人羅伯說道：「新式的牙齒矯正器採隱藏式，很受老年人的歡迎，紛紛加以採用。」陶瓷矯正器的顏色和眞齒一樣，舌型的矯正器深入口腔內，一點也沒外露。
- **缺牙**。別無他法，只有靠植牙才能一顆顆挽救。往後你不必再把假牙自嘴裡拿進拿出。

穿符合自己年紀的衣服

年紀一大把的男人，照理說不易受騙，居然還會誤以爲年輕才有性吸引力，這就是他硬把自己肥胖的身軀塞進給二十歲小伙子穿的緊身衣的原因。《男性健康》雜誌編輯華倫說：「異性會將你打扮得比實際年齡輕解讀成你想抓住青春的尾巴，眞不是明智之舉。」

有很多方法可以表達你內在的年輕活力，但不包括藉穿衣服裝可愛。資深設計經理賈拉斯說道：「年紀一大把了，不要硬將自己打扮得很年輕，沒用的。」

做古典打扮

那怎樣才有用？時尚總監史坦利說道：「人一旦到了六十歲，就該穿得傳統點。換句話說，你的造型最好偏向古典，衣著偏向傳統，不要太極端，中規中矩就好。」所謂「古典」涵蓋的層面很廣，包括這些經過時間考驗篩選所保留下來的服飾，像三扣套頭毛線衫、藍色運動外套、海軍細紋套裝、咖啡色平底船鞋或是熨得畢挺的卡其褲。古典的觀念就是含蓄地表現品味，卻因此更加凸顯個性。華倫說道：「不要盲目跟隨流行。」

但是華倫強調，古典並不意味和流行劃清界線。他說：「你還是得從時尚中汲取一些靈感。就算你崇尚古典，也不能讓人以爲你對流行事物一竅不通。」

賈拉斯說，你只要利用一些簡單的衣飾，就可以將男裝搭配得很成功。例如，用淡黃色毛衣搭配卡其，或是鮮艷的領帶配上典雅的西裝。賈拉斯說：「保持中庸，在以古典爲主的風格中，也可加一點小變化。」

修剪頭髮

無論你還有多少髮絲，剪得比以前短吧！美容沙龍負責人麥諾說：「像你這個年紀的人，打扮得愈整齊愈好看。留長髮會讓別人認爲你打扮過頭，還是保守點好。當然，短頭髮是適合矮個子的人。沙龍造型經理克莉絲蒂娜建議壯碩一點的人可以在兩側和後面做層次剪，不讓下巴贅肉和過長的耳垂那麼明顯，免得看起來老氣。她說，你要是身材瘦長勻稱，就算頭禿了，還是剪短一點。」

不要利用頭髮突顯你有多新潮、多具創造力。你頭禿了還綁馬尾，這只會帶來反效果。麥諾說：「你想盡辦法讓自己看來時髦，結果別人卻覺得你邋邋遢遢。」

剪掉其他的毛髮

也許自然的眞義是均衡。你一年過六十，不該掉髮的地方（頭皮）也掉，不想長毛的地方（眉毛、鼻子、耳朵、頸背）卻冒個不停。把那些不聽話的毛髮剪掉。你可以在下次剪頭髮前，自己拿電動刮鬍刀把雜毛理掉。有人甚至還做了專門剪鼻毛用的小刮鬍刀。

克莉絲蒂娜說道，「將耳朵處多餘的毛清掉。學著自己修剪領口後面的毛髮。沒有女人喜歡見到從你領口冒出來的毛髮。」

稍微染一下髮

白髮是你的驕傲，留下它。不過抓一二撮恢復它原來的髮色也不算造假。克莉絲蒂娜說，「你的頭髮若是太白，不僅看起來不自然，臉也變得塌塌的。六十多歲的老先生只要稍稍加深一下髮色，效果好的不得了。」

你可不要自行用開架式店裡賣的染劑染髮。克莉絲蒂娜說道：「你必須尋求專業的協助，使用酸鹼值平衡、半持久的染髮劑，否則會搞砸。」

保持乾淨

不管什麼年紀的女人都討厭馬虎的人，而且比起馬虎的小伙子，她們更討厭馬虎的老頭子。一個做事欠缺考慮、放蕩不羈的三十歲男人，等到他六十歲時，就會懶得無可救藥。費雪博士說道：「全世界女人感興趣的兩件事是健康與乾淨。」

乾淨也意指整潔。費雪博士說道：「一個邋遢的男人是引不起女人的性趣。你年紀愈大就變得愈隨和。隨和很好，但整齊清潔是基本的。」

♥ 激起性慾

六十歲以後的性生活需要受到激勵嗎？試想：性讓你快樂，性讓人滿足，性是再自然不過的事，很多像你這把年紀的人都還在幹這檔事。

快樂嗎？可能是全世界唯一現存的，同時具有神父、社會學家、小說家三種頭銜的葛林里，一九二二年時回顧當時所有以性為主題的資料，做出的結論是：「美國最快樂的男人和女人是六十歲後還維持頻繁性生活的夫妻。」

對性生活滿意嗎？最近一項關於四十五歲至七十四歲男性健康變化的研究證實，不管什麼年齡的男性都能享受性生活。醫學博士須雅里說道：「有一特性並未隨年紀而改變，就是性方面的滿足。」

性是自然的嗎？凱瑟醫師在其著作中寫道：「沒有發現哪個年紀的人的性活動、性觀念、性慾停頓結束的。」

到底「很多」是多少？將性愛以數字表示是件很棘手的事，而將老年人的性愛以數字表示，則只涵蓋到一部分。凱瑟醫師引述一項研究超過六十歲的已婚男人的性活動，其中有73.8％的男人保持性生活活躍。葛林里的研究則指出六十幾歲的已婚男女有37％經常做愛——至少一週一次。當然，如果你將未婚男人包括進去，數字會往下滑，而如果你只侷限在健康的男人，數字則會向上爬升。

最後一點很重要，因為只有生病機率的增加——而不是衰老本身——才是性愛的阻礙。凱瑟醫師說：「勃起障礙不應該被視為『正常的老化現象』，那是不正常的，一直到你倒下那天為止，你應該都能勃起。」

資訊

假使老年人的性可保證是健康的、令人滿足而且是普遍的，那麼古老的謠言中所說的老年人的無性生活根本不值一提，更別說花力氣駁斥了。然而這個大謊言倒是強調了你性愛生活中資訊的重要性。須雅里博士說：「正確的資訊是你挑戰關於老化的謬誤觀念的首要方法。」

爲什麼？嗯，一份關於衰老時性慾改變的報告充滿了像「減少」、「較少」、「緩慢」、「降低」之類的字眼。如果你瞭解眞實狀況的話，你知道它們其實是好事，但是如果你不瞭解情況，那麼它們就成了讓你膽戰心驚的字眼了。好比說，如果你開始注意到你要花長一點的時間才能勃起——而你不知道這其實是自然的恩賜——關於衰老和性的神話可能就變成不是虛構的，因爲你創造了你自己讓它應驗的預言。

心理醫生史凱特琳說道：「你已過了顚峰——這樣的神話會影響到事實。其實是你自己認爲過了顚峰的看法將你往下拉的。」所以說，聰明一點。在你年老時，通往美好性愛的秘密是瞭解你的身體經歷的變化，並且將它們調整到對你有利。須雅里博士說道：「這些改變是自然的，你可以用不同的策略來彌補。」

步伐放慢

一般來說，男人在五十歲後，勃起所花的時間會久一點。那對你的性生活有何影響？它讓你在床上表現得更好。休華茲博士說：「你會更專注於接吻和愛撫，也會花更多時間慢慢做。而這就是在過去四十年裡女人要你做的。」

與其對此感到憂慮，還不如運用這額外的時間從事額外的歡愉——對你和她都是。好比說，你現在需要對陰莖的直接刺激來協助慢動作的血液流動，這是過去四十你要求她做的。現在好好享受吧。

史凱特琳博士說道：「讓自己將它視爲好處，我是說，到底爲何要急急忙忙的？只要你專注在樂趣本身，所有的事都會自行迎刃而解。」

忘記底線

如果你跟大部分的男人一樣，那麼你大概在全部的性生活中都試著要延遲射精。現在自然的力量幫你做到了。史凱特琳博士說：「當你年老時，射精的衝動會消退，這實在是個好消息，尤其是如果你在年輕時是個快槍俠的話。」

好好品嚐你現在擁有的持續的力量，而不要擔心你是否「失去」什麼東西了。如果你還記得射精和高潮是不同的兩件事的話，事情就很簡單。史凱特琳博士說：「你射精的衝動的確會隨著年齡而減低，但是高潮的強度和快感的湧現則完全不會降低。」

別將射精視爲性的「目的」之建議，對年長一點的男人來說是更實用的，因爲他們的反拗期——射精後，到下一次射精的時間——可能會延長到好幾天。史凱特琳博士說，「不過，老實說，誰在乎呢？如果你不是正試著讓你的伴侶懷孕，你眞的會在乎你不射精嗎？何不乾脆坐下來享受整個過程？」

有時候你可能衝鋒陷陣一整個小時都沒有射精（你的眼睛沒看錯：有時候六十歲的男人是傳說中的60分鐘男人）。試試看吧。你會跟感激涕零的伴侶享受一個小時的美妙性愛，而且離你下次射精更近了。

使用還能用的

不完全勃起是你性工具配備的一部分。較不堅硬是由於血液流動較緩慢的自然結果。在年長男性身上的任一種狀況可能都會帶走更多勇氣。

蘭修博士說道：「你可能會有一些可預期的不完全勃起。不過如果你已有心理準備，那麼你可以使用可以用的部分。」當然，你認爲是搖搖晃晃的，別人可能還會羨慕你。不管如何，不完全勃起還是可以辦妥事情的。別想成半軟，要認爲它已經夠硬了。

讓它成長

跟年輕人一樣，有時候你不太穩定的勃起一旦就定位，情況常常會突然改善。須雅里博士說：「女人若能以手協助陰莖插入的話，會很有幫助。一旦陰莖進入陰道，當女人開始推擠時，它常常會增加硬度。」

專注於歡樂

將半硬狀態當成是對更多不完全勃起實驗的理由，找出有助於性交的方式。須雅里博士說道：「調整技巧會有幫助。某些姿勢的確有助於插入。」是哪些呢？那就要靠你自己找了。她說：「因爲這隨著每一對伴侶而有所差異。沒有神奇子彈這回事。」

享受偶然的（或者經常的，視情況而定）不完全勃起是美好的黃昏性愛世界的縮圖。史凱特琳博士對六十歲以上的男人建議：「專注於歡樂，而不是測量。」因爲量的標準是根據堅固的年輕人而來。讓你點燃熱情的是歡樂。而測量則是多硬、多長、多大。那可是死之吻。」

保持下去

如同史凱特琳博士說的：「性功能的運作，很大一部分跟血管有關。」你的性生活藉由擁有性而改善。她說：「血液愈常流進陰莖，陰莖的狀況會愈好。如果你不常運動，那麼你的肌肉組織會萎縮，勃起的原理也相同。」

這是爲何凱瑟博士，史凱特琳博士和其他的人相信預測你六、七十歲性生活的最佳指標是你三十、四十、五十歲時的美好性生活。不過這並不是說，如果以前你一直蹲冷板凳的話，你就不能重回球場來。至於這個，就像替幫浦機加水一樣，你可以自慰。史凱特琳博士說道：「自慰將血液帶進生殖器，這是很重要的。自慰眞的是秘訣。耗損比生銹好多了。」

不過，要記住，隨著反拗期的拉長，如果你在下午自慰達到高潮可能會對晚上和伴侶的性愛造成阻礙。所以要明智的計畫。同時你也無須硬要自慰到射精爲止。

心靈和動機

隨著年齡而減少的性慾就僅止於此。就像你一定已經注意到的，它只是減少，並沒有消失。不過，如果你錯誤的將自然的改變詮釋成停止的信號，而不是調整和享受的標示，那麼你的性慾可能會進入昏睡期。凱瑟醫師說道：「你不能全然忽視心理薄薄的那一層覆蓋物——你原本認爲應該可以自然到來的，結果卻無法簡單做到。那眞的是男人的爭論點。」

對於所有年齡層中需要提升性慾的男人，我們的建議都是一樣的：振作你的性生活。對於超過六十歲的男人而言也是一樣，只是方法改變。

編目錄

在你六十五歲時，點燃你性慾的東西可能跟你四十五歲時不同。現在是更新你的資料庫的時候了。回到性愛點菜單，然後重新點菜。如果你對自己的資訊錯誤，那你如何告知她你要的是什麼？

史凱特琳博士說：「認清你喜歡的是什麼。怎麼做？嗯，想一想，看看電影啦，看一些色情小說啦，幻想你心中理想的性愛情境。引發興奮的方法就是找出讓你興奮的事物。」你找出來的可能是截至目前爲止，被你或她忽視的領域，從原本禁忌的性實驗到隨興的的性嬉戲。不管是何者，你處理的是目前的眞實狀況。

放任你的想像

在你老年時，性幻想是通往性冒險的翻新感官之旅的另一條路。誠實的想一想，跟希拉蕊在白宮的草坪上做愛的念頭，對你簡直是不可思議的興奮劑。當然我們不建議你眞的這麼做啦。史凱特琳博士說道：「它的功用毋寧是容許你的心靈在做愛時隨著性幻想漂浮。」

這可能會讓你覺得背叛了你的伴侶，像這樣跟結縭四十載的伴侶做愛時，腦海裡想的是其他人。史凱特琳博士強調：「但是這樣做並沒有錯，重點是學習什麼會讓你愉快。」

租錄影帶

須雅里博士推薦年長的伴侶們看色情錄影帶或書刊，來增加興奮度以及改善性生活。他說：「很多六、七十歲的男人抗拒這個主意。最先的負面偏見必須被提出來。」沒道理說我們的社會比較能接受年輕人的情慾，而較無法接受老年人的情慾。更別提荒謬的「糟老頭」的刻板印象。此外，如果你想要正正當當的憑據，費雪博士指出：「你可以透過紐約時報書摘購買，你無須走進夾縫中的色情商店。你買的錄影帶和書籍將會刺激你的性驅力。」

當然啦，你不會在電影或錄影帶上看見太多老年人的性愛。須雅里博士微笑說：「你可能會把自己跟那些三十幾歲的大塊頭相比，然後想著自己已經過了顛峰了。」但是讓我們面對現實吧：任何年齡都很少人能像色情電影裡的演員那樣，那只不過是剪輯室仔細挑選過的性能高超的性機器。你是要看電影，而不是演員。色情片是任何年齡的成年人性興奮和念頭的一個來源。

♥ 退休

把退休想成是一劑壯陽春藥。退休後，你對親密關係及良好的性愛的掌控能力更加提升。你的性感魅力愈發不可擋，性技巧愈加純熟，性的步調更加令人滿意。最重要的是，退休是你該注重生活品質的時刻，正如凱瑟醫師所說：「性是年長男子最重要的生活品質主題之一。」

不相信我們的話？多數研究均發現一群心滿意足、調適愉快且精力充沛的退休人士。「大部分退休的人都對其退休生活感到滿意。」帕摩爾教授說道：「事實上，多數人都說他們比從前更快樂，當然也包含性生活在內。」

研究人員實際記錄，以及專業的退休生活研究小組做了一個無人能比的絕佳示範。「比起在四十歲時，退休人士的婚姻滿意度高得驚人。」老人學專家亞奇里博士說道。

光輝的日子來臨了？那當然，但是像其他主要的保證一般，退休也需要調適一段時間。你必須遵守規則，避免失誤並利用機會。

爲重要的日子做準備

亞奇里博士目前正從事一項老年人生活調適的研究，他戲稱退休人士的性生活就如同一隻熱情的野獸。「你會發現眞正與退休有關的問題其實很少。」他說道：「即使本來覺得會調適不佳的人後來也調適得很好。」

但這並不是意味著你可以輕鬆地面對生命中重大的改變，而不須思考，如果你想保持健康的性生活，就不能敷衍了事。畢竟，退休是生命中重要的轉折點，在性、婚姻及家人的生離死別層面上也有很大的變化，你必須做好準備。

路易士教授說，男人接近退休年齡時會顯得有點苦惱，就像小孩快到暑假時，不知該做什麼才好一樣。「如果你不先想好退休後要如何過生活，你會覺得生活漫無目標或有失落感。」她說道：「這會反應在你的健康上，連帶影響性功能。」

正如同心理學博士史凱特琳所說的：「退休本身既非正面亦非負面的

事。它是創造某件神奇的事或使你原本所擁有的更好的機會。」

要做到這點，只要將退休當做深沈、豐富、新奇的生活探險即可。像籌劃一次旅遊一樣計劃它。「讓退休刺激你思考你要過的生活。」亞奇里博士說道：「它提供了一個機會，讓你思考你的生活方式以及如何確保你會健康、有活力和滿意你的生活。」

如何享受退休生活

以下是退休後要擁有愉快的性生活所要考慮的事。

打好經濟基礎

協助你處理退休財務的人比比皆是，這和你的性生活並非完全無關，研究報告顯示退休後婚姻滿意度的普遍影響因素為「主要維持生活品質的收入」。但是他也語帶鼓勵地表示：「即使收入少了點，但許多人仍能維持原本的生活品質。你可能無法像從前般支出同樣高的費用，但你會發現讓你保有延續感的理想替代物。」

退休，退而不休

「退休會導致呆板、停滯和千篇一律的生活。」丹諾夫醫師說道。這些都是說明性生活及一般生活失調的形容詞。重點是如何避免它們。

怎們做？「常保活力啊！」丹諾夫醫師說道。你會說，這是常識啊，退休不正是「活動」的反義字嗎？非常肯定——不是。

「如果你認爲工作就是付出勞力達成目標，你永遠都不會停止工作的。」亞奇里說道。換言之，你從一個工作退休下來，但並非從此沒有生產力。

「把它想成自己被自己聘用。」亞奇里說道。「無論是爲了賺錢或者爲了興趣，或者可能是個機會，但你從中（如社區服務）獲得的滿足感卻和你從工作中獲得的滿足感一樣多。」

爲所應爲

在退休之後要保持活力並參與各項事務——同時保持充沛的性活力，但這並非指你必須大幅改變你的興趣。當然，如果你願意，也可這麼做，但亞奇里博士的研究指出愉快的退休後婚姻生活並不需要如此。事實上，在20年間觀察了1,100位以上的人士之後發現，其中最年輕的族群（五十歲）在1975年研究開始後，亞奇里博士並未遇到任何一個人在退休後找到持久的新興趣。「他們都是做之前曾做的事。」他說道。

如果你計劃利用你的退休生活來閱讀古典文學，那麼很可能你本來就有閱讀的趣興。相反地，如果你從不重視古典文學，那麼即使未閱讀它，也不必覺得浪費了你的退休生活。這依然是你的人生。

「你原來的興趣可能在退休生活中變得更顯著。」亞奇里博士說道。「它們可能更受到你的注意，而它們本來就存在了。」

時間與性

退休似乎把時間變成了廢物。現在時間多得不像話，這些多餘的時間也爲你的性計劃帶來了新契機，你的性生活可以改善，但並非自然而然。

「在退休生活中，會有更多的時間做各種事。」史凱特琳博士說道：「如果你已沒有性生活，那麼你有更多時間做愛做的事，不過這也會引起某種的焦慮。」

所以你新的時間分配和減低的工作壓力是一把雙刃鋒利的劍。「自由、機會以及其他正面的事物比負面的那一邊來得鋒利。」亞奇里博士說道：「但這並非意味著負面的事物不存在。」

時間和休閒可以成爲性生活的朋友，但你得決定誰是主角。

利用它

如果你的直覺反應告訴你，退休等於在性生活方面有更多的時間，恭禧你，你應該利用漫漫長日來改變日復一日的單調生活。

「退休後有更多時間，這對你的性生活而言會帶來正面的影響。」路易士說道。「你在白天的時間分配更有彈性了，因爲你不再拖著疲憊的身軀回到家，立刻就倒頭大睡。」

若你肯用心，則不僅時間數量增加，連品質也會提升。「當日復一日的生活壓力從肩上卸下後，性生活會有大幅的改善。」丹諾夫醫師說道。

充實它

但不要把退休的時光看做是一頓性的大餐。過去的空白只會證明你是性衝動的傢伙，欲達到充實、圓滿的性生活，其不二法門便是有充實而圓滿的人生。

「時間在退休生活中帶有不同的重要性。」史凱特琳博士說道：「你必須調整、學習如何不同以往地利用它。從前，時光匆匆流逝且難熬，現在你必須放慢腳步並重新發現你眞正的喜好，去品味你的飲食及人生。」

接著，你會發現，時間並不如你想的那麼多。亞奇里博士說道：「家中有許多煩人的瑣事要做，以前你必須工作，所以你視而不見，許多人則增加他們參與社團組織的時間。這比你呆坐家中望著窗外要好得多。」路易士說道：「如果你不善加思考，它會好像突然降臨在你面前，你將不知所措。」

親密關係與退休

突然間你們整天都看得到對方，而且是每天……天啊！

「誰要做飯呢？」這句話象徵著親近的危險。

這眞得很危險嗎？沒錯，但不見得一定如此，除非危險就在那裡等你一觸即發。

如果你的婚姻基礎不穩固，無法承受太大的改變，那麼退休可能會導致婚姻成爲不可收拾的殘局。亞奇里說道：「不過多數人在退休年齡前都已經營造出相當強韌的婚姻關係。」

就像退休後的每一件事一樣，有壓力的相處也是自己造成的。如果你任由情況如此，當然，你們就會感覺窒息，但如果你掌控它，它也可成爲性的恩賜，從何時開始，親密感成了你性生活的罪人了呢？

採取行動

「發生親密關係」被用做性交的委婉用語是有原因的。親密關係與性是相輔相成的。性可能是你和另一人經歷過最親密的接觸。

利用退休後所賦予你的親密時光來與你的性伴侶培養更多的親暱感，使情感更深厚，你不會是第一個這麼做的人。「在退休後，人們幾乎都會與伴侶分享更多的自我。」亞奇里博士說道：「通常結果便是增加更多的親密感。」

在培養親密感方面，有些技巧可供應用，而且你本來就會。有一部分是內分泌方面，較低程度的睪丸激素會減低了你和妻子親熱的能力（雖然一般而言不致低到影響性功能，但大眾皆有此錯誤觀念），可是你一點都不會失去男子氣概，這種微妙的改變在她看來都是不折不扣的挑逗行爲。

「但並不全是生理上的，」社會學家許瓦茲博士說道：「在你的生活經驗中，你已經學會同理心及同情心，你曾在情感上受過打擊，現在你退休了，在公司裡，你不再是能幹的伙伴，所以你多少理解了自己變得不太重要。但你可以成爲一個更佳的伴侶啊！」爲了增進親密感，我們可培養路易士所說的性的第二語言。「學習如何傾聽並設身處地爲她著想，比立刻採取行動並解決問題要來得好。」她說道。

男人想有所行動，女人想喋喋不休的事實使男女間產生隔閡。兩性關係諮商專家葛雷博士說道：「退休提供了最佳的氛圍來搭起雙方的橋樑。」

「在晚年，男人瞭解喋喋不休的一方是非常重要的事。」路易士說道：「最佳的老年生活似乎是男人與女人相互學習兩人年輕時的優點。」

平均分配

「誰來做飯？」最佳的答案便是——你和她輪流做或一起做。其實這種安排通常不是問題，因爲在退休前，他們已一起發展出生活方式。亞奇里博士說道：「在今日中產階級的婚姻中，有許多責任的分配，關於家務，你所要做的改變多數在你有孩子時就已經在做了。」

如果你的情況不是這樣——你主外，她主內——那麼就讓退休引領你至新境界吧！別認為分擔家務是一種降服，相反地，把它想成是調和同居生活的策略，一種將兩人時光帶向親密而非對立的方式。

「對男人而言，學習實用的生存技巧是非常重要的，包括維持家務在內。」路易士說道：「要能夠和你的伴侶相互交換工作。」

而且，令人驚訝的是，大多數退休的男士都這麼做。「通常，退休的男人都參與更多的家務。」亞奇里博士說道。

參與社交

在愉快的退休生活中還有一種分工是不太明顯的。在多數婚姻的早期和中期，通常是女性負責與工作無關的社交活動，例如，她會去籌辦晚宴。退休是交換的好時刻，至少是非常好的理由。「社交網絡之技巧可延年益壽。」路易士說道。未學習這些社交技巧的男士似乎壽命較短。

換一隻老鼠

丹諾夫博士提到一個著名的「同齡老鼠理論」的實驗。如果你將一隻公老鼠和一隻發情的母老鼠關在同一個籠子裡，這隻公老鼠會不停地「上」母老鼠，直到精疲力盡為止。但如果在他無精打采之際你換一隻同樣也在發情的母老鼠進去，這隻公老鼠會奇蹟式地重振雄風，再上這隻母老鼠。

「同齡老鼠理論暗示著退休夫妻的性生活。」丹諾夫博士說道。他不是建議你把妻子換成一隻發情的母鼠，要記住，研究人員得到相同的結果，那就是當研究人員只是把第一隻老鼠染成另一種顏色，或甚至在牠身上噴香水時，重振雄風的公老鼠又會極度興奮。我們得到的寶貴經驗是：爲達性的目的而做的變化及新鮮感對退休夫妻是很重要的。

「你和某人相處時日愈久，保持興趣就愈重要。」丹諾夫博士說道。「在客廳、廚房、花園都可進行。讓性愛充滿新鮮、刺激，孩子們都已長大離家，也已擺脫同事間的相互競爭，你的性生活應該比以前更美滿。」

你還是你

長久以來，人們都認爲在你拿到最後一張薪水單時，你的自尊心便直線下跌，因爲從一個職場老將變成「一個退休人士」是多麼令人沮喪的事，更不用說性慾的降低了。

但有時傳統的說法實在太古老了。不是說傳統的觀念就是錯誤的，但如果以非傳統的方式來看傳統的說法，你可能會發現一些有趣的事實。

- **退休降低了你的自尊。**「我認爲男士們無須自貶身價。」史凱特琳博士說道：「假若你到六十五歲時是個大銀行家，並不會因爲你卸任了，自尊心就突然間灰飛煙滅。」
  你知道人類的價值其實是超乎職業位階的。自尊心會隨著退休而瓦解是只有當你不瞭解這點時才會發生。
  「我們的文化鼓勵男人獻身於工作，而不是和人們的關係。」路易士博士說道：「所以，仔細思考你要用什麼來取代你的工作，以它做爲一種自我表達的形式是很重要的。」

- **當你退休時，你便失去了力量。**「這點只適用於曾擁有權力的人。」亞奇里博士說道。的確，你再也不能指使其他人做事，但另一方面，你可能眞的厭倦了這麼做以及高處不勝寒的寂寞感。
- **退休會造成憂鬱。**「如果眞的有與退休相關的憂鬱，我倒是還未遇過。」亞奇里博士說道：「我相信一定有人會說我的朋友中就有人因退休而患憂鬱的。但我心想他們是否把退休當做是憂鬱的簡單理由，而未考慮是否還有許多其他的原因呢？」
- **退休後，自殺率上升。**這點沒錯，至少白人男士如此，亞奇里博士說道。「但這和退休無關。」他說道。「如果你追蹤一群人一段時日，自殺率從十四歲以後便直線上升，而白種男士的最高自殺率是在他們八十歲時。但你不能將它歸因於退休，因爲他們多數都已退休了二十年了。
- **退休會降低你的性感。**如果你認爲自己的性感逐年下降，你可能未讀透這本書。假如你認爲是因爲你在職場上不再佔有一席之地，你應該知道在退休世界裡，地位的定義是由「你是誰」來決定，而不是「你的身分」。

「人們並不很在意你從前做什麼行業。」費雪博士說道。「你可能這輩子都是個水管工人，但在退休世界中，你可以扮演一個較高地位的人。」

許瓦茲博士說道，男孩有可愛之處，但男人也有相當迷人之處。你樂於當自己，你不再處處防備、你不自戀、不衝動。

退休只會加強這些特質。「你不必再裝模作樣，那是非常迷人的事。」許瓦茲博士說道。

♥ 心臟健康與性

心臟病在任何時間、任何年齡都可能擊倒任何一個人。

但很少是在性交時發生，而且幾乎從來沒有因爲性而引發的。

有誰知道有多少老年人的性生活是被「性交會引發心臟病」的奇想而縮減呢？這種觀念不只是想像的產物，電影亦擴大了這個迷思；連醫生都助長了這個問題，他們昔日習慣告誡心臟病發的倖存者避免性行爲（及運動）。他們現在比較不這麼做了，因爲有事實證明。

最適切的事實是由哈佛大學研究人員所主持的一項研究，並於1996年的美國醫學協會月刊所出版，主題是：性行爲在引發心臟病中扮演何種角色？結論是：微不足道的角色。

該研究發現性行爲會增加心臟病發的危險性。但是在一個健康的人身上，危險率從每小時百分萬分之一提升至百萬分之二，對於那些曾心臟病發的人而言，危險率仍維持在每小時百萬分之二十的少量。

「要降低性愛時死於心臟病之機率的可能性和把一台鋼琴落在你頭上而你還能死裡逃生的機率是一樣的。」凱瑟博士說道。

眞正的恐懼

同一個哈佛大學的研究也承認對這種事的恐懼的確存在。這是不健康的恐懼，它不只會降低你的性趣和性能力，它也會對你所要保護的東西

——心臟有害。用該研究的話來說：「害怕性行爲……常能完全防止血液倒流而不致發生心血管疾病。」

正因爲心血管疾病是六十五歲以上男士的頭號殺手，你很自然地會關心你的心臟。但有關的方針是健康的飲食、運動以及良好的醫療，而不是無謂地擔心性行爲。

如果你發現自己患有性恐懼症，那麼去瞭解它。重讀一次本章第一段，並跟你的醫師談談。如果他未提到性的問題，你自己可提出來。丹諾夫醫師說道：「和你的心臟科醫生討論你的性生活就像討論你的日常運動一樣坦率。」

正因爲心臟病幾乎從未因性行爲而引發並不表示它不可能在性交時發生。任何時間都有可能，包括狂歡時，所以如果你認爲自有心臟疾病症狀，千萬別忽略它，只因爲你可能爲了激情而付出痛苦的代價。

「你必須對這些事機警些。」凱瑟說道：「如果你正做愛之時心臟開始劇痛，你必須停止。如果醫生有囑咐，你可服用硝化甘油，並儘快趕往急診室。」

如果你有心臟疾病

「如果你能爬樓梯，你就能做愛。」這是專家們常用來讓心臟病人安心的話。但如果你從未有過心臟疾病，你可能要接受比爬樓梯更複雜一點的壓力測驗，該測驗等於一張性的通行證。

「如果你本有心臟病或做過冠狀動脈導流手術，你應該在重新擁有性生活之前先通過壓力測驗。」凱瑟博士告誡道。

讓我們再重申一次，心臟疾病、心臟手術或中風並不會中斷你的性生活。只要聽聽美國心臟協會（AHA）的話就明白：「在第一階段恢復期結束後，病患會發現同樣愉悅的做愛仍然值得一試。」

你可以做一些事情以平穩地重回性生活。AHA爲那些經歷過心臟疾病的夫妻們提供了一些指引：

- 選擇你倆都充分獲得休息、放鬆、無壓力感的時間。
- 吃過大餐後1到3小時待食物消化。
- 選擇一個熟悉、平和、不被打擾的環境。
- 在性交前服用醫師所開的處方。

你們兩人都必須寬容你們的情緒。情緒起伏，甚至沮喪在心臟病發作或中風後都很常見，它們會使得你之前可能就有的性問題逐漸襲上心頭。教導你的心靈耐心的美德，在85％的個案中，情緒起伏或憂鬱在三個月內就會消失。

以下有一些專爲心臟病患的性生活所設計的警語。

考量姿勢

沒有一種性交姿勢是可確保心臟安全的。即使性行爲有觸動心臟病的危險，改變姿勢也不會降低危險，你的心臟在高潮時跳得最快，凱瑟博士說道：「所以無論你們採取何種姿勢都不重要。」

對於心臟病或中風患者有姿勢的考量，但它們是讓你舒服而非確保安全，如果你最近曾做過分流手術，凱瑟博士建議你採用肩並肩的姿勢來減低外科手術傷口的疼痛。如果你曾患有中風，AHA建議你在做愛時使用枕頭來支撐你受傷的一側。

鍛鍊心臟

由於血流是六十歲以上老人在性方面最大的問題，所以配合心血管運動是很有助益的，但有氧運動會使你的心臟有危險嗎？恰好相反，這是對你的心臟最有益的活動之一。

事實上，這也是哈佛大學研究的結論之一。研究人員堅稱例行的運動不只能防止引發心臟病，它也和降低危險有關。

這足以鼓舞你展開一個良好的健身課程。但它眞的會改善你這個年紀的性生活嗎？「當然，」凱瑟說道：「隨之而來的還有良好的健康及營養。」

以性做為治療

你在尋找一種不會痛苦又有趣的運動來增強你的心臟嗎？性本身如何呢？

「性實際上是你復健中健康的部分。」路易士博士說道：「我們鼓勵病患在心臟病發作後很快地就可回到往常一般的性生活。」這是他們一般的身心鍛鍊課程。

另外，丹諾夫博士也表示：「這不只是相當棒的運動形式，它在提升一個曾受心臟病創傷的男人的心靈上也是無與倫比的。」

傾聽你的血液在說話

血液供給的問題不能被局部化。當血流注入陰莖時，也可能會跑到冠狀動脈。很常見地，心臟問題最早的線索便是性無能，所以千萬要留意，因爲如果儘早察覺，常常能夠扭轉情勢。

「如果你在四分之一以上的時間有性問題，那麼就得去做健康檢查了。」路易士說道：「血流問題最早常出現在生殖器部位。」

戒煙

你也許還未讀到本書所提吸煙的危害。你知道它對你的心臟有害，你也知道它對你的性生活有負面影響。

但這裡有另一個戒煙的理由。根據亞奇里博士的說法，和抽煙非常相關的肺部疾病對你的性生活影響莫此爲甚。

亞奇里博士分析了使老年人生活產生不便的疾病並提出結論：除了老年癡呆症外，肺氣腫及慢性肺阻塞疾病是最殘酷的。

「有心臟病、糖尿病、關節炎、器官切除等嚴重疾病的人事實上可以設法彌補及維持他們的生活滿意度。」亞奇里博士說道：「但如果你有肺部疾病，基本上只能坐以待斃。它是人們生命消逝的主因。」

所以如果你需要另一個戒煙的理由，想一想亞奇里的結論：「如果你戒煙，你變成殘障的可能性就會實質降低。」

♥ 藥物治療

如果你超過六十歲，沒有人會責備你對性生活的抱怨。首先你可能發現自己正和數不清的疾病在搏鬥，然後你瞭解到你所服用的治療藥物足以送你上西天。

「藥物治療是一個重大的問題，因為上了年紀的人都仰賴它。」凱瑟博士說道。「以勃起功能來看，它們真的會令你一蹶不振。」

凱瑟博士引用研究數字，指出藥物治療在25％罹患性無能的男性中扮演重要角色。而且，她也表示：「愈老的男人需要愈多的藥物。」

這會令你處於兩難的處境。「以憂鬱為例，它是年老男性最普遍的小毛病。」夏威醫師說道：「憂鬱本身當然會影響性功能，所以利用抗憂鬱的藥劑來改善它。但抗憂鬱劑可能會產生其他問題，像是射精問題或降低性的動力，你必須知道自己的性問題有多少是環境或藥物治療所造成的。」

上了年紀的男人該做什麼事呢？可多著呢！

抱怨

別讓自己擁有性的權力睡著了。正如凱瑟博士所言：「告訴一個病人他的性無能是因為年紀太大的導致，恐怕不再能被接受了。」如果你猜測藥物治療正影響你的性功能，嗯！值得讚賞。當醫師開處方時，坦率地詢問它是否會影響你的性生活。

別太傻

「別擅自決定停止服用醫師的處方藥物。」說這話並非是侮辱你的智商，但是，夏威說道：「它不如你想的那麼理所當然，許多人中斷藥物是因為羞於開口討論性問題。」

所以你要定出優先順位。「如果要你選擇不因高度緊張而中風或是勃起，大部分的人會較偏向不要中風。」凱瑟說道：「勃起問題是可以解決的，但你無法解決中風。」

所以在中斷藥物前先和你的醫師談談。對於藥物引起的性問題是有方法解決的。以下是醫師可能給你的建議。

完全配合

安排你在性生活方面的藥物治療。「你可以在距離服用必需藥物最遠的時間做愛。」蘭修醫師說道：「例如，如果你在早上服用降血壓藥丸，你可以選在晚上九點做愛，或在早上服藥前做愛。」

稍待片刻

嘗試最古老的危機控制技巧——什麼事都不做，等問題遠離。夏威博士說道：「在一些例子中，勃起功能會日漸好轉，即使你並未改變藥物，因爲你的身體適應了。」

減少藥量

一旦你告訴醫生藥物的副作用，他通常會調整藥物劑量。性方面的副作用亦如此。「有時問題和劑量有關，」夏威博士說道：「稍微調整劑量可能對性功能產生深遠的影響。」

改變藥物

現代藥物的特點即種類繁多，如果改變劑量未能改善副作用，那麼請醫師改變藥物的種類。「我們有像吃歐式自助餐般的選擇。」蘭修醫師說道：「有些藥物和其他藥物比起來，較不易引起勃起問題。」

以火攻火

夏威博士建議最後的手段：「當維持原藥物時，則採用其他藥物來調整問題。在性交前數小時使用一些其他藥物可能會增進性行爲。」

自我減壓

壓力和疲勞使你更容易受藥物負面的影響，凱瑟博士說道。以運動來對抗壓力，以休息來對抗疲勞，長遠來看，對你的生活方式有影響，短期而言，凱瑟博士建議道：「它可能有助於將性愛的時機轉變成最少壓力或疲倦的時段。」

主謀

沒有一種藥是適合所有人的。判斷藥物是否適用，最佳的資源便是自我觀察及醫師的建議。以下是一些處方藥物的種類表，不算完整，但它們都應貼上紅色危險標籤。

抗高血壓藥丸。高血壓是成年人無所不在的莫名恐懼，而且，凱瑟博士說道：「所有抗高血壓的藥物都會造成勃起困難，無一例外。」它們常常造成勃起障礙、射精問題及降低性慾。

爲什麼它們會產生這種危害？「記住你起初會使用抗高血壓藥物的理由。」凱瑟博士說道：「你的血管可能已經緊縮了。你認爲只有在量血壓時的手臂才如此嗎？當然不，它也可能發生在陰莖。當血壓降低時，陰莖處的血壓也會下降。」較少的血流通過較狹窄的血管就相當於勃起問題。

利尿劑。根據凱瑟博士的說法，利尿劑也被用來治療高血壓，而它們是造成性無能最常見的藥物。葛琳朵醫師說道：「我們不確定爲什麼它們會和性無能有關。也許是電解質不平衡，也許是整夜跑廁所使然，但我肯定地告訴我的病人利尿劑可能會影響他們的性生活。

抗憂鬱藥物。憂鬱本身就會造成性問題。「事實上，」葛琳朵醫師說道：「如果你有憂鬱症並使用抗憂鬱藥物，你的性慾會改善，但同時，抗憂鬱藥也被註明會導致性能力降低。」

抗性激素藥物。這是我們給有攝護腺問題的病患所用的藥。葛琳朵醫師說道：「男性荷爾蒙在性功能的性慾方面是一個重要因素。所以當你使用抗男性荷爾蒙藥物時，你也斬斷了性的慾望。」

消炎藥。這其中不含類固醇的包括不需處方箋的阿斯匹靈等，這些藥物都會影響性慾，一些治潰瘍的藥物也可歸爲此類。

鎮靜劑。「老年人常需抗焦慮的藥物，但它們會造成精神混亂及降低性慾。」它們也會抑制性高潮。

抗精神病藥物。用來治療偏執狂、妄想症的藥物也會引致勃起問題。

抗痙攣藥。這些防止猝發的藥物常開給年老病人使用。「它們主要的功能是控制大腦中過度活絡的神經單位。但這些藥能控制它們，也會控制每樣機能，包括性的衝動。」

♥ 喪偶

基於人類的同情心，相當多的科學研究、暢銷書及全球網路的網頁都曾討論喪偶的議題，但幾乎都未提及性的問題。

之所以會遺漏這點，最寬容的解釋應是性的層面單純是給與取。畢竟，失去的人是你的性伴侶，而身爲有性慾的人類，並不會因爲妻子的離去而心如止水。

我們希望你「向前看」的意思並不是說「如果你眞的想要性生活，那麼就再開始吧！」重拾性的滿足感有部分復原的意義在。專家說復原之路其實很寬廣，大多數的人都能抵達目的地。以下我們會告訴你應該怎麼做。

悲傷的因素

在喪偶之後，你和女性的悲慟是不同的。費雪博士說道：「男人很明顯地比女人更融入婚姻。如果你問男人及女人他們婚後是否快樂，較多的男人會回答『是』。」。

喪偶等於直接擊中男人的其中一個弱點。「男人在生命中喪偶的當頭，可能沒有眞正親密的社交網絡。」心理學家李伯曼博士說道：「你眞正仰賴的精神支柱是你的妻子。」

同時，你在實際生活上也面臨了苦難。「當妻子離你而去，許多日常事務也無法維持。」費雪博士說道：「你不可能像太太那樣做這麼多家事，例如，煮飯、打掃、洗衣、購物、整理家務等等。」

這種說法並非無情無義。它其實是你部分的感受。「它會使你覺得相當無依無靠。」費雪博士說道。

如何復原？

一開始，也許你最不會去想的就是重新展開性生活。喪偶之痛是自然的，也是醫學上所說對壓力的必然反應。「在你繼續過正常日子前會先經歷一段悲傷期。」亞奇里博士說道。

醫學研究證實了三個悲慟階段。第一階段稱爲麻木期，許多剛喪偶的鰥夫便是如此。它可持續數小時至數週，接著會產生憂鬱，憂鬱籠罩了整個生活，然後，復原階段隨之而來，持續時間因人而異。

很顯然地，前二個階段很難有助於性生活，要多久的時間才能復原呢？大致在你過世的妻子不再時時刻刻出現在你的腦海中時，你便可準備往前跨步了。亞奇里博士說道：「有些人花了二至三個月，有些人長達兩年。我曾見過喪偶七、八年後才又和其他人發展第二春的情況，這是因人而異的事。」

與此大相逕庭的，久病會造成相當短的悲慟期。「例如，老人痴呆症，可能配偶過世前就已發生了悲傷期。」亞奇里博士說道：「你甚至可能在她過世前就發展了一段新戀情。」

最重要的是你眞的復原了。「我們多數的患者在一年內就能從悲傷的反應中復原，通常是數個月。」巴摩爾博士說道：「而且再經過一年，他們都呈現相同或更高的生活滿意度。」

銘記過往

復原的重點主要是事發後的問題解決。那是因為研究顯示較有問題的婚姻造成較長的悲慟期。「處理未解決的問題眞的會延長這段時期。」路易士博士說道。

所以追溯往日以評估你的婚姻關係是有幫助的，尤其如果在延長期後，你似乎還不能往前邁進的情況下。「如果你的心思裡只有前妻，那麼可能有尙未解決的問題在。」路易士說道：「即使她已不在了，你仍然可以在心中解決它們。」

如果你們的婚姻美滿呢？「悲傷期仍會很強烈，但因為你們的婚姻沒有問題，所以你可以恢復情緒，往前邁進，而不會感覺有衝突。」

在悲傷之外，在復原過程中，同時你還有另一個心智任務。它和李伯曼博士所說的存在問題有關。簡單的說，此時你會問：「我是誰？」。

李伯曼博士說道：「你的自我形象大部分是來自於你四週的鏡射訊息。而最醒目的一面鏡子便是你的配偶。所以鰥夫的任務之一便是處理『你是誰』的自我意象問題，還有成長及拓展視野。」

很令人驚奇的是，女人比男人更易做到這點。李伯曼博士指導了一個追蹤約100位鰥夫和寡婦的研究達七年之久。「男人停不下來反省，他們只會盲目往前衝。」

但你應該停下來反省。「毫無疑問地，對男人而言，處理這些問題是較健康的，這個任務並不輕鬆，但結果卻是豐碩的。」

傾聽你的身體

在你的性的復原之旅中，最佳的領航員便是你的命根子。「變成鰥夫後，你一開始會感到很難熬。」蘭修醫師說道。「你的生殖部位所發出的訊息可能是『我害怕再嘗試』，幸好那只是一段調整期。」

然後，你可能在早晨又開始勃起，蘭修醫師博士說道。這是很正常的。晨間勃起不須被摒棄。你的陰莖其實正告訴你的大腦「早安，大腦，我在底下過得還不錯，你在上頭怎麼樣啊！注意我一點吧！」

一開始的注意可能是手淫，蘭修醫師建議道：「你必須練習，而且你也必須對自己有耐性。」她說道。

當然，復原是一回事，重返性生活又是另一回事，雖然你已是個充滿智慧又世故的成熟紳士，你可能會覺得自己像個害羞的青少年般，這是正常的。「許多鰥夫或離婚男士對新的男女關係毫無自信，他們非常緊張。」蘭修醫師說道。

所以你會怎麼做呢？別一頭栽進去，先用腳趾頭試試水溫。「慢慢來，先發展友誼，別奢望馬上就跳到床上。」蘭修醫師建議。

與其拚命找尋性愛，不如單純地發展你和女性間的友誼，性愛自然會降臨。「如果你開始追求女性，你最後會找到一個對性愛有興趣的女人，她也會開始激起你的性慾。」

戀戀不捨的感覺

即使悲傷不再，眷戀過往也會毀了你的現在。對新戀情產生罪惡感是無法避免的，但它畢竟發生了。

有時問題是表面上的。「我曾遇過一對老情侶，他們使用男方原來的房子，睡原來的床（與前妻共用過的）。可是，好像她會監視，她的靈魂還在。」蘭修醫師博士說道。

這個問題很容易解決。「搬新家啊，」蘭修醫師說道：「如果你沒有錢，那麼買張新床，或至少改變臥房的佈置。」

但過去婚姻關係的靈魂卻會住在心底深處，它們可能會造成性能力的問題。路易士說道：「根據臨床經驗，你會看到有些男人爲已過逝的妻子建造了一座祠堂。他們不能接受和新的女友發生肉體關係，他們依舊活在過去。」

怎麼辦？「如果你覺得很自在，就別在意。」路易士說道。「但如果它干擾了你的生活品質，那麼省思你未來的生活走向及伴侶死亡對你的意義就很重要了。如果你對性的感受及思想感到罪惡，你可能只是情感上未做好準備。你需要時間和他人談談。」

讓前妻的「祠堂」阻止你有新戀情未必是你對她忠貞的證明。請記住，最能自在調整獨居生活的人才會快樂。路易士附帶又說：「成熟的表徵之一便是能夠愛你所失去的人，同時又能跨出自己的步伐尋找新的愛情。」

大部分六十歲以上的鰥夫都會再婚。但多數六十歲以上的寡婦則否。換言之，六十歲以上的單身女性多於男性，女人似乎活得較長，以八十五歲的人口而言，男女比例爲39：100，在六十五到七十四歲的年齡中，寡婦人數爲鰥夫的四倍之多。

但有更多數字以外的問題值得探討，例如，文化問題。帕摩爾博士說道：「例如，我們的社會有雙重標準，年長的男人可以娶較年輕的女性，但反之則不然。這是性歧視結合年齡歧視的例子。」

而且，六十歲以上的男性，尤其是鰥夫，比女性還渴望再婚。「我所研究的鰥夫覺得有種失落感，他們或多或少都會再闖入另一段婚姻中。」李伯曼博士說道。

再婚當然是六十歲以上鰥夫或離婚男士被允許的行爲，雖然你的再婚理由和第一次無啥不同，但情況卻不同了。

尋找第二春

一個三十歲的男士可以假定同年齡的單身女性渴望結婚，但六十歲時可就不同了。

「許多年長的女性對再婚退避三舍。」李伯曼博士說道：「她們有其他的事要辦。」

所以別假定離婚的女人或寡婦等不及要嫁給你，她們會猶豫是有原因的。「女性在晚年尤其不願再婚，如果她的前夫照顧起來特別辛苦的話。」路易士博士說道：「她們不想再挑起照料別人的重擔。」

李伯曼博士提出了另一個理由。「許多女性都受過大專以上教育，但出身背景都很傳統，她們待在家中養育孩子，所以現在她們必須要充實——工作、進修、寫作、繪畫、旅遊等等。這些對她們而言變得非常重要，甚至比和男人談情說愛更重要。」

金錢是另一項因素，李伯曼博士說道：「對那些再婚的女性而言，經濟是一個要素，但如果她們在經濟上能自給自足，許多女性對再婚是不感興趣的。」

這並非意味著你應放棄你所渴望的對象，但爲了讓婚姻更美好，你必須爲對方著想。「如果你只想找個人照顧你，你應該請個看護工即可。」路易士半開玩笑說道。

性生活的協調

沒錯，有些老年人是無性婚姻。「但大部分不是。」帕摩爾博士說道。如果你以廣泛的觀念來看性，那麼無性婚姻就更少了。「性可指按摩、愛撫或只是躺在床上擁抱。」帕摩爾博士說道。

那些假想大多數老年婚姻無性的人其實錯了。「這是個迷思。」路易士說道：「老年人的性趣有些會和年輕時相同，有些在晚年會較熱情，有些則較冷感。不能一概而論。」

根據帕摩爾博士的說法，你在六十五歲結婚和在二十五歲時結婚的理由完全一樣——成一個家。「所有的動機都和年輕時一樣，期望能傳宗接代。」他說道。

這包含了性生活的協調。其他人假定你的婚姻是否無性並不重要，但如果你未來的新娘和你的期望不同，問題可就大囉！

其他的考量

在你尋求別人對你的新婚姻祝福的同時，我們給你以下的建議。

別期望奇蹟出現

結婚是一件多麼美好的事啊！但它不會解決你個人的問題，例如，退休生活不如意、對死亡恐懼或只是需要性生活。如果你發現了第二次合適的人選，就將她娶回家吧！如果你面臨生活上的問題，便盡力去解決它們，別將兩者混爲一談。

李伯曼博士在研究鰥夫和寡婦時，他觀察那些選擇再婚和獨居的對象。他的結論是：「你無法確切地說再婚能解決問題。這並不是指婚姻關係不重要或婚姻有害，只是正式的婚約並不重要。你只是無法明確地瞭解婚姻是怎麼一回事。」

考慮同居

有很多考量都和會使你六十歲以後的再婚更複雜的單純戀情無關。例如，家族財產、子女的繼承權、領取的年金……等。

「你應依自己的情況決定再婚是否有意義。」路易士說道：「結婚的優缺點爲何？你應該看透徹一些。」

如果你認不清現實呢？無婚約的同居是否爲老年人可行的選擇呢？

「我想是的，你應該有和年輕人相同的選擇。」

根據社會學家羅佩博士的說法，它是蠻普遍的。「老年人通常會以同居代替再婚，因爲前者優點較多。」她說道。

而且，羅佩博士指出，同居也延伸了不同的問題。「最常見的就是若發展出性關係，那麼該住在誰家便是個問題。」她說道：「有時候，雖然他們只在週末見面，或只是偶爾見面，許多人都害怕恆久不變的形式。」

其他人害怕再次經歷喪偶的悲傷或又要照顧久病的配偶，露斯蔓博士說道。

重視你的密友

無論你選擇再婚、同居或維持自由的戀情，你都要定出優先順位。它勝過於情感的報酬。它是全然健康的。

「研究發現，有一位紅粉知己，無論你們是否結婚，對老年人的健康都是很重要的。」帕摩爾博士說道。「有一位愛你、關心你並能傾聽你的人是一件神奇的事，它能讓你的身心保持健康。」

「事實上，你可能比從前更需要這些東西。」帕摩爾說道：「你可能已經沒有工作和子女的牽絆，在生活中還有什麼比伴侶和愛情更重要的呢？」

放開胸懷

對你的新配偶絕口不提第一次的婚姻並非眞愛的表現。「眞實表露他們對前次婚姻感受的人會有更美滿的第二春。保守秘密對婚姻毫無助益。」路易士說道。

♥ 含飴弄孫

解放你的自我。你可能已注意到，從你第一個孫兒出世的那天起，你就無法終止身爲一個人類的責任與義務。你也應該讓孩子們注意這點。「成爲祖父母這件事眞的會將你鎖定在生命中的一個角色裡。」路易士說道：「這是個很重要的角色，但它不應是唯一的。」

根據路易士的說法，其中一個角色便是你逐漸變成一個老人。你應該成爲子孫們的活教材，亦即他們在老年時，有權利做自己想做的事。你可以證明爲自己而活的價值所在。「當然包括性生活在內。」路易士強調。

如果成熟的性生活的角色模式使你給人的印象是「叛逆的爺爺」，那麼問問自己是否有更適合的人會示範一個健康的性觀念。這種做法並不會敗壞道德，它是提高生命的價值。路易士說道：「性是身爲人類令人高興的一部分。有和他人親密的能力是生命中無比的喜悅。」

但也別太過炫耀。一個角色模式和售貨員並不同。你不是在向你的孫兒們推銷性愛，相反地，路易士說道：「他們應該看到你對性的自在態度，因此他們面對性時也不會忸怩作態。」

自在並非指著迷。把老年人的性愛看做是羞於啓齒的秘密，對你的孫兒們並無幫助，但把它變成馬戲團的餘興表演似乎也不妥。路易士博士本身就是個還擁有性愛的老奶奶，她道出她如何找到中庸之道：「我不會在孫兒們面前炫耀，但我也不會隱藏。在回答他們的問題時，我儘量坦白。」

當他們逐漸年長

當你到達七十歲時，甚至也許在六十歲時，那些小蘿蔔頭可能突然間便長大成人。這爲祖父和他們都帶來了新契機。

「等他們滿二十歲時，開始鼓勵他們把你當做全人來看，而不只是一個爺爺。」路易士建議道：「讓它變成帶有雙向的給與取——成人與成人的關係。」

當然，你絕不會完全放棄祖父的角色，但對你們雙方而言，超越它並讓你的人格交互作用才是健康的。「你可以在關鍵時刻做一些祖父母可做的事。」路易士說道：「但鼓勵他們瞭解兩個成人同等的地位也很有趣。讓他們在心中以成年人的態度爲他們自己的老年做準備。」

眞正的你

人們對老年人的普遍（且錯誤）的觀念就是他們在本質上就是和其他人種不同的動物。

如果你很傳統，這種觀念會粉碎你的內在自我認知。許多人在七、八十歲時，當問到他們覺得自己多大歲數時，他們都說在內心裡覺得大約三、四十歲。

但你知道矛盾所在。「觀察自己身體的實況，再和你內心的想法比較，尤其如果疾病使你身體快速老化的話，一致是一件很困難的事。」路易士博士說道。

要達到令人滿意的成熟期——包括令人滿意的性生活，其秘密為投宿在身體中，但卻住在內心裡。你也必須讓其他人這麼做。

「他們應該摒除外表去看看內在的你，那麼他們會發現任何年齡層的人都沒有很大的不同。」路易士說道。

在我們的社會中這是很難做到的，因為有經年累月形成的社會階層包袱在。青少年們自成一個世界，年輕人亦然，中年人也是，而老年人便游走於邊緣。有時各年齡層的人似乎就像他們很難相互交談，更別說是互動了。

但不見得都是如此，路易士指出，常常老年人會和年輕人同等地共聚一堂，如座談會、成人教育課程或駕訓班等等。「一開始每個人都非常在意年齡的差異。」她說道：「但很快地，這些就會煙消雲散，最後人們只會在乎彼此的個性是否相合。」

所以別把自己孤立在象牙塔中。別讓偏見或外表的差異抑制了內在的自我，你有自己的生活要過，勇敢去做吧！

一生的性計畫

元氣系列14

著　　者／Stephen C. George, K. Winston Caine, and the Editors of Men's Health Books
譯　　者／張明玲
出 版 者／生智文化事業有限公司
發 行 人／林新倫
執行編輯／張明玲
登 記 證／局版北市業字第677號
地　　址／台北市新生南路三段88號5樓之6
電　　話／(02)2366-0309　2366-0313
傳　　眞／(02)2366-0310
E-mail／tn605547@ms6.tisnet.net.tw
網　　址／http://www.ycrc.com.tw
郵撥帳號／14534976
戶　　名／揚智文化事業股份有限公司
印　　刷／科樂印刷事業股份有限公司
法律顧問／北辰著作權事務所　蕭雄淋律師
初版一刷／2001年2月
定　　價／新台幣700元
ＩＳＢＮ／957-818-222-8
原著書名／A Lifetime of Sex: The Ultimate Manual on Sex, Women, and Relationships for Every Stage of a Man's Life

總 經 銷／揚智文化事業股份有限公司
地　　址／台北市新生南路三段88號5樓之6
電　　話／(02)2366-0309　2366-0313
傳　　眞／(02)2366-0310

國家圖書館出版品預行編目資料

一生的性計畫／Stephen C. George, K. Winston Caine, the Editors of Men's Health Books著；張明玲譯. -- 初版. -- 臺北市：生智，2001【民90】

面；　公分. --（元氣系列；14）

譯自：A lifetime of sex : the ultimate manual on sex, women, and relationships for every stage of a man's life

ISBN 957-818-222-8（精裝）

1.性　2.兩性關係

429.1　　89015942